高职焊接技术及自动化专业系列教材
国家骨干高职院校建设项目成果

焊接工艺的实施与控制

主　编　颉　栋
副主编　张军元　李玉荣
编　者　李为义　任林昌

西北工業大學出版社

【内容简介】 本书为基于工作过程一体化职教理念下教学改革的成果。全书将常用的4种熔焊方法及常用钢材的焊接融为一体，以任务为驱动，设置了4个学习情境，实现教、学、做一体化。4个情境分别是焊条电弧焊工艺实施与控制、埋弧焊工艺实施与控制、CO_2气体保护焊工艺实施与控制以及钨极氩弧焊工艺实施与控制。

本书可供各类高职院校焊接技术及自动化专业师生使用。

图书在版编目(CIP)数据

焊接工艺的实施与控制 / 颉栋主编. —西安：西北工业大学出版社，2015.2
ISBN 978-7-5612-4310-7

Ⅰ. ①焊… Ⅱ. ①颉… Ⅲ. ①焊接工艺 Ⅳ. ①TG44

中国版本图书馆CIP数据核字(2015)第035791号

出版发行：西北工业大学出版社
通信地址：西安市友谊西路127号　　邮编：710072
电　　话：(029) 88493844　88491757
网　　址：www.nwpup.com
印 刷 者：陕西宝石兰印务有限责任公司
开　　本：787 mm×1 092 mm　1/16
印　　张：19.5
字　　数：477千字
版　　次：2015年5月第1版　　2015年5月第1次印刷
定　　价：35.00元

前言

FOREWORD

近20年来，焊接技术的发展十分迅速，已从一种传统的加工工艺和材料连接方法，演变为先进制造技术之一。焊接结构已广泛应用于能源、交通、建筑、化工、机械、航空航天和海洋工程等重要工业部门，并不断向大型化、重型化和高参数方向发展。在现代焊接结构生产中，焊接方法和工艺起着极其重要的作用，它不仅决定了产品的焊接质量，而且直接关系到焊接生产的效率和经济效益。而焊接工艺的正确实施及质量控制对实际焊接生产过程中保证产品的质量是至关重要的。这就要求高职焊接技术及自动化专业学生既要有一定的理论知识，又要有较强的实践工作能力。

“焊接工艺的实施与控制”是焊接技术及自动化专业岗位核心领域中的一门核心专业课程。本教材将传统学科体系中的“焊接方法与设备”与“材料的焊接”两门课程解构和重构后加入焊接工艺的制定和工艺文件的编写等内容，形成“焊条电弧焊工艺实施与控制”“埋弧焊工艺实施与控制”“CO_2 气体保护焊工艺实施与控制”“钨极氩弧焊工艺实施与控制”等4个学习情境。每个情境都是一个完整的工作过程，4个学习情境之间为平行的关系。本教材基于工作过程的“教、学、做”一体化教学模式编写，着力培养学生的学习能力、思维能力、职业素质、团队协作力、沟通能力，以及分析生产实际问题和解决实际问题的能力和勇于创新、敬业乐业的工作作风。

本教材在编写时秉持“基于工作过程系统化”的职业教育新理念，本着培养学生综合职业能力为宗旨，以任务驱动，以典型工作过程为主线，以实际工作任务为载体进行编写，突出职业教育的特点，结合提高高职学生就业竞争力和发展潜力的培养目标，对理论知识和生产实践进行了有机整合，着重培养学生综合应用专业知识的能力、焊接工艺制定的能力、焊接工艺实施的能力及解决生产实际问题的能力。

本教材参考学时如下：

序号	教学内容	建议学时	合计学时
学习情境一	焊条电弧焊工艺实施与控制	28	108
学习情境二	埋弧焊工艺实施与控制	24	
学习情境三	CO_2 气体保护焊工艺实施与控制	28	
学习情境四	钨极氩弧焊工艺实施与控制	28	

本教材由武威职业学院颉栋任主编，武威职业学院张军元、李玉荣任副主编。武威八冶钢结构股份有限公司李为义、武威职业学院任林昌参编。具体编写分工：颉栋编写学习情境一“焊条电弧焊工艺实施与控制”，任林昌编写学习情境二“埋弧焊工艺实施与控制”，张军元编写学习情景三“CO_2 气体保护焊工艺实施与控制”，李玉荣编写学习情境四“钨极氩弧焊工艺实施与控制”。李为义参与了部分章节内容的编写。颉栋负责统稿和定稿。

在此对本教材中引用和参考的相关资料和文献的作者表示衷心的感谢！

在编写本教材的过程中，武威职业学院各级领导及同仁给予了诸多支持和热情帮助，在此一并表示衷心感谢！

限于水平，教材中难免有疏漏之处，恳切希望使用本教材的广大师生批评指正，以便完善。

编　者

2014 年 10 月

CONTENTS

目录

学习情境一 焊条电弧焊工艺实施与控制

学习情境二 埋弧焊工艺实施与控制

学习情境三 CO_2 气体保护焊工艺实施与控制

学习情境四 钨极氩弧焊工艺实施与控制

◇学习情境一

焊条电弧焊工艺实施与控制

任务描述

1. 根据焊接材料确定焊件接头、坡口形式；
2. 制定焊接工艺；
3. 施焊；
4. 焊后检验。

学习目标

☆知识目标：

1. 掌握焊接电弧的物理基础、导电特性和工艺特性；
2. 掌握焊条的熔化与熔滴过渡；
3. 掌握母材熔化与焊缝成形；
4. 掌握焊条电弧焊的原理及特点；
5. 了解焊条电弧焊设备及工具；
6. 掌握焊条电弧焊工艺；
7. 掌握碳素结构钢的焊接性；
8. 掌握碳钢的焊接材料及工艺要点；
9. 了解焊条电弧焊的工艺规程的编制。

☆技能目标：

1. 能够正确地制定焊条电弧焊焊接工艺及参数；
2. 会正确地操作焊条电弧焊机；
3. 能够正确地执行焊条电弧焊焊接工艺，获得良好的焊缝。

学时安排

项目	资讯	决策	计划	实施	检查	评价	总计
学时	10	2	2	12	1	1	28

知识链接

1.1 焊接及其在现代工业中的地位

1.1.1 焊接及其本质

焊接是指通过加热或加压，或两者并用，并且用或不用填充材料，使焊件达到结合的一种方法。被结合的两个物体可以是各种同类或不同类的金属、非金属（石墨、陶瓷、塑料等），也可以是一种金属与一种非金属。但是，目前工业中应用最普遍的还是金属之间的结合，因此本书主要讨论的也是金属的焊接方法。

金属等固体之所以能保持固定的形状是因为其内部原子间距（晶格距离）十分小，原子之间形成了牢固的结合力。要把两个分离的金属焊件连接在一起，从物理本质上来看就是要使这两个焊件连接表面上的原子拉近到金属晶格距离（即0.3～0.5 nm）。然而，在一般情况下材料表面总是不平整的，即使经过精密磨削加工，其表面平面度仍比晶格距离大得多（约几十微米）；另外，金属表面总难免存在着氧化膜和其他污物，阻碍着两分离焊件表面原子间的接近。因此，焊接过程的本质就是通过适当的物理化学过程克服这两个困难，使两个分离焊件表面的原子接近到晶格距离而形成结合力。这些物理化学过程，归结起来不外乎是用各种能量加热和用各种方法加压两类。

1.1.2 焊接在现代工业中的地位

在现代工业中，金属是不可缺少的重要材料。高速行驶的汽车、火车，载重万吨至几十万吨的轮船，耐腐耐压的化工设备以至宇宙飞行器等都离不开金属材料。在这些工业产品的制造过程中，需要把各种各样加工好的零件按设计要求连接起来制成产品，焊接就是将这些零件连接起来的一种加工方法。

在工业生产中采用的连接方法主要有可拆连接和不可拆连接两大类。螺钉、键、销钉等连接方式属于可拆连接，它们通常不用于制造金属结构，而是用于零件的装配和定位工作中。不可拆连接有铆接、焊接和黏结等几种方式，它们通常用于金属结构或零件的制造中。其中铆接应用较早，但它工序复杂、结构笨重，材料消耗也较大，因此，现代工业中已逐步被焊接所取代。黏结虽然工艺简单，而且在黏结过程中对被黏材料的组织和性能不产生任何不良影响，但是其接头强度一般较低。相反，焊接方法不但易于保证焊接结构等强度的要求，而且相对来说工艺比较简单，加工成本也比较低廉，所以焊接方法得到了广泛应用和飞速发展。据不完全统计，目前全世界年产量45%的钢和大量有色金属，都是通过焊接加工形成产品的。特别是焊接技术发展到今天，几乎所有部门（如机械制造、石油化工、交通能源、冶金、电子、航空航天等）都离不开焊接技术。因此可以这样说，焊接技术的发展水平是衡量一个国家科学技术先进程度的重要标志之一，没有现代焊接技术的发展，就不会有现代工业和科学技术的今天。

随着工业生产的发展，对焊接技术提出了多种多样的要求。如对焊接产品的使用方面，提出了动载、强韧、高压、高温、低温和耐蚀等项要求；从焊接产品结构形式上，提出了焊接厚壁零件到精密零件的要求；从焊接材料的选择上，提出了焊接各种黑色金属和有色金属的要求。具体地说，在造船和海洋开发中要求解决大面积拼板以及大型立体框架结构的自动焊及各种低合金高强度钢的焊接问题；在石油化学工业的发展中，要求解决耐高温、低温以及耐各种腐蚀性介质的压力容器制造问题；在航空工业及空间开发中，要求解决大量铝、钛等轻合金结构的制造问题；在重型机械工业中，要求解决大截面构件的焊接问题；在电子及精密仪表工业中，则要求解决微型精密零件的焊接问题。总之，一方面工业生产的发展对焊接技术提出了高要求，另一方面由于科学技术的发展又为焊接技术的进步开拓了新的途径。为满足我国现代化建设的需要，焊接技术必将得到更迅速的发展，并在工业生产中发挥出更重要的作用。

1.2　焊接方法分类及发展概况

1.2.1　焊接方法的分类及特点

目前，在工业生产中应用的焊接方法已达百余种。根据它们的焊接过程特点可将其分为熔焊、压焊和钎焊三大类，每大类又可按不同的方法细分为若干小类，如图1－1所示。

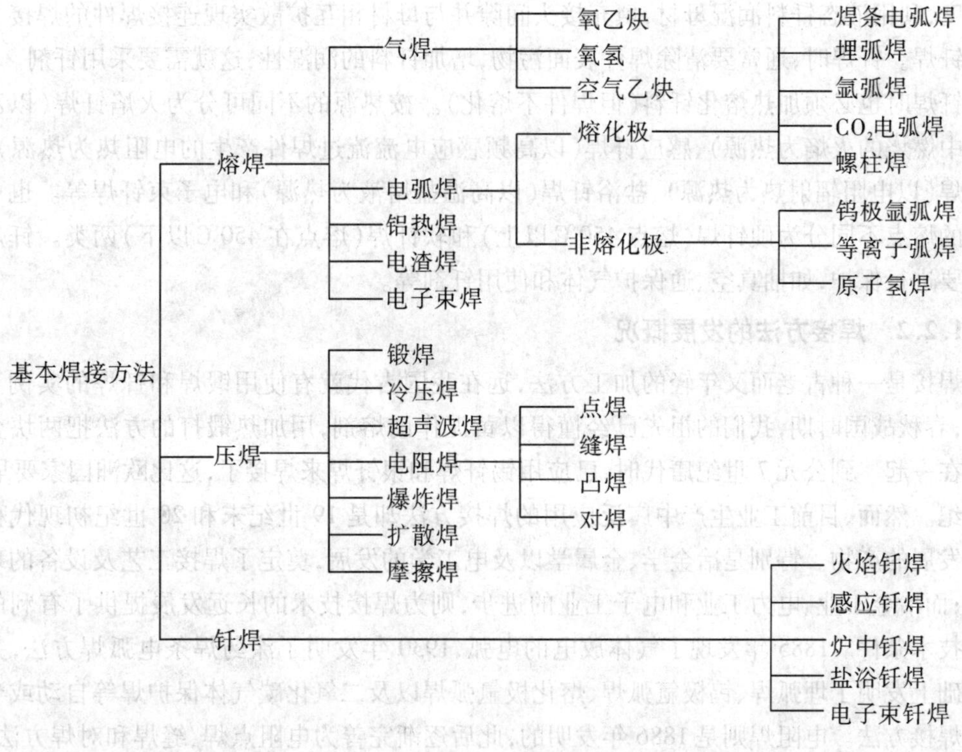

图1－1　焊接方法的分类图示

1. 熔焊

将待焊处的母材金属熔化以形成焊缝的焊接方法称为熔焊，实现熔焊的关键是要有一个能量集中、温度足够高的局部热源。若温度不够高，则无法使材料熔化；而能量集中程度不够，则会加大热作用区的范围，徒然增加能量损耗。按所使用热源的不同，熔焊可分为以下一些基本方法：电弧焊（以气体导电时产生的电弧热为热源，以电极是否熔化为特征分为熔化极电弧焊和非熔化极电弧焊两大类)、气焊(以乙炔或其他可燃气体在氧中燃烧的火焰为热源)、铝热焊(以铝热剂的放热反应产生的热为热源)、电渣焊(以熔渣导电时产生的电阻热为热源)、电子束焊(以高速运动的电子流撞击焊件表面所产生的热为热源)、激光焊(以激光束照射到焊件表面而产生的热为热源)等若干种。

熔焊时,为了避免焊接区的高温金属与空气相互作用而使性能恶化,在焊接区要实施保护。保护的方法通常有造渣、通以保护气和抽真空3种。因此,保护形式常常是区分熔焊方法的另一个特征。

2. 压焊

焊接过程中,必须对焊件施加压力(加热或不加热),以完成焊接的方法称为压焊。为了降低加压时材料的变形抗力,增加材料的塑性,压焊时在加压的同时常伴随加热措施。

按所施加焊接能量的不同,压焊的基本方法可分为电阻焊(包括点焊、缝焊、凸焊、对焊)、摩擦焊、超声波焊、扩散焊、冷压焊、爆炸焊和锻焊等。

3. 钎焊

采用比母材熔点低的金属材料作钎料,将焊件和钎料加热到高于钎料熔点,低于母材熔化温度,利用液态钎料润湿母材,填充接头间隙并与母材相互扩散实现连接焊件的焊接方法称为钎焊。钎焊时,通常要清除焊件表面污物,增加钎料的润湿性,这就需要采用钎剂。

钎焊时也必须加热熔化钎料(但焊件不熔化)。按热源的不同可分为火焰钎焊(以乙炔在氧中燃烧的火焰为热源)、感应钎焊(以高频感应电流流过焊件产生的电阻热为热源)、电阻钎焊(以电阻辐射热为热源)、盐浴钎焊(以高温盐熔液为热源)和电子束钎焊等。也可按钎料的熔点不同分为硬钎焊(熔点450℃以上)和软钎焊(熔点在450℃以下)两类。钎焊时通常要进行保护,如抽真空、通保护气体和使用钎剂等。

1.2.2 焊接方法的发展概况

焊接是一种古老而又年轻的加工方法,远在我国古代就有使用锻焊和钎焊的实例。据记载,春秋战国时期,我们的祖先已经懂得以黄泥作助熔剂,用加热锻打的方法把两块金属连接在一起。到公元7世纪唐代时,已应用锡钎焊和银钎焊来焊接了,这比欧洲国家要早10个世纪。然而,目前工业生产中广泛应用的焊接方法却是19世纪末和20世纪初现代科学技术发展的产物。特别是冶金学、金属学以及电工学的发展,奠定了焊接工艺及设备的理论基础;而冶金工业、电力工业和电子工业的进步,则为焊接技术的长远发展提供了有利的物质和技术条件。1885年发现了气体放电的电弧,1930年发明了涂药焊条电弧焊方法,并在此基础上发明了埋弧焊、钨极氩弧焊、熔化极氩弧焊以及二氧化碳气体保护焊等自动或半自动的焊接方法。电阻焊则是1886年发明的,此后逐渐完善为电阻点焊、缝焊和对焊方法,它几乎与电弧焊同时推向工业应用,逐步取代铆接,成为工业中广泛应用的两种主要焊接方法。到目前为止,又相继发明了电子束焊、激光焊等20余种基本方法和成百种派生方法,并且仍处于继续发展之中。

1.3 焊接电弧

弧焊电源是一种二次电源,所谓二次电源就是在一次电源(电力网)和负载之间的电能变换器。二次电源的作用是从一次电源获得电能,并转换为负载所需的形式和参数。电弧焊的负载就是焊接电弧,故弧焊电源的供电特性必须符合焊接电弧的用电特性。因此要了解和使用弧焊电源就有必要首先了解焊接电弧的电特性和对电弧电特性有影响的电弧物理基础。

1.3.1 焊接电弧的基本电特性

1. 等离子体与电弧现象

物质有固态、液态和气态,固体加热达到熔点成为液态,液体加热到沸点成为气态,如果气体再加热到很高的温度会是怎样的呢? 气体通常是不导电的,但是如果气体被加热到足够高的温度就会导电。根据物理学的基本知识,导电的必要条件是导电介质有带电粒子的存在,而气体中物质是以原子或分子的形式存在,所以不导电。但是如果对气体施加足够高的能量,可以使气体原子中的电子脱离原子核的束缚,形成带负电荷的电子和因为失去电子而带正电荷的正离子。这时候的气体已经失去原有的物理特性,而存在相等数量的电子和正离子,称为等离子态,也是物质的第四态。电弧内部就是一个充满等离子体的导电区域。

电弧是气体放电现象中的一部分,具有低电压、大电流特性,主要用于工业加热和强光源。最初在物理学研究中观察电弧是在两个水平的电极之间引燃一个电弧。由于电弧具有很高的温度,电弧区域的温度远高于室温,其电弧气氛的密度自然会比周围空气低很多,由于密度差别产生的浮力作用就会使这部分导电的区域呈弧形上浮,所以称为电弧,如图 1-2 所示。图 1-2 中电弧弧度的大小与电弧长度有很大关系。电弧长度,即两个电极之间的距离越大,电弧的弧度就越明显。焊接过程中的电弧长度通常很短,因此即使在水平位置焊接时也不会观察到明显的上浮现象。

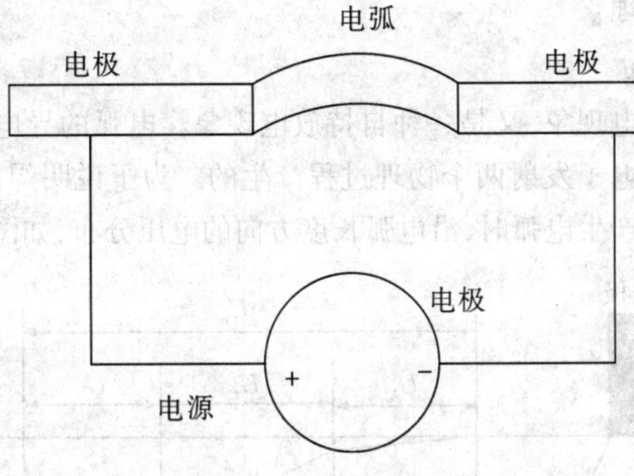

图 1-2 电弧外观示意图

2. 焊接电弧的伏安特性

设计和选择电源时,负载的伏安特性是最为重要的。所谓负载的伏安特性就是负载两端的电压与流过负载的电流之间的关系。通常在以电流为横坐标,电压为纵坐标的直角坐标系里表示负载的伏安特性,称伏安特性曲线。电阻性负载的伏安特性曲线就是一条直线,又称为线性负载。电弧的伏安特性曲线是非线性关系,如图 1-3 所示。

不同气体和电极材料下的电离条件不同,因此电弧伏安曲线是不同的,但是总体变化趋势相似。电弧在电流较小的 A 区,电压随电流的增加而降低,呈负阻特性;在电流中等的 B

区，电压几乎不随电流变化而变化，呈恒压特性；在电流较大的 C 区，电压与电流成正比，类似于普通的电阻的特性。不同的焊接方法工作在不同的区间里：钨极氩弧焊工作在 A－B 区，如图中方框 1 所示区域；普通焊条电弧焊工作在 B－C 区，如图中方框 2 所示区域；熔化极气体保护焊工作在 C 区，如图中方框 3 所示区域。应当指出，图 1－3 讨论电弧伏安特性是在电极直径一定的条件下。如果考虑到电极直径的变化，真正影响电弧伏安特性曲线的不是电流 I，而是电流密度 j。因为，电弧的导电机理主要是基于热电离作用，而决定热量产生的不仅仅是电流的大小，更主要的是电流密度的高低。

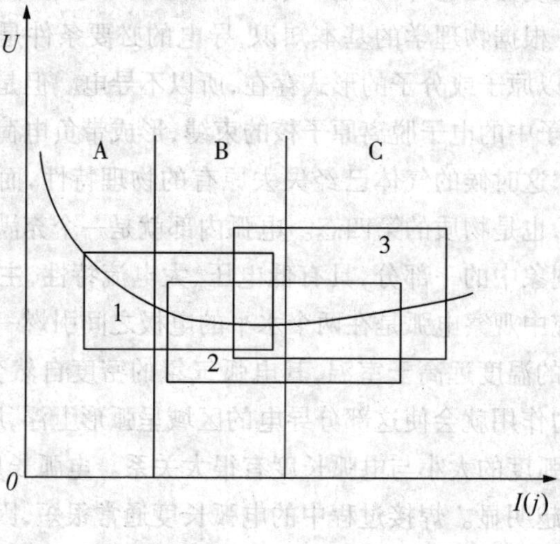

图 1－3　焊接电弧的伏安特性曲线示意图

3. 焊接电弧的导电机理

(1) 焊接电弧电压分布

电弧既是一种气体导电现象，又是一种自持放电现象。电弧的导电性是依靠电弧中的气体介质的电离和电极的电子发射两个物理过程产生的。为了说明焊接电弧的导电机理，首先分析在两个电极之间产生电弧时，沿电弧长度方向的电压分布，如图 1－4 所示。

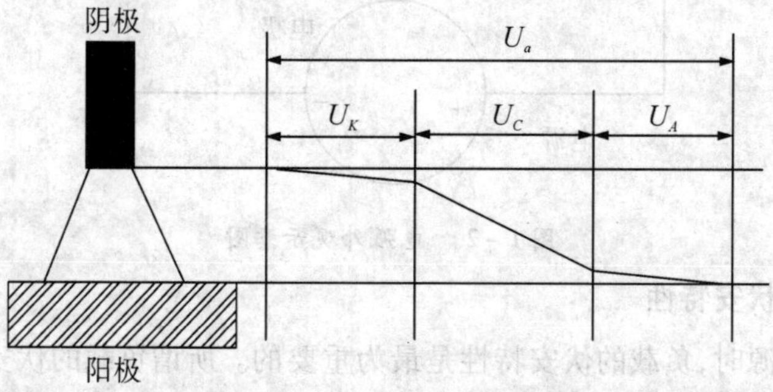

图 1－4　焊接电弧电压分布示意图

在图 1－4 中由电弧两极测得的总电压为 U_a，接近阳极区域的压降为 U_A、接近阴极区域的压降为 U_K，中间，即弧柱区域的压降为 U_C，三部分组成总的电弧电压，因此有

$$U_a = U_A + U_K + U_C$$

阳极区和阴极区在电弧中长度很小，分别约为 10^{-4} cm 和 10^{-6} cm。因此在两极附近有很

大的电位梯度,或者说很高的电场强度。在阴极区,高电场强度是为电子发射提供能量所必需的。在阳极区高电场强度是接受电子所形成的。由于两极区的距离很小,可以忽略不计,因此可以认为两电极之间的距离即为弧柱的长度。阳极区压降和阴极区压降与弧长无关。

(2)电弧中带电粒子的产生

电弧两极间带电粒子产生的来源有中性气体粒子的电离、金属电极发射电子、负离子形成等。其中气体电离和阴极发射电子是电弧中产生带电粒子的两个基本物理过程。

①气体的电离。

a.电离与激励。

在外加能量作用下,使中性的气体分子或原子分离成电子和正离子的过程称为气体电离。气体电离的实质,是中性气体粒子(分子或原子)吸收足够的外部能量,使得分子或原子中的电子脱离原子核的束缚而成为自由电子和正离子的过程。中性气体粒子失去第一个电子所需的最小外加能量称为第一电离能,失去第二个电子所需的能量称为第二电离能,依此类推。

电弧焊中的气体粒子电离现象主要是一次电离。电离能通常以电子伏(eV)为单位。1电子伏就是指1个电子通过电位差为1V的两点间所需做的功,其数值为1.6×10^{-19}J。为了便于计算,常把以电子伏为单位的能量转换为数值上相等的电离电压来表示。电弧气氛中常见气体粒子的电离电压见表1-1。

表1-1 常见气体粒子的电离电压

气体粒子	电离电压/V	气体粒子	电离电压/V
H	13.5	W	8.0
He	24.5(54.2)	H_2	15.4
Li	5.4(75.3,122)	C_2	12
C	11.3(24.4,48,65.4)	Na	15.5
N	14.5(29.5,47,73,97)	O_2	12.2
O	13.5(35,55,77)	Cl_2	13
F	17.4(35,63,87,114)	CO	14.1
Na	5.1(47,50,72)	NO	9.5
Cl	13(22.5,40,47,68)	OH	13.8
Ar	15.7(28,41)	H_2O	12.6
K	4.3(32,47)	CO_2	13.7
Ca	6.1(12,51,67)	NO_2	11
Ni	7.6(18)	Al	5.96
C2	7.7(20,30)	Mg	7.61
Mo	7.4	Ti	6.81
Cs	3.9(33,31,55,58)	Cu	7.68
Fe	7.9(16,30)		

注:括号内以逗号分隔的数字从左到右依次为二次,三次……电离电压。

当其他条件(如气体的解离性能、热物理性能等)一定时,气体电离电压的大小反映了带电粒子产生的难易程度。电离电压低,表示带电粒子容易产生,有利于电弧导电;相反,电离电压高表示带电粒子难以产生,电弧导电困难。当中性气体粒子受外加能量作用而不足以使其电离时,但可能使其内部的电子从原来的能级跃迁到较高的能级,这种现象称为激励。

使中性粒子激励所需要的最低外加能量叫做激励能,若以伏为单位来表示,则称为激励电压。常见气体粒子的激励电压见表1-2。

表1-2 常见气体粒子的激励电压

元 素	激励电压/V	元 素	激励电压/V	元 素	激励电压/V
H	10.2	K	1.6	CO	6.2
He	19.3	Fe	4.43	CO_2	3.0
Ne	16.6	Cu	1.4	H_2O	7.6
Ar	11.6	H_2	7.0	Cs	1.4
N	2.4	N_2	6.3	Ca	1.9
O	2.0	O_2	7.9		

激励时由于电子未脱离原子的束缚,所以受激粒子仍呈中性。受激粒子是处于不稳定的激励状态,处于激励状态的时间极短,一般为$10^{-2}\sim10^{-8}$s。处于激励状态的粒子有自发地恢复到常态的趋势,将自己的能量以辐射光的形式释放出来,表现为电弧的辐射光,或继续受到外加能量的作用而电离。

由此可见,当电弧空间同时存在电离电压(或激励电压)不同的几种气体时,在外加能量的作用下,电离电压(或激励电压)较低的气体粒子将先被电离(或激励)。如果这种气体供应充足,则电弧空间的带电粒子将主要由这种气体的电离来提供,所需要的外加能量也主要取决于这种较低的电离电压,因而为提供电弧导电所要求的外加能量也较低。焊接时,为提高电弧的稳定性,往往加入一些电离电压较低、易电离的元素作为稳弧剂,也就是基于此种原因。

任何中性气体粒子,在一定的外加能量作用下都会产生电离与激励,电弧气氛中往往是电离与激励同时存在。外加能量可以通过不同方式作用于中性气体粒子,但使之电离与激励所必需的最低能量数值,并不因施加能量方式的不同而改变,即对于确定的气体粒子其电离电压和激励电压都是固定数值。

b.电离种类。根据外加能量来源的不同,气体电离种类可分为以下几种:

- 热电离。气体粒子受热的作用而产生电离的过程称为热电离。它实质上是由于气体粒子的热运动形成频繁而激烈的碰撞产生的一种电离过程。

电弧中带电粒子数的多少对电弧的稳定起着重要作用。单位体积内电离的粒子数与气体电离前粒子总数的比值称做电离度,用x表示,即

$$x = 电离后的中性粒子密度 / 电离前的中性粒子密度$$

热电离的电离度与温度、气体压力及气体的电离电压有关。随着温度的升高,气体压力的减小及电离电压的降低,电离度随之增加,电弧中带电粒子数增加,电弧的稳定性增强。热电离度x与温度T之间的关系如图1-5所示。

- 场致电离。在两电极间的电场作用下,气体中的带电粒子被加速,电能将转换为带电粒子的动能。当带电粒子的动能增加到一定数值时,则可能与中性粒子发生非弹性碰撞而使之产生电离,这种电离称为场致电离。

在普通焊接电弧中,因弧柱的温度一般在5 000~50 000 K之间,而电场强度仅为10 V/cm左右,所以在弧柱区热电离是产生带电粒子的主要途径,电场作用下的电离则是次要的。在电弧的阴极压降区和阳极压降区,电场强度可达$10^5\sim10^7$ V/cm,远高于弧柱区,因

而会产生显著的场致电离现象。

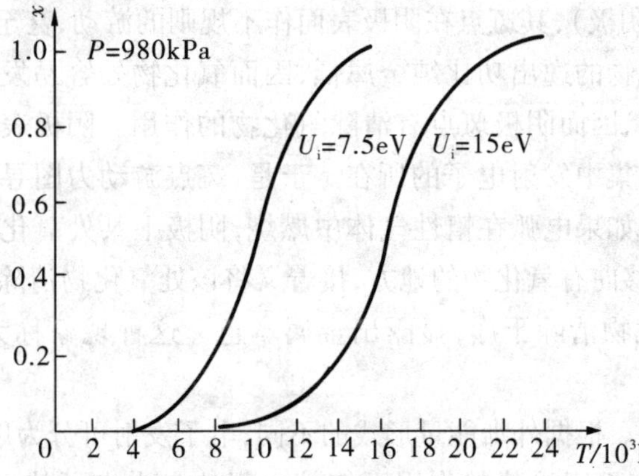

图 1－5 热电离度 x 与温度 T 之间的关系

由上述分析可知，热电离和场致电离本质上都属于碰撞电离。在碰撞过程中，由于电子的质量远小于其他气体粒子，速度快，动能大，因而当其与中性气体粒子碰撞时，几乎可以将其全部动能传递给中性粒子而转化为中性粒子的内能（这种碰撞称为非弹性碰撞），使中性粒子电离或激励。因此，电弧中通过碰撞传递能量使中性气体粒子电离的过程中电子的作用是主要的。

- 光电离。中性气体粒子受到光辐射的作用而产生的电离过程称为光电离。

焊接电弧的光辐射只可能对 K，Na，Ca，Al 等金属蒸气直接引起光电离，而对焊接电弧气氛中的其他气体则不能直接引起光电离。因此，光电离只是电弧中产生带电粒子的一种次要途径。

②阴极电子发射。在电弧焊中，电弧气氛中的带电粒子一方面由电离产生，另一方面则由阴极电子发射获得，两者都是电弧产生和维持不可缺少的必要条件。由于从阴极发射的电子，在电场的加速下碰撞电弧导电空间的中性气体粒子而使之电离，这样就使阴极电子发射充当了维持电弧导电的“原电子之源”。因此，阴极电子发射在电弧导电过程中起着特别重要的作用。

a. 电子发射与逸出功。阴极中的自由电子受到一定的外加能量作用时，从阴极表面逸出的过程称为电子发射。电子从阴极表面逸出需要能量，1 个电子从金属表面逸出所需要的最低外加能量称为逸出功（A_w），单位是电子伏。因电子电量为常数 e，故通常用逸出电压（U_w）来表示，单位为 V。逸出功的大小受电极材料种类及表面状态的影响。表 1－3 列出几种金属材料的逸出功。由表可见，当金属表面存在氧化物时逸出功都会减小。

表 1－3 几种金属材料的逸出功

金属种类		W	Fe	Al	Cu	K	Ca	Mg
A_w/eV	纯金属	4.54	4.48	4.25	4.36	2.02	2.12	3.73
	表面有氧化物	—	3.92	3.9	3.85	0.46	1.8	3.31

b. 阴极斑点。阴极表面通常可以观察到发出烁亮的区域，这个区域称为阴极斑点，它是发射电子最集中的区域，即电流最集中流过的区域。阴极斑点的形态与阴极的类型有关。

当采用钨或碳作阴极材料时(通常称为热阴极),其斑点固定不动;而当采用铜、钢、铝等材料作阴极时(通常称为冷阴极),其斑点在阴极表面作不规则的游动,甚至可观察到几个斑点同时存在。由于金属氧化物的逸出功比纯金属低,因而氧化物处容易发射电子。氧化物发射电子的同时自身被破坏,因而阴极斑点有清除氧化物的作用。阴极表面某处氧化物被清除后另一处氧化物就成为集中发射电子的所在。于是,斑点游动力图寻找在一定条件下最容易发射电子的氧化物。如果电弧在惰性气体中燃烧,阴极上某处氧化物被清除后不再生成新的氧化物,阴极斑点移向有氧化物的地方,接着又将该处氧化物清除。这样就会在阴极表面的一定区域内将氧化物清除干净,显露出金属本色。这种现象称为"阴极清理"作用或"阴极破碎"作用。

c. 电子发射的类型。根据外加能量形式的不同,电子发射可分为以下 4 种类型:

• 热发射。阴极表面因受热的作用而使其内部的自由电子热运动速度加大,动能增加,一部分电子动能达到或超出逸出功时产生的电子发射现象称为热发射。

热发射的强弱受材料沸点的影响。当采用高沸点的钨或碳作阴极时(其沸点分别为 5 950 K和 4 200 K),电极可被加热到很高的温度(一般可达 3 500 K 以上),此时,通过热发射可为电弧提供足够的电子。

• 场致发射。当阴极表面空间存在一定强度的正电场时,阴极内部的电子将受到电场力的作用。当此力达到一定程度时电子便会逸出阴极表面,这种电子发射现象称为场致发射。

当采用钢、铜、铝等低沸点材料作阴极时(其沸点分别为 3 013 K,2 868 K 和 2 770 K),阴极加热温度受材料沸点限制不可能很高,热发射能力较弱,此时向电弧提供电子的主要方式是场致发射电子。实际上,电弧焊时纯粹的场致发射是不存在的,只不过是在采用冷阴极时以场致发射为主,热发射为辅。

• 光发射。当阴极表面受到光辐射作用时,阴极内的自由电子能量达到一定程度而逸出阴极表面的现象称为光发射。光发射在阴极电子发射中居次要地位。

• 粒子碰撞发射。电弧中高速运动的粒子(主要是正离子)碰撞阴极时,把能量传递给阴极表面的电子,使电子能量增加而逸出阴极表面的现象称为粒子碰撞发射。

焊接电弧中,阴极区有大量的正离子聚积,正离子在阴极区电场作用下被加速,获得较大动能,撞击阴极表面可能形成碰撞发射。在一定条件下,这种电子发射形式也是焊接电弧阴极区提供导电所需要带电粒子的主要途径之一。

实际焊接过程中,上述几种电子发射形式常常同时存在,相互促进,相互补充,只是在不同的条件下它们起的作用各不相同。

③带电粒子的消失。电弧导电过程中,在产生带电粒子的同时,伴随着带电粒子的消失过程。在电弧稳定燃烧时,二者是处于动平衡状态的。带电粒子在电弧空间的消失主要有扩散、复合两种形式。

a. 扩散。电弧空间中如果带电粒子的分布不均匀,则带电粒子将从密度高的地方向密度低的地方迁移而使密度趋于均匀,这种现象称为带电粒子的扩散。

焊接电弧中,弧柱中心部位比周边温度高,带电粒子密度大,因而这种扩散总是从弧柱中心向周边扩散。各种带电粒子中电子的质量最小,运动速度最大,因此电子的扩散速度比离子高，容易扩散到电弧周边上来。当电弧周边上的电子密度增加后将阻碍电子的继续扩散，这时由于正负电荷的吸引作用，又促使正离子向电弧周边扩散。这种扩散的结果，不仅使弧柱中心带电粒子数减少，还将中心的一部分热量带到电弧周边。为保持电弧的稳定燃烧，电弧本身必须再多产生一部分带电粒子和热量来弥补上述损失。

b. 复合。电弧空间的正负带电粒子（正离子、负离子、电子）在一定条件下相遇而结合成中性粒子的过程称为复合。

复合主要是在电弧的周边进行。这是因为弧柱中心温度较高，所有粒子本身的热运动能量都很大，只能产生更多的带电粒子，不可能产生复合。在电弧周边温度较低，带电粒子数较少，弧柱中心的带电粒子会向周边扩散并降低能量，然后复合成中性粒子。电子与正离子复合时将以辐射和热能的形式释放出电离能和各自的一部分动能。交流电弧焊接时，电流过零的瞬间电弧熄灭，电弧空间温度迅速降低，这时会产生带电粒子的大量复合，使电弧空间带电粒子减少，可能导致电弧复燃困难。

④负离子的形成与影响。在一定条件下，有些中性原子或分子能吸附电子而形成负离子。由于电弧周边温度较低，因而中性粒子易与从电弧中心扩散出来的动能较低的电子相遇而形成负离子。

中性粒子吸附电子而形成负离子时，其内能不是增加而是减少，以热或辐射光的形式释放出来。减少的这部分能量称为中性粒子的电子亲和能。电子亲和能大的元素，形成负离子的倾向大。由于大多数元素的电子亲和能较小，所以不易生成负离子。电弧中可能遇到的 F，Cl，O_2，OH，NO 等元素均具有一定的电子亲和能，都可能形成负离子。

负离子的产生，使得电弧空间的电子数量减少，导致电弧导电困难，电弧稳定性降低；负离子虽然所带电荷量与电子相等，但因其质量比电子大得多，运动速度低，易与正离子复合成中性粒子，故不能有效地担负转送电荷的任务。

4. 最小电压原理

自由电弧是两个电极之间的气体导体，它可以自由扩大和缩小其导电断面。电流一定，气体介质条件一定时，稳定燃烧的电弧将自动选择一适当的断面，以保证弧柱中有最低的电场强度，即在固定弧长上的电压为最小，这就是最小电压原理。另外，两个电极之间的最小距离，不一定是获得最小电压的通道。

1.3.2　焊接电弧的动特性

所谓焊接电弧的动特性，是指在一定的弧长下，当电弧电流快速变化时，电弧电压和电流瞬时值之间的关系。

1. 直流脉动电流的电弧动特性

实验表明，当焊接电流快速变化时，电弧动特性曲线如图 1-6 所示。

在图 1-6 中，曲线 AV 是电弧的伏安特性曲线，AV 是在电弧电流缓慢变化时得到的，因此也称电弧静特性曲线。设电弧电流为脉动直流，幅值变化范围是从最低值 L 到最大值 H，频率为 f。当频率 f 很低时，电弧电压沿 AV 曲线变化，即电弧的静特性；当频率 f 较高时，电流从最小值 L 上升到最大值 H 时，电压的变化轨迹是 abc，电流从最大值 H 下降到最小值 L 时，电压的变化轨迹是 cda；当频率 f 很高时，电流从最小值 L 上升到最大值 H 时，电压的变

化轨迹是 mbn，电流从最大值 H 下降到最小值 L 时，电压的变化轨迹是 ndm。由此可见，电流脉动频率 f 越高（电弧电流变化速度越快），电弧动特性曲线与静特性曲线的差别越大。电弧弧柱区的导电机制是气体电离，因此弧柱区的导电能力取决于电离程度，而电离程度又主要取决于电弧温度，电弧温度又是通过电弧电流的加热作用产生的。电弧温度对电流的响应存在一定的惯性，因此当电弧电流的脉动频率升高时，电弧温度的相位响应滞后增加，电弧温度的幅值响应降低，电弧电压的变化轨迹将脱离静特性曲线。当电弧电流变化速度极快时，电弧温度的幅值响应趋于零。这时候电弧的动特性曲线将与 OP 重合，OP 是过坐标原点 O 和电弧静特性曲线 AV 上 g 点的一条直线，g 点是电弧电流有效值 M 与电弧静特性曲线 AV 的交点。在高频脉动电流下电弧伏安特性呈线性电阻特性。这表明，此时电弧温度恒定不变，稳定在电弧电流有效值 M 与电弧静特性曲线 AV 的交点 g 所对应的温度状态下。

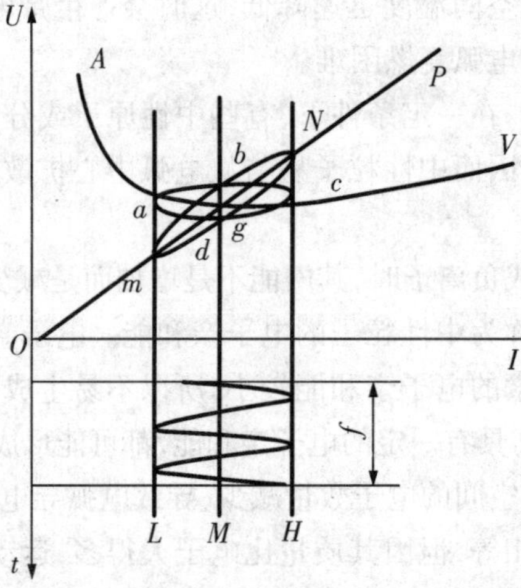

图 1-6　电弧动特性曲线示意图

2. 交流电流的电弧动特性

在电弧焊接中，不仅用到直流电源，也会用到交流电源，因此有必要分析一下交流电弧的动特性。交流电弧的动特性与脉动直流有很多相似的地方。交流电流下的电弧动特性与脉动直流电流的差别是存在电流过零期间，因此在交流电弧中存在电弧熄灭和电弧再引燃现象。在交流电弧中要保证电弧熄灭后能够再引燃，必须在电流过零后对电弧迅速施加较高的电压。对于正弦波交流电源要使用大电感产生足够大的电压超前角，保证电流过零时，电压已经在一个比较高的数值——超过再引燃电压。更好的方法是使用交流方波电源。正弦波交流电流作用下电弧动特性曲线如图 1-7 所示，可以看作是脉动直流电弧动特性在 1 和 3 两个象限的扩展。

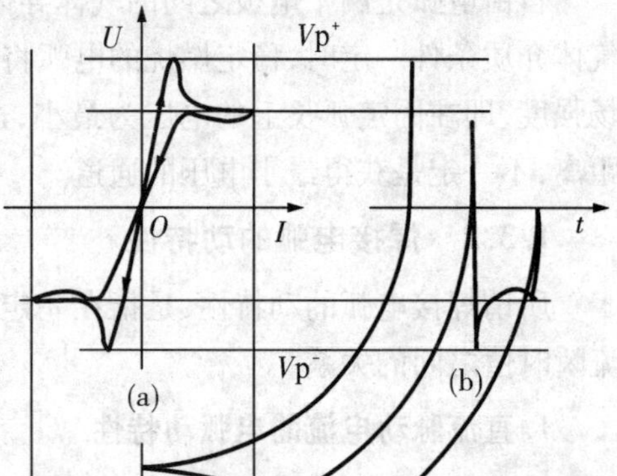

图 1-7　正弦交流电弧动特性曲线示意图

图 1 - 7(c)是电弧电流波形,图 1 - 7(b)是电弧电压波形,图 1 - 7(a)是正弦交流电流下的电弧动特性曲线图,也就是里沙育图。Vp^{+},Vp^{-}分别为电弧正负半波的过零再引燃电压,与电极材料、电弧气氛和电弧电流有关。当电极材料不同时,Vp^{+}与Vp^{-}不同,正负半波电流波形也将不对称,这将导致变压器存在直流分量。如果直流分量过大,可能影响变压器的正常工作。

1.3.3 焊接电弧的导电特性

焊接电弧的导电特性是指参与电荷的运动并形成电流的带电粒子在电弧中产生、运动和消失的过程。在焊接电弧的弧柱区、阴极区和阳极区 3 个组成区域中,它们的导电特性是各不相同的。

1. 弧柱区的导电特性

弧柱的温度很高,且随电弧气体介质、电流大小的不同而异,大约在 5 000 ~ 50 000 K 之间。电弧稳定燃烧时,弧柱与周围气体介质处于热平衡状态。当弧柱温度很高时,可使其中的大部分中性粒子电离成电子和正离子。由于正离子和电子的空间密度相同,两者的总电荷量相等,所以宏观上看弧柱呈电中性。由此可见,弧柱是包含大量电子、正离子等带电粒子和中性粒子等聚合在一起的气体状态。这种状态又称为电弧等离子体。

电弧等离子体虽然对外呈现电中性,但由于其内部有大量电子和正离子等带电粒子,所以具有良好的导电性能。这些带电粒子在电场的作用下运动,就形成了弧柱中的电流。弧柱中负离子的数量很少,可以忽略不计。因而,弧柱中的电流由向阴极运动的正离子流和向阳极运动的电子流组成。由于电子和正离子在同一电场中所受的电场力相同,而电子的质量远比正离子的质量小,即电子的运动速度比正离子的速度要大得多,因此弧柱中的电流主要由电子流构成。

弧柱单位长度上的电压降(即电位梯度)称为弧柱电场强度 E。E 的大小表征弧柱的导电性能,弧柱的导电性能好,则所要求的 E 值小。显然,当弧柱中通过大电流时,电离度提高,E 值将减小。电场强度 E 和电流 I 的乘积 EI,相当于电源供给每单位弧长的电功率,它将与弧柱的热损失相平衡。电弧在 H_2,He 等气体介质中燃烧时,由于这些气体比空气轻,粒子运动速度大,带走的热量多,在电流一定时,为了平衡就需要增加电弧单位长度的电功率,亦即必须加大 E 值。另外,多原子气体在分解成单原子时也要吸收热量,也会使 E 值变大。I 一定,E 变大,弧柱的产热功率提高,因而弧柱的温度也升高。当弧柱外围有强迫气流冷却时,E 也将提高,弧柱温度也会升高。由此可见:电场强度 E 的大小与电弧的气体介质有关,E 的大小将随弧柱的热损失情况而自行调整。

上述两种现象表明,弧柱在稳定燃烧时,有一种使自身能量消耗最小的特性,即当电流和电弧周围条件(如气体介质种类、温度、压力等)一定时,稳定燃烧的电弧将自动选择一个确定的导电截面,使电弧的能量消耗最小。当电弧长度也为定值时,电场强度的大小即代表了电弧产热量的大小,因此,能量消耗最小时的电场强度最低,即在固定弧长上的电压降最小,这就是最小电压原理。

电流和电弧周围条件一定时,如果电弧截面面积大于或小于其自动确定的截面,都会引起电场强度 E 增大,使消耗的能量增多,违反最小电压原理。因为电弧截面增大时,电弧与周围介质的接触面增大，电弧向周围介质散失的热量增加，要求电弧产生更多的能量与之相平衡，即要求 EI 增加。而焊接电流 I 是一定的，只能是电弧电场强度 E 增加；反之，若电弧截面减小，则在 I 一定的情况下，电流密度 j 必然增加，导致 E 增大。所以说，电弧将自动确定一个截面，在这一截面下，使 EI 最小，即消耗的能量最小。

2. 阴极区的导电特性

阴极区是指靠近阴极的很小一个区域，在电弧中，它有两方面的作用：一方面向弧柱区提供电弧导电所需的电子流；另一方面接受由弧柱传来的正离子流。由于电极材料种类及工作条件（电流大小、气体介质等因素）不同，阴极区的导电形式和特性也不同。

（1）热发射型

当采用热阴极且使用较大电流时，阴极区可加热到很高的温度，这时阴极主要靠热发射提供电子流来满足弧柱导电的需要。这种情况下，阴极斑点在电极表面十分稳定，其面积较大而且比较均匀，紧挨阴极表面的弧柱不呈收缩状态。阴极区的电流密度与弧柱区也相近，阴极区电压降很小。

热发射时电子从阴极表面带走的热量可以从两个途径得到补充：正离子冲击阴极表面而将能量传递给阴极，并且正离子在阴极表面复合电子，释放出的电离能也使阴极加热；电流流过阴极时产生的电阻热使阴极加热。通过上述能量补充，可使阴极维持较高的温度，保证持续的热发射。大电流钨极氩弧焊时，这种热发射型导电占主导地位。

（2）电场发射型

当采用冷阴极或虽然采用热阴极但使用较小电流时，因为不可能加热到很高的温度，不足以产生较强的热发射来提供弧柱导电所需要的电子流，则在靠近阴极的区域，正电荷过剩而形成较强的正电场，并使阴极与弧柱之间形成一个正电性区——阴极区。这个正电场的存在，可使阴极产生场致发射，向弧柱提供所需要的电子流，同时阴极发射出来的电子被加速，其动能增加，在阴极区可能产生场致电离。场致电离产生的电子与阴极发射出来的电子合在一起构成弧柱所需的电子流，场致电离产生的正离子与弧柱电离出来的正离子，在电场作用下一起奔向阴极，使得阴极区保持正离子过剩，出现正电性，维持场致发射。另外，当这些正离子到达阴极时，将其动能转换为热能，对阴极的加热作用增强，使阴极的热发射作用增大，呈现热——场致发射，为弧柱提供足够的电子流。这种形式的导电中，为了提高阴极区的电场强度，按照最小电压原理，阴极区将自动收缩截面，以提高正离子流即正电荷的密度，维持阴极的电子发射能力。在小电流钨极氩弧焊和熔化极气电焊时，这种场致发射型导电起主要作用。

在采用冷阴极或虽然采用热阴极但使用较小电流的情况下，实际上是热发射型和场致发射型两种阴极导电形式并存，而且相互补充和自动调节。阴极区的电压降，主要取决于电极材料的种类、电流大小和气体介质的成分，一般在几伏至几十伏之间。当电极材料的沸点较高或逸出功较小时，热发射型导电的比例较大，阴极压降较小，反之，则场致发射型导电的比例较大，阴极压降也较大。电流较大时，一般热发射型导电的比例增大，阴极压降减小。

3. 阳极区的导电特性

阳极区是指靠近阳极的很小一个区域，在电弧中，它的主要作用是接受弧柱中送来的电子流,同时向弧柱提供所需要的正离子流。

(1)阳极斑点

在阳极表面也可看到烁亮的区域,这个区域称为阳极斑点。弧柱中送来的电子流,集中在此处进入阳极,再经电源返回阴极。阳极斑点的电流密度比阴极斑点的小,它的形态与电极材料及电流大小有关。由于金属蒸气的电离电压比周围气体介质的低,因而电离易在金属蒸气处发生。如果阳极表面某一区域产生均匀的金属熔化和蒸发,或这些区域的蒸发比其他区域更强烈,则这个区域便成为阳极导电区。在大气或氧化性气氛中燃烧的电弧,由于金属阳极上有氧化物存在,而一般金属的熔点与沸点皆低于金属氧化物的熔点和沸点,所以纯金属处比金属氧化物处更容易产生蒸发。阳极斑点便会自动寻找纯金属而避开氧化物,因而在阳极表面上跳跃移动。

(2)阳极区导电形式

阳极不能发射正离子,弧柱所需要的正离子流是由阳极区的电离提供的。由于条件不同,阳极区的导电形式有两种:

①阳极区的场致电离。当电弧电流较小时,阳极前面的电子数必将大于正离子数,形成负的空间电场,并使阳极与弧柱之间形成一个负电性区——阳极区。只要弧柱的正离子得不到补充,这个负电场就继续增大。阳极区内的带电粒子被这个电场加速,使其在阳极区内与中性粒子碰撞产生场致电离,直到这种电离生成的正离子能满足弧柱需要时,阳极区的电场强度才不再继续增大。电离生成的正离子流向弧柱,产生的电子流向阳极。这种导电方式中阳极区压降较大。

②阳极区的热电离。当电弧电流较大时,阳极的过热程度加剧,金属产生蒸发,阳极区温度也大大提高。阳极区内的电离方式将由金属蒸气的热电离取代高能量电子的碰撞产生的场致电离,完成阳极区向弧柱提供正离子流的作用。这种情况下阳极区的压降较低。大电流钨极氩弧焊时属于这种阳极区导电机构。

1.3.4 焊接电弧的工艺特性

电弧焊以电弧为能源,主要利用其热能及机械能。焊接电弧与热能及机械能有关的工艺特性,主要包括电弧的热能特性、力学特性、稳定性等。

1. 电弧的热能特性

(1)电弧热的形成机构

电弧可以看作是一个把电能转换成热能的柔性导体,由于电弧 3 个区域的导电特性不同,因而产热特性也不同。

①弧柱的产热。弧柱是带电粒子的通道。在这个通道中带电粒子在外加电场的作用下运动,电能转换为热能和动能。在弧柱中,带电粒子并不是直接向两极运动,而是在频繁而激烈的碰撞过程中沿电场方向运动。这种碰撞是无规则的紊乱运动,可能是带电粒子之间的碰撞,也可能是带电粒子与中性粒子之间的碰撞。碰撞过程中带电粒子达到高温状态,把电能转换成热能。由于质量上的差异,电子运动速度比正离子运动速度大得多,因此从电源吸取电能转换为热能的作用几乎完全由电子来承担,在弧柱中外加电能大部分将转换为热能。

单位长度弧柱的电能为 EI,它的大小决定了弧柱产热量的大小。当电弧处于稳定状态时，弧柱的产热与弧柱的热损失（对流、传导和辐射等）处于动平衡状态。当电弧电流一定时，单位长度弧柱产热量由 E 决定，E 的数值按最小电压原理自行调节。I 一定，E 升高，则弧柱的产热量增加，弧柱温度升高，焊件获得的热量也增加。根据这一特点，在实际焊接中往往采取措施强迫冷却弧柱，使电弧截面减小，E 增大，从而获得能量更集中、温度更高的电弧。

一般电弧焊时，弧柱损失的热能中对流损失约占 80% 以上，传导与辐射损失约占 10% 左右，所以仅剩很少一部分能量通过辐射传给焊丝和焊件。当电流较大有等离子流产生时，等离子流可把弧柱的一部分热量带给焊件，从而增加焊件的热量。

②阴极区的产热。阴极区与弧柱区相比，长度很短，且靠近电极或焊件（由接线方法决定），所以直接影响焊丝的熔化或焊件的加热。阴极区存在两种带电粒子：电子和正离子。这两种带电粒子在不断地产生、运动和消失，同时伴随着能量的转换与传递。由于弧柱中正离子流所占比例很小，可以认为它的产热对阴极区的影响很小，可忽略不计。影响阴极区能量状态的带电粒子全部在阴极区产生，并由阴极区提供足够数量的电子来满足弧柱导电的需要，因此可从这些电子在阴极区的能量平衡过程来分析阴极区的产热。

阴极区提供的电子流与总电流 I 相近，这些电子在阴极压降 U_K 的作用下逸出阴极并被加速，获得的总能量为 IU_K；电子从阴极表面逸出时，将从阴极表面带走相当于逸出功的能量，对阴极有冷却作用，这部分能量总和为 IU_W；电子流离开阴极区进入弧柱区时，将带走与弧柱温度相应的热能，这部分能量为 IU_T（U_T 为弧柱温度的等效电压）。所以阴极区总的产热功率 P_K 应为

$$P_K = IU_K - IU_W - IU_T$$

式中，P_K 为阴极区的产热总功率，W；U_K 为阴极区压降，V；U_W 为逸出电压，V；U_T 为弧柱温度的等效电压，V。上式决定的产热量主要用于对阴极的加热和阴极区的散热损失。焊接时，这部分能量可被用来加热填充材料或焊件。

③阳极区的产热特性。阳极区的电流由电子流和正离子流两部分组成，因正离子流所占比例很小，可忽略不计，只考虑电子流的能量转换效应。到达阳极的电子能量由三部分组成：一部分是电子经阳极压降区被 U_A 加速而获得的动能 IU_A；另一部分为电子从阴极逸出时吸收的逸出功 IU_W；第三部分是从弧柱区带来的与弧柱温度相应的热功率为 IU_T。因此阳极区的总产热功率 P_A 为

$$P_A = IU_A + IU_W + IU_T$$

式中，P_A 为阳极产热总功率，W；U_A 为阳极区压降，V。所产热量主要用于对阳极的加热和散热损失。在焊接过程中，这部分能量也可用于加热填充材料或焊件。

（2）电弧的温度分布

电弧各部分的温度分布受电弧产热特性的影响，电弧组成的 3 个区域产热特性不同，温度分布也有较大区别。电弧温度的分布特点可从轴向和径向两个方面比较：

①轴向。阴极区和阳极区的温度较低，弧柱温度较高，如图 1－8 所示。造成这一结果的原因是：电极受材料沸点的限制，加热温度一般不能超过其沸点；而弧柱中的气体或金属蒸

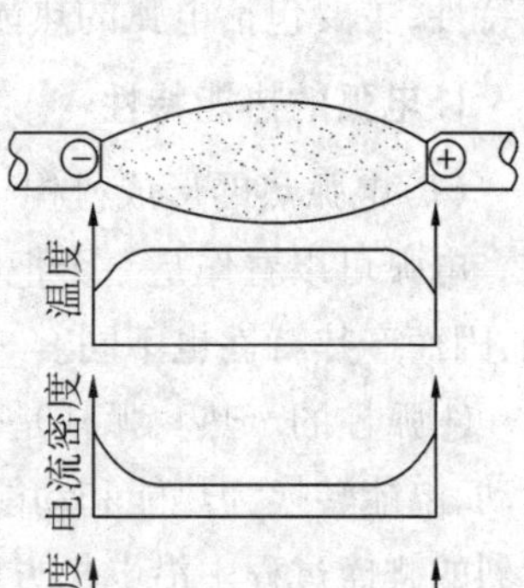

图 1－8　电弧的温度、电流密度和能量密度的轴向分布示意图

气不受这一限制，且气体介质的导热特性也不如金属电极的导热性好，热量不易散失，故有较高的温度。阴极、阳极的温度则根据焊接方法的不同有所差别，见表1－4。

表1－4　常用焊接方法阴极与阳极的温度比较

焊接方法	焊条电弧焊[①]	钨极氩弧焊	熔化极氩弧焊	CO_2气体保护焊	埋弧焊
温度比较	阳极温度＞阴极温度		阴极温度＞阳极温度		

注：①这里指酸性焊条；若碱性焊条，则结论相反。

②径向。电弧径向温度分布的特点是：弧柱轴线温度最高，沿径向由中心至周围温度逐渐降低，如图1－9所示。

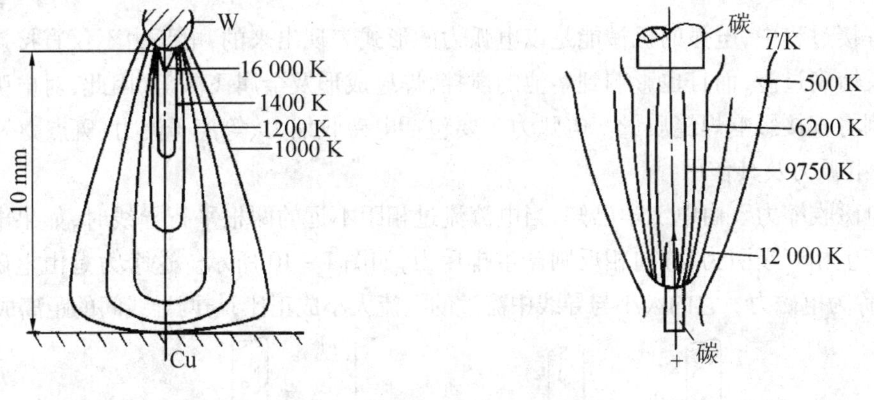

图1－9　电弧径向温度分布示意图

（a）W－Cu电极之间电弧等温线，电流200 A，电压14.2 V；（b）200 A碳弧等温线

（3）焊接电弧的热效率及能量密度

电弧焊的热能由电能转换而来，因此电弧的热功率P_Q可由下式表示：

$$P_Q = P_E = IU_A$$

式中，P_E是电弧的电功率；U_A是电弧电压。

所得热量并不能全部有效地用于焊接。其中一部分热量因对流、辐射及传导等损失掉了。用于加热、熔化填充材料及焊件的电弧热功率称为有效热功率，表示为

$$P'_Q = \eta P_Q$$

式中：η为有效热功率系数（热效率系数），它受焊接方法、焊接工艺参数、周围条件等因素的影响。为常用焊接方法的热效率系数见表1－5。

表1－5　常用焊接方法的热效率系数

焊接方法	热效率系数	焊接方法	热效率系数
焊条电弧焊	0.65～0.85	熔化极氩弧焊	0.70～0.80
埋弧焊	0.80～0.90	钨极氩弧焊	0.65～0.70
CO_2气体保护焊	0.75～0.90		

由表1－5可见，钨极氩弧焊热效率系数较低，而埋弧焊较高。埋弧焊时电弧埋在焊剂层下燃烧，焊剂形成的保护罩有保温作用，而且弧柱热量也用于熔化焊剂，热量利用最充分，所以热效率可高达90%。非熔化极电弧焊，如钨极氩弧焊却不同，钨极氩弧焊电极不熔化，

只是焊件熔化,仅利用了一部分电弧热量,电极吸收的热量都将被焊枪或冷却水带走,而不能传递到母材中去,所以热效率较低。

当其他条件不变时,η 随着电弧电压 U_A 的升高而降低。因 U_A 升高,弧长增加,通过对流、辐射等损失的弧柱热量增加。

采用某热源加热焊件时,单位面积上的有效热功率称为能量密度,以 W/cm^2 表示。电弧焊时,电弧加热区的能量密度分布是不均匀的,弧柱轴线处能量密度最大,沿径向逐渐降低(见图 1-9),因此弧柱中心处的焊件熔深大,而周围熔深小。显然,能量密度大时可有效地将热源用于熔化金属,并可减小热影响区,获得窄而深的焊缝,也有利于提高焊接生产效率。

2. 电弧的力学特性

在焊接过程中,电弧的机械能是以电弧力的形式表现出来的,电弧力不仅直接影响焊件的熔深及熔滴过渡,而且也影响到熔池的搅拌、焊缝成形及金属飞溅等,因此,对电弧力的利用和控制将直接影响焊缝质量。电弧力主要包括电磁收缩力、等离子流力、斑点力等。

(1)电弧力及其作用

①电磁收缩力。由电工学已知,当电流流过相距不远的两根平行导线时,如果电流方向相同则产生相互吸引力,方向相反则产生排斥力,如图 1-10 所示。这个力是由电磁场产生的,因而称为电磁力。它的大小与导线中流过的电流大小成正比,与两导线间的距离成反比。

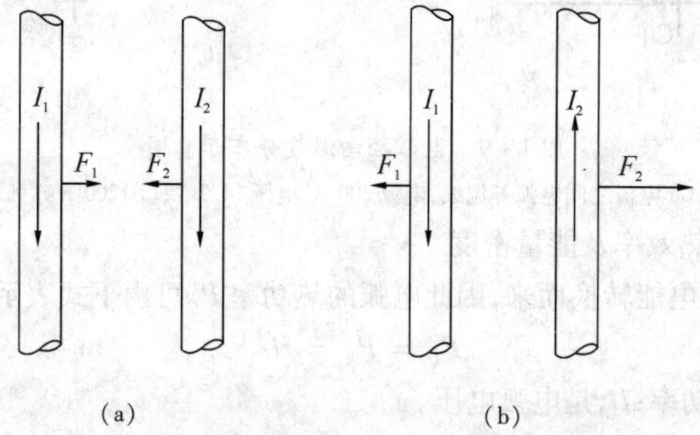

图 1-10 两根平行导线之间的电磁力示意图

(a)电流方向相同产生吸引力;(b)电流方向相反产生排斥力

当电流流过导体时,电流可看成是由许多相距很近的平行同向电流线组成,这些电流线之间将产生相互吸引力。如果是可变形导体(液态或气态)将使导体产生收缩,这种现象称为电磁收缩效应。产生电磁收缩效应的力称为电磁收缩力。这个电磁收缩力往往是形成其他电弧力的力源。

焊接电弧是能够通过很大电流的气态导体,电磁效应在电弧中产生的收缩力表现为电弧内的径向压力。通常电弧可看成是一圆锥形的气态导体,如图 1-11 所示。电极端直径小,焊件端直径大。由于不同直径处电磁收缩力的大小不同,直径小的一端收缩压力大,直径大的一端收缩压力小,因此将在电弧中产生压力差,形成由小直径端(电极端)指向大直径端(工件端)的电弧轴向推力(见图 1-11 中的 F_1)。而且电流越大,形成的推力越大。

电弧轴向推力在电弧横截面上分布不均匀,弧柱轴线处最大,向外逐渐减小,在焊件上此力表现为对熔池形成的压力,称为电磁静压力。这种分布形式的力作用在熔池上,则形成如图 1-12(a)所示的碗状熔深焊缝形状。

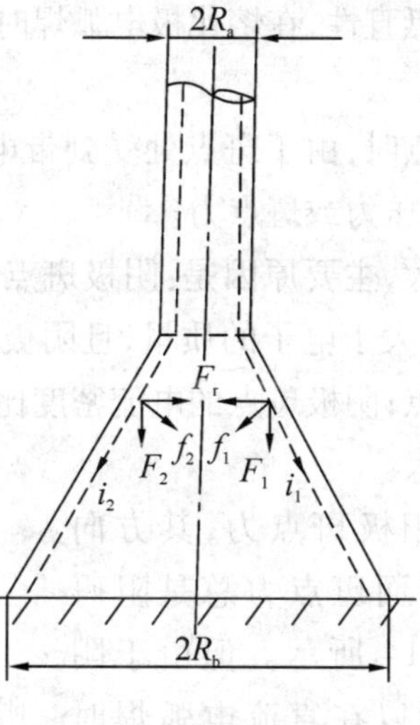

图 1-11 圆锥状电弧及其电磁力示意图

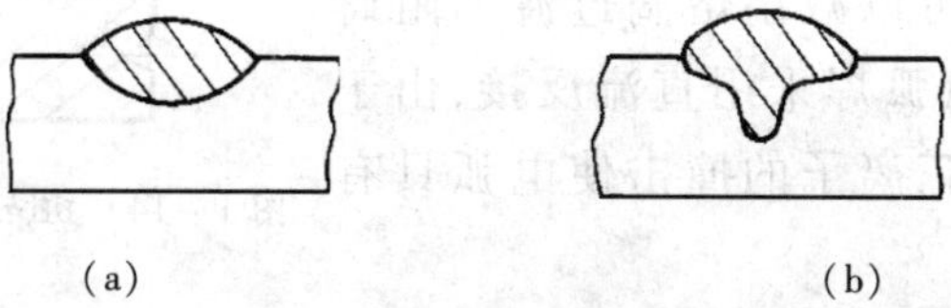

图 1-12 焊缝形状示意图

(a)主要由电磁静压力决定的碗状熔深;(b)主要由电磁动压力决定的指状熔深

由电弧自身磁场引起的电磁收缩力,在焊接过程中具有重要的工艺性能。它不仅使熔池下凹,同时也对熔池产生搅拌作用,有利于细化晶粒,排出气体及夹渣,使焊缝的质量得到改善。另外,电磁收缩力形成的轴向推力可在熔化极电弧焊中促使熔滴过渡,并可束缚弧柱的扩展,使弧柱能量更集中,电弧更具挺直性。

②等离子流力。由上述可知,焊接电弧呈圆锥状,使电磁收缩力在电弧各处分布不均匀,具有一定的压力差,形成了轴向推力。在此推力作用下,将把靠近电极处的高温气体推向焊件方向流动。高温气体流动时要求从电极上方补充新的气体,形成有一定速度的连续气流进入电弧区。新加入的气体被加热和部分电离后,受轴向推力作用继续冲向焊件,对熔池形成附加的压力,如图 1-13所示。熔池这部分附加压力是由高温气流(等离子气流)的高速运动引起的,所以称为等离子流力,也称为电弧的电磁动压力。

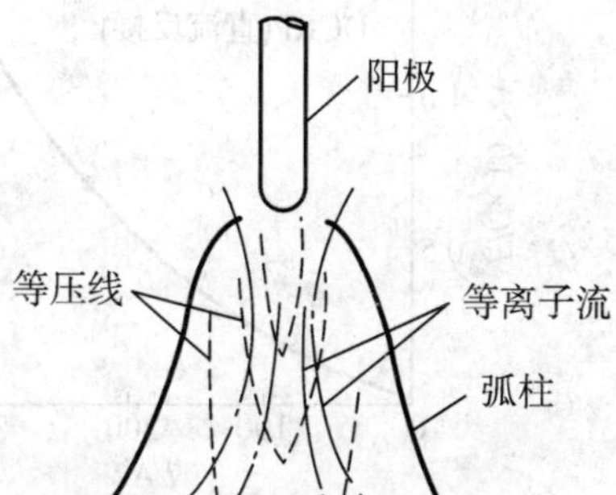

图 1-13 等离子流形成示意图

电弧中等离子气流具有很大的速度和加速度,可以达到每秒数百米。等离子流产生的动压力分布应与等离子流速度分布相对应,可见这种动压力在电弧中心线上最强。电流越大,中心线上的动压力幅值越大,而分布的区间越小。当钨极氩弧焊的钨极锥角较小,电流较大,或熔化极氩弧焊采用喷射过渡工艺时，这种电弧的动压力皆较显著，容易形成如图1－12(b)所示的指状熔深焊缝。

等离子流力可增大电弧的挺直性，在熔化极电弧焊时促进熔滴轴向过渡，增大熔深并对熔池形成搅拌作用。

③斑点力。电极上形成斑点时，由于斑点处受到带电粒子的撞击或金属蒸发的反作用而对斑点产生的压力，称为斑点压力或斑点力。

阴极斑点力比阳极斑点力大，主要原因是：阴极斑点承受正离子的撞击，阳极斑点承受电子的撞击，而正离子的质量远大于电子的质量，且阴极压降一般大于阳极压降，所以阴极斑点承受的撞击远大于阳极斑点；阴极斑点的电流密度比阳极斑点的电流密度大，金属蒸发产生的反作用力也比阳极斑点大。

不论是阴极斑点力还是阳极斑点力，其方向总是与熔滴过渡方向相反，因而斑点力总是阻碍熔滴过渡的作用力，如图1－14所示。但由于阴极斑点力大于阳极斑点力，所以在直流电弧焊时可通过采用反接法来减小这种影响。熔化极气体保护焊采用直流反接，可以减小熔滴过渡的阻碍作用，减少飞溅，钨极氩弧焊采用直流反接，由于阴极斑点位于焊件上，正离子的撞击使电弧具有阴极清理作用。

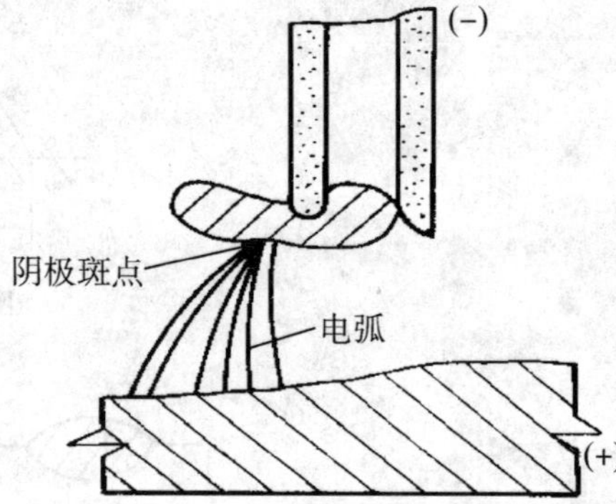

图1－14　斑点力阻碍溶滴过渡的示意图

(2)电弧力的主要影响因素

①焊接电流和电弧电压。焊接电流增大，电磁收缩力和等离子流力都增加，所以电弧力也增大，如图1－15所示。焊接电流一定，电弧长度增加引起电弧电压升高，则电弧力减小，如图1－16所示。

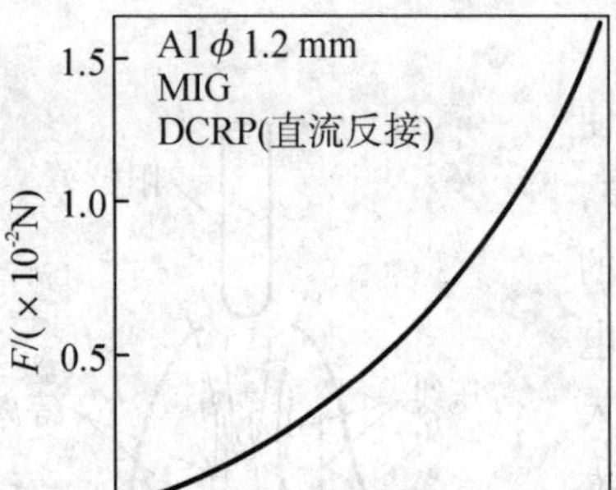

图1－15　电弧力与焊接电流的关系

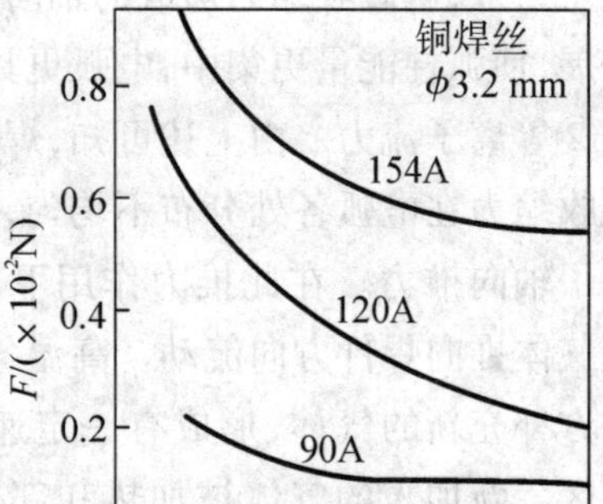

图1－16　电弧力与电弧长度的关系

②焊丝直径。焊接电流一定时，焊丝越细，电流密度越大，造成电弧锥形越明显，则电磁力和等离子流力越大，导致电弧力增大，如图1－17所示。

③电极(焊条、焊丝)的极性。通常情况下阴极导电区的收缩程度比阳极区大，因此钨极氩弧焊正接时，可形成锥度较大的电弧，产生较大的电弧力。熔化极气体保护焊采用直流正接时，熔滴受到较大的斑点压力，过渡时受到阻碍，电弧力较小；反之，直流反接时，电弧力

较大,如图 1-18 所示。

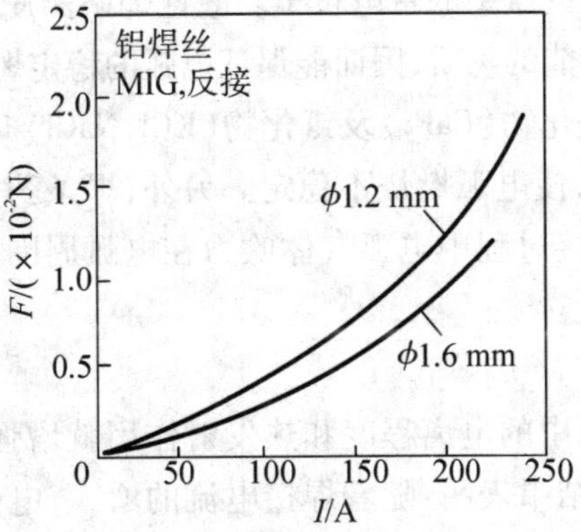

图 1-17 电弧力与焊丝直径的关系

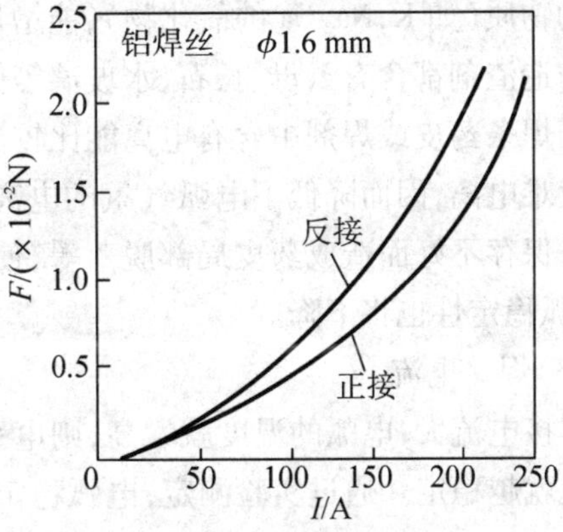

图 1-18 熔化极氩弧焊时电弧力与电流极性的关系

④气体介质。不同种类的气体介质,其热物理性能不同,对电弧产生的影响也不同。导热性强的气体或多原子气体消耗的热量多,会引起电弧的收缩,导致电弧力的增加,如图1-19所示。气体流量或电弧空间气体压力增加,也会引起弧柱收缩,导致电弧力增加,同时使斑点压力增大。斑点压力增大使熔滴过渡困难。气体保护焊时这种现象尤为明显。

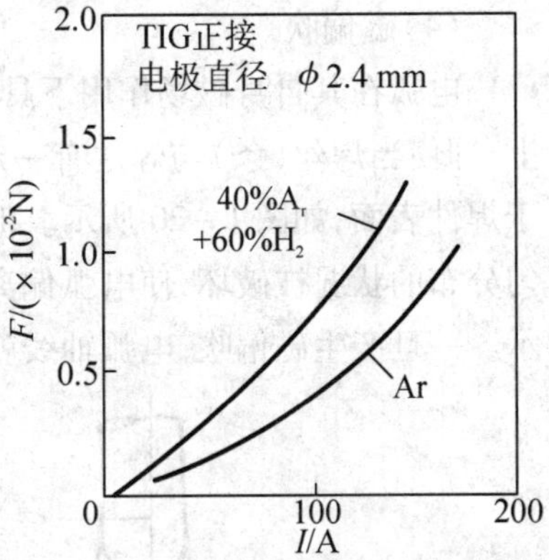

图 1-19 电弧力与气体介质的关系

3. **焊接电弧的稳定性**

焊接电弧的稳定性是指电弧保持稳定燃烧(不产生断弧、飘移和偏吹等)的程度。电弧焊过程中,当电弧电压和焊接电流为某一定值时,电弧放电可在长时间内连续进行且稳定燃烧的性能称为电弧的稳定性。电弧的稳定燃烧是保证焊接质量的一个重要因素,因此维持电弧的稳定性是非常重要的。电弧不稳定的原因除操作人员技术熟练程度外,还与下列因素有关。

(1)焊接电源

①焊接电源的特性。焊接电源的特性是指焊接电源以哪种形式向电弧供电。如焊接电源的特性符合电弧燃烧的要求,则电弧燃烧稳定;反之,则电弧燃烧不稳定。电弧焊时,电源必须提供一种能与电弧静特性相匹配的外特性才能保证电弧的稳定燃烧。

②焊接电源的种类。采用直流电源焊接时,电弧燃烧比交流电源稳定。这是因为直流电弧没有方向的改变。而采用交流电源焊接时,电弧的极性是按工频周期性变化的,就是每秒钟电弧的燃烧和熄灭要重复 100 次,电流和电压每时每刻都在变化,因此,交流电源焊接时电弧没有直流电源时稳定。

③焊接电源的空载电压。具有较高空载电压的焊接电源不仅引弧容易,而且电弧燃烧也稳定。这是因为焊接电源的空载电压较高,电场作用强,场致电离及场致发射就强烈,所以电弧燃烧稳定。

(2)焊条药皮或焊剂

焊条药皮或焊剂是影响电弧稳定性的一个重要因素。焊条药皮或焊剂中有少量的低电离能的物质(如 K,Na,Ca 的氧化物),能增加电弧气氛中的带电粒子。酸性焊条药皮中的成形剂与造渣剂都含有云母、长石、水玻璃等低电离能的物质,因而能保证电弧的稳定燃烧。

当焊条药皮或焊剂中含有电离能比较高的氟化物(CaF_2)及氯化物(KCl,NaCl)时,由于它们较难电离,因而降低了电弧气氛的电离程度,使电弧燃烧不稳定。另外,焊条药皮偏心和焊条保存不好而造成药皮局部脱落等,使得焊接过程中电弧气体吹力在电弧周围分布不均,电弧稳定性也将下降。

(3)焊接电流

焊接电流大,电弧的温度就增高,则电弧气氛中的电离程度和热发射作用就增强,电弧燃烧也就越稳定。通过实验测定,电弧稳定性的结果表明:随着焊接电流的增大,电弧的引燃电压就降低;同时,随着焊接电流的增大,自然断弧的最大弧长也增大。所以焊接电流越大,电弧燃烧越稳定。

(4)磁偏吹

电弧在其自身磁场作用下具有一定的挺直性,使电弧尽量保持在焊丝(条)的轴线方向上,即使当焊丝(条)与焊件有一定倾角时,电弧仍将保持指向焊丝(条)轴线方向,而不垂直于焊件表面,如图 1-20 所示。但在实际焊接中,由于多种因素的影响,电弧周围磁力线均匀分布的状况被破坏,使电弧偏离焊丝(条)轴线方向,这种现象称为磁偏吹,如图 1-21 所示。一旦产生磁偏吹,电弧轴线就难以对准焊缝中心,导致焊缝成形不规则,影响焊接质量。

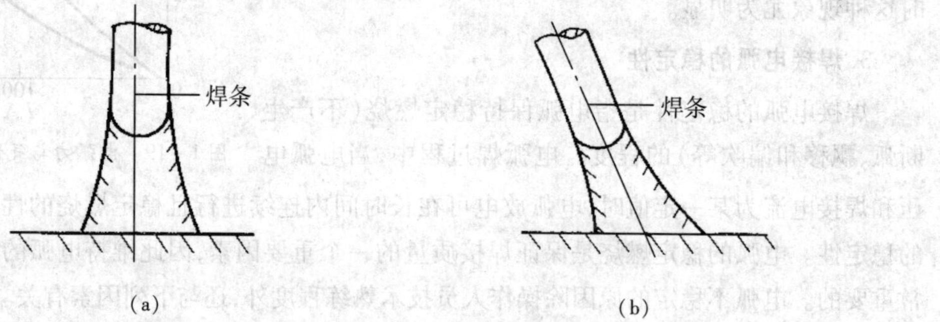

图 1-20　电弧挺直性示意图

(a)焊丝与工件垂直;(b)焊丝与工件倾斜

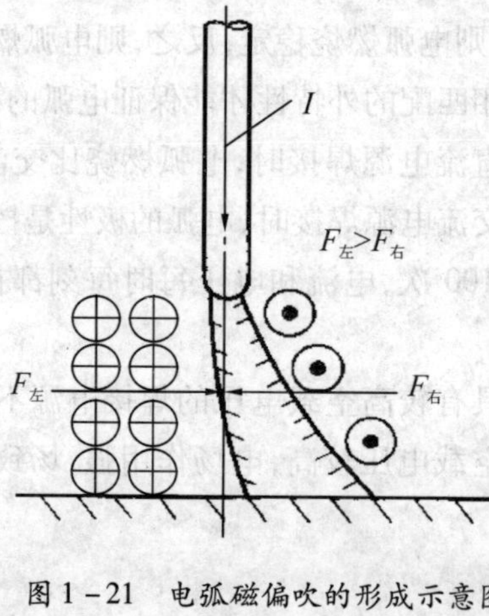

图 1-21　电弧磁偏吹的形成示意图

引起磁偏吹的根本原因是电弧周围磁场分布不均匀，致使电弧两侧产生的电磁力不同。焊接时引起磁力线分布不均匀的原因主要有：

①导线接线位置。如图1－22所示，导线接在焊件的一侧，焊接时电弧左侧的磁力线由两部分叠加组成：一部分是电流通过电弧产生；另一部分由电流通过焊件产生。而电弧右侧磁力线仅由电流通过电弧本身产生，所以电弧两侧受力不平衡，偏向右侧。

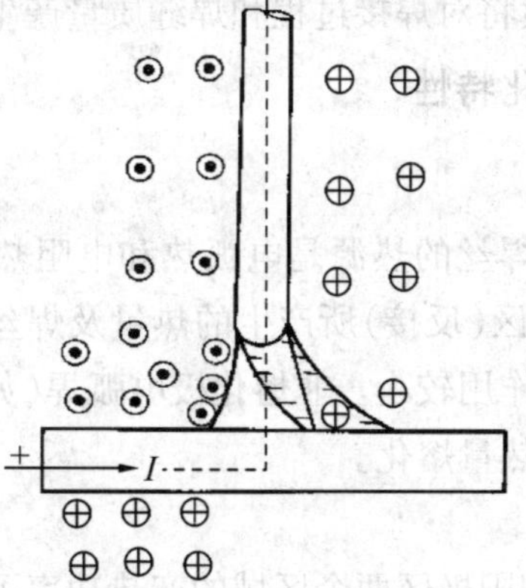

图1－22　导线接线位置引起的磁偏吹示意图

②电弧附近的铁磁物体。当电弧附近放置铁磁物体（如钢板）时，因铁磁物体磁导率大，磁力线大多通过铁磁物体形成回路，使铁磁物体一侧磁力线变稀，造成电弧两侧磁力线分布不均匀，产生磁偏吹，电弧偏向铁磁物体一侧，如图1－23所示。

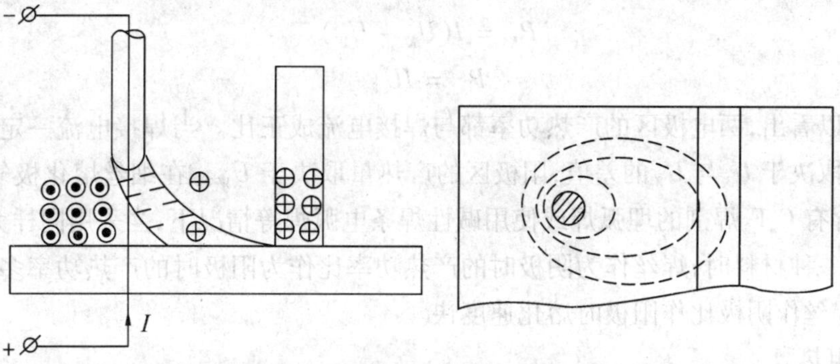

图1－23　电弧附近铁磁物体引起的磁偏吹示意图

在实际生产中，为减弱磁场偏吹的影响，可优先选用交流电源；采用直流电源时，则在焊件两端同时接地线，以消除导线接线位置不对称所带来的磁偏吹，并尽可能在周围没有铁磁物质的地方焊接。另外，压短电弧，使焊丝向电弧偏吹方向倾斜，也是减弱磁偏吹影响的有效措施。

(5)其他影响因素

电弧长度对电弧的稳定性也有较大的影响，如果电弧太长，电弧就会发生剧烈摆动，从而破坏焊接电弧的稳定性，而且飞溅也增大。焊接处如有油漆、油脂、水分和锈层等存在时，也会影响电弧燃烧的稳定性。此外，强风、气流等因素也会造成电弧偏吹，同样会使电弧燃烧不稳定。

因此焊前做好焊件坡口表面及附近区域的清理工作十分重要。焊接中除选择并保持合适的电弧长度外，还应选择合适的操作场所，使外界对电弧稳定性的影响尽可能降低。

1.4 焊丝的熔化与熔滴过渡

电弧焊时，焊丝的末端在电弧的高温作用下加热熔化，形成的熔滴通过电弧空间向熔池转移的过程称为熔滴过渡。焊丝形成的熔滴作为填充金属与熔化的母材共同形成焊缝。因此，焊丝的加热熔化及熔滴过渡将对焊接过程和焊缝质量产生直接的影响。

1.4.1 焊丝的加热和熔化特性

1. 焊丝的热源

电弧焊时，用于加热、熔化焊丝的热源是电弧热和电阻热。熔化极电弧焊时，焊丝的熔化主要靠阴极区（正接）或阳极区（反接）所产生的热量及焊丝伸出长度上的电阻热，弧柱区产生的热量对焊丝的加热熔化作用较小。非熔化极电弧焊（如钨极氩弧焊或等离子弧焊）的填充焊丝主要靠弧柱区产生的热量熔化。

（1）电弧热

由上节讨论可知，阴极区和阳极区两个区域的产热功率可表达为

$$P_K = IU_K - IU_W - IU_T$$

$$P_A = IU_A + IU_W + IU_T$$

电弧焊时，当弧柱温度为 6 000 K 左右时，U_T小于 1 V；当电流密度较大时，U_A近似为零，故上两式可简化为

$$P_K = I(U_K - U_W)$$

$$P_A = IU_W$$

由此可以看出，两电极区的产热功率都与焊接电流成正比。当焊接电流一定时，阴极区的产热功率取决于 U_K与 U_W的差值，阳极区的产热量取决于 U_W。在细丝熔化极气体保护电弧焊、使用含有 C_aF_2焊剂的埋弧焊或使用碱性焊条电弧焊等情况下，当采用同样大小的焊接电流焊接同一种材料时，焊丝作为阴极时的产热功率比作为阳极时的产热功率多，在散热条件相同时，焊丝作阴极比作阳极时熔化速度快。

（2）电阻热

焊丝的熔化速度除了受电弧热影响之外，同时还受到电阻热的影响。熔化极电弧焊时，焊丝只在通过导电嘴时才和焊接电源接通。因此，讨论焊丝的加热和熔化，实际上是分析焊丝伸出部分的受热情况，因为焊丝伸出部分有电流流过时所产生的电阻热对焊丝有预热作用。焊丝伸出长度上的温度分布如图 1－24 所示。

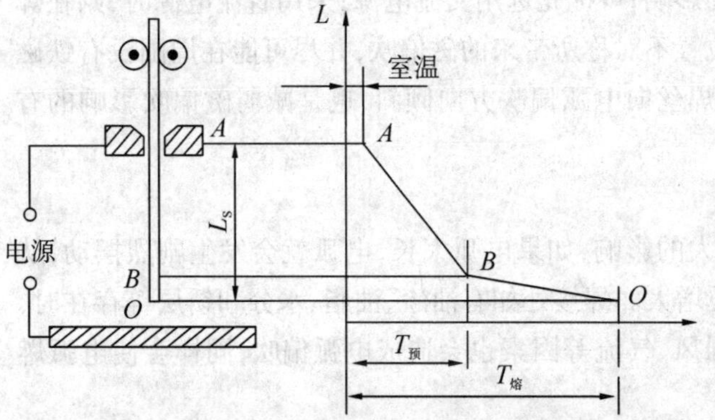

图 1－24 焊丝伸出长度上的温度分布示意图

焊丝伸出长度的电阻产生的电阻热功率为

$$P_R = I^2R_s$$

式中，R_s是焊丝伸出长度段的电阻值，$R_s=\rho L_s/S$；ρ 是焊丝的电阻率；L_s是焊丝的伸出长度；S是焊丝的横截面积。

熔化焊丝的电阻热取决于焊丝材料及焊丝伸出长度。一般情况下，对于铝、铜等良导体，P_R与P_K或P_A相比很小，可忽略不计。而对电阻率高的不锈钢等常用的钢焊丝材料，P_R作用较大，不可忽略。

2. 焊丝的熔化特性

焊丝在电弧热和电阻热的共同作用下加热熔化，焊丝的熔化速度即指在单位时间内熔化的焊丝长度。而焊丝的熔化特性则是指焊丝的熔化速度V_m和焊接电流I之间的关系，它主要与焊丝材料及直径有关。焊丝材料不同，其物理性能（包括电阻率、熔化系数）不同，在其他条件相同的情况下，焊丝的电阻率和熔化系数越大，焊丝熔化速度越快；反之，熔化速度越慢。图1－25所示是不同直径的铝焊丝在熔化极氩弧焊时的熔化特性曲线。对于一定成分和直径的焊丝，其熔化速度也要随焊接电流与焊丝伸出长度的变化而改变。图1－26所示则是不同伸出长度的不锈钢焊丝在熔化极电弧焊时的熔化特性曲线。

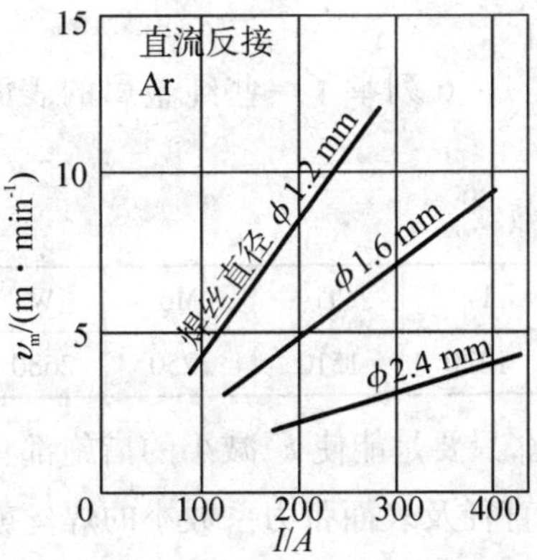

图1－25　不同直径的铝焊丝在熔化极氩弧焊时的熔化特性曲线

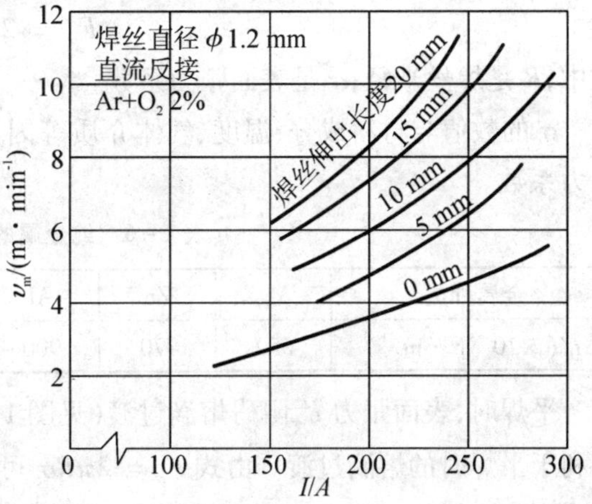

图1－26　不同伸出长度的不锈钢焊丝在熔化极电弧焊时的熔化特性曲线

在采用熔化极电弧焊进行焊接时，必须使焊丝的熔化速度等于送丝速度，才能建立稳定的焊接过程。对于不同成分和直径的焊丝，如果有了现成的熔化特性曲线图，则焊接时只要根据此图就可大致确定焊接电流的大小。

1.4.2　熔滴上的作用力

电弧焊时，在电弧热作用下焊丝或焊条端部受热熔化形成熔滴。熔滴上的作用力是影响熔滴过渡及焊缝成形的主要因素。根据熔滴上的作用力来源不同，可将其分为重力、表面张力、电弧力、熔滴爆破力和电弧气体的吹力。

1. 重力

重力对熔滴过渡的影响依焊接位置的不同而不同。平焊时，熔滴上的重力促使熔滴过渡；而在立焊及仰焊位置则阻碍熔滴过渡，如图1－27所示。重力F_g可表示为

$$F_g = mg = (4/3)\pi r^3 \rho g$$

式中：r 是熔滴半径；ρ 是熔滴密度；g 是重力加速度。

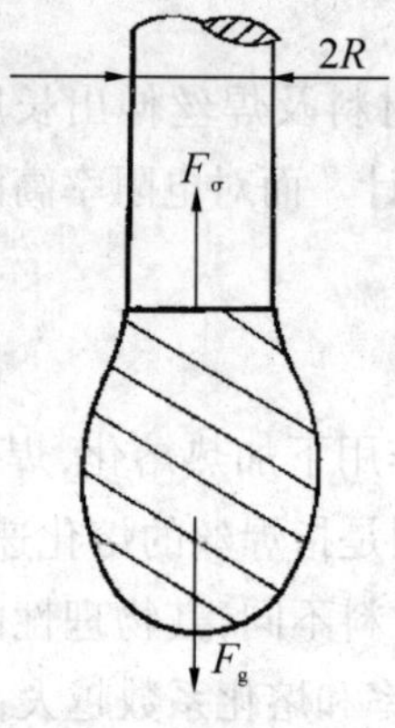

图 1－27　熔滴上的重力和表面张力示意图

2. 表面张力

表面张力是指焊丝端头上保持熔滴的作用力，用 F_σ 表示，大小为

$$F_\sigma = 2\pi R\sigma$$

式中，R 是焊丝半径；σ 是表面张力系数。

σ 的数值与材料成分、温度、气体介质等因素有关。表 1－6 列举了一些纯金属的表面张力系数。

表 1－6　纯金属的表面张力系数

金属种类	Mg	Zn	Al	Cu	Fe	Ti	Mo	W
$\sigma/(\times10^{-3}\mathrm{N\cdot m^{-1}})$	650	770	900	1150	1220	1510	2250	2680

平焊时，表面张力 F_σ 阻碍熔滴过渡（见图 1－22），因此，只要是能使 F_σ 减小的措施都将有利于平焊时的熔滴过渡。由式 $F_\sigma = 2\pi R\sigma$ 可知，使用小直径及表面张力系数小的焊丝就能达到这一目的。除平焊之外的其他位置焊接时，表面张力对熔滴过渡有利。若熔滴上含有少量活化物质（如 O_2，S 等）或熔滴温度升高，都会减小表面张力系数，有利于形成细颗粒熔滴过渡。

3. 电弧力

电弧力指电弧对熔滴和熔池的机械作用力，包括电磁收缩力、等离子流力、斑点力等。电弧力对熔滴过渡的作用不尽相同，需根据不同情况具体分析。电磁收缩力形成的轴向推力以及等离子流力可在熔化极电弧焊中促使熔滴过渡；斑点力总是阻碍熔滴过渡的作用力。有一点必须指出，电弧力只有在焊接电流较大时才对熔滴过渡起主要作用，焊接电流较小时起主要作用的往往是重力和表面张力。

4. 熔滴爆破力

当熔滴内部因冶金反应面生成气体或含有易蒸发金属时，在电弧高温作用下将使气体积聚、膨胀而产生较大的内压力，致使熔滴爆破，这一内压力称为熔滴爆破力。它在促使熔滴过渡的同时也产生飞溅。

5. **电弧的气体吹力**

这种力出现在焊条电弧焊中。焊条电弧焊时，焊条药皮的熔化滞后于焊芯的熔化，这样在焊条的端头形成套筒，如图1－28所示。此时药皮中造气剂产生的气体及焊芯中碳元素氧化的CO气体在高温作用下急剧膨胀，从套筒中喷出作用于熔滴。不论是何种位置的焊接，电弧气体吹力总是促进熔滴过渡。

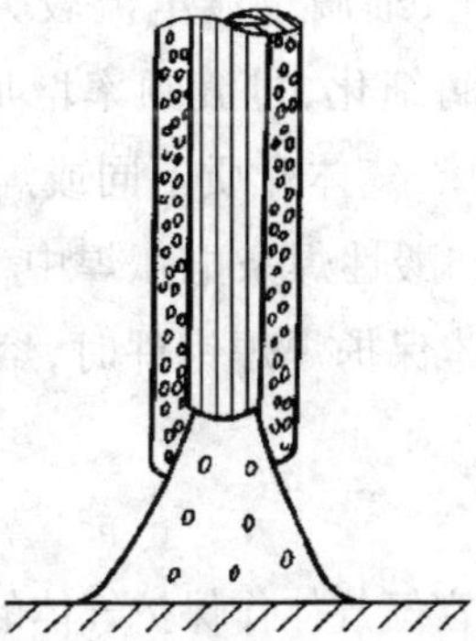

图1－28　焊条药皮形成的套筒示意图

1.4.3　熔滴过渡的主要形式及特点

熔滴过渡过程不但影响电弧的稳定性，而且对焊缝成形和冶金过程也有很大的影响，熔滴过渡过程十分复杂，主要过渡形式有自由过渡、接触过渡和渣壁过渡3种。各种过渡所对应的熔滴及电弧形状如图1－29所示。

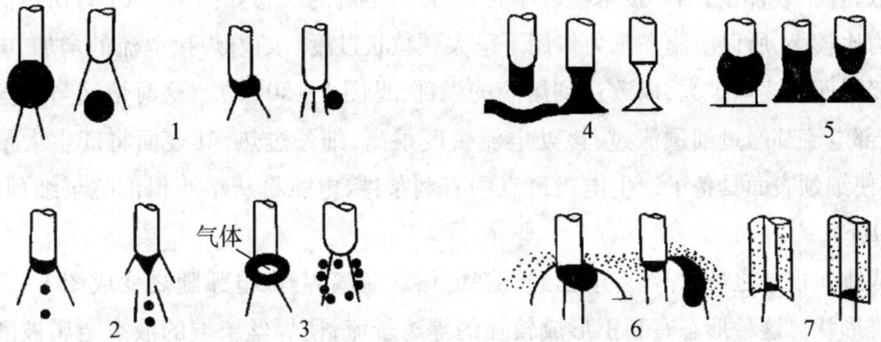

图1－29　熔滴过渡形式及电弧形状特征

1. **自由过渡**

自由过渡是指熔滴经电弧空间自由飞行，焊丝端头和熔池之间不发生直接接触的过渡方式。如果过渡的熔滴直径比焊丝直径大时，称为滴状过渡（见图1－29中1所示）；过渡的熔滴直径比焊丝直径小时，则称为喷射过渡（见图1－29中2所示）；在电弧气氛或保护气体中含有CO_2气体时，有时会发生爆炸现象，使部分熔滴金属爆炸成为飞溅，而只有部分金属得以过渡，这种形式称为爆破过渡（见图1－29中3所示）。常用的自由过渡是滴状过渡和喷射过渡。

（1）滴状过渡

滴状过渡时电弧电压较高，根据电流大小、极性和保护气体的种类不同，滴状过渡又分为粗滴过渡和细滴过渡。

①粗滴过渡。当电流较小而电弧电压较高时，弧长较长，熔滴不与熔池短路接触，熔滴尺寸逐渐长大。当重力足以克服熔滴的表面张力时，熔滴便脱离焊丝端部进入溶池(小电流时电弧力忽略)。粗滴过渡时熔滴存在时间长，尺寸大，飞溅也大，电弧的稳定性及焊缝质量都较差。

②细滴过渡。与粗滴过渡相比，细滴过渡电流较大，相应的电磁收缩力增大，表面张力减小，熔滴存在时间缩短，熔滴细化，过渡频率增加。电弧稳定性较高，飞溅较少，焊缝质量提高，广泛应用于生产中。气体介质不同或焊接材料不同时，细滴过渡特点又有不同。在CO_2气体保护电弧焊和酸性焊条电弧焊中，熔滴呈非轴向过渡；而在铝合金熔化极氩弧焊或较大电流活性气体保护焊焊钢件时，熔滴呈轴向过渡。相比之下，前者比后者飞溅大。

(2)喷射过渡

喷射过渡容易出现在以氩气或富氩气体作保护气体的焊接方法，如熔化极氩弧焊、活性气体保护焊中。喷射过渡时，细小的熔滴从焊丝端部连续不断地以高速度冲向熔池(加速度可达重力加速度的几十倍)，过渡频率快，飞溅少，电弧稳定，热量集中，对焊件的穿透力强，可得到焊缝中心部位熔深明显增大的指状焊缝。喷射过渡适合焊接厚度较大($\delta>3$ mm)的焊件，不适宜焊接薄板。

喷射过渡形成机理如图1－30所示。在氩或富氩(w(Ar)大于80%，w指溶液中溶质的质量分数)保护气体中，当焊接电流较小时，电弧与熔滴的形态如图1－30(a)所示。此时电磁收缩力比较小，所以溶滴在重力作用下呈大颗粒状过渡。随着焊接电流的增加，电弧的电极斑点笼罩面积逐渐扩大，以致达到熔滴的根部，见图1－30(b)。这时熔滴与焊丝间形成细颈，全部电流都通过细颈流过，该处电流密度很高，细颈过热，其表面将产生大量金属蒸气，从而使细颈表面具备了产生电极斑点的有利条件，电弧将从熔滴根部跳至细颈根部，见图1－30(c)。

形成跳弧现象之后，焊丝末端已经存在的熔滴脱离焊丝，电弧随之变成图1－30(d)所示的圆锥形状。这种形态有利于形成较强的等离子流，使焊丝末端的液态金属被削成铅笔尖状。在各种电弧力作用下，铅笔尖状的液态金属以细小颗粒连续不断地冲向熔池。因这种喷射过渡熔滴细小，过渡频率及速度都较高，通常也称为射流过渡。

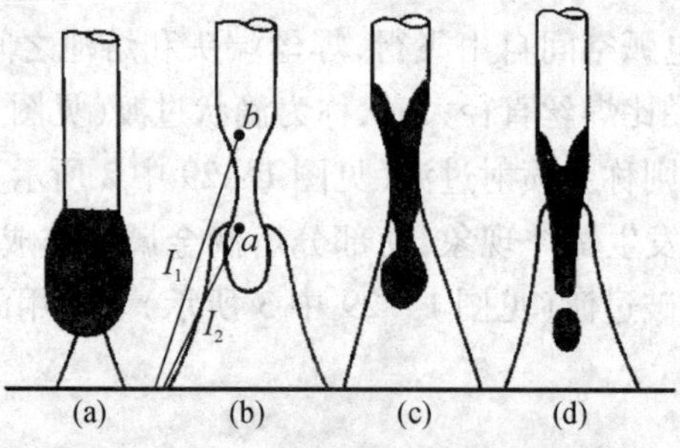

图1－30　喷射过渡形成机理示意图

2. **接触过渡**

接触过渡是指焊丝（或焊条）端部的熔滴与熔池表面通过接触而过渡的方式。根据接触之前熔滴的大小不同，该过渡方式又可分为两种形态：小滴时电磁收缩力的作用大于表面张力，通常形成短路过渡（见图1－29中4所示）；大滴时表面张力作用大于电磁收缩力，靠熔滴和熔池表面接触后所产生的表面张力使之过渡，称为搭桥过渡（见图1－29中5所示）。

（1）短路过渡

电弧引燃后，随着电弧的燃烧，焊丝（或焊条）端部熔化形成熔滴并逐步长大。当电流较小，电弧电压较低时，弧长较短，熔滴未长成大滴就与熔池接触形成液态金属短路，电弧熄灭，随之金属熔滴过渡到熔池中去。熔滴脱落之后电弧重新引燃，如此交替进行，这种过渡形式称为短路过渡。在熔化极电弧焊中，使用碱性焊条的焊条电弧焊及细丝（直径≤1.6 mm）气体保护电弧焊，熔滴过渡形式主要为短路过渡。

①短路过渡过程。短路过渡由燃弧和熄弧（短路）两个交替的阶段组成，电弧燃烧过程是不连续的。图1－31所示为短路过程及其电弧电压和焊接电流动态波形图。

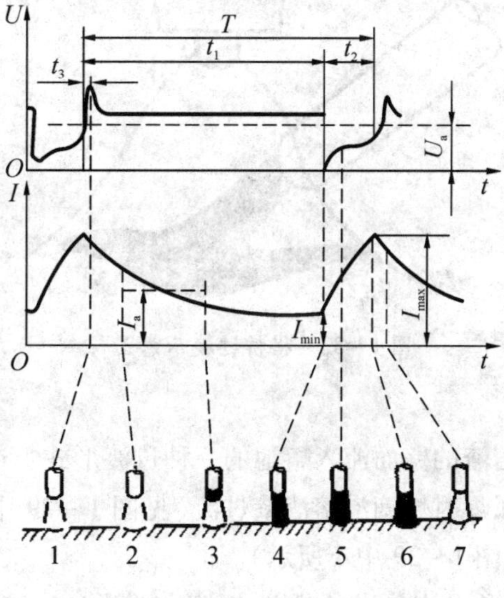

图1－31　短路过渡过程示意图

T—短路周期　t_1—燃弧时间　t_2—短路时间　t_3—电压恢复时间　I_{min}—最小电流

I_{max}—短路峰值电流　U_a—平均电压　I_a—平均电流

电弧引燃后（图1－31中1），焊丝受热的作用端头开始熔化并形成熔滴（图1－31中2）；随着焊丝的熔化，熔滴继续长大（图1－31中3），此时电弧向焊丝传递的热量减少，焊丝的熔化速度减慢，而焊丝仍以一定的速度送进，送丝速度比熔化速度快，使熔滴接触熔池造成短路（图1－31中4）；短路瞬时电弧熄灭，电弧电压急剧下降；随着短路电流的迅速上升，在电磁收缩力和其他电弧力的共同作用下，熔滴与焊丝之间形成缩颈（图1－31中5），并逐渐变细（图1－31中6）；当短路电流上升到一定数值时，缩颈爆断，熔滴过渡到熔池中，电弧电压迅速恢复到空载电压，电弧重新引燃（图1－31中7）；此后重复上述过程。

②短路过渡的特点。

a. 短路过渡是燃弧、熄弧交替进行的。燃弧时电弧对焊件加热，熄弧时熔滴形成缩颈过渡到熔池。通过对短路过渡时电弧的燃烧及熄灭时间进行调节,就可调节对焊件的热输入量,控制焊缝形状(主要是焊缝厚度)。

b. 短路过渡时,平均焊接电流较小,而短路电流峰值又相当大,这种电流形式既可避免薄板的焊穿,又可保证熔滴过渡的顺利进行,有利于薄板焊接或全位置焊接。

c. 短路过渡时,一般使用小直径的焊丝或焊条,电流密度较大,电弧产热集中,焊丝或焊条熔化速度快,因而焊接速度快。同时,短路过渡的电弧弧长较短,焊件加热区较小,可减小焊接接头热影响区宽度和焊接变形量,提高焊接接头质量。

(2)搭桥过渡

上面讨论的是熔化极电弧焊熔滴过渡情况。实际焊接中,与短路过渡相似的还有一种搭桥过渡,这种过渡出现在非熔化极填丝电弧焊或气焊中。因焊丝一般不通电,因此不称为短路过渡。搭桥过渡时,焊丝在电弧热作用下熔化形成熔滴与熔池接触,在表面张力、重力和电弧力作用下,溶滴进入熔池,如图 1-32 所示。

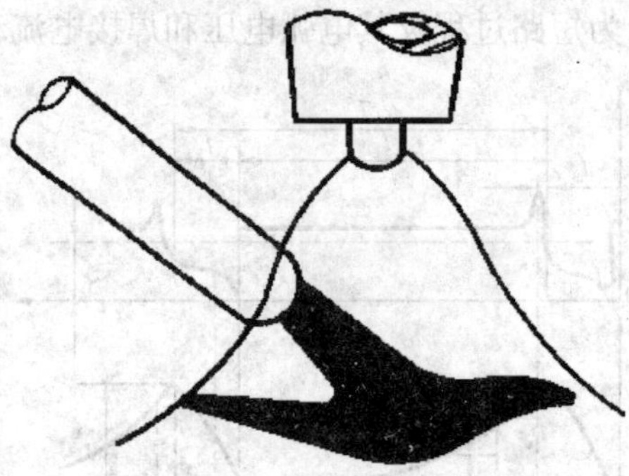

图 1-32　搭桥过渡示意图

3. 渣壁过渡

渣壁过渡是熔滴沿着熔渣的壁而流入熔池的一种过渡形式。这种过渡方式只出现在埋弧焊和焊条电弧焊中。埋弧焊时熔滴沿熔渣壁过渡(见图 1-29 中 6 所示);焊条电弧焊时熔滴沿药皮套筒壁过渡(见图 1-29 中 7 所示)。

埋弧焊时,电弧在熔渣形成的空腔内燃烧,熔滴主要通过渣壁流入熔池,只有少量熔滴通过空腔内的电弧空间进入熔池。埋弧焊的熔滴过渡频率及熔滴尺寸与极性、电弧电压和焊接电流有关。直流反接时,若电弧电压较低,则气泡较小,形成的熔滴较细小,沿渣壁以小滴状过渡,频率较高,每秒可以达几十滴;直流正接时,以粗滴状过渡,频率较小,每秒仅 10 滴左右。熔滴过渡频率随电流的增加而增大,这一特点在直流反接时表现得尤为明显。

焊条电弧焊时,熔滴过渡形式可能有 4 种:渣壁过渡、粗滴过渡、细滴过渡和短路过渡,过渡形式取决于药皮成分和厚度、焊接参数、电流种类和极性等。当采用厚药皮焊条焊接时,焊芯比药皮熔化快,使焊条端头形成有一定角度的药皮套筒,控制熔滴沿套筒壁落入熔池,形成渣壁过渡。

1.5　母材熔化与焊缝成形

电弧焊过程中,熔化焊丝与母材的焊接热源不断地移动,使得不同位置的焊缝所受的热循环作用不同,焊缝成形特点和规律也不同。本节主要介绍对接接头单道焊缝的成形规律与影响因素、缺陷的形成原因及其改善措施。

1.5.1 焊缝形成过程

在电弧热的作用下焊丝与母材被熔化,在焊件上形成一个具有一定形状和尺寸的液态熔池。随着电弧的移动熔池前端的焊件不断被熔化进入熔池中,熔池后部则不断冷却结晶形成焊缝,如图 1－33 所示。熔池的形状不仅决定了焊缝的形状,而且对焊缝的组织、力学性能和焊接质量有重要的影响。

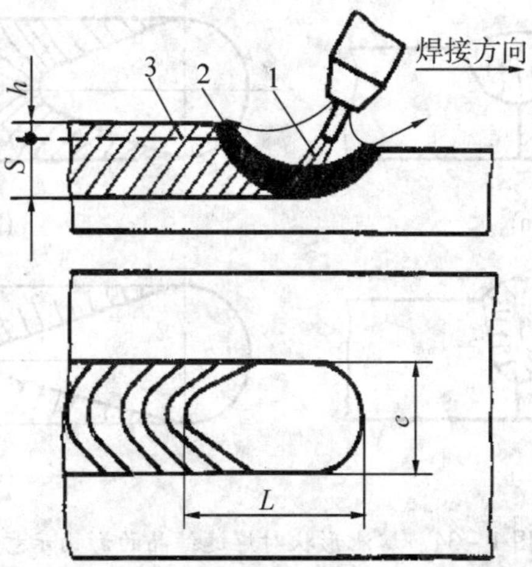

图 1－33 熔池形状与焊缝成形示意图

1—电弧 2—熔池金属 3—焊缝金属

S—熔池深度 *c*—熔池宽度 *L*—熔池长度 *h*—焊缝余高

熔池中各部分与电弧热源中心距离及熔池周围散热条件不同等原因,使熔池各区域的温度分布不均匀,决定了熔池的凝固有先后之分。处于电弧正下方(称为头部)的部位温度高,而离电弧稍远部位(称为尾部)的温度低。对于一定的焊件来说,熔池的体积主要由电弧的热作用确定,而熔池的形状却主要决定于电弧对熔池的作用力。它包括电弧的静态和动态电磁压力、熔滴过渡的冲击力、液体金属的重力和表面张力等。在电弧压力的作用下可在熔池表面形成凹坑,且电流密度越高、电弧动压力越大,则熔池表面的凹坑将越深。熔滴过渡的机械冲击力也会对熔池表面形状产生很大的影响,由于喷射过渡时的冲击力比较大,所以会使熔池形成很深的凹坑。

接头的形式和空间位置不同,则重力和表面张力对熔池的作用也不同;焊接工艺方法和焊接参数不同,则熔池的体积和熔池的长度等都不同。平焊位置时溶池处于最稳定的位置,容易得到成形良好的焊缝。在生产中常采用焊接翻转机或焊接变位机等装置来回转或倾斜焊件,使接头处于水平或船形位置进行焊接。在空间位置焊接时,由于重力的作用有使熔池金属下淌的趋势,因此要限制熔池的尺寸或采取特殊措施控制焊缝的成形。例如采用强迫成形装置来控制焊缝的成形,在气电立焊和电渣焊时皆采用这种措施。

焊缝的结晶过程与熔池的形状有密切的联系,因而对焊缝的组织和质量有重要的影响。焊缝结晶总是从熔池边缘处母材的原始晶粒开始,沿着熔池散热的相反方向进行,直至熔池中心与从不同方向结晶而来的晶粒相遇时为止。因此,所有的结晶晶粒方向都与熔池的池壁相垂直,如图1－34所示。从横截面(图1－34(a)(b))上看,当成形系数过小时,焊缝的枝晶会在焊缝中心交叉,易使低熔点杂质聚集在焊缝中心而产生裂纹、气孔和夹渣等缺陷;从水平截面(图1－34(c)(d))上看,熔池尾部的形状决定了晶粒的交角,尾部越细长,两侧的晶粒在焊缝中心相交时的夹角越大,焊缝中心的杂质偏析便越严重,且产生纵向裂纹的可能性也越大。这通常发生在焊接速度过快的条件下,而当焊接速度较低,使熔池尾部呈椭圆形时,杂质的偏析程度便要轻微得多,因而产生裂纹的可能性也较小。

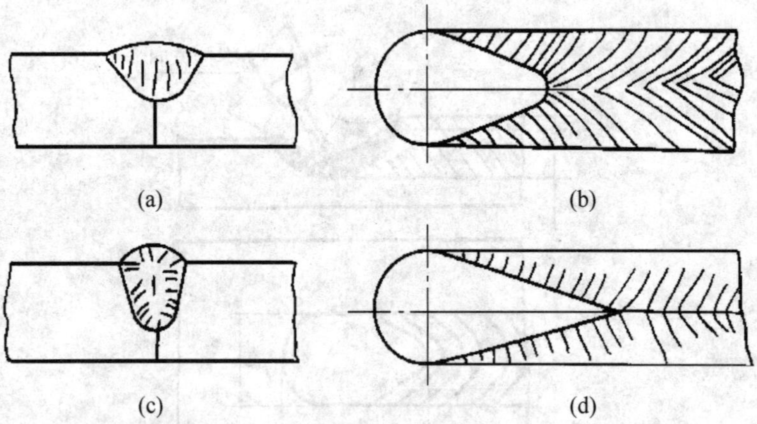

图1－34　熔池形状对焊缝结晶的影响示意图

1.5.2　焊缝形状与焊缝质量的关系

焊缝的形状是指焊件熔化区横截面的形状,它可用焊缝有效厚度 S、焊缝宽度 c 和余高 h 三个参数来描述。图1－35所示为对接和角接接头的焊缝形状以及各参数的意义。合理的焊缝形状要求 S,c 和 h 之间有适当的比例,生产中常用焊接成形系数 $\varphi = c/S$ 和余高系数 $\psi = c/h$ 来表征焊缝成形的特点。

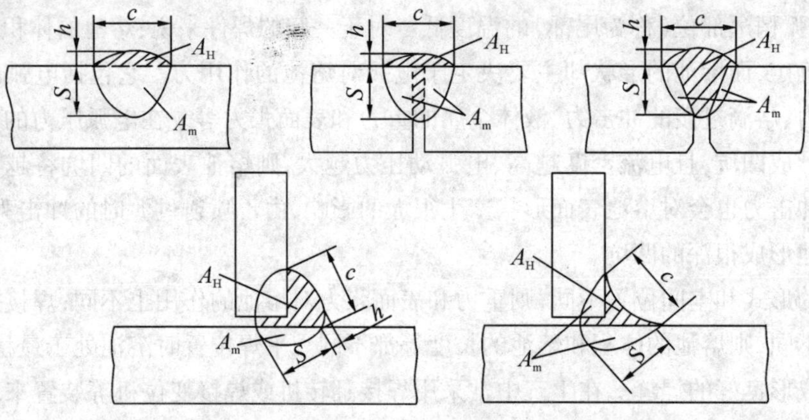

图1－35　对接和角接接头的焊缝形状及尺寸

焊缝厚度是焊缝质量优劣的主要指标,焊缝宽度和余高则应与焊缝厚度有合理的比例。焊缝成形系数 φ 小,表示焊缝深而窄,既可缩小焊缝宽度方向的无效加热范围,又可提高热效率和减小热影响区,因而从热利用的角度来看是十分有利的。若想得到焊缝成形系数小的焊缝就必须有热量集中的热源,获得较高的能量密度。但若 φ 过小,焊缝截面过窄,则不利于气体从熔池中逸出，容易在焊缝中产生气孔，且使结晶条件恶化，增大产生夹渣和裂纹的倾向。因此，实际焊接时，在保证焊透（或达到足够焊缝厚度）的前提下焊缝成形系数大小应根据焊缝产生裂纹和气孔的敏感性来确定。比如，埋弧焊时一般要求焊缝成形系数 $\varphi>1.25$；而堆焊时，在保证堆焊成分的前提下可使焊缝成形系数 $\varphi=10$。

除了对焊缝成形系数有要求外，理想的焊缝成形其表面应该是与焊件平齐的，即余高 h 为零。因为有余高，焊缝和母材连接处不能平滑过渡，焊接接头承载时在突起处就有应力集中，降低了焊接结构的承载能力。但是理想的无余高又无凹陷的焊缝是不可能在焊后直接获得的，因此为了保证焊缝的强度，对一般焊缝允许具有适当的余高，通常对接接头允许 $h=0\sim3$ mm 或 $\varphi=4\sim8$。对于特别重要的承受动载负荷的结构，在不允许存在余高时，可先焊出带有余高的焊缝，而后用人工磨平。角接接头从承受动载的角度来看，也不希望有余高，最好有呈微凹的平滑过渡的形状。所以对于重要的角接构件，也应焊出余高后再打磨成凹形。

表征焊缝横截面形状特征的另一个重要参数就是焊缝的熔合比。焊缝金属的化学成分一方面与冶金反应时从焊丝和焊剂中过渡的合金含量有关，另一方面也与母材本身的熔化量有关，即与焊缝的熔合比有关。所谓熔合比，是指单道焊时，在焊缝横截面上母材熔化部分所占的面积与焊缝全部面积之比，即 $\gamma=A_m/(A_m+A_H)$。熔合比越大，则焊缝的化学成分越接近于母材本身的化学成分。显然焊件的坡口形式、焊接工艺参数都会影响焊缝的熔合比。所以在电弧焊工艺中，特别是焊接中碳钢、合金钢和有色金属时，调整焊缝的熔合比常常是控制焊缝化学成分、防止焊接缺陷和提高焊缝力学性能的重要手段。

1.5.3 焊接工艺参数对焊缝成形的影响

电弧焊的焊接工艺参数包括焊接参数和工艺因数等，不同的焊接工艺参数对焊缝成形的影响也不同。通常将对焊接质量影响较大的焊接工艺参数（焊接电流、电弧电压、焊接速度、热输入等）称为焊接参数。其他工艺参数（焊丝直径、电流种类与极性、电极和焊件倾角、保护气等）称为工艺因数。此外，焊件的结构因数（坡口形状、间隙、焊件厚度等）也会对焊缝成形造成一定的影响。

1. 焊接参数的影响

焊接参数决定焊缝输入的能量，是影响焊缝成形的主要工艺参数。焊接参数对焊缝厚度 S、焊缝宽度 c 和余高 h 的影响如图 1－36 所示。

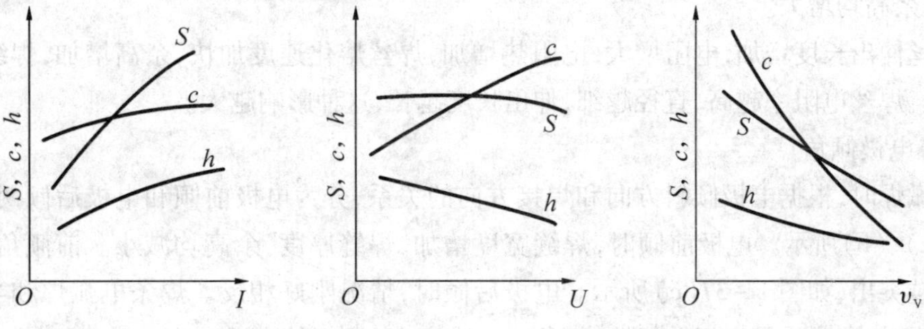

图 1－36 焊接参数对焊缝厚度 S、焊缝宽度 c 和余高 h 的影响

（a）焊接电流的影响；（b）电弧电压的影响；（c）焊接速度的影响

(1)焊接电流

焊接电流主要影响焊缝厚度。其他条件一定时,随着电流的增大,电弧力和电弧对焊件的热输入量及焊丝的熔化量(熔化极电弧焊)增大,焊缝厚度和余高增加,而焊缝宽度几乎不变,焊缝成形系数减小,如图1-36(a)所示。

(2)电弧电压

电弧电压主要影响焊缝宽度。其他条件一定时,随着电弧电压的增大,焊缝宽度显著增加,而焊缝厚度和余高略有减小,如图1-36(b)所示。

不同的焊接方法对焊缝成形系数有自身的特定要求。因此,为得到合适的焊缝成形,一般在改变焊接电流时对电弧电压也应适当地调整。

(3)焊接速度

焊接速度的快慢主要影响母材的热输入量。其他条件一定时,提高焊接速度,单位长度焊缝的热输入量及焊丝金属的熔敷量均减小,故焊缝厚度、焊缝宽度和余高都减小,如图1-36(c)所示。

增大焊接速度是提高焊接生产率的主要途径之一。但为保证一定的焊缝 尺寸,必须在提高焊接速度的同时相应地提高焊接电流和电弧电压。

2. 工艺因数的影响

影响焊缝成形的工艺因数很多,这里只讨论焊接中具有共性的一些因数,其他工艺因数(如保护气、焊剂、焊条药皮等)将在具体焊接方法中讨论。

(1)电流种类和极性

电流种类和极性对焊缝形状的影响与焊接方法有关。熔化极气体保护焊和埋弧焊采用直流反接时,焊件(阴极)产生热量较多,焊缝厚度、焊缝宽度都比直流正接大,交流焊接时,焊缝厚度、焊缝宽度介于直流正接与直流反接之间。

在钨极氩弧焊或酸性焊条电弧焊中,直流反接焊缝厚度小,直流正接焊缝厚度大,交流焊接介于上述两者之间。

(2)焊丝直径和伸出长度

焊接电流、电弧电压及焊接速度给定时,焊丝直径越细(钨极氩弧焊时,钨极端部几何尺寸越小),电流密度越大,对焊件加热越集中;同时电磁收缩力增大,焊丝熔化量增多,使得焊缝厚度、余高均增大。

焊丝伸出长度增加,电阻增大,电阻热增加,焊丝熔化速度加快,余高增加,焊缝厚度略有减小。焊丝电阻率越高,直径越细,伸出长度越长,这种影响越大。

(3)电极倾角

电弧焊时,根据电极倾斜方向和焊接方向的关系,分为电极前倾和电极后倾两种,如图1-37(a)、(b)所示。电极前倾时,焊缝宽度增加,焊缝厚度、余高均减小。前倾角越小,这种现象越突出,如图1-37(c)所示。电极后倾时,情况刚好相反。焊条电弧焊和半自动气体保护焊时,通常采用电极前倾法,倾角 $\alpha = 65° \sim 80°$之间较合适。

(4)焊件倾角

实际焊接时,有时因焊接结构等条件的限定,焊件摆放存在一定的倾斜,重力作用使熔池中的液态金属有向下流动的趋势，在不同的焊接方向产生不同的影响。下坡焊时，重力作用阻止熔池金属流向熔池尾部，电弧下方液态金属变厚，电弧对熔池底部金属的加热作用减弱，焊缝厚度减小，余高和焊缝宽度增大。上坡焊时，熔池金属在重力及电弧力的作用下流向熔池尾部，电弧正下方液体金属层变薄，电弧对熔池底部金属的加热作用增强，因而焊缝厚度和余高均增大，焊缝宽度减小，如图 1-38 所示。

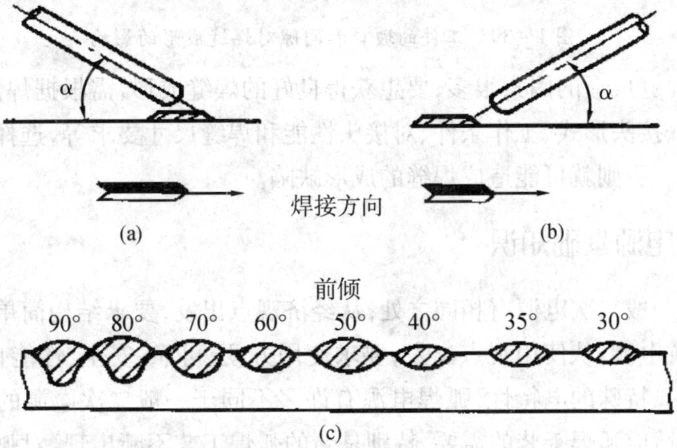

图 1-37　电极倾角对焊缝成形的影响

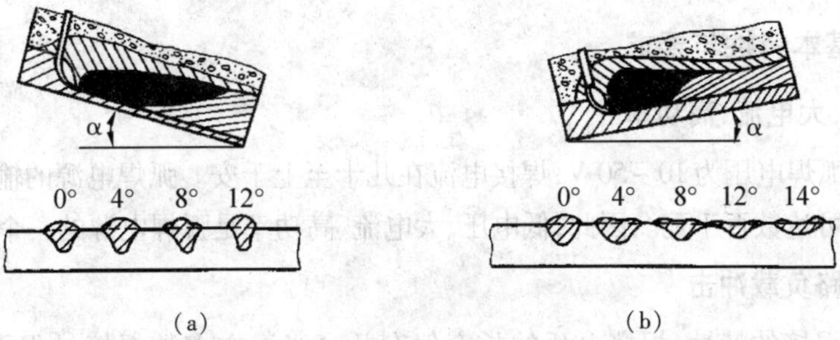

图 1-38　焊件倾角对焊缝成形的影响

(a)上坡焊；(b)下坡焊

3. 结构因数的影响

焊件的结构因数通常指焊件的材料和厚度、焊件的坡口和间隙等。在一定条件下，焊件的结构因数也会对焊缝成形造成影响。

(1)焊件材料和厚度

不同的焊件材料，其热物理性能不同。相同条件下，导热性好的材料熔化单位体积金属所需热量多，在热输入量一定时，它的焊缝厚度和焊缝宽度就小。焊件材料的密度或液态黏度越大，则电弧对熔池液态金属的排开越困难，焊缝厚度越小。其他条件相同时，焊件厚度越大，散热越多，焊缝厚度和焊缝宽度越小。

(2)坡口和间隙

工件是否要开坡口，是否要留间隙及留多大尺寸，均应视具体情况确定。采用对接形式焊接薄板时不需留间隙，也不需开坡口；板厚较大时，为了焊透焊件需留一定间隙或开坡口，此时余高和熔合比随坡口或间隙尺寸的增大而减小，如图 1-39 所示。因此，焊接时常采用开坡口来控制余高和熔合比。

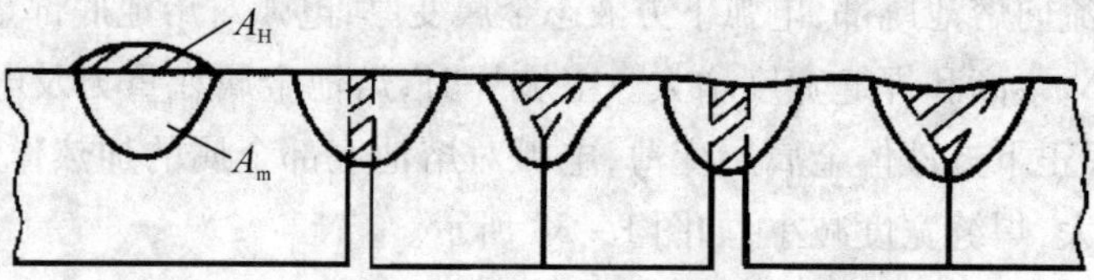

图 1-39　工件的坡口和间隙对焊缝成形的影响

总之，影响焊缝成形的因素很多，要想获得良好的焊缝成形，需根据焊件的材料和厚度、焊缝的空间位置、接头形式、工作条件、对接头性能和焊缝尺寸要求等，选择合适的焊接方法和焊接工艺参数。否则就可能造成焊缝的成形缺陷。

1.6　弧焊电源基础知识

弧焊电源与一般二次电源有相同之处，从经济观点出发，要求结构简单轻巧、制造容易、消耗材料少、节省电能；从使用观点出发，要求使用方便、可靠、安全、性能良好和容易维修。但是由于焊接电弧特殊的电特性，弧焊电源有许多不同于一般二次电源的特点。弧焊电源的特点主要在于适应弧焊工艺的需要，特别是新的弧焊工艺不断出现，对弧焊电源还可能提出新的要求。

1.6.1　基本特性与要求

1. 低电压、大电流、高功率

常用的电弧焊电压为 10 ~ 50 V，焊接电流在几十至上千安。弧焊电源的输出功率一般在 2 kW 以上，最大可达数百千瓦。因此，低电压、大电流、高功率是弧焊电源的一个基本特征。

2. 承受短路负载冲击

由于电弧焊接的特性，焊接电弧的长度仅有几毫米。在多数焊接过程中难免焊接电极与焊接工件接触，并且多数弧焊是采用接触引弧方式，还有的焊接过程就是建立在短路过渡基础上的。因此能够经受负载短路的冲击是弧焊电源必须满足的基本条件。

3. 伏安特性和动特性的特殊要求

弧焊电源不是简单的电压源或电流源，为了满足焊接电弧的稳定性和焊接参数的稳定性，其伏安特性可能是很复杂的曲线，或者要求在工作过程中进行特性转换。由于引弧和短路熔滴过渡模式的需要，弧焊电源对短路电流的上升速度、峰值有特定要求，即所谓动特性要求。不仅如此，弧焊电源的输出电流不只是简单的直流或交流，有些焊接工艺还需要复杂的脉冲波形。

4. 宽调节范围

弧焊电源不是一种固定输出的电源，为了完成不同的焊接工作，要求弧焊电源输出电流、电压可以在较宽的范围内调节。

5. 恶劣的工作环境

焊接施工可能在室内，也可能在野外，如石油天然气管线焊接、造船焊接和大型钢结构建筑焊接等。即使在室内使用,焊接车间的烟尘、高温和腐蚀性气体等都会对弧焊电源的电气部分构成威胁。此外弧焊电源还可能经常被移动,要经受运输过程的颠簸。

综上所述,弧焊电源可能是所有工业电源中技术要求(伏安特性和动特性)最为复杂、工作环境最为恶劣的一种电源。

1.6.2 弧焊电源的伏安特性

电源的伏安特性是指在规定范围内电源稳态输出电流与输出电压的关系,又称为电源的外特性,一般只能用电阻箱测量获得。弧焊电源特殊的伏安特性要求是区别于其他电源的主要标志之一。

1. 电弧-电源系统稳定工作条件

在负载-电源系统中,稳定的必要条件是:电源的伏安特性曲线与负载的伏安特性曲线有交点;而系统稳定的充分条件是:交点处的电源伏安特性曲线的斜率小于负载伏安特性曲线的斜率。对于常规的电阻负载,无论是恒压电源还是恒流电源,上述条件都是满足的,但是对于电弧负载则不一定都能满足。

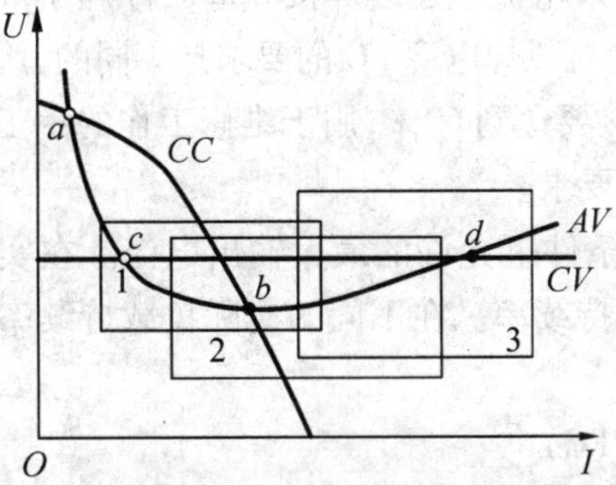

图1-40 电源-电弧系统稳定关系

AV—电弧特性 CC—下降特性电源 CV—平特性电源

1—TIG工作区 2—手工焊/埋弧焊工作区 3—MIG工作区

图1-40示出了两种不同特性的电源——平特性(恒压)电源和下降特性电源(恒流),电源与电弧构成系统稳定关系。下降特性电源的特性曲线 *CC* 与电弧特性曲线 *AV* 有两个交点:交点 *a* 处 *CC* 曲线的斜率大于 *AV* 曲线的斜率,所以不是稳定工作点;交点 *b* 处 *CC* 曲线的斜率小于 *AV* 曲线的斜率,是稳定工作点。平特性电源的特性曲线 *CV* 与电弧特性曲线 *AV* 也有两个交点:交点 *c* 处 *CV* 曲线的斜率大于 *AV* 曲线的斜率,所以不是稳定工作点;交点 *d* 处 *CV* 曲线的斜率小于 *AV* 曲线的斜率,是稳定工作点。通过上述分析可见,下降特性和平特性两种电源都可以有稳定工作点,但是稳定工作的区域不同,即适用于不同的焊接方法。

2. 电源外特性与电弧焊接方法的关系

图1-40还不能完全说明电源外特性的选择依据,因为仅从稳定工作点的角度看,有些时候采用平特性电源或下降特性电源都可以,但是在实际焊接应用中并不是这样。这主要是考虑到在实际焊接中电弧长度会由于外界因素引起波动,相应的电弧伏安特性曲线也将变化,如图1-41所示。当弧长变短,由 AV_1 变为 AV_2 时,陡特性电源对应的电流变化为 ΔI_{ab},而平特性电源所对应的电流变化为 ΔI_{ac},可见电流变化差别很大。有时

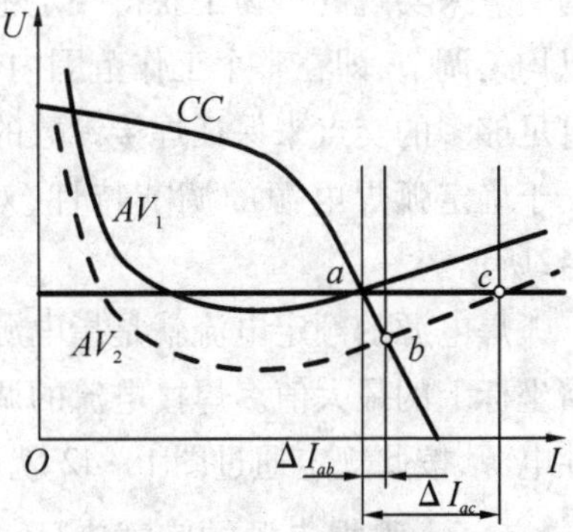

图1-41 电弧长度波动时在不同电源外特性下引起电流波动的差别

候为了避免焊接电流的波动要采用恒流电源，但有时候则要利用这种电流波动，因此要采用恒压电源。

1.6.3 弧焊电源的动特性

传统的弧焊电源的动特性是指当负载状态发生瞬时变化时，电源的输出电流与输出电压的关系，用以表征电源对负载瞬变的反应能力。现代的弧焊电源动特性还包括对控制信号输入的响应特性，如脉冲焊电源及波形控制电源，都要求电源对控制信号的输入有足够快的响应速度。弧焊电源的动特性涉及电弧物理和电弧焊接工艺方面的理论和实践问题。弧焊电源动特性问题实际也是弧焊设备与工艺研究的前沿和热点问题。一个具有高速响应能力的电源系统是解决弧焊电源动特性问题的良好基础。

1.6.4 负载持续率

弧焊电源的一个特点就是断续工作（自动焊除外），因此弧焊电源有一个重要的技术指标就是负载持续率。电焊机在断续工作方式中，负载工作的持续时间与整个周期时间的比值的百分比称为负载持续率（FC）。GB 15579.1—2004 规定工作周期为 10 min。例如额定电流为 400 A，FC = 60% 的弧焊电源，可以在 400 A 电流下连续焊接 6 min，停焊 4 min，并且可以这种方式不断重复工作下去。不同焊接用途对弧焊电源 FC 的要求是不同的，用于自动焊接要达到 100%，用于工业生产过程的手工焊接要达到 60%，用于维修工作的手工焊接为 30% ~45%，而作为家用机 10% ~20% 即可满足要求。

弧焊电源的额定电流就是额定负载持续率条件下允许的最大输出电流。在实际工作中，实际焊接时间与工作周期之比称为实际负载持续率。在不同的实际负载持续率条件下允许使用的输出电流可按下式计算：

$$I = I_r(\mathrm{FC}_r/\mathrm{FC})^{1/2}$$

式中，FC_r 为额定负载持续率；FC 为实际负载持续率；I_r 为额定负载持续率下的额定电流；I 为实际负载持续率下的允许电流。

根据上式，降低焊接电流可以提高实际的负载持续率，反之降低负载持续率可以提高实际允许的焊接电流。但是后者通常受到电源最大输出电流的限制。

1.6.5 弧焊电源的调节特性和额定电流

弧焊电源的参数调节是通过改变外特性斜率或移动位置，使之与电弧静特性曲线有稳定的交点来实现的。为了获得一定范围所需要的焊接电流和电压，弧焊电源的外特性必须可以均匀调节，即在整个工作范围内与电弧伏安特性有交点（不一定要求连续可调，但是必须有足够多的交点来保证焊接参数的精细调节）。由于实际电弧伏安特性曲线过于复杂，为了便于确定弧焊电源的调节特性，对不同的焊接方法规定了不同的负载特性曲线，如图 1-42所示。

弧焊电源的额定电流就是指电源外特性曲线在图 1-42 中与负载特性曲线具有交点时在横坐标上的最大值。焊接电流的调节范围一般规定为额定电流的 20% ~100%。对于平特性电源，按此规定通过图 1-42 就可以确定电压调节范围。

1.6.6 弧焊电源的空载电压

对于下降特性电源，由图 1-42 可以确定额定电流下的工作电压，但是为了保证电弧工作稳定和容易引弧,电源的空载电压要高于额定电流下的工作电压。特别是在小电流区间,电源的空载电压要更高些。这是因为,图 1-42 是采用近似的电弧伏安特性曲线作为载线,没有反映小电流下电弧为负阻特性时具有较高的电弧电压。但空载电压也不适于过高,一方面是从电源制作及运行的经济性考虑,另一方面是受安全规定限制,通常为 50~80 V。

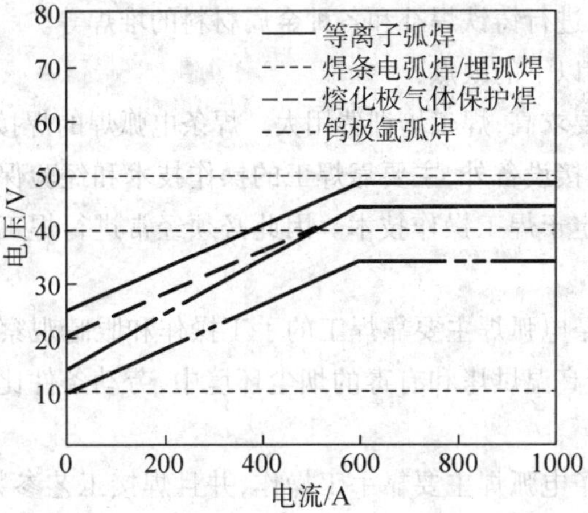

图 1-42 不同的焊接方法的负载特性曲线

1.7 焊条电弧焊

1.7.1 焊条电弧焊原理及特点

焊条电弧焊是用手工操纵焊条进行焊接的电弧焊方法。焊条电弧焊时,在焊条末端和工件之间燃烧的电弧所产生的高温使焊条药皮、焊芯及工件熔化,熔化的焊芯端部迅速形成细小的金属熔滴,通过弧柱过渡到局部熔化的工件表面,融合在一起形成熔池,药皮熔化过程中产生的气体和熔渣,不仅使熔池和电弧周围的空气隔绝,而且和熔化了的焊芯、母材发生一系列冶金反应,保证所形成焊缝的性能。随着电弧以适当的弧长和速度在工件上不断地前移,熔池液态金属逐步冷却结晶,形成焊缝。焊条电弧焊的过程如图 1-43 所示。

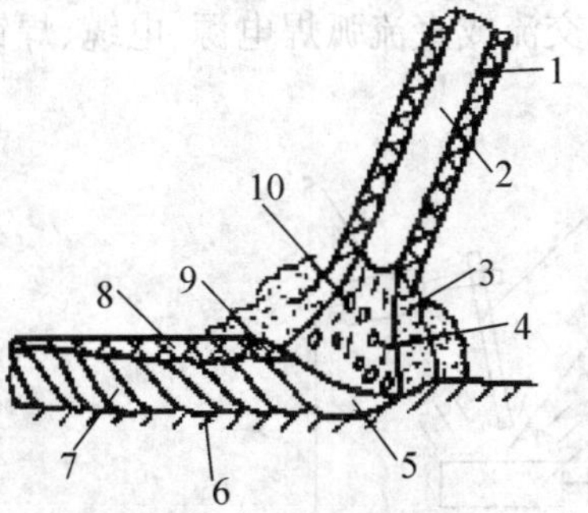

图 1-43 焊条电弧焊的过程

1—药皮 2—焊芯 3—保护气 4—电弧 5—熔池 6—母材 7—焊缝 8—渣壳 9—熔渣 10—熔滴

焊条电弧焊具有以下优点:

①设备简单,维护方便。焊条电弧焊使用的交流和直流焊机都比较简单,焊接操作时不需要复杂的辅助设备,只需配备简单的辅助工具。这些焊机结构简单,价格便宜,维护方便,购置设备的投资少,这是它广泛应用的原因之一。

②不需要辅助气体防护。焊条不但能提供填充金属,而且在焊接过程中能够产生保护熔池和焊接处避免氧化的保护气体,并且具有较强的抗风能力。

③操作灵活,适应性强。焊条电弧焊适用于焊接单件或小批量的产品,短的和不规则

的、空间任意位置的以及其他不易实现机械化焊接的焊缝。凡焊条能够达到的地方都能进行焊接,可达性好,操作十分灵活。

④应用范围广,适用于大多数工业用金属和合金的焊接。选用合适的焊条不仅可以焊接碳素钢、低合金钢,而且还可以焊接高合金钢及有色金属;不仅可以焊接同种金属,而且可以焊接异种金属,还可以进行铸铁焊补和各种金属材料的堆焊等。

但是,焊条电弧焊有以下的缺点:

①对焊工操作技术要求高,焊工培训费用大。焊条电弧焊的焊接质量,除靠选用合适的焊条、焊接工艺参数和焊接设备外,主要靠焊工的操作技术和经验保证,即焊条电弧焊的焊接质量在一定程度上决定于焊工操作技术。因此必须经常进行焊工培训,所需要的培训费用很大。

②劳动条件差。焊条电弧焊主要靠焊工的手工操作和眼睛观察完成全过程,焊工的劳动强度大,并且始终处于高温烘烤和有毒的烟尘环境中,劳动条件比较差,因此要加强劳动保护。

③生产效率低。焊条电弧焊主要靠手工操作,并且焊接工艺参数选择范围较小,另外,焊接时要经常更换焊条,并要经常进行焊道熔渣的清理,与自动焊相比,焊接生产率低。

④不适于特殊金属以及薄板的焊接。对于活泼金属(如 Ti,Nb,Zr 等)和难熔金属(如 Ta,Mo 等),由于这些金属对氧的污染非常敏感,焊条的保护作用不足以防止这些金属氧化,保护效果不够好,焊接质量达不到要求,所以不能采用焊条电弧焊;对于低熔点金属如 Pb,Sn,Zn 及其合金等,由于电弧的温度对其来讲太高,所以也不能采用焊条电弧焊焊接。另外,焊条电弧焊的焊接工件厚度一般在 1.5 mm 以上,1 mm 以下的薄板不适于焊条电弧焊。

由于焊条电弧焊具有设备简单、操作方便、适应性强,能在空间任意位置焊接的特点,所以被广泛应用于各个工业领域,是应用最广泛的焊接方法之一。

1.7.2 焊接设备

1. 基本焊接电路

图 1-44 所示是焊条电弧焊的基本电路。它由交流或直流弧焊电源、电缆、焊钳、焊条、电弧、工件及地线等组成。

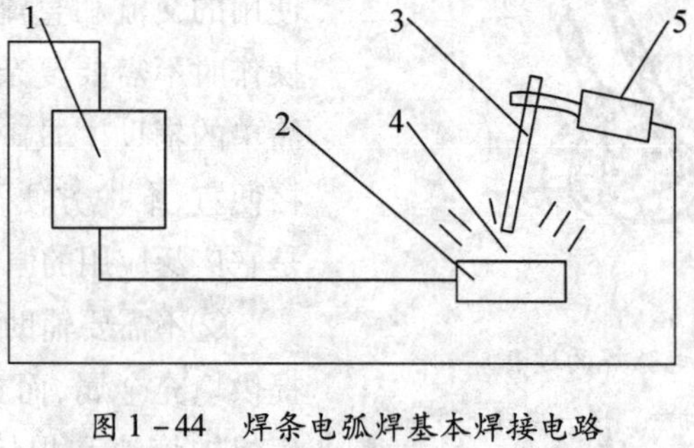

图 1-44 焊条电弧焊基本焊接电路

1—焊接电源 2—工件 3—焊条 4—电弧 5—焊钳

用直流电源焊接时,工件和焊条与电源输出端正、负极的接法,称极性。工件接直流电源正极,焊条接负极时,称正接或正极性;工件接负极,焊条接正极时,称反接或反极性。无论采用正接还是反接,主要从电弧稳定燃烧的条件来考虑。不同类型的焊条要求不同的接法,一般在焊条说明书上都有规定。用交流弧焊电源焊接时,极性在不断变化,所以不用考虑极性接法。

2. **弧焊电源**

目前,我国焊条电弧焊用的电源有三大类:弧焊变压器、直流弧焊发电机和弧焊整流器(包括逆变弧焊电源),前一种属于交流电源,后两种属于直流电源。

焊条电弧焊要求电源具有陡降的外特性、良好的动特性和合适的电流调节范围。选择焊条电弧焊电源应主要考虑以下因素:

①所要求的焊接电流的种类。

②所要求的电流范围。

③弧焊电源的功率。

④工作条件和节能要求等。

3. **常用工具和辅具**

焊条电弧焊常用工具和辅具有焊钳、焊接电缆、面罩、防护服、敲渣锤、钢丝刷和焊条保温筒等。

表1-7 三类焊条电弧焊机的比较

项目	弧焊变压器	弧焊整流器	直流弧焊发电机
电弧稳定性	差	稳定	稳定,输出电流脉动小
磁偏吹影响	无	有	有
极性可换性	无	有	有
空载电压	较高	较低	较低
触电危险	较大	较小	较小
构造与维护	简单	较复杂	复杂
噪声	小	较小	大
成本	低	高	高
供电	一般单相	一般三相	
重量	较轻	较重,逆变电源轻	重

1.7.3 焊条电弧焊工艺

1. **接头形式**

焊条电弧焊常用的基本接头形式有对接、搭接、角接和T形接,如图1-45所示。选择接头形式时,主要根据产品的结构,并综合考虑受力条件、加工成本等因素。对接接头在各种焊接结构中应用十分广泛,是一种比较理想的接头形式,与搭接接头相比,具有受力简单均匀、节省金属等优点,但对接接头对下料尺寸和组装要求比较严格;T形接头通常作为一种联系焊缝,其承载能力较差,但它能承受各种方向的力和力矩,在船体结构中应用较多;角接接头的承载能力差，一般用于不重要的焊接结构中；搭接接头一般用于厚度小于 12 mm 的钢板，其搭接长度为 3 ~5 倍的板厚，搭接接头易于装配，但承载能力差。

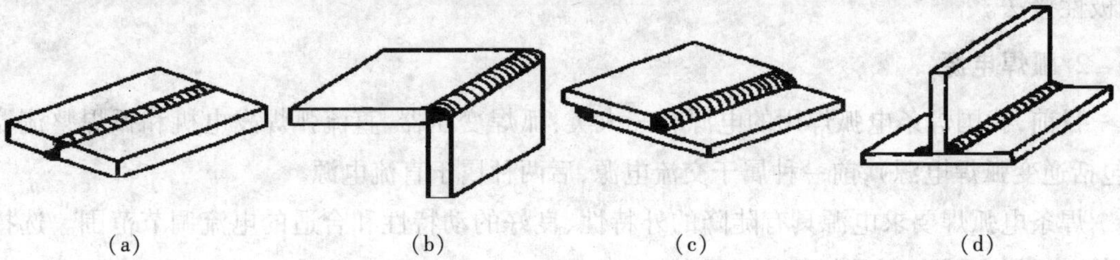

图 1 –45　接头基本形式

(a)对接接头；(b)角接接头；(c)搭接接头；(d)T 形接头

2. 坡口形式

根据设计或工艺需要，在焊件的待焊部位加工成一定几何形状，经装配后构成的沟槽称为坡口。利用机械(剪切、刨削或车削)、火焰或电弧(碳弧气刨)等加工坡口的过程称为开坡口。开坡口使电弧能深入坡口底层，保证底层焊透，便于清渣，获得较好的焊缝成形，还能调节焊缝金属中母材和填充金属的比例。

弧焊的坡口形式应根据焊件结构形式、厚度和技术要求选用，常用的坡口形式有 I 形、V 形、X 形、Y 形、双 Y 形、U 形坡口带钝边等。一般对接接头板厚 1 ~6 mm 时，用 I 形坡口采用单面焊或双面焊即可保证焊透；板厚≥33 mm 时，为了保证焊缝有效厚度或焊透，改善焊缝成形，可加工成 Y 形、X 形、U 形等各种形状的坡口。

在板厚相同时，双面坡口比单面坡口、U 形坡口比 V 形坡口消耗焊条少，焊接变形小，随着板厚增大，这些优点更加突出。但 U 形坡口加工较困难，坡口加工费用较高，一般用于较重要的结构。

当不同厚度的钢板对接时，应按有关标准和技术文件的要求对厚钢板坡口侧进行削薄处理。

坡口形式及其尺寸一般随板厚而变化，同时还与焊接方法、焊接位置、热输入量、坡口加工方法以及工件材质等有关。坡口形式与尺寸详见国家标准 GB/T 985—1988《气焊、焊条电弧焊及气体保护焊焊缝坡口的基本形式与尺寸》。

3. 焊接参数

焊接参数是指焊接时，为保证焊接质量而选定的诸物理量(例如：焊接电流、电弧电压、焊接速度、热输入等)的总称。焊条电弧焊的焊接参数主要包括焊条直径、焊接电流、电弧电压、焊接速度和预热温度等。

(1)焊条直径

焊条直径是根据焊件厚度、焊接位置、接头形式、焊接层数等进行选择的。为提高生产效率，应尽可能地选用直径较大的焊条。但是用直径过大的焊条焊接时，容易造成未焊透或焊缝成形不良等缺陷。

厚度较大的焊件，搭接和 T 形接头的焊缝应选用直径较大的焊条。对于小坡口焊件，为了保证根部的熔透，宜采用较细直径的焊条，如打底焊时一般选用 $\Phi2.5$ mm 或 $\Phi3.2$ mm 焊条。不同的焊接位置选用的焊条直径也不同，通常平焊时选用较粗的 Φ4.0 mm～Φ6.0 mm 的焊条，立焊和仰焊时选用 Φ3.2 mm～Φ4.0 mm 的焊条；横焊时选用 Φ3.2 mm～Φ5.0 mm 的焊条。对于特殊钢材，需要小工艺参数焊接时可选用小直径焊条。

根据工件厚度选择时，可参考表 1－8。对于重要结构应根据规定的焊接电流范围（根据热输入确定）参照表 1－9 焊接电流与焊条直径的关系来决定焊条直径。

表 1－8　焊条直径与焊件厚度的关系

焊件厚度/mm	2	3	4～5	6～12	>13
焊条直径/mm	2	3.2	3.2～4	4～5	4～6

表 1－9　各种直径焊条使用电流参考值

焊条直径/mm	1.6	2.0	2.5	3.2	4.0	5.0	5.8
焊接电流/mm	25～40	40～60	50～80	100～130	160～210	200～270	260～300

（2）焊接电流

焊接电流是焊条电弧焊的主要焊接参数，焊工在操作过程中需要调节的只有焊接电流，而焊接速度和电弧电压都是由焊工控制的。焊接电流的选择直接影响着焊接质量和劳动生产率。

焊接电流越大，熔深越大，焊条熔化快，焊接效率也高。但是焊接电流太大时，飞溅和烟雾大，焊条尾部易发红，部分涂层要失效或崩落，而且容易产生咬边、焊瘤、烧穿等缺陷，增大焊件变形，还会使接头热影响区晶粒粗大，焊接接头的韧性降低；焊接电流太小，则引弧困难，焊条容易粘连在工件上，电弧不稳定，易产生未焊透、未熔合、气孔和夹渣等缺陷，且生产率低。

因此，选择焊接电流时，应根据焊条类型、焊条直径、焊件厚度、接头形式、焊缝位置及焊接层数来综合考虑。首先应保证焊接质量，其次应尽量采用较大的电流，以提高生产效率。板厚较大的，T 形接头和搭接接头，在施焊环境温度低时，由于导热较快，所以焊接电流要大一些。但主要考虑焊条直径、焊接位置和焊道层次等因素。

①焊条直径。焊条直径越粗，熔化焊条所需的热量越大，必须增大焊接电流。每种焊条都有一个最合适电流范围，表 1－3 中列出了常用的各种直径焊条合适的焊接电流参考值。

焊条电弧焊使用碳钢焊条时，还可以根据选定的焊条直径，用下面的经验公式计算焊接电流：

$$I = kd$$

式中，I 为焊接电流（A）；d 为焊条直径（mm）；k 为经验系数。

焊接电流经验系数与焊条直径的关系见表 1－10。

表 1－10　焊接电流经验系数与焊条直径的关系

焊条直径/mm	1.6	2～2.5	3.2	4～6
k	20～25	25～30	30～40	40～50

但是，当采用同样直径的焊条焊接不同厚度的钢板时，电流就应有所不同。一般来说，板越厚，焊接热量散失得就越快，因此应选用电流值的上限。

②焊接位置。在平焊位置焊接时，可选择偏大些的焊接电流。非平焊位置焊接时，为了易于控制焊缝成形，焊接电流比平焊位置要小，仰、横焊时所用电流应比平焊小5% ~10%，立焊时应比平焊小10% ~15%。

③焊接层次。通常焊接打底焊道时，为保证背面焊道的质量，使用的焊接电流较小；焊接填充焊道时，为提高效率，保证熔合好，使用较大的电流；焊接盖面焊道时，防止咬边和保证焊道成形美观，使用的电流稍小些。

实际生产过程中焊工一般都是根据试焊的试验结果，根据自己的实践经验选择焊接电流的。通常焊工根据焊条直径推荐的电流范围，或根据经验选定一个电流，在试板上试焊，在焊接过程中看熔池的变化情况、渣和铁液的分离情况、飞溅大小、焊条是否发红、焊缝成形是否好、脱渣性是否好等来选择合适的焊接电流。但对于有力学性能要求的如锅炉、压力容器等重要结构，要经过焊接工艺评定合格以后，才能最后确定焊接电流等工艺参数。

(3)电弧电压

焊条电弧焊时，焊缝宽度主要靠焊条的横向摆动幅度来控制，当焊接电流调好以后，焊机的外特性曲线就决定了。实际上电弧电压主要是由电弧长度来决定的。电弧长，电弧电压高，反之则低。焊接过程中，电弧不宜过长，否则会出现电弧燃烧不稳定、飞溅大、熔深浅及产生咬边、气孔等缺陷；若电弧太短，容易粘焊条。一般情况下，电弧长度等于焊条直径的1/2为好，相应的电弧电压为16 ~25 V。碱性焊条的电弧长度不超过焊条的直径，为焊条直径的1/2较好，尽可能地选择短弧焊；酸性焊条的电弧长度应等于焊条直径。

(4)焊接速度

焊接速度是指焊接过程中焊条沿焊接方向移动的速度，即单位时间内完成的焊缝长度。焊接速度过快会造成焊缝变窄，严重凸凹不平，容易产生咬边及焊缝波形变尖；焊接速度过慢会使焊缝变宽，余高增加，效率降低。焊接速度还直接决定着热输入量的大小，一般根据钢材的淬硬倾向来选择。焊条电弧焊时，在保证焊缝具有所要求的尺寸和外形及良好的熔合原则下，焊接速度由焊工根据具体情况灵活掌握。

(5)焊缝层数

厚板的焊接，一般要开坡口并采用多层焊或多层多道焊。多层焊和多层多道焊接头的显微组织较细，热影响区较窄。前一条焊道对后一条焊道起预热作用，而后一条焊道对前一条焊道起热处理作用。因此，接头的延性和韧性都比较好。特别是对于易淬火钢，后焊道对前焊道的回火作用，可改善接头的组织和性能。

对于低合金高强钢等钢种，焊缝层数对接头性能有明显影响。焊缝层数少，每层焊缝厚度太大时，由于晶粒粗化，将导致焊接接头的延性和韧性下降。每层焊道厚度不能大于5 mm。

(6)热输入

熔焊时，由焊接能源输入给单位长度焊缝上的热量称为热输入。其计算公式如下：

$$Q = \eta IU/v$$

式中，Q 为单位长度焊缝的热输入(J/cm)；I 为焊接电流(A)；U 为电弧电压(V)；v 为焊接速度(cm/s)；η 为热效率系数，焊条电弧焊为0.7～0.8。

热输入对低碳钢焊接接头性能的影响不大，因此，对于低碳钢焊条电弧焊一般不规定热输入。对于低合金钢和不锈钢等钢种，热输入太大时，接头性能可能降低；热输入太小时，有的钢种焊接时可能产生裂纹。因此，焊接工艺规定热输入一般要通过试验来确定既不产生焊接裂纹，又能保证接头性能合格的热输入范围。允许的热输入范围越大，越便于焊接操作。

(7)预热温度

预热是焊接开始前对被焊工件的全部或局部进行适当加热的工艺措施。预热可以减小接头焊后冷却速度，避免产生淬硬组织，减小焊接应力及变形。它是防止产生裂纹的有效措施。对于刚性不大的低碳钢和强度级别较低的低合金高强钢的一般结构，一般不必预热。但对刚性大的或焊接性差的容易产生裂纹的结构，焊前需要预热。

预热温度根据母材的化学成分、焊件的性能、厚度、焊接接头的拘束程度和施焊环境温度以及有关产品的技术标准等条件综合考虑，重要的结构要经过裂纹试验确定不产生裂纹的最低预热温度。预热温度选得越高，防止裂纹产生的效果越好；但超过必需的预热温度，会使熔合区附近的金属晶粒粗化，降低焊接接头质量，劳动条件也将会更加恶化。整体预热通常用各种炉子加热。局部预热一般采用气体火焰加热或红外线加热。预热温度常用表面温度计测量。

(8)后热与焊后热处理

焊后立即对焊件的全部(或局部)进行加热或保温，使其缓冷的工艺措施称为后热。后热的目的是避免形成硬脆组织，以及使扩散氢逸出焊缝表面，从而防止产生裂纹。

焊后为改善焊接接头的显微组织和性能或消除焊接残余应力而进行的热处理称为焊后热处理。焊后热处理的主要作用是消除焊件的焊接残余应力，降低焊接区的硬度，促使扩散氢逸出，稳定组织及改善力学性能、高温性能等。因此，选择热处理温度时要根据钢材的性能、显微组织、接头的工作温度、结构形式、热处理目的来综合考虑，并通过显微金相和硬度试验来确定。

对于易产生脆断和延迟裂纹的重要结构，尺寸稳定性要求高的结构，以及有应力腐蚀的结构，应考虑进行消除应力退火；对于锅炉、压力容器，则有专门的规程规定，厚度超过一定限度后要进行消除应力退火。消除应力退火的温度按有关规程或资料根据结构材质确定，必要时要经过试验确定。铬钼珠光体耐热钢焊后常常需要高温回火，以改善接头组织，消除焊接残余应力。

重要的焊接结构，如锅炉、压力容器等，所制定的焊接工艺需要进行焊接工艺评定，按所设计的焊接工艺而焊得的试板的焊接质量和接头性能达到技术要求后，才予正式确定。焊接施工时，必须严格按规定的焊接工艺进行，不得随意更改。

4. 焊条电弧焊基本操作技术

(1)引弧

电弧焊开始时,引燃焊接电弧的过程称为引弧。

引弧的方法包括以下两类:

①不接触引弧。是指利用高频电压使电极末端与焊件间的气体导电产生电弧。焊条电弧焊很少采用这种方法。

②接触引弧。引弧时先使电极与焊件短路,再拉开电极引燃电弧。根据操作手法不同又可分为敲击法和划擦法两种。

a. 敲击法:使焊条与焊件表面垂直地接触,当焊条的末端与焊件的表面轻轻一碰,便迅速提起焊条并保持一定的距离,立即引燃了电弧。操作时焊工必须掌握好手腕上下动作的时间和距离。

b. 划擦法:先将焊条末端对准焊件,然后将焊条在焊件表面划擦一下,当电弧引燃后趁金属还没有开始大量熔化的一瞬间,立即使焊条末端与被焊表面的距离维持在 2 ~ 4 mm 的距离,电弧就能稳定地燃烧。

如果发生焊条和焊件粘在一起时,只要将焊条左右摇动几下,就可脱离焊件,如果这时还不能脱离焊件,就应立即将焊钳放松,使焊接回路断开,待焊条稍冷后再拆下。

③应用。由于引弧端温度较低,熔深较浅,易产生未焊透。酸性焊条接引弧时可稍将电弧拉长,对坡口根部进行预热,然后压低电弧进行正常焊接。碱性焊条则由于药皮特性对根部熔透有利,不需采用酸性焊条的引弧方式,但不要直接引弧,应在坡口前端一距离引弧后,迅速拉回起焊端,并压低电弧进行焊接。

(2)运条

焊接过程中,焊条相对焊缝所做的各种动作的总称为运条。

运条包括沿焊条轴线的送进、沿焊缝轴线方向纵向移动和横向摆动 3 个动作。

①运条的基本动作。焊条沿轴线向熔池方向送进使焊条熔化后,能继续保持电弧的长度不变,因此要求焊条向熔池方向送进的速度与焊条熔化的速度相等。如果焊条送进的速度小于焊条熔化的速度,则电弧的长度将逐渐增加,导致断弧;如果焊条送进的速度太快,则电弧长度迅速缩短,焊条末端与焊件接触发生短路,同样会使电弧熄灭。

a. 焊条沿焊接方向的纵向移动。此动作使焊条熔敷金属与熔化的母材金属形成焊缝。

b. 焊条的横向摆动。焊条横向摆动的作用是为获得一定宽度的焊缝,并保证焊缝两侧熔合良好。其摆动幅度应根据焊缝宽度与焊条直径决定。横向摆动力求均匀一致,才能获得所要求宽度的焊缝。正常的焊缝宽度一般不超过焊条直径的 2 ~ 5 倍。

②运条方法。运条的方法很多,选用时应根据焊缝接头的形式、装配间隙、焊缝的空间位置、焊条直径与性能、焊接电流及焊工技术水平等方面因素而定。焊条在运行时应该稍作横向摆动,其目的是能获得均匀一致的焊缝成形,同时也是为了控制熔池温度,防止由于熔池温度过高而产生焊缝烧穿的现象。根据焊条横向摆动方法的不同,焊接过程中常用的运条方法有直线往复运条方法、月牙形运条方法、斜圆圈形运条方法、三角形运条方法和锯齿形运条方法等,见表 1 - 11。

表 1－11 常用的运条方法及适用范围

运条方法		运条示意图	适用范围
直线形运条法			①3～5 mm 厚度 I 形坡口对接平焊 ②多层焊的第一层焊道 ③多层多道焊
直线往复运条法		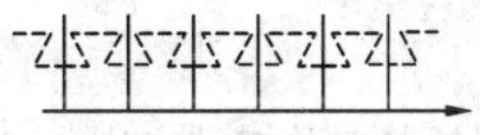	①薄板焊 ②对接接头（间隙较大）
锯齿形运条法		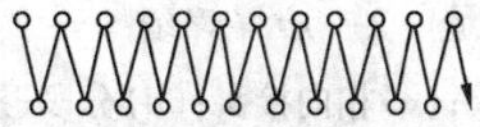	①对接接头（平焊、立焊、仰焊） ②角接接头（立焊）
月牙形运条法			同锯齿形运条法
三角形运条法	斜三角形	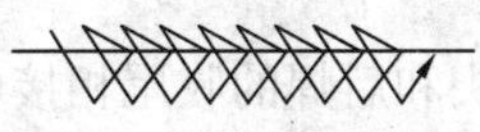	①角接接头（仰焊） ②对接接头（开 V 形坡口横焊）
	正三角形	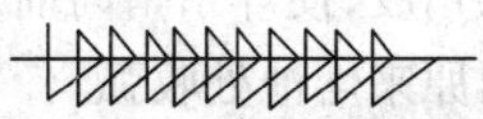	①角接接头（立焊） ②对接接头
圆圈形运条法	斜圆圈形	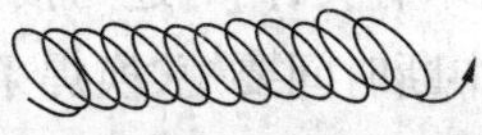	①角接接头（平焊、仰焊） ②对接接头（横焊）
	正圆圈形	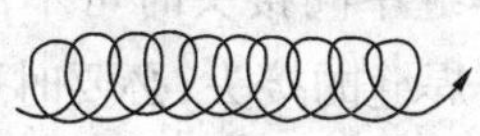	对接接头（厚焊件平焊）
八字形运条法		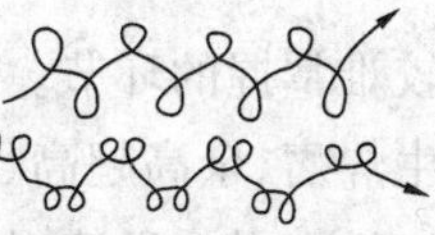	对接接头（厚焊件平焊）

③焊缝的起头。焊缝的起头是指刚开始焊接处的焊缝。这部分焊缝的余高容易增高，这是由于开始焊接时焊件温度较低，引弧后不能迅速使这部分金属温度升高，因此熔深较浅，余高较大。为减少这种情况，可在引燃电弧后先将电弧稍微拉长些，对焊件进行必要的预热，然后适当压低电弧转入正常焊接。

（3）焊缝的接头

后焊焊缝与先焊焊缝的连接处称为焊缝接头。由于受焊条长度限制，焊缝前后两段的接头是不可避免的，但焊缝的接头应力求均匀，并防止焊缝接头处过高、脱节、宽窄不一致等缺陷。焊缝的接头情况有 4 种，如图 1－46 所示。

①中间接头。后焊的焊缝从先焊的焊缝尾部开始焊接（见图 1－46（a）），要求在弧坑前约10 mm附近引弧，电弧长度应比正常焊接时略长些，然后回移到弧坑处，压低电弧并稍作摆动，再向前正常焊接。这种接头方法是使用最多的一种，适用于单层焊及多层焊的表层接头。

②相背接头。两焊缝的起头相接（见图 1－46（b）），要求先焊焊缝的起头略低些，后焊的焊缝必须在前焊焊缝始端稍前处起弧，然后稍拉长电弧将电弧逐渐引向前条焊缝的始端，并覆盖前焊缝的端头，待焊平后，再向焊接方向移动。

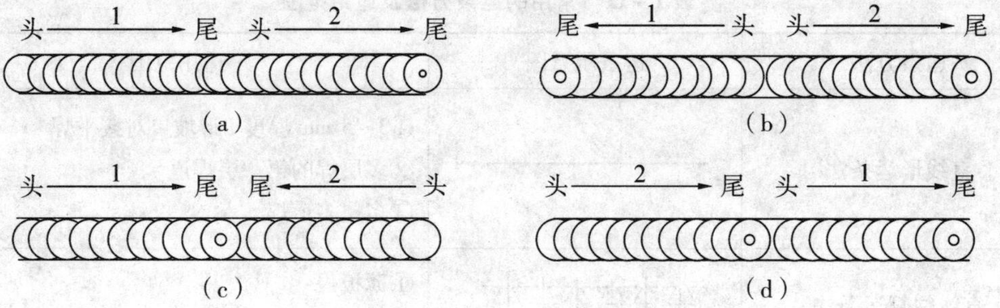

图 1-46 焊缝接头的四种方法

1—先焊焊缝 2—后焊焊缝

(a)中间接头;(b)相背接头;(c)相向接头;(d)分段退焊接头

③相向接头。这是两条焊缝的收尾相接(见图 1-46(c)),当后焊的焊缝焊到先焊的焊缝收弧处时,焊接速度应稍慢些,待填满先焊焊缝的弧坑后,以较快的速度再略向前焊一段,然后熄弧。

④分段退焊接头。这是先焊焊缝的起头和后焊的收尾相接(图 1-46(d)),要求后焊焊缝焊至靠近前焊焊缝的始端时,应改变焊条角度,使焊条指向前焊缝的后端,拉长电弧,待形成熔池后,再压低电弧,往回移动,最后返回原来熔池处收弧。

接头连接的平整与否,与焊工的操作技术有关,同时还与接头处温度高低有关。温度越高,接得越平整。因此,中间接头要求电弧中断时间要短,换焊条动作要快。多层焊接时,层间接头要错开,以提高焊缝的致密性。除焊缝中间接头时可不清理焊渣外,其余接头前,必须先将需接头处的焊渣清除掉,否则接不好焊缝的接头,必要时可将需接头处先打磨成斜面后再接头。

焊缝的接头是单面焊双面成形打底焊较难掌握的环节。接头方法得当,焊缝正反两面均匀平滑且内部无缺陷;方法不当,则易产生焊瘤、余高超高、凹陷、脱节等缺陷。接头质量的好坏与引弧、焊缝收尾的质量有关。一般来说,引弧迅速得当,采用预热或前道焊接收尾处温度保持较高,则焊缝接头容易、接头质量好。若更换焊条动作缓慢或引弧时电弧不稳定,则不能获得良好的焊缝接头。

(4)焊缝的收尾

焊缝的收尾是指一条焊缝焊完后如何收弧。焊接结束时,要做好焊缝的收尾。收尾时还要维持正常的熔池温度,以利于焊缝的接头。焊接结束时,如果将电弧突然熄灭,则焊缝表面留有凹陷较深的弧坑,会降低焊缝收尾处的强度,并容易引起弧坑裂纹。过快拉断电弧,液体金属中的气体来不及逸出,还容易产生气孔等缺陷。收尾方式有多种,常用的有反复断弧收尾法、划圈收尾法、回焊收尾法以及转移收尾法等。

①反复断弧收尾法。焊条移到焊缝终点时,在弧坑处反复熄弧、引弧数次,直到填满弧坑为止。此方法适用于薄板和大电流焊接时的焊缝收尾,但不适于碱性焊条的收尾。

②划圈收尾法。焊条移到焊缝终点时,在弧坑处作圆圈运动,直到填满弧坑再拉断电弧,此方法适用于厚板的收尾。

③转移收尾法。焊条移到焊缝终点时,在弧坑处稍作停留,将电弧慢慢抬高,再引到焊缝边缘的母材坡口内。这时熔池会逐渐缩小,凝固后一般不出现缺陷。适用于更换焊条或

临时停弧的收尾。

④回焊法。焊条移至焊缝终点时，电弧稍作停留，并向与焊接方向相反的方向回烧一段很小的距离，然后立即拉断电弧。由于熔池中液态金属较多，凝固时会自动填满弧坑，此法适合于碱性焊条收弧。

(5)运条操作的禁忌

①运条时采用敲击法对初学者较难掌握，一般容易发生电弧熄灭或造成短路现象，这是没有掌握好离开焊件时速度和保持一定距离的原因。

②采用划擦法运条比较容易掌握，如果操作时焊条上拉太快或提得太高，都不能引燃电弧或电弧只燃烧一瞬间就熄灭。相反，动作太慢则可能使得焊条与焊件粘在一起，造成焊接回路短路。

③引弧时如果焊条粘住焊件，应立即将焊钳放松。若短路时间过长，短路电流过大会使电焊机烧坏。

④焊条的移动速度对焊缝质量、焊接生产率有很大的影响。如果焊条移动速度太快，则电弧来不及熔化掉足够的焊条与母材金属，易产生未焊透或焊缝较窄；若焊条移动速度太慢，则会使熔池温度过高，从而烧穿焊件，还引起焊瘤、焊道太宽、金属堆积、焊缝过高、外形不整齐等现象。在焊接较薄焊件时容易焊穿。故要求焊条的移动速度必须适当才能使焊缝均匀。

⑤焊缝收弧时要保证熔池内部的气体充分排出，并防止因收弧太快，熔池暴露造成空气侵入，从而产生冷缩孔、内部气孔等缺陷。

1.8 焊条电弧焊实操

1.8.1 单面焊双面成形操作技术

当焊件要求焊接接头完全焊透，但因构件尺寸和形状的限制，只能在一侧进行焊接，这时应采用单面焊双面成形技术。焊条电弧焊单面焊双面成形操作技术就是采用普通的焊条，以特殊的操作方法，在坡口背面没有任何辅助措施的条件下，在坡口的正面进行焊接，焊后保证坡口的正、反两面都能得到均匀整齐、成形良好、符合质量要求的焊缝的焊接操作方法。它是焊条电弧焊中难度较大的一种操作技术。

1.单面焊双面成形技术的特点

焊条电弧焊单面焊双面成形焊接方法一般用于V形坡口对接焊，按接头位置不同可进行平焊、立焊、横焊和仰焊等位置焊接。操作方法有两种：一种是连弧法，另一种是断弧法。断弧法是通过电弧的不断引燃和熄灭来控制熔池温度和熔池形状，达到单面焊接双面成形的目的；连弧法则是在一底层焊条焊接过程中不存在人为地熄弧，通过选择适当的焊接工艺参数、运条方法、焊条角度来控制熔池温度及熔池形状，达到单面焊接双面成形的目的。

①连弧焊法。连弧焊法即采用较小的焊接电流和较小的直径的焊条，在焊接过程中，电弧保持持续稳定的燃烧，要在较小的坡口间隙内向前均匀地摆动，使焊件背面形成均匀焊缝的方法。该方法操作简单，手法变动小，容易掌握，且焊缝背面成形致密、整齐，内部质量好，力学性能优良，为国际国内广泛采用；其缺点是受坡口间隙的限制。酸性焊条焊接时其接头困

难的问题更为突出。连弧焊法主要用于碱性焊条各种位置的焊接及酸性焊条的立焊和仰焊中。

②断弧焊法。断弧焊法即在焊接过程中通过电弧有节奏地起弧、熄弧,从而控制熔池温度,获得良好的焊缝成形及内部质量的焊接方法。其优点是可以采用较大的坡口间隙,使用较大的焊接电流,对于较薄焊件的单面焊双面成形,使用的焊接电流不受大的制约。断弧焊法主要用于酸性焊条的平焊、横焊以及管板等薄壁焊件的单面焊双面成形打底焊中。这种焊法在生产和维修中较为实用,但是,与连弧焊法相比,断弧焊法较难掌握,对焊工基本功的要求也较高。

2. 连弧法单面焊接双面成形的机理

连弧法背面焊缝成形机理可分为渗透成形和穿透成形两种。渗透成形是在坡口无间隙或间隙很小时,采用压低电弧、直线形运条法。虽然背面成形均匀,但由于坡口两侧靠电弧和熔池的热传导熔合在一起,背面缺少气渣保护,焊缝在高温下易氧化烧损,渗透过程中局部出现半熔化状态,易造成假熔合,降低了焊缝质量,见图1-47(a)。当使用专用的打底焊条时,可以克服上述缺点,否则不宜采用这种方法施焊。穿透成形是在坡口、间隙和钝边合适的情况下,采用锯齿形或月牙形短弧运条法,使焊道前方始终保持一个穿透的熔孔,使坡口两侧母材金属和填充金属共同熔化后均匀地搅拌成熔池,焊道两面可同时处在气渣保护之下,既达到单面焊接双面成形的目的,又保证了焊接质量,见图1-47(b),是广泛应用的一种操作方法。

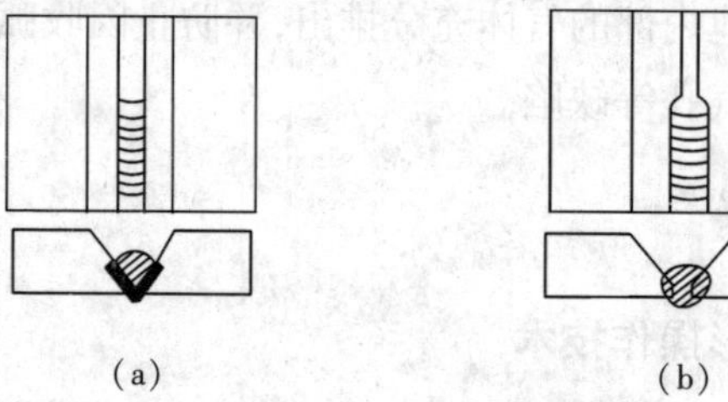

图1-47　单面焊双面成形机理

(a)渗透成形焊缝;(b)穿透成形焊缝

焊工在操作过程中要想保证单面焊接双面成形的质量,就必须控制住熔孔的尺寸,常用的控制方法有改变焊接电流的大小、调整焊接电弧的长度、改变运条方法和在运条过程中随时调整焊条的倾斜角度。其中最好的控制方法是在运条过程中随着熔孔直径的变化,随时调整焊条的倾斜角度,通过焊条倾斜角度的变化控制熔池上的温度和作用力,使熔孔始终保持同样的尺寸,保证焊缝背面形成均匀美观的焊道,达到单面焊接双面成形的目的。

1.8.2　管道立向下焊接技术

1. 立向下焊接的特点

焊条电弧焊的立向下焊接技术是指在焊接结构中的立焊位置,焊接时用立向下焊条,由上向下运条进行施焊的一种操作方法。采用此操作方法焊接时,坡口应留有一定的均匀钝边,底层留一定间隙,焊接电流大,宜于使用带引弧电流的弧焊电源,电弧吹力强、熔深大、不宜摆动。可由多个焊工组成连续操作的流水作业班组,特别适用于长距离大口径管线的焊接施工。它与传统的上向焊接比较,具有焊接质量好,焊接速度快,生产效率高,易学习掌握等优点。

2. 管道立向下焊接操作方法

以纤维素型焊条管道立向下焊接为例，管道焊接时，要求单面焊双面成形，背面焊缝要求焊波均匀、表面光滑并略有凸起，因此底层焊道是保证背面成形良好的关键。管道立向下焊接操作方法主要分为底层焊、热焊、填充焊和盖面焊4个过程，焊接顺序见图1-48。

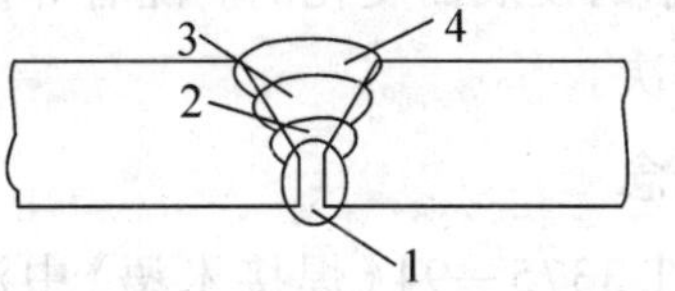

图1-48　管道向下立焊焊接顺序

1—底层焊道　2—热焊焊道　3—填充焊道　4—盖面焊道

①底层焊。指焊接底层第一层焊道。焊接时从管顶中部略超过中心线5~10 mm处起焊。从坡口表面上引弧，然后将电弧引至起焊处。电弧在起焊处稍作停留，待钝边熔透后沿焊缝直拖向下，采用短弧操作，焊条倾角变化见图1-49(a)。底层焊道焊完后，应彻底清除表面熔渣，尤其是焊缝与坡口表面交界处应仔细清除干净，避免在下层焊道焊接时产生夹渣。

②热焊。底层焊道焊完后应立即进行第二层焊道焊接，即热焊。进行热焊时，与底层焊时间间隔不宜太长（最长10 min），焊条直径可与底层焊时相同或略大，运条时一般直拖向下或稍作摆动，但摆动时电弧长度要适中，保持短弧焊接，焊条倾角与底层焊时相同。

③填充焊。填充焊道是为盖面焊接打基础的，焊道要求均匀、饱满，两侧熔合良好且不能破坏坡口。焊条直径和焊接电流可大些，采用直线运条或稍作摆动，保持短弧焊接。焊条倾角与底层焊道时基本相同。

④盖面焊。盖面焊道是保证焊缝尺寸及外观的关键工序，焊条直径可以与填充焊道时相同或更大，但焊接电流不宜太大。采用直线稍加摆动运条，摆动幅度要适当，以压两侧坡口1.5~2.0 mm为宜。收弧时，焊条要慢慢抬起，以保证焊道均匀过渡。焊接时焊条倾角的变化见图1-49(b)。

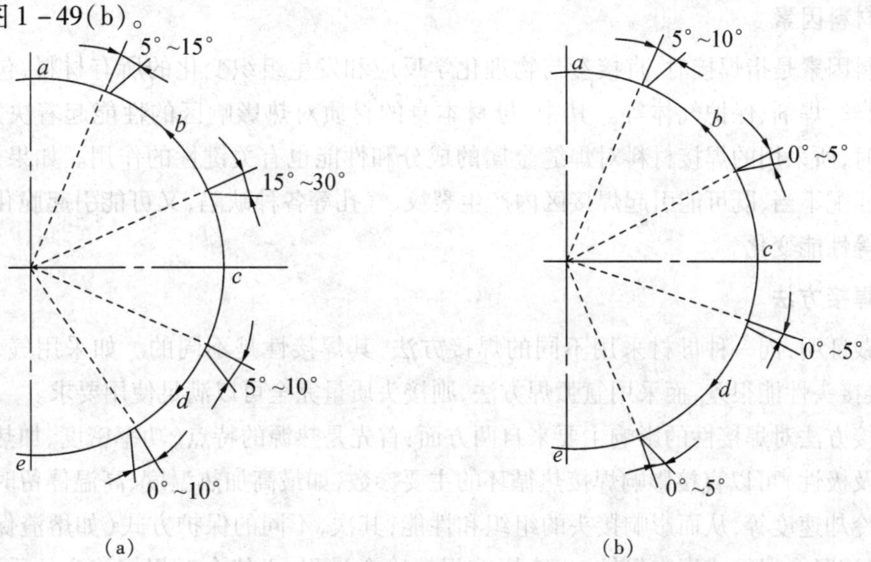

图1-49　管道立向下焊的焊条倾角

(a)焊底层焊道的焊条倾角；(b)焊盖面焊道的焊条倾角

1.9 金属的焊接性

金属的焊接性与铸造性、机械加工性一样，同属于金属材料的工艺性能。因此，焊接性不仅取决于金属本身的成分与组织，同时与焊接的热作用直接有关。焊接性并不是金属材料的固有性能，而是随焊接技术的发展而变化的。随着焊接新工艺、新技术的出现，某些材料在焊接中的难题将不断被解决。

1.9.1 金属焊接性的概念

对于什么是焊接性，GB/T 3375—94《焊接术语》中注明："材料在限定的施工条件下焊接成按规定设计要求的构件，并满足预定服役要求的能力"。它包含两方面的内容：其一是焊成的构件符合设计的要求；其二是满足预定的使用条件，能够安全运行。根据这两方面的内容，优质的焊接接头应具备两个条件，即接头中不存在超过质量标准规定的缺陷，同时具有预期的使用性能。根据讨论问题的着眼点不同，焊接性可分为工艺焊接性和使用焊接性。

1. 工艺焊接性

工艺焊接性是指金属材料对各种焊接方法的适应能力，它不仅取决于金属本身的成分与性能，而且与焊接热源的性质、保护方式、预热及后热等工艺措施有关。有些金属材料（如高合金钢、铝、钛等），在采用不同焊接方法焊接时，焊接质量会有较明显的区别。

2. 使用焊接性

使用焊接性是指焊接接头或整体结构，满足技术条件中所规定的使用性能的能力。显然，使用焊接性与产品的工作条件有密切关系。

1.9.2 影响焊接性的因素

影响材料焊接性的因素很多，主要有如下 4 个方面的影响。

1. 材料因素

材料因素是指焊接时，直接参与物理化学反应和发生组织变化的所有材料，包括母材、焊条、焊丝、焊剂、保护气体等。其中，母材本身的材质对热影响区的性能起着决定性的影响。同时，所采用的焊接材料对焊缝金属的成分和性能也有关键性的作用。如果焊接材料与母材匹配不当，既可能引起焊接区内产生裂纹、气孔等各种缺陷，又可能引起脆化、软化或耐腐蚀等性能变化。

2. 焊接方法

实践证明，同一种母材采用不同的焊接方法，其焊接性是不同的。如采用气焊焊接纯铝，焊接接头性能很差，而采用氩弧焊方法，则接头质量完全可以满足使用要求。

焊接方法对焊接性的影响主要来自两方面：首先是热源的特点（功率密度、加热方式、热源参数及极性）可以直接影响焊接热循环的主要参数，如最高加热温度、高温停留时间、相变区间的冷却速度等，从而影响接头的组织和性能；其次，不同的保护方式（如熔渣保护、气体保护、气渣联合保护或真空保护）也会影响焊接冶金过程，必然会对焊接接头的质量与性能起到重要影响。

3. 构件类型

构件类型决定了接头的刚度、应力集中程度与应力状态。这些因素既可影响材料对焊接裂纹的敏感性,又可能影响接头的力学性能。因此,在结构设计中,在满足产品使用要求的前提下,应充分考虑焊接过程对产品质量可能带来的影响,力求合理安排焊缝的位置、数量,尽量避免焊缝过分集中,截面积突变等。

4. 使用要求

使用要求主要取决于产品工作条件,如载荷的性质、工作温度、工作介质等因素都决定产品的使用要求。工作条件越恶劣,产品的使用性能要求越高,而满足这些性能要求就越困难,就相当于降低了材料的焊接性,这时就需要采取特殊工艺。

综上所述,金属的焊接性与材料成分、焊接方法、构件类型、使用要求等因素都有密切的关系,所以不应脱离这些因素而单纯从材料本身的性能来评价焊接性。此外,从上述分析也可以看出,很难找到某一项技术指标可以概括材料的焊接性,只有通过综合多方面的因素,才能分析焊接性问题。

1.9.3 评定焊接性的程序

评定金属材料焊接性的程序通常是:

①首先,根据被评定材料的有关数据或图表(如化学成分、化学性能、物理性能、CCT 图或 SHCCT 图等)对其焊接性进行初步分析。对于生产单位,分析要结合产品的结构形式与具体的生产条件。

②在上述分析的基础上,还必须进行焊接性试验。按照试验性质的不同,焊接性实验又可分为实焊性试验与模拟性试验两类。

实焊性试验是在与实际产品和实际生产条件相同或接近的情况下进行焊接,然后检验接头是否产生缺陷(一般是裂纹),或进行力学性能或其他性能检测。根据检测结果来评定金属材料的焊接性。实焊性试验条件接近实际生产条件,因而试验结果比较准确。但这类方法往往消耗材料比较多,试验周期较长。

模拟试验不需制做实际接头,只需模拟焊接热循环,并人为地制造缺口或电解充氢等手段,估计金属在焊接时可能发生的变化和问题,为制订合理的焊接工艺提供依据。这类方法的优点是节省材料和工时,试验周期比较短,并可模拟接头内某一区域的焊接热循环,还可以单独研究个别因素的影响,便于分析研究和寻求改善焊接性的途径。但由于在实验中很多条件被简化,故这类试验方法与实焊性试验方法的试验结果之间有一定的误差。

通过焊接性评定,不仅能判断金属材料对焊接工艺的适应性能力,更重要的是能为编制合理的焊接工艺提供可靠的依据。

1.10 碳素结构钢的焊接

碳素结构钢,英文名:carbon structural steel,碳素钢的一种。含碳量约 0.05% ~0.70%,个别可高达 0.90%。用途很多,用量很大,主要用于铁道、桥梁、各类建筑工程,制造承受静载荷的各种金属构件及不重要不需要热处理的机械零件和一般焊接件。

1.10.1 碳素结构钢的分类

1. 按化学成分分类

碳素钢按化学成分(即以含碳量)可分为低碳钢、中碳钢和高碳钢。

(1)低碳钢

又称软钢,含碳量从0.10%至0.30%。低碳钢易于接受各种加工如锻造、焊接和切削,常用于制造链条、铆钉、螺栓、轴等。

(2)中碳钢

含碳量0.25%~0.60%的碳素钢。有镇静钢、半镇静钢、沸腾钢等多种产品。除碳外还可含有少量锰(0.70%~1.20%)。按产品质量分为普通碳素结构钢和优质碳素结构钢。热加工及切削性能良好,焊接性能较差。强度、硬度比低碳钢高,而塑性和韧性低于低碳钢。可不经热处理,直接使用热轧材、冷拉材,亦可经热处理后使用。淬火、回火后的中碳钢具有良好的综合力学性能。能够达到的最高硬度约为HRC55(HB538),σ_b为600~1100 MPa。所以在中等强度水平的各种用途中,中碳钢得到最广泛的应用,除作为建筑材料外,还大量用于制造各种机械零件。

(3)高碳钢

高碳钢常称工具钢,含碳量从0.60%至1.70%,可以淬硬和回火。锤、撬棍等由含碳量0.75%的钢制造;切削工具如钻头、丝锥、铰刀等由含碳量0.90%至1.00%的钢制造。

2. 按钢的品质分类

按钢的品质可分为普通碳素钢和优质碳素钢。

①普通碳素结构钢又称普通碳素钢,对含碳量、性能范围以及磷、硫和其他残余元素含量的限制较宽。在中国和某些国家根据交货的保证条件又分为3类:甲类钢(A类钢)是保证力学性能的钢;乙类钢(B类钢)是保证化学成分的钢;特类钢(C类钢)是既保证力学性能又保证化学成分的钢,常用于制造较重要的结构件。中国目前生产和使用最多的是含碳量在0.20%左右的A3钢(甲类3号钢),主要用于工程结构。有的碳素结构钢还添加微量的铝或铌(或其他碳化物形成元素)形成氮化物或碳化物微粒,以限制晶粒长大,使钢强化,节约钢材。为适应专业用钢的特殊要求,对普通碳素结构钢的化学成分和性能进行调整,从而发展了一系列普通碳素结构钢的专业用钢(如桥梁、建筑、钢筋、压力容器用钢等)。

②优质碳素结构钢和普通碳素结构钢相比,硫、磷及其他非金属夹杂物的含量较低。根据含碳量和用途的不同,这类钢大致又分为三类:

a. 含碳量小于0.25%的低碳钢。其中尤以含碳量低于0.10%的08F,08Al等,由于具有很好的深冲性和焊接性而被广泛地用作深冲件如汽车、制罐等。20G则是制造普通锅炉的主要材料。此外,低碳钢也广泛地作为渗碳钢,用于机械制造业。

b. 含碳量为0.25%~0.60%的中碳钢。多在调质状态下使用,制作机械制造工业的零件。

c. 含碳量大于0.6%的高碳钢。多用于制造弹簧、齿轮、轧辊等。根据含锰量的不同,又可分为普通含锰量(0.25%~0.8%)和较高含锰量(0.7%~1.0%和0.9%~1.2%)两钢组。锰能改善钢的淬透性,强化铁素体,提高钢的屈服强度、抗拉强度和耐磨性。通常在含锰高的钢的牌号后附加标记“Mn”,如15Mn,20Mn,以区别于正常含锰量的碳素钢。

3. 按用途分类

按用途则又可分为碳素结构钢、碳素工具钢。碳素工具钢含碳量在 0.65% ~1.35% 之间，经热处理后可得到高硬度和高耐磨性，主要用于制造各种工具、刃具、模具和量具。碳素结构钢按照钢材屈服强度分为 5 个牌号：Q195，Q215，Q235，Q255，Q275，每个牌号由于质量不同分为 A，B，C，D 等级，最多的有 4 种，有的只有 1 种；另外还有钢材冶炼的脱氧方法区别。脱氧方法符号：F——沸腾钢，b——半镇静钢，Z——镇静钢，TZ——特殊镇静钢。

1.10.2 低碳钢的焊接

①低碳钢的含碳量低，含其他合金元素较少，因而焊接性好，几乎适于用各种焊接方法进行焊接，一般不需采用特殊工艺措施即可得到优质的焊接接头。

②选用填充金属时应考虑母材金属的稀释，应保证接头与母材等强度。

③当母材含碳量偏高，或母材、焊接材料成分（如 S，P）不合格时，焊接时有可能产生热裂纹，应调整焊缝成形系数或采用碱性低氢焊条加以防止。

④一般不需要预热，但如板厚及构件刚度较大或焊接环境温度较低，仍需考虑预热。例如焊接母材板厚大于 30 mm，焊接温度低于 -10℃，需要预热到 100 ~150℃，如试验时发现焊道下裂纹，还应采用后热处理去除接头中的氢。

⑤有的低碳钢，以回火或调质状态供货，应采用碱性低氢焊接材料或低氢焊接工艺焊接这类钢，以使焊缝和热影响区的韧性大致与母材相同，焊接线能量不要太大，预热与层间温度不应过高，以免晶粒过于粗大影响韧性。有时还用后热处理来恢复塑性、韧性。

1.10.3 中碳钢的焊接

1. 中碳钢的焊接特点

中碳钢由于含碳量较高，有较大的淬硬倾向，焊接性比低碳钢差。其主要焊接特点：

①热影响区易产生低塑性、高硬度的淬硬组织，含碳量越高，板厚越大，淬硬倾向越大。当焊接工件的刚性大，或所选择的焊接材料与工艺规范不当，则易在淬硬区产生冷裂纹。

②易产生热裂纹。由于母材含碳量较高，焊接时有一部分母材会溶化到焊缝中去，使焊缝增碳，加之硫、磷等杂质的影响，易在焊缝中引起热裂纹，在弧坑处更为敏感。

③气孔。由于含碳量高，会增加对气孔的敏感性，因此对焊接材料要求脱氧性好，烘干和坡口清理要求严格。

此外，接头的塑性韧性及疲劳强度不高。

2. 中碳钢的焊接工艺

①焊条。选用抗冷裂纹和热裂纹能力较强的碱性低氢焊条，如 E5015（结 507），E6015 - D1（结 607）等。如不要求焊缝与母材等强，则可选强度较低的碱性低氢焊条，如 E4316（结 426），E4315 - D1（结 427）等。这类焊条的塑性好，抗热裂纹和冷裂纹能力更强。

对于一些不重要的结构件，也可选用非碱性低氢焊条，如采用钛铁矿型或钛钙型焊条，但需要控制好预热温度，尽量降低母材的稀释率，减少焊缝中的含碳量，也有可能得到合格的焊接接头。

在工件不允许预热的特殊情况下，可选用铬、镍奥氏体不锈钢，如 E0 - 19 - 10 - 16（奥

102),E0-19-10-15(奥107),E1-23-13-16(奥302),E1-23-13-15(奥307)或奥707($Cr_{17}Mn_{13}MoN$不锈钢)焊条等。此类焊条塑性好,焊前不预热也不易产生冷裂纹,但应采用小电流,多层焊。由于这类焊条成本高,一般不宜采用。

②预热。大多数中碳钢焊前应预热以降低冷却速度,控制近缝区马氏体的形成,降低淬硬倾向,以有效地防止冷裂纹的产生。此外,预热还可以改善接头的塑性,减少焊接残余应力。预热温度根据碳当量、接头厚度、结构刚性和焊条类型及焊接规范而定。例如碳当量达到0.45%~0.60%时,则建议预热温度在100 ~200℃之间。

③为减少热裂纹和消除气孔,采用U形坡口,也可用V形坡口,以降低母材熔化比。坡口附近的油、锈应去除干净。

④用小直径焊条,小电流慢速度焊接第一层焊缝以防止出现裂纹,焊条进行400℃烘干、保温2 h。

⑤锤击焊缝减少残余应力。

⑥采用直流反接,焊接电流较低碳钢小10%~15%。

⑦焊后要注意保温缓冷,条件允许时应进行整件消除应力回火处理。如不可能,则可在焊后将接头温度维持在比规定预热温度稍高一些的温度下保温后热,使氢从接头区扩散出去,以防止出现冷裂纹。

1.10.4 高碳钢的焊接

由于含碳量高,焊接性差,淬硬性强,因此焊缝与热影响区的裂纹敏感性大。应采用低氢焊接工艺,要求100℃或更高些的预热温度与层间温度,以防止在焊缝与热影响区中出现脆性的高碳马氏体。对于高碳钢焊件(特别对于板厚较大的构件)建议均采用焊后消除应力处理。在许多应用场合,可选用低合金钢焊接材料,此时应防止母材的增碳。

高碳钢一般用于制作高硬度与耐磨的零部件。应在退火条件下焊接这类钢,例如修复断裂的高碳钢零、部件前,如条件许可,建议先进行退火,焊后再热处理调整硬度。

1.11 常见的焊条电弧焊缺陷及防止措施

焊条电弧焊常见的焊接缺陷有焊缝形状缺陷、气孔、夹渣和裂纹等。焊接缺陷会导致应力集中,降低承载能力,缩短使用寿命,甚至造成脆断。一般技术规程规定:裂纹、未焊透、未熔合和表面夹渣等是不允许有的;咬边、内部夹渣和气孔等缺陷不能超过一定的允许值;对于超标缺陷必须进行彻底去除和焊补。

1.11.1 焊缝形状缺陷及防止措施

焊缝形状缺陷有:焊缝尺寸不符合要求、咬边、底层未焊透、未熔合、烧穿、焊瘤、弧坑、电弧擦伤、飞溅等。产生的原因和防止方法如下:

1.焊缝尺寸不符合要求

焊缝尺寸不符合要求主要指焊缝余高及余高差、焊缝宽度及宽度差、错边量、焊后变形量等不符合标准规定的尺寸,焊缝高低不平、宽窄不齐、变形较大等(见图1-50)。焊缝宽度不一致,除了造成焊缝成形不美观外,还影响焊缝与母材的结合强度;焊缝余高过大,造成应力集中,而焊缝低于母材,则得不到足够的接头强度;错边和变形过大,则会使传力扭曲及产生应力集中,造成强度下降。

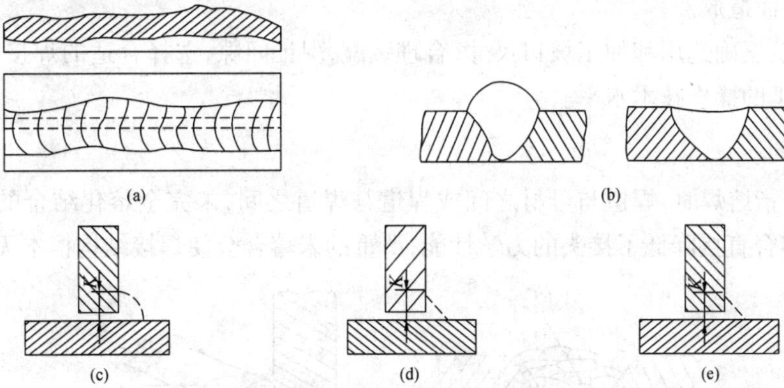

图1－50　焊缝尺寸不符合要求

(a) 焊缝高低不平、宽度不匀、波形粗劣;(b) 余高过高或过低;

(c) 余高大;(d) 过渡不圆滑;(e) 合适

产生的原因:坡口角度不当或钝边及装配间隙不均匀;焊接工艺参数选择不合理;焊工的操作技能较低等。

预防措施:选择适当的坡口角度和装配间隙;提高装配质量;选择合适的焊接工艺参数;提高焊工的操作技术水平等。

2. 咬边

由于焊接工艺参数选择不正确或操作工艺不正确,在沿着焊趾的母材部位烧熔形成的沟槽或凹陷称为咬边(见图1－51)。咬边不仅减弱了焊接接头强度,而且因应力集中容易引发裂纹。

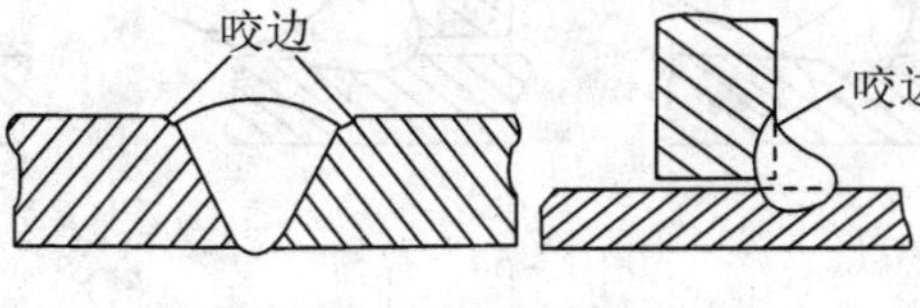

图1－51　咬边

产生的原因:主要是电流过大、电弧过长、焊条角度不正确、运条方法不当等。

预防措施:焊条电弧焊焊接时要选择合适的焊接电流和焊接速度,电弧不能拉得太长,焊条角度要适当,运条方法要正确。

3. 未焊透

未焊透是指焊接时焊接接头底层未完全熔透的现象(见图1－52)。未焊透处会造成应力集中,并容易引起裂纹,重要的焊接接头不允许有未焊透。

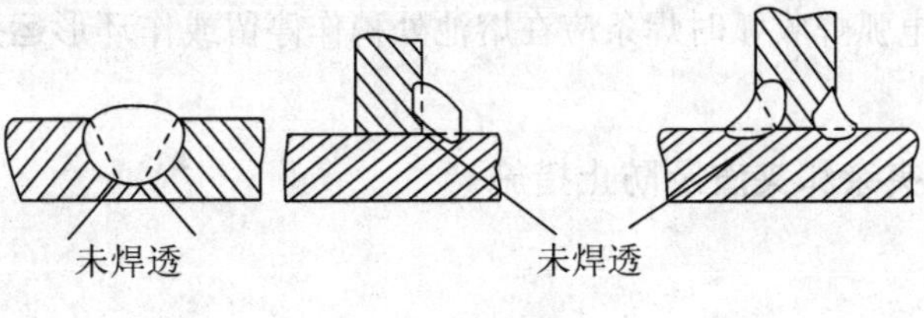

图1－52　未焊透

产生的原因：坡口角度或间隙过小、钝边过大，焊接工艺参数选用不当或装配不良，焊工操作技术不良而造成。

预防措施：正确选用和加工坡口尺寸，合理装配，保证间隙，选择合适的焊接电流和焊接速度，提高焊工的操作技术水平。

4. **未熔合**

未熔合是指熔焊时，焊道与母材之间或焊道与焊道之间，未完全熔化结合的部分(见图1-53)。未熔合直接降低了接头的力学性能，严重的未熔合会使焊接结构根本无法承载。

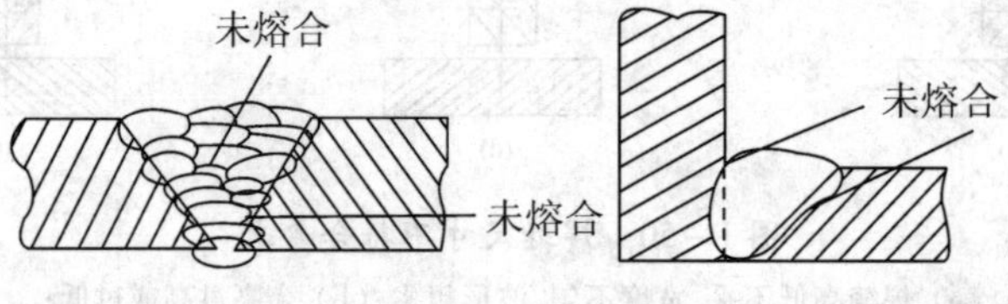

图1-53　未熔合

产生的原因：主要是焊接热输入太低，电弧指向偏斜，坡口侧壁有锈垢及污物，层间清渣不彻底等。

预防措施：正确地选择焊接工艺参数；认真操作，加强层间清理等。

5. **焊瘤**

焊瘤是指焊接过程中熔化金属流淌到焊缝之外未熔化的母材上所形成的金属瘤(见图1-54)。焊瘤不仅影响了焊缝的成形，而且在焊瘤的部位，往往还存在夹渣和未焊透。

图1-54　焊瘤

产生的原因：由于熔池温度过高，液体金属凝固较慢，在自重的作用下形成的。

预防措施：焊条电弧焊时根据不同的焊接位置要选择合适的焊接工艺参数，严格地控制熔孔的大小。

6. **弧坑**

焊缝收尾处产生的下陷部分叫做弧坑。弧坑不仅使该处焊缝的强度严重削弱，而且由于杂质的集中，会产生弧坑裂纹。

产生的原因：主要是熄弧停留时间过短，薄板焊接时电流过大。

预防措施：焊条电弧焊收弧时焊条应在熔池处稍作停留或作环形运条，待熔池金属填满后再引向一侧熄弧。

1.11.2　气孔、夹杂和夹渣及防止措施

1. **气孔**

焊接时，熔池中的气体在凝固时未能逸出而残留下来所形成的空穴称为气孔(见图1-

55)。气孔是一种常见的焊接缺陷,分为焊缝内部气孔和外部气孔。气孔有圆形、椭圆形、虫形、针状形和密集形等多种,气孔的存在不但会影响焊缝的致密性,而且将减少焊缝的有效承载面积,降低焊缝的力学性能。

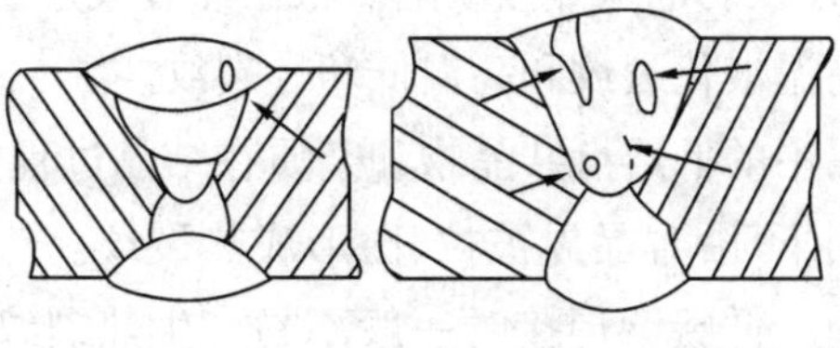

图 1-55 气孔

产生的原因:焊件表面和坡口处有油、锈、水分等污物存在;焊条药皮受潮,使用前没有烘干;焊接电流太小或焊接速度过快;电弧过长或偏吹,熔池保护效果不好,空气侵入熔池;焊接电流过大,焊条发红、药皮提前脱落,失去保护作用;运条方法不当,如收弧动作太快,易产生缩孔,接头引弧动作不正确,易产生密集气孔等。

预防措施:焊前将坡口两侧 20 ~ 30 mm 范围内的油污、锈、水分清除干净;严格地按焊条说明书规定的温度和时间烘焙;正确地选择焊接工艺参数,正确操作;尽量采用短弧焊接,野外施工要有防风设施;不允许使用失效的焊条,如焊芯锈蚀,药皮开裂、剥落、偏心度过大等。

2. 夹杂和夹渣

夹杂是残留在焊缝金属中由冶金反应产生的非金属夹杂和氧化物。夹渣是残留在焊缝中的熔渣(见图 1-56)。夹渣可分为点状夹渣和条状夹渣两种。夹渣削弱了焊缝的有效断面,从而降低了焊缝的力学性能,夹渣还会引起应力集中,容易使焊接结构在承载时遭受破坏。

产生的原因:焊接过程中的层间清渣不净;焊接电流太小;焊接速度太快;焊接过程中操作不当;焊接材料与母材化学成分匹配不当;坡口设计加工不合适等。

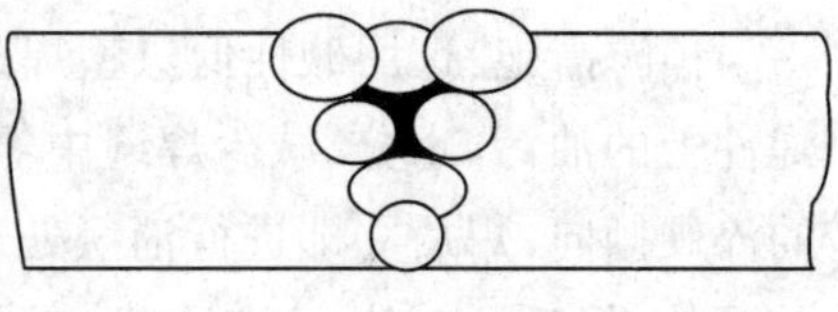

图 1-56 夹渣

预防措施:选择脱渣性能好的焊条;认真地清除层间熔渣;合理地选择焊接工艺参数;调整焊条角度和运条方法。

1.11.3 裂纹产生的原因及防止措施

裂纹按其产生的温度和时间的不同可分为冷裂纹、热裂纹和再热裂纹;按其产生的部位不同可分为纵裂纹、横裂纹、焊根裂纹、弧坑裂纹、熔合线裂纹及热影响区裂纹等(见图 1-57)。裂纹是焊接结构中最危险的一种缺陷,不但会使产品报废,甚至可能引起严重的生产事故。

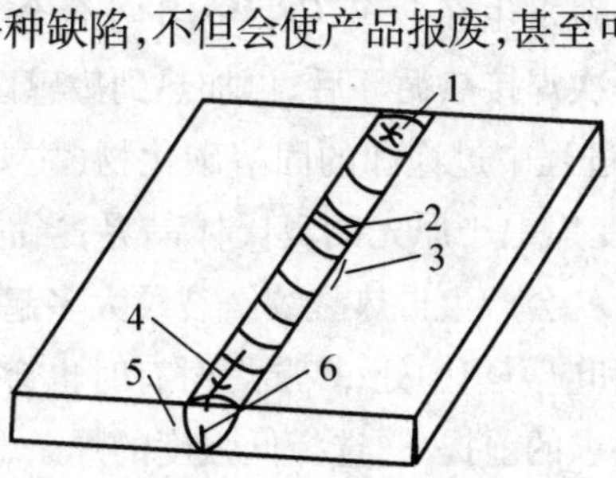

图 1-57 各种部位裂纹

1—弧坑裂纹 2—横裂纹 3—热影响区裂纹 4—纵裂纹 5—熔合线裂纹 6—焊根裂纹

1. 热裂纹

焊接过程中，焊缝和热影响区金属冷却到固相线附近的高温区间所产生的焊接裂纹称热裂纹。它是一种不允许存在的危险焊接缺陷。根据热裂纹产生的机理、温度区间和形态，热裂纹可分成结晶裂纹、高温液化裂纹和高温低塑性裂纹。

产生的原因：熔池金属中的低熔点共晶物和杂质在结晶过程中，形成严重的晶内和晶间偏析，同时在焊接应力作用下，沿着晶界被拉开，形成热裂纹。热裂纹一般多发生在奥氏体不锈钢、镍合金和铝合金中。低碳钢焊接时一般不易产生热裂纹，但随着钢的含碳量增高，热裂倾向也增大。

预防措施：严格地控制钢材及焊接材料的 S，P 等有害杂质的含量，降低热裂纹的敏感性；调节焊缝金属的化学成分，改善焊缝组织，细化晶粒，提高塑性，减少或分散偏析程度；采用碱性焊条，降低焊缝中杂质的含量，改善偏析程度；选择合适的焊接工艺参数，适当地提高焊缝成形系数，采用多层多道法；收弧时采用与母材相同的引出板，或逐渐灭弧，并填满弧坑，避免在弧坑处产生热裂纹。

2. 冷裂纹

焊接接头冷却到较低温度下（对于钢来说在 Ms 温度以下）产生的裂纹称为冷裂纹。冷裂纹可在焊后立即出现，也有可能经过一段时间（几小时、几天，甚至更长时间）才出现，这种裂纹又称延迟裂纹。它是冷裂纹中比较普遍的一种形态，具有更大的危险性。

产生的原因：马氏体转变而形成的淬硬组织、拘束度大而形成的焊接残余应力和残留在焊缝中的氢是产生冷裂纹的三大要素。

预防措施：选用碱性低氢型焊条，使用前严格按照说明书的规定进行烘焙，焊前清除焊件上的油污、水分，减少焊缝中氢的含量；选择合理的焊接工艺参数和热输入，减少焊缝的淬硬倾向；焊后立即进行消氢处理，使氢从焊接接头中逸出；对于淬硬倾向高的钢材，焊前预热、焊后及时进行热处理，改善接头的组织和性能；采用降低焊接应力的各种工艺措施。

3. 再热裂纹

焊后，焊件在一定温度范围内再次加热（消除应力热处理或其他加热过程）而产生的裂纹叫再热裂纹。

产生的原因：再热裂纹一般发生在含 V，Cr，Mo，B 等合金元素的低合金高强度钢、珠光体耐热钢及不锈钢中，经受一次焊接热循环后，再加热到敏感区域（550～650℃范围内）而产生的。这是由于第一次加热过程中过饱和的固溶碳化物（主要是 V，Cr，Mo 碳化物）再次析出，造成晶内强化，使滑移应变集中于原先的奥氏体晶界，当晶界的塑性应变能力不足以承受松弛应力过程中的应变时，就会产生再热裂纹。裂纹大多起源于焊接热影响区的粗晶区。再热裂纹大多数产生于厚件和应力集中处，多层焊时有时也会产生再热裂纹。

预防措施：在满足设计要求的前提下，选择低强度的焊条，使焊缝强度低于母材，应力在焊缝中松弛，避免热影响区产生裂纹；尽量减少焊接残余应力和应力集中；控制焊接热输入，合理地选择热处理温度，尽可能地避开敏感区范围的温度。

1.12 安全与防护技术

焊条电弧焊操作时,必须注意安全与防护。安全与防护技术主要包括防止触电、弧光辐射、火灾、爆炸和有毒气体与烟尘中毒等。

1.12.1 防止触电

焊条电弧焊时,电网电压和焊机输出电压以及手提照明灯的电压等都会有触电危险。因此,要采取防止触电措施。

焊接电源的外壳必须要有良好可靠的接地或接零。焊接电缆和焊钳绝缘要良好,如有损坏,要及时修理。焊条电弧焊时,要穿绝缘鞋,戴电焊手套。在锅炉、压力容器、管道、狭小潮湿的地沟内焊接时,要有绝缘垫,并有人在外监护。使用手提照明灯时,电压不超过安全电压36 V,高空作业时不超过12 V。高空作业,在接近高压线5 m或离低压线2.5 m以内作业时,必须停电,并在电闸上挂警告牌,设人监护。万一有人触电,要迅速切断电源,并及时抢救。

1.12.2 防止弧光辐射

焊接电弧强烈的弧光对眼睛和皮肤有损害。焊条电弧焊时,必须使用带弧焊护目镜片的面罩,并穿工作服,戴电焊手套。多人焊接操作时,要注意避免相互影响,宜设置弧光防护屏或采取其他措施,避免弧光辐射的交叉影响。

1.12.3 防止火灾

隔绝火星。6级以上大风时,没有采取有效的安全措施不能进行露天焊接作业和高空作业,焊接作业现场附近应有消防设施。电焊作业完毕应拉闸,并及时清理现场,彻底消除火种。

在焊接作业点火源10 m以内、高空作业下方和焊接火星所及范围内,应彻底清除有机灰尘、木材、木屑、棉纱棉丝、草垫干草、石油、汽油、油漆等易燃物品。如有不能撤离的易燃物品,诸如木材、未拆除的隔热保温的可燃材料等,应采取可靠的安全措施,如用水喷湿、覆盖湿麻袋、石棉布等。

1.12.4 防止爆炸

在焊接作业点10 m以内,不得有易爆物品,在油库、油品室、乙炔站、喷漆室等有爆炸性混合气体的室内,严禁焊接作业。没有特殊措施时,不得在内有压力的压力容器和管道上焊接。在进行装过易燃易爆物品的容器焊补前,要将盛装的物品放尽,并用水、水蒸气或氮气置换,清洗干净;用测爆仪等仪器检验分析气体介质的浓度;焊接作业时,要打开盖口,操作人员要躲离容器孔口。

1.12.5 防止有毒气体和烟尘中毒

焊条电弧焊时会产生可溶性氟、氟化氢、锰、氮氧化物等有毒气体和粉尘,会导致氟中毒、锰中毒、电焊尘肺等,尤其是碱性焊条在容器、管道内部焊接更甚。因此,要根据具体情况采取全面通风换气、局部通风、小型电焊排烟机组等通风排烟尘措施。

请沿此线剪下　请沿此线剪下　请沿此线剪下

任务实施

资讯单

学习领域	焊接工艺的实施与控制		
学习情境1	焊条电弧焊工艺实施与控制	学时	10
资讯方式	学生分组查询资料,找出问题的答案		
资讯问题	1. 什么是电弧? 2. 气体导电必须具备的条件有哪些? 3. 什么是气体电离?电离的种类有哪些?什么是电子发射?电子发射的种类有哪些? 4. 焊接电弧电特性如何?工艺特性如何? 5. 焊缝形状与焊缝质量有什么样的关系? 6. 焊接工艺参数对焊缝成形有什么样的影响? 7. 焊条电弧焊有哪些特点? 8. 焊条电弧焊对电源有什么样的要求? 9. 常用的焊条电弧焊所用的工具有哪些?各有什么作用? 10. 焊条电弧焊常用的接头形式有哪些?坡口形式有哪些? 11. 焊条电弧焊有哪些工艺参数?如何选择? 12. 焊条电弧焊的基本操作有哪些? 13. 碳素结构钢的焊接性如何?有哪些工艺要点? 14. 什么是焊接工艺规程?		
资讯引导	以上资讯问题请查阅以下书籍: [1]中国机械工程学会焊接学会. 焊接手册. 3版. 北京:机械工业出版社,2008. [2]胡云岩,等. 实用焊工速查手册. 石家庄:河北科学技术出版社,2002. [3]邹增大. 焊接材料、工艺及设备手册. 北京:化学工业出版社,2001. [4]王洪光. 实用焊接工艺手册. 北京:化学工业出版社,2010. [5]陈祝年. 焊接工程师手册. 北京:机械工业出版社,2010.		

决策单

<table>
<tr><td colspan="2">学习领域</td><td colspan="6">焊接工艺的实施与控制</td></tr>
<tr><td colspan="2">学习情境 1</td><td colspan="3">焊条电弧焊工艺实施与控制</td><td>学 时</td><td colspan="2">2</td></tr>
<tr><td colspan="8">方案讨论</td></tr>
<tr><td rowspan="11">方案对比</td><td>组号</td><td>工作流程的正确性</td><td>知识运用的科学性</td><td>内容的完整性</td><td>方案的可行性</td><td>人员安排的合理性</td><td>综合评价</td></tr>
<tr><td>1</td><td></td><td></td><td></td><td></td><td></td><td></td></tr>
<tr><td>2</td><td></td><td></td><td></td><td></td><td></td><td></td></tr>
<tr><td>3</td><td></td><td></td><td></td><td></td><td></td><td></td></tr>
<tr><td>4</td><td></td><td></td><td></td><td></td><td></td><td></td></tr>
<tr><td>5</td><td></td><td></td><td></td><td></td><td></td><td></td></tr>
<tr><td>6</td><td></td><td></td><td></td><td></td><td></td><td></td></tr>
<tr><td>7</td><td></td><td></td><td></td><td></td><td></td><td></td></tr>
<tr><td>8</td><td></td><td></td><td></td><td></td><td></td><td></td></tr>
<tr><td>9</td><td></td><td></td><td></td><td></td><td></td><td></td></tr>
<tr><td>10</td><td></td><td></td><td></td><td></td><td></td><td></td></tr>
<tr><td>方案评价</td><td colspan="7"></td></tr>
<tr><td>班级</td><td></td><td>组长签字</td><td></td><td>教师签字</td><td></td><td colspan="2">月 日</td></tr>
</table>

请沿此线剪下
请沿此线剪下
请沿此线剪下

请沿此线剪下
请沿此线剪下
请沿此线剪下

计划单

<table>
<tr><td>学习领域</td><td colspan="5">焊接工艺的实施与控制</td></tr>
<tr><td>学习情境1</td><td colspan="3">焊条电弧焊工艺实施与控制</td><td>学　时</td><td>2</td></tr>
<tr><td>计划方式</td><td colspan="5">分组讨论,制定各组的实施操作计划</td></tr>
<tr><td>序　号</td><td colspan="4">实施步骤</td><td>使用资源</td></tr>
<tr><td>1</td><td colspan="4"></td><td></td></tr>
<tr><td>2</td><td colspan="4"></td><td></td></tr>
<tr><td>3</td><td colspan="4"></td><td></td></tr>
<tr><td>4</td><td colspan="4"></td><td></td></tr>
<tr><td>5</td><td colspan="4"></td><td></td></tr>
<tr><td>制定计划
说明</td><td colspan="5"></td></tr>
<tr><td rowspan="3">计划评价</td><td>班　　级</td><td></td><td>第　组</td><td>组长签字</td><td></td></tr>
<tr><td>教师签字</td><td colspan="2"></td><td>日　　期</td><td></td></tr>
<tr><td colspan="5">评语：</td></tr>
</table>

请沿此线剪下 请沿此线剪下 请沿此线剪下

材料清单

学习领域	焊接工艺的实施与控制				
学习情境1	焊条电弧焊工艺实施与控制				
序号	名　称	作　用	数量	使用前	使用后
1	BX1－330焊机		1台		
2	J422焊条		1箱		
3	焊件Q235钢板		2件	300×125×10	
4	角向打磨机	加工坡口和清理焊缝	1台		
5	钢丝刷	清理焊缝	1个		
6	钢板尺	测量尺寸	1把		
7	敲渣锤		1把		
8	焊缝万能量规		1把		
9	防护面罩		4个		
10	手套		1付		
班级		组长签字			

请沿此线剪下

实施单

学习领域	焊接工艺的实施与控制		
学习情境1	焊条电弧焊工艺实施与控制	学时	12
实施方式	分组实施,按实际的实施情况填写此单		
序号	实施步骤	使用资源	
1			
2			
3			
4			
5			
6			
7			
8			
9			
10			
11			
12			

实施说明:

班　　级		组长签字	
教师签字		日　　期	

请沿此线剪下

请沿此线剪下

检查单

学习领域	焊接工艺的实施与控制			
学习情境1	焊条电弧焊工艺实施与控制		学时	1
序号	检查项目	检查标准	学生自检	教师检查
1	目标认知	工作目标明确,工作计划具体结合实际,具有可操作性		
2	理论知识	工具的使用方法和技巧等基本知识的全面掌握		
3	基本技能	能够运用知识进行完整的方案设计,并顺利完成任务		
4	学习能力	能在教师的指导下自主学习,全面掌握相关知识和技能		
5	工作态度	在完成任务的过程中的参与程度,积极主动地完成任务		
6	团队合作	积极与他人合作,共同完成工作任务		
7	工具运用	熟练利用资料单进行自学,利用网络进行二手资料的查询		
8	任务完成	保质保量,圆满完成工作任务		
9	演示情况	能够按要求进行演示,效果好		
检查评价	班　级		组长签字	
	教师签字		日　期	
	评语：			

请沿此线剪下
请沿此线剪下
请沿此线剪下

评价单

学习领域	焊接工艺的实施与控制				
学习情境1	焊条电弧焊工艺实施与控制			学时	1
评价类别	项目	子项目	个人评价	组内互评	教师评价
专业能力（60%）	资讯（10%）	搜集信息（5%）			
		引导问题回答（5%）			
	计划（5%）	计划可执行度（5%）			
		材料工具安排（2%）			
	实施（20%）	安装、调试操作规范（7%）			
		功能实现（7%）			
		安全操作（3%）			
		创意和拓展性（2%）			
	检查（10%）	全面性、准确性（5%）			
		故障分析及解决（5%）			
	过程（5%）	操作过程规范性（3%）			
		工具和仪表使用管理（2%）			
	结果（5%）	结果质量（5%）			
	作业（5%）	作业质量（5%）			
社会能力（20%）	团结协作（10%）	小组成员合作良好（5%）			
		对小组的贡献（5%）			
	敬业精神（10%）	学习纪律性（5%）			
		爱岗敬业、吃苦耐劳精神（5%）			
方法能力（20%）	计划能力（10%）				
	决策能力（10%）				
检查评价	班　级		姓　名		日　期
	教师签字		组长签字		
	学　号		总　评		
	评语：				

知识拓展

1. 重力焊

重力焊是高效铁粉焊条和重力焊机架相结合的一种半机械化焊接方法。将重力焊条的引弧端对准焊件接缝，另一端夹持在可滑动夹具上，引燃电弧后，随着电弧的燃烧，焊条靠重力下降进行焊接。重力焊机架如图 1-58 所示。

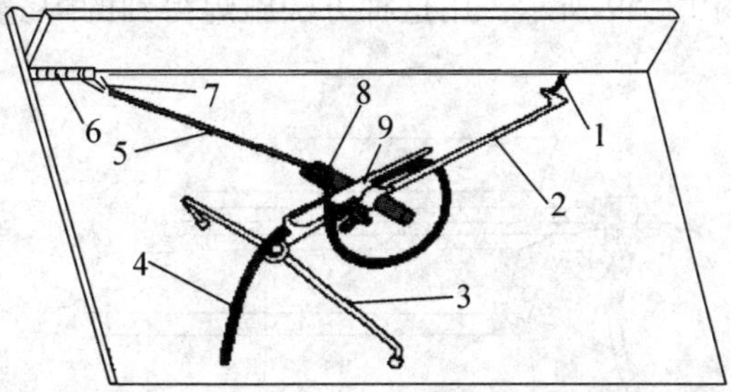

图 1-58　重力焊机架示意图

1—定位棒　2—滑轨　3—支架　4—电缆　5—焊条
6—焊缝　7—电弧　8—焊条夹钳　9—滑块

重力焊机架可模仿手工焊动作，保证焊条熔化时沿焊接方向自动送焊条。用重力焊机架进行半机械化焊接，具有设备简单、生产效率高、操作方便、减轻劳动强度等优点。重力焊适用于焊接低碳钢、低合金钢金属构件，或船体中长度大于 500 mm 的连续水平角焊缝，最适合焊接焊脚为 4.5～8.0 mm 单道水平角焊缝，也可以用于平对接焊。在国外，一名焊工可同时操作 5～12 台重力焊机，一台重力焊机每小时能焊焊脚为 60 mm 的角焊缝 10　～12 m。

重力焊一般以倾斜角小于 10°的上坡焊为宜。重力焊接头的装配间隙必须在 0～2 mm 范围内。装配时采用 ϕ3.2～4 mm 低氢型焊条焊接定位焊缝，焊脚不大于 4 mm，每段定位焊缝长 80 mm，间距 300～500 mm，除两端需双面焊外，一般部位单面焊即可。焊接拘束度较大或扁钢等纵桁类零件，需两面进行定位焊，间距为 500 mm，必要时还要加防挠措施，防止构件倾斜变形。焊接时，将焊条装在可沿滑轨向下滑动的焊条夹钳上，并使焊条头抵在始焊处，接通焊接电源后，利用焊条头上涂有的专门引弧剂自动引弧，随着焊条的熔化，焊条夹钳在重力作用下沿着滑轨以固定的角度沿着焊接方向下滑形成焊缝。当焊条快用完时，焊条夹钳已滑到滑轨下端弧形弯头处，靠重力作用，翻转焊条夹钳，自动熄弧。

重力焊的焊脚尺寸取决于焊条熔敷率、焊条尺寸、运棒比（运棒比：焊缝长度/焊条消耗长度）、工件倾斜度、焊条和滑轨倾角等，在选定焊条类型后，根据所需焊脚尺寸确定焊条直径，通常焊条直径比焊脚尺寸小 1 mm 左右，改变运棒比可改变焊脚尺寸，滑轨倾角大，焊脚也大。调节滑轨与水平板之间焊条与滑轨之间的夹角，可以改变一根焊条所能得到的焊缝长度和焊脚尺寸的大小。

重力焊需采用重力焊条。目前我国生产的重力焊条的直径有 ϕ5.6 mm，ϕ6.0 mm，ϕ6.4 mm，ϕ8.0 mm 四种，长度为 700 mm，常用的有 J422Z13，J422Z16，J503Z 等牌号。国外

生产的重力焊条直径可达 ϕ9.0 mm，长 700 ~ 900 mm，有的可长达 1 000 ~ 1 200 mm。

重力焊电源的空载电压应大于 65 V，负载持续率大于 75% 时的焊接电源，应能满足选定的重力焊条使用要求。为确保作业安全，应在重力焊机的支架上设置接通和切断焊接电源的断路器。

2. 躺焊

躺焊是一种将焊条躺置在接缝上，从一端引弧而焊条自动连续熔化进行焊接的一种电弧焊方法。躺焊过程如图 1 - 59 所示。用这种方法施焊得到的焊缝宽度比焊条直径稍大，焊缝表面光滑均匀。

图 1 - 59　躺焊示意图

躺焊时必须用厚药皮焊条，每侧药皮厚度为 1.6 ~ 2.2 mm。施焊时，最好使用粗焊条，直径 ϕ5 ~ ϕ12 mm，焊条长度为 400 ~ 1 200 mm。为了准确固定焊条的位置，改善电弧燃烧状况，可用钢或钢夹板将焊条压紧在工件上，焊条与夹板间用纸条衬垫，如图 1 - 60 所示。躺焊可用于狭窄不便于施焊处及小截面短焊缝处，一名焊工可同时焊 2 ~ 3 个焊缝，且不需要高度熟练的技术。

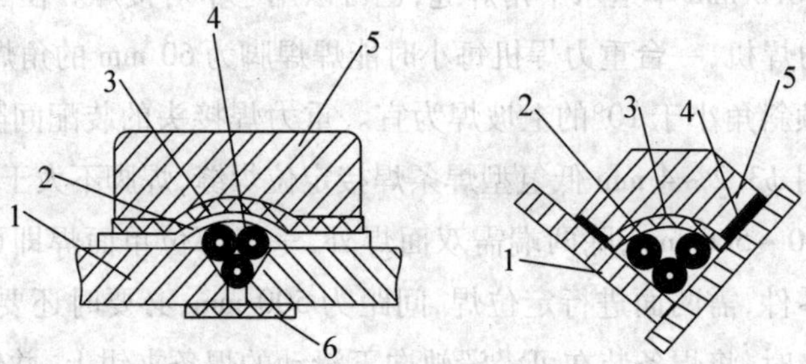

图 1 - 60　躺焊固定焊条的方法

1—工件　2—焊条　3,4—衬垫　5—夹板　6—焊缝下的垫板

思考与练习

一、名词解释

焊接　焊接电弧　电弧静特性　电弧动特性　负载持续率

最小电压原理　电弧磁偏吹　E4303　BX_1—330　ZX_7—400

二、填空题

1. 按电场强度分布特点不同，可将电弧分为(　　)、(　　)和(　　)3 个区域。

2. 电弧产生和维持不可缺少的两个必要条件是(　　)和(　　)。

3. 气体电离的种类有(　　)、(　　)、(　　)等。

4. 电弧力主要包括(　　　　)、(　　　　)和(　　　　)。

5. 焊缝的形状是指焊件熔化区横截面的形状,它可以用(　　　　)、(　　　)和(　　　)3个参数来描述。

6. 焊条电弧焊引燃电弧的方法有(　　　)引弧法和(　　　)引弧法两种。

7. 焊条电弧焊常用的基本接头形式有(　　　)、(　　　)、(　　　)和(　　)4种。

8. 焊条电弧焊焊接完后收弧的方法有(　　　)、(　　　)和(　　　)3种。

9. 焊条电弧焊的焊接工艺参数包括(　　　)、(　　　)、(　　　)、(　　　)、(　　　)等。

三、判断题

1. 焊条药皮在焊接过程中高温分解时会放出气体和形成熔渣,构成气-渣联合体。(　　)

2. 焊条烘干的目的是去掉药皮中的水分,减少氢的来源,以防止热裂纹的产生。(　　)

3. 按GB/T5117规定,E4303中的第三位数“0”表示全位置焊接。(　　)

4. E5015焊条型号中最后两位数“15”表示适用电源种类和药皮类型。(　　)

5. 如果焊件几何形状复杂,厚度大,应选用抗裂性好的碱性低氢型焊条焊接。(　　)

6. 当焊机没有接负载时,焊接电流为零,此时输出端的电压称为空载电压。(　　)

7. 手弧焊接电流,当焊接电流增加时,电弧电压下降的情况是较小的。(　　)

8. BX_1-330型和BX_3-300型弧焊变压器,调节电流时,应在中断焊接情况下进行。(　　)

9. BX_1-330型焊机型号中,字母“X”表示电源外特性是上升特性。(　　)

10. 直流正接法是焊条接焊机正极,工件接焊机负极。(　　)

11. 焊接前对焊件进行预热,会使母材的组织和性能发生变化。(　　)

12. 预热的目的是降低焊后冷却速度,减少淬硬倾向,防止冷裂纹的产生。(　　)

13. 手弧焊时,电弧长度与电压之间是反比关系。(　　)

14. 焊接过程中减少电弧偏吹现象的措施是保持电弧长度不变。(　　)

15. 磁偏吹产生的原因是由于电弧周围气流引起的。(　　)

16. 手弧焊主要的工艺参数有焊条直径、焊接电流、焊接层次等参数。(　　)

17. 碱性低氢型药皮焊长只能选用直流弧焊电源。(　　)

18. 碱性焊条抗气孔的能力比酸性焊条差。(　　)

19. E4303,E5015焊条均属于碱性焊条。(　　)

20. 凡是可以用于交流电源的焊条,都属于交直流两用焊条。(　　)

21. 当选用直流电源进行手弧焊时,为减少焊缝含氢量,应该采用反接法施焊。(　　)

22. 16MnR装配定位焊时,应采用较大的电流,较慢焊速,可防止定位焊缝的开裂。(　　)

23. 利用碳当量可以直接判断材料可焊性的好坏。(　　)

24. 手弧焊焊工出汗或在潮湿地点焊接而发生触电的主要原因是:焊机的空载电压过高。（　　）

25. 对于已受潮,药皮变色和焊芯有锈迹的焊条经烘干后就可以使用。（　　）

26. 酸性焊条由于脱硫、脱磷较彻底,所以焊缝具有良好的抗裂性能。（　　）

27. 电弧的磁偏吹主要是由于焊条偏心引起的。（　　）

28. 电弧偏离焊条轴线的现象叫电弧的磁偏吹。（　　）

29. 为去除氢对焊缝的不利影响,碱性焊条的烘干温度越高越好。（　　）

30. 手弧焊其他条件一定时,电弧电压由弧长决定,电弧越长,则电弧电压越高。（　　）

31. 凡是碱性低氢型焊条必须采用直流电流电源并且一定要反接。（　　）

32. E5015 是低氢纳型药皮的焊条,具有良好的塑性、韧性和抗裂性能,可进行全位置焊接,交直流两用。（　　）

33. 手弧焊时,电弧拉长,则电弧电压降低;电弧压短则电弧电压增加。（　　）

34. 用于锅炉及压力容器的碱性低氢型焊条,上午烘干过,用剩的焊条,下午使用时可不再重新烘干。（　　）

35. 手弧焊工,当使用的焊接电流小于 100A 时,应选用 11 - 12 色号的黑玻璃用以遮蔽焊接有害光线。（　　）

36. 电弧中的斑点力总是有利于熔滴过渡的。（　　）

37. 焊缝的余高越高,焊接的强度也越高。（　　）

38. 板材由平焊改为立焊时,若焊接电流不变,焊接速度应当减慢。（　　）

39. 在满足引弧容易和电弧稳定的前提下,应尽可能采用较低的空载电压。（　　）

40. 焊条电弧焊直流反接时,焊件接正极,焊钳接负极。（　　）

41. 在相同条件下,碱性焊条使用的焊接电流一般比酸性焊条小 10% 左右,否则焊缝中易产生气孔。（　　）

42. 焊接面罩用护目镜片分 6 个型号,号数越大,颜色越深。（　　）

43. 熔合比是指单道焊时,在焊缝横截面上母材熔化部分所占的面积与焊缝全部面积之比。（　　）

四、选择题

1. 碱性焊条使用前应进行(　　)烘干。

A. 100 ~150℃　　B. 150 ~200℃　　C. 350 ~400℃　　D. 600 ~650℃

2. E5015 焊条最适于焊接(　　)钢的焊条。

A. A33　　B. Q235　　C. 16 MnR　　D. 1Cr18Ni9Ti

3. 表示焊条的规格通常用(　　)。

A. 长度　　B. 酸性或碱性　　C. 长渣或短渣　　D. 焊芯直径

4. (　　)允许使用的焊接电流最低。

A. 20% 负载持续率　　B. 40% 负载持续率

C. 60% 负载持续率　　D. 100% 负载持续率

5. 手弧焊时,选择电源的依据是(　　)。

A. 焊接位置　　B. 焊条药皮种类　　C. 焊条直径　　D. 网路电压

6. 选择焊条直径时,不应考虑的因素是(　　)。

A. 工件厚度　　B. 焊接层次　　C. 环境温度　　D. 焊接位置

7. 手弧焊选择焊接电流的依据是(　　)。

A. 焊条长度　　B. 焊条直径　　C. 网路电压　　D. 焊机空载电压

8. 在其他条件不变的情况下,焊接电流增大会引起(　　)。

A. 熔深增大　　B. 熔宽减小　　C. 熔深减小　　D. 焊条熔化速度减小

9. 焊接坡口根部间隙的作用是(　　)。

A. 防止烧穿　　B. 保证焊透　　C. 减少应力　　D. 防止气孔

10. 用短弧代替长弧焊接,焊接电流与电弧电压会发生什么样变化?(　　)

A. 电流升高,电压下降　　B. 电流下降,电压下降

C. 电流升高,电压升高　　D. 电流下降,电压升降

11. 焊前预热对防止哪些缺陷有益(　　)。

A. 咬边　　B. 夹渣　　C. 冷裂纹　　D. 弧坑凹陷

12. 在电极材料,气体介质和弧长一定情况下,电弧燃烧稳定时,焊接电流与电弧电压变化的关系,称为电弧的(　　)。

A. 动特性　　B. 静特性　　C. 外特性

13. 在电弧稳定燃烧状态下,焊接电源输出电压与输出电流之间的关系是(　　)。

A. 动特性　　B. 静特性　　C. 外特性

14. 直流正接是指焊件接电源输出端的(　　)。

A. 正极　　B. 负极　　C. 任意

15. 焊接电弧的温度是指(　　)区的温度。

A. 阴极斑点　　B. 阳极斑点　　C. 弧柱表面　　D. 弧柱中心

16. 焊条药皮的主要作用是(　　)。

A. 绝缘作用　　B. 保证电弧稳定燃烧

C. 防止焊芯氧化　　D. 防止焊芯破坏

17. E5015 焊条型号,“50”的含义:(　　)。

A. 焊芯的抗拉强度不小于 490 MPa

B. 熔敷金属抗拉强度为 490 MPa

C. 熔敷金属抗拉强度最小值为 490 MPa

D. 熔敷金属屈服强度最小值为 490 MPa

18. E4303 焊条型号相当于旧牌号:(　　)。

A. 结 507 焊条　　B. 结 422 焊条　　C. 结 427 焊条　　D. 结 506 焊条

19. 酸性焊条与碱性焊条相比,酸性焊条的最大优点是(　　)。

A. 对油锈不敏感,容易产生气孔

B. 焊缝中含氢量低,抗裂性能好

C. 对油锈不敏感,工艺性能好

D. 焊缝金属韧性较高

20. 手工电弧焊要求电源的外特性曲线最好是(　　)。

A. 缓降特性　　B. 陡降特性　　C. 水平特性

21. 对一台焊机而言,负载持续率越高,说明(　　)。

A. 在工用周期中有负载的时间越长

B. 换焊条的时间越长

C. 整个工作周期越长

D. 焊机空载的时间越长

22. 根据焊接线能量公式:当焊接电流和电弧电压各增加 20% 时,若要保持焊接线能量不变,则需将焊接速度(　　)。

A. 提高 22%　　B. 提高 44%　　C. 提高 40%　　D. 提高 20%

23. 造成电弧磁偏吹的原因是(　　)。

A. 焊条偏心　　B. 地线位置不当　　C. 气流影响　　D. 焊条未烘干

24. 下列接线方法中哪种属于直流正接?(　　)

A. 以工件为准,工件接电源的正极为正接法

B. 以焊条为准,焊条接电源的正极为正接法

C. 以工件为准,工件接电源的负极为正接法

25. 手工电弧焊静特性曲线处于 U 形曲线的(　　)。

A. 上升段　　B. 下降段　　C. 水平段　　D. 任意段

26. 焊机适应焊接电弧变化的特性称为(　　)。

A. 电弧静特性　　B. 电源外特性　　C. 电源的动特性　　D. 电弧的动特性

27. ZX_5—400 型弧焊整流器属于(　　)。

A. 晶闸管整流器　　B. 硅整流器　　C. 直流弧焊发电机

28. 低氢型焊条贮存库内的温度应(　　)。

A. 不低于 5℃　　B. 低于 5℃　　C. 不低于 10℃　　D. 不低于 20℃

29. 对于受压元件,焊前彻底清除焊丝及焊条表面的油污、铁锈等杂质是气体保护焊产生(　　)气孔的主要措施之一。

A. 氮　　B. 氢　　C. CO

30. JB—3223 规定,低氢型焊条一般在常温下超过 4 小时,应重新烘干。重复烘干次数不宜超过(　　)。

A. 2 次　　B. 3 次　　C. 6 次

31. 已知某台式弧焊变压器,初级交流电压为 220 V,次级交流空载电压为 70 V,初级匝数为 600 匝,则次级匝数应为(　　)。

A. 210 匝　　B. 23 匝　　C. 2 074 匝

32. 改善焊缝一次结晶组织的方法是采用(　　)。

A. 焊后热处理　　B. 对熔池进行变质处理

C. 多层多道焊　　D. 锤击焊缝

33. 焊接接头中的(　　),由于应力集中系数小,所以有较高的抗脆性断裂能力。

A. 搭接接头　　B. 对接接头　　C. 角接接头

34. 单面坡口对接焊时,焊完坡口焊缝后,将焊缝背面清根,然后焊接的一条焊道叫(　　)。

A. 打底焊道　　B. 封底焊道　　C. 盖面焊道

35. 焊接单面焊双面成形对接接头时,在根部焊接的第一条焊道叫(　　)。

A. 封底焊道　　B. 打底焊道　　C. 盖面焊道

36. 焊接电弧按电场强度分布特点不同,分为阴极区、阳极区和弧柱区,其中(　　)温度最高。

A. 阴极区　　B. 阳极区　　C. 弧柱区　　D. 一样高

37. 焊条电弧焊时,以下选项不属于产生咬边的原因的是(　　)。

A. 电流过大　　B. 焊条角度不当　　C. 焊接速度过低　　D. 电弧电压过高

38. 焊钳的钳口材料要求有高的导电性和一定的力学性能,因此用(　　)制造。

A. 铝合金　　B. 青铜　　C. 黄铜　　D. 紫铜

39. 焊条电弧焊克服电弧磁偏吹的方法不包括(　　)。

A. 改变地线位置　　B. 压低电弧　　C. 改变焊条角度　　D. 增加焊条电流

40. 焊接接头根部未完全熔透的现象称为(　　)。

A. 未熔合　　B. 未焊透　　C. 咬边　　D. 塌陷

41. 受力状况好、应力集中较小的接头是(　　)。

A. 对接接头　　B. 角接接头　　C. 搭接接头　　D. T形接头

42. 焊接接头根部预留间隙的目的是(　　)。

A. 防止烧穿　　B. 保证焊透　　C. 减少应力　　D. 提高效率

43. 在坡口中留钝边的目的是(　　)。

A. 防止烧穿　　B. 保证焊透　　C. 减少应力　　D. 提高效率

44. 在焊缝基本符号的左侧标注(　　)。

A. 焊脚尺寸　　B. 焊缝长度　　C. 对接间隙　　D. 坡口角度

45. 焊缝的形状系数是指焊缝(　　)。

A. 余高与熔宽之比　　B. 熔宽与熔深之比

C. 余高与熔深之比　　D. 熔深与熔宽之比

五、问答题

1. 手工焊条电弧焊的引弧方式有哪些,分别适用于哪些情况?

2. 简述手工电弧焊焊接过程。它有哪些优缺点?

3. 手工电弧焊时,焊接电源极性应如何选用?

4. 预防电弧偏吹的措施有哪几点?

5. 简述焊芯的作用。

6. 简述药皮的作用。

7. 试述酸性焊条的特点和用途。

8. 试述碱性焊条的特点和用途。

9. 为什么手弧焊时要采用具有陡降外特性的电源？

10. 什么叫电弧电压？对焊缝形状有何影响？如何控制？

11. 手工电弧焊工艺参数主要包括哪些？

12. 什么叫短弧操作？手弧焊时电弧过长有何危害？

◇学习情境二

埋弧焊工艺实施与控制

任务描述

1. 根据焊接材料确定焊件接头、坡口形式；
2. 制定焊接工艺；
3. 施焊；
4. 焊后检验。

学习目标

☆知识目标：

1. 掌握埋弧焊原理、特点及应用范围；
2. 掌握埋弧焊焊材的选用及工艺参数的选择；
3. 了解埋弧焊设备及工具；
4. 掌握低合金钢的焊接性；
5. 掌握低合金钢的焊接材料及工艺要点；
6. 了解埋弧焊的工艺规程的编制。

☆技能目标：

1. 能够正确地制定埋弧焊焊接工艺及参数；
2. 会正确地操作埋弧焊机；
3. 能够正确地执行埋弧焊焊接工艺，获得良好的焊缝。

学时安排

项目	资讯	决策	计划	实施	检查	评价	总计
学时	10	1	1	10	1	1	24

知识链接

2.1 埋弧焊原理及特点

埋弧焊也是利用电弧作为热源的焊接方法。埋弧焊时电弧是在一层颗粒状的可熔化焊剂覆盖下燃烧，电弧不外露，埋弧焊由此得名。所用的金属电极是不间断送进的光焊丝。

2.1.1 工作原理

图2-1是埋弧焊焊缝形成过程示意图。焊接电弧在焊丝与工件之间燃烧，电弧热将焊丝端部及电弧附近的母材和焊剂熔化。熔化的金属形成熔池，熔融的焊剂成为溶渣。熔池受熔渣和焊剂蒸气的保护，不与空气接触。电弧向前移动时，电弧力将熔池中的液体金属推向熔池后方。在随后的冷却过程中，这部分液体金属凝固成焊缝。熔渣则凝固成渣壳，覆盖于焊缝表面。熔渣除了对熔池和焊缝金属起机械保护作用外，焊接过程中还与熔化金属发生冶金反应，从而影响焊缝金属的化学成分。

埋弧焊时，被焊工件与焊丝分别接在焊接电源的两极。焊丝通过与导电嘴的滑动接触与电源连接。焊接回路包括焊接电源、连接电缆、导电嘴、焊丝、电弧、熔池、工件等环节，焊丝端部在电弧热作用下不断熔化，因而焊丝应连续不断地送进，以保持焊接过程的稳定进行。焊丝的送进速度应与焊丝的熔化速度相平衡。焊丝一般由电动机驱动的送丝滚轮送进。随应用的不同，焊丝数目可以有单丝、双丝或多丝。有的应用中采用药芯焊丝代替实心焊丝，或是用钢带代替焊丝。

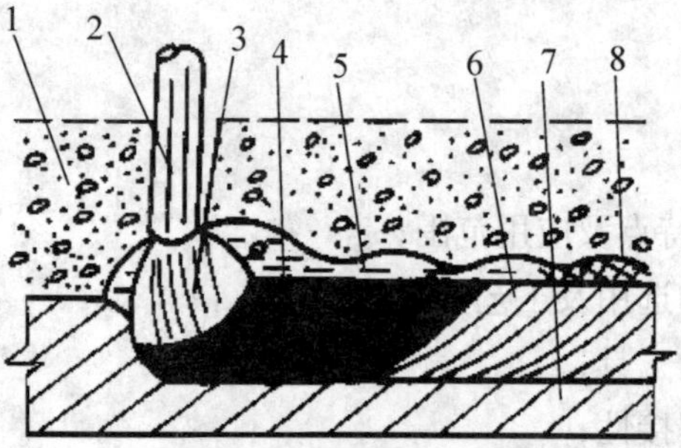

图2-1　埋弧焊焊缝形成过程示意图

1—焊剂　2—焊丝(电极)　3—电弧　4—熔池　5—熔渣　6—焊缝　7—母材　8—渣壳

埋弧焊有自动埋弧焊和半自动埋弧焊两种方式。前者的焊丝送进和电弧移动都由专门的机头自动完成，后者的焊丝送进由机械完成，电弧移动则由人工进行。焊接时，焊剂由漏斗铺撒在电弧的前方。焊接后，未被熔化的焊剂可用焊剂回收装置自动回收，或由人工清理回收。

2.1.2 埋弧焊的优点和缺点

1. 埋弧焊的主要优点

① 所用的焊接电流大，相应输入功率较大。加上焊剂和熔渣的隔热作用，热效率较高，熔深大。工件的坡口可减小，减少了填充金属量。单丝埋弧焊在工件不开坡口的情况下，一次可熔透20 mm。

② 焊接速度高，以厚度8～10 mm的钢板对接焊为例，单丝埋弧焊速度可达50～80 cm/min，手工电弧焊则不超过10～13 cm/min。

③ 焊剂的存在不仅能隔开熔化金属与空气的接触，而且使熔池金属较慢凝固。液体金属与熔化的焊剂间有较多时间进行冶金反应，减少了焊缝中产生气孔、裂纹等缺陷的可能

性。焊剂还可以向焊缝金属补充一些合金元素，提高焊缝金属的力学性能。

④ 在有风的环境中焊接时，埋弧焊的保护效果比其他电弧焊方法好。

⑤ 自动焊接时，焊接参数可通过自动调节保持稳定。与手工电弧焊相比，焊接质量对焊工技艺水平的依赖程度可大大降低。

⑥ 没有电弧光辐射，劳动条件较好。

2. 埋弧焊的主要缺点

① 由于采用颗粒状焊剂，这种焊接方法一般只适用于平焊位置。其他位置焊接需采用特殊措施以保证焊剂能覆盖焊接区。

② 不能直接观察电弧与坡口的相对位置，如果没有采用焊缝自动跟踪装置，则容易焊偏。

③ 埋弧焊电弧的电场强度较大，电流小于100 A时电弧不稳，因而不适于焊接厚度小于1 mm的薄板。

2.1.3　埋弧焊的适用范围

由于埋弧焊熔深大，生产率高，机械化操作的程度高，因而适于焊接中厚板结构的长焊缝，在造船、锅炉与压力容器、桥梁、起重机械、铁路车辆、工程机械、重型机械和冶金机械、核电站结构、海洋结构等制造部门有着广泛的应用，是当今焊接生产中最普遍使用的焊接方法之一。

埋弧焊除了用于金属结构中构件的连接外，还可在基体金属表面堆焊耐磨或耐腐蚀的合金层。

随着焊接冶金技术与焊接材料生产技术的发展，埋弧焊能焊的材料已从碳素结构钢发展到低合金结构钢、不锈钢、耐热钢等，以及某些有色金属，如镍基合金、钛合金、铜合金等。

2.2　埋弧焊调节原理

在埋弧焊过程中，维持电弧稳定燃烧和保持焊接工艺参数基本不变是保证焊接质量的基本条件。而在实际焊接过程中，由于受到外界干扰，电源外特性和电弧静特性都可能发生波动。如电网上大容量用电设备的启动和停止、用电负荷的不均衡等都可能引起电网电压的波动，从而造成电源外特性发生波动；坡口加工及装配不均匀，装配定位焊道，环缝焊时筒体椭圆度、送丝机头振动，电动机转速不稳定等都可能引起弧长变化，从而造成电弧静特性发生波动。

如图2-2所示，当弧长由l_0缩短到l_1时，电弧静特性曲线下移，焊接电流由I_0增大到I_1，而电弧电压由U_0下降为U_1；而当网压下降引起电源外特性曲线由MN变为$M'N'$时，焊接电流则从I_1减少到I_2。

控制埋弧焊自动调节系统的作用就是外界干扰发生时，消除或减弱焊接工作点的飘移，稳定焊接参数，使焊缝熔深和熔宽在允许的公差范围内。在埋弧焊生产中有两种自动调节方法稳定弧长，其一是电弧自身调节系统，采用缓降特性或平硬特性电源配等速送丝系统，通过改变焊丝熔化速度进行调节，该系统主要用于ϕ3 mm以下细丝埋弧焊接。其二是电弧电压反馈变速送丝调节系统，采用陡降特性或垂降特性电源配变速送丝系统，利用电弧电压反馈改变送丝速度进行调节，该系统主要用于ϕ3 mm以上粗丝埋弧焊生产中。

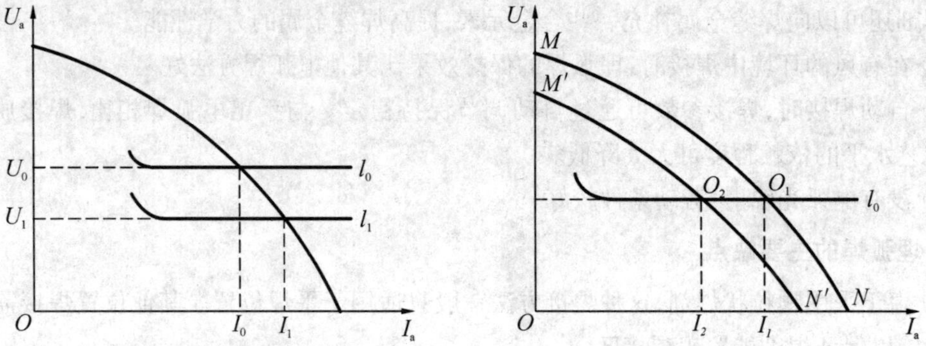

(a)　　　　　　　　(b)

图 2－2　弧长、网压波动与焊接参数的关系

(a)弧长波动与焊接参数的关系；(b)网压波动与焊接参数的关系

2.2.1　埋弧焊稳定工作的基本概念

在埋弧焊过程中，维持电弧稳定燃烧和保持焊接参数基本不变是保证焊接质量的基本要求。埋弧焊的电弧静特性曲线一般是接近于水平的线段，为使电弧能稳定工作，电弧静特性曲线与焊接电源外特性曲线的关系必须符合稳定条件，即两曲线必须有交点，而且在交点处电源外特性曲线的斜率必须小于电弧静特性曲线的斜率，如图 2－3 所示。图中交点 O'处电弧静特性曲线 l_1的斜率为零，电源外特性曲线 MN 的斜率为负值，满足电弧稳定工作的要求。因而 O'点为电弧的稳定工作点。反之，如果两曲线不符合上述要求，例如图 2－3 中的 $M'N'$曲线，虽然与 l_1交于 O'点，但在 O'点处电源外特性曲线 $M'N'$的斜率大于电弧静特性曲线 l_1的斜率，因而在这种情况下，O'点不是电弧的稳定工作点。由此可知，埋弧焊时，一般应选用具有下降外特性的焊接电源，才能保证电弧的稳定燃烧。

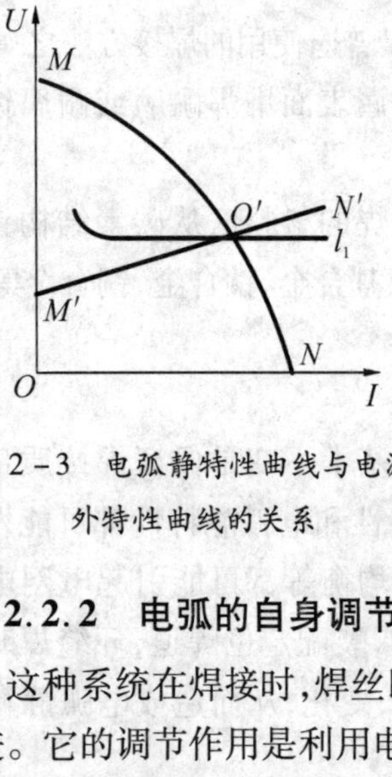

图 2－3　电弧静特性曲线与电源外特性曲线的关系

2.2.2　电弧的自身调节系统

这种系统在焊接时，焊丝以预定的速度等速送进。它的调节作用是利用电弧焊时焊丝的熔化速度与焊接电流和电弧电压之间固有的关系这一规律而自动进行的。图 2－4 所示是这种调节系统的静特性曲线（图中 V_{f1}，V_{f2}，V_{f3}为 3 种送丝速度，所对应的静特性曲线为 c_1，c_2，c_3）。它实际上就是焊接过程中电弧的稳定工作曲线，或称为等熔化速度曲线。电弧在这一曲线上任何一点工作时，焊丝熔化速度是不变的，并恒等于焊丝的送进速度，焊接过程稳定进行。电弧在此曲线以外的点上工作时，焊丝的熔化速度不等于焊丝的送进速度，因此，焊接过程不能稳定。当焊接条件改变时，系统的静特性

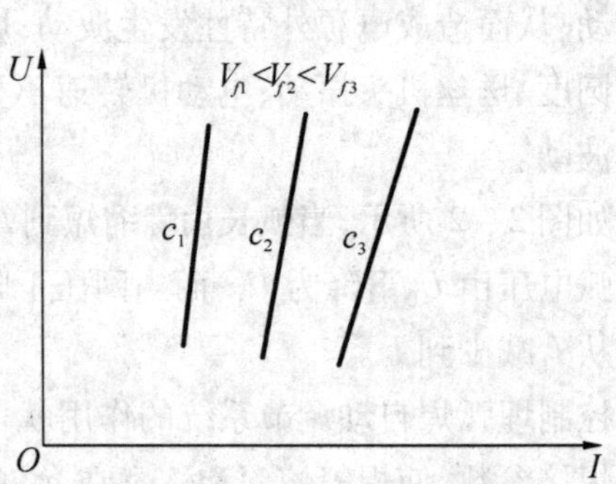

图 2－4　电弧自身调节系统的静特性曲线

曲线就会相应地改变。如送丝速度增加，曲线右移；焊丝直径减小，则曲线左移，如图 V_{f1}，V_{f2}，V_{f3}所示。下面将分别讨论在弧长波动和网路电压波动两种干扰情况下，电弧自身调节系统的工作情况。

1. 弧长波动

这种系统在弧长波动时，经过电弧自身调节作用，可以使电弧完全恢复至波动前的长度，即能使焊接参数恢复至预定值，其调节过程可由图 2－5 说明。在弧长变化之前，电弧的稳定工作点为 O_0点。O_0点是电弧静特性曲线 l_0、电源外特性曲线 *MN* 和电弧自身调节系统静特性曲线 *c* 三者的交点。电弧以该点对应的焊接参数燃烧时焊丝的熔化速度等于焊丝的送进速度，焊接过程稳定。

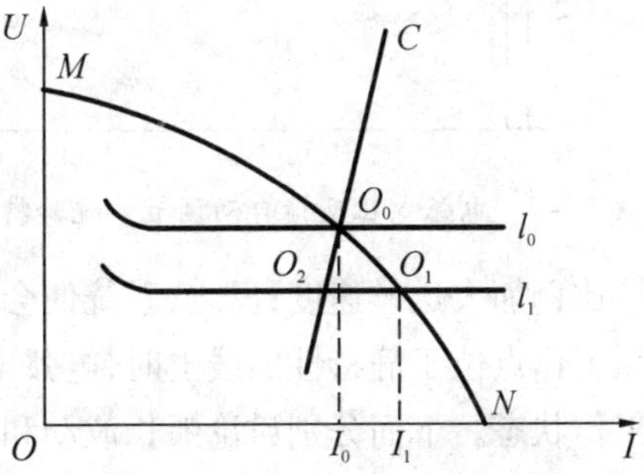

图 2－5　电弧自身调节系统的调节作用

如果外界干扰使弧长缩短，电弧静特性曲线变为 l_1，并与电源外特性曲线交于 O_1点，电弧暂时移至此点工作。此时 O_1点不在 *c* 曲线上而在其右侧，其实际电流 I_1大于维持稳定燃烧所需的电流 I_0，因而焊丝的熔化速度大于焊丝送进速度，这将使弧长逐渐增加，直到恢复至 l_0。弧长拉长时的调节过程与此类似，最后都将使电弧工作点回到 O_0点。焊接过程重又恢复稳定。可见，这种系统的调节作用是基于等速送丝时弧长变化导致焊接电流变化，进而导致焊丝熔化速度变化使弧长得以恢复的，所以应用于等速送丝式埋弧焊机。

2. 网路电压波动

网路电压波动将使焊接电源的外特性曲线发生移动，从而对电弧自身调节系统造成影响，如图 2－6 所示。当焊丝送进速度一定时，电弧自身调节系统静特性曲线 *c*、电弧静特性曲线 l_1与网路电压波动前的电源外特性曲线 *MN* 交于 O_1点，此点为电弧的稳定工作点。如果网路电压降低，将使焊接电源的外特性曲线由 *MN* 变到 *M′N′*，电弧工作点移至 O_2点。显然，O_2点的焊接参数满足焊丝熔化速度等于送丝速度的稳定条件，因而也是稳定工作点。此时电弧长度缩短，电弧静特性曲线变为 l_2。这种情况下，除非网路电压恢复至原先的值，否则，电弧将在 O_2点稳定工作，而不能恢复到 O_1点。因此，电弧自身调节系统的调节能力不能消除网路电压波动对焊接参数的影响。

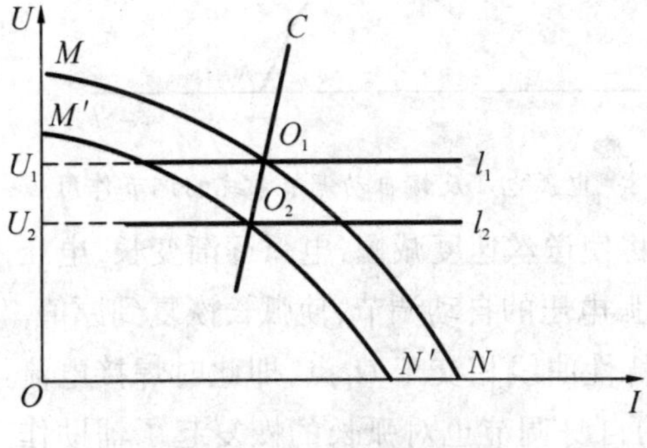

图 2－6　网路电压波动对电弧自身调节系统的影响

采用电弧自身调节系统的埋弧焊机适宜配用缓降或平外特性的焊接电源。这一方面是因为缓降或平外特性的电源在弧长发生波动时引起的焊接电流变化大，导致焊丝熔化速度变化快，因而可提高电弧自身调节系统的调节速度；另一方面是缓降或平外特性电源在电网电压波动时，引起的弧长变化小，所以可减小网路电压波动对焊接参数（特别是对电弧电压）的影响。

2.2.3 电弧电压反馈自动调节系统

这种调节系统是利用电弧电压反馈来控制送丝速度的。在受到外界因素对弧长的干扰时，通过强迫改变送丝速度来恢复弧长，也称为均匀调节系统。图 2-7 所示是这种调节系统的静特性曲线 A。与电弧自身调节系统一样，电弧电压反馈调节系统静特性曲线上的每一点都是稳定工作点，即电弧以曲线上任一点对应的焊接参数燃烧时，焊丝的熔化速度都等于焊丝的送进速度，焊接过程稳定进行。曲线与纵坐标的截距，决定于给定电压值 Ug。焊接过程中，系统不断地检测电弧电压，并与给定电压进行比较。当电弧电压高于维持静特性曲线所需值而使电弧工作点位于曲线上方时，系统便会按比例加大送丝速度；反之，系统便会自动减慢送丝速度。只有当电弧电压与给定电压使电弧工作点位于静特性曲线上时，电弧电压反馈调节系统才不起作用，此时焊接电弧处于稳定工作状态。下面分别讨论弧长波动和网路电压波动两种干扰时电弧电压反馈调节系统的工作情况。

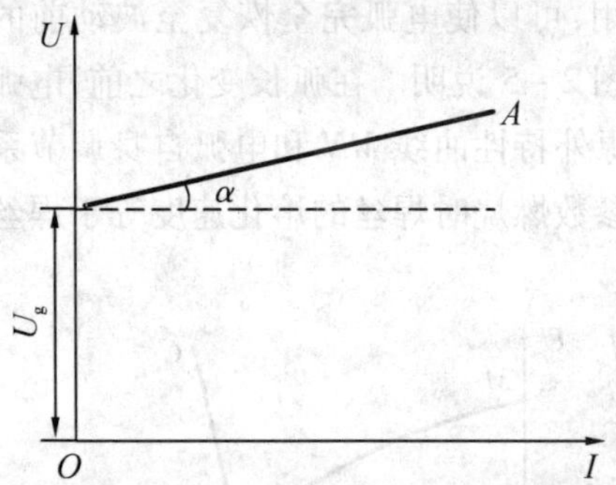

图 2-7 电弧电压反馈自动调节系统静特性曲线

1. 弧长波动

这种系统在弧长波动时的调节过程可由图 2-8 说明。图中 O_0点是弧长波动前的稳定工作点，它由电弧静特性曲线 l_0、电源外特性曲线 MN 和电弧电压反馈调节系统静特性曲线 A 三条曲线的交点决定。电弧在 O_0点工作时，焊丝的熔化速度等于其送丝速度，焊接过程稳定。当外界干扰使弧长突然变短，则电弧静特性降至 l_1，此时电弧静特性曲线与 A 曲线交于 O_2点。焊丝的送进速度由 O_2点的电压决定，因 O_2点的电压低于 O_0点，将使送丝速度减慢，电弧逐渐变长，电压沿着 A 曲线向 O_0点靠近而逐渐升高，从而实现了电弧电压的自动调节，使弧长恢复到原值。在弧长变短的过程中，电弧静特性曲线还与电源外特性曲线相交于 O_1点，即此时焊接电流有所增大，将使焊丝熔化速度加快，也就是说电弧的自身调节也对弧长的恢复起了辅助作用，从而加快了调节过程。可见，这种系统的调节作用是在弧长变化后主要通过电弧电压的变化而改变焊丝的送进速度，从而使弧长得以恢复的，因而应用于变速送丝式埋弧焊机。

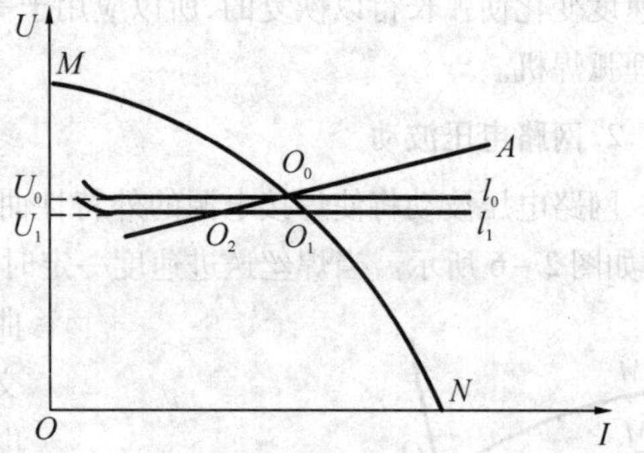

图 2-8 电弧电压反馈自动调节系统的调节作用

这种调节系统需要利用电弧电压反馈调节器进行调节。目前埋弧焊机常用的电弧电压反馈调节器主要有以下两种：

（1）发电机-电动机电弧电压反馈自动调节器

这种调节器的调节系统电路原理如图 2-9 所示。供给送丝电动机 M 转子电压的发电机 G 有两个他励励磁线圈 L_1 和 L_2。L_1 由电位器 RP 上取得一个给定控制电压 U_g，产生磁通 Φ_1；L_2 由电弧电压的反馈信号提供励磁电压 U_a，产生磁通 Φ_2。Φ_2 与 Φ_1 方向相反。当 Φ_1 单独作用时，发电机输出的电动势使电动机 M 向退丝方向转动；当 Φ_2 单独作用时，发电机输出的电动势使电动机 M 向送丝方向转动。Φ_2 与 Φ_1 合成磁通的方向和大小将决定发电机 G 输出电动势的方向和大小，并随之决定电动机 M 的转向与转速，即决定焊丝的送丝方向和速度。正常焊接时，电弧电压稳定，且 $\Phi_2 > \Phi_1$，电动机 M 将以一个稳定的转速来送进焊丝。当弧长发生变化而改变了电弧电压时，L_2 的励磁电压（即反馈电弧电压）发生变化，使发电机 G 的输出电动势变化，导致电动机 M 的转速变化，因而改变了送丝速度，也就调节了弧长，使电弧电压恢复到稳定值，完成调节过程。送丝速度 V_f 与反馈电弧电压 U_a、给定电压 U_g 之间的关系可用下式表示：

$$V_f = K(U_a - U_g)$$

式中，K 为电弧电压反馈自动调节器的放大倍数，表示当电弧电压改变 1V 时 V_f 的改变量。K 的大小除取决于调节器的机电结构参数外，还取决于电弧电压反馈量的大小。图 2－9 中电阻 R 和与其并联的开关 SA，就是为改变 K 值以满足不同直径焊丝的需要而设的。

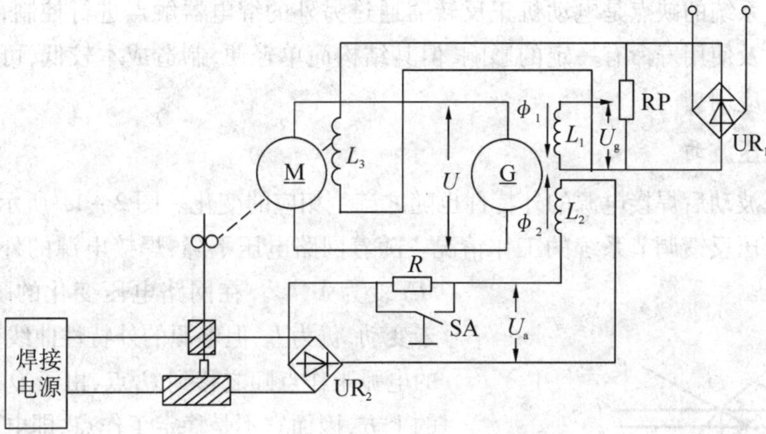

图 2－9　发电机－电动机电弧电压反馈自动调节系统电路原理图

这种调节系统的最大优点是可以利用同一电路实现电动机 M 的无触点正反转控制，因而可实现理想的反抽引弧控制。这种结构的电弧电压反馈自动调节器，仍是目前变速送丝式埋弧焊机的主要应用形式。

（2）晶闸管电弧电压反馈自动调节器

这种调节器的调节系统电路原理如图 2－10 所示。电动机 M 由硅整流电源 UR_1 供电，利用晶闸管 VH 控制 M 的电枢电压，只要在晶闸管触发电路中加入电弧电压反馈信号就可实现电弧电压反馈自动调节。电弧电压反馈控制信号 U_a 从电位器 RP_3 中取出，与从电位器 RP_1 中取出的给定控制信号 U_g 反极性串联后加在由 VT_1，VT_2，VU 等组成的单结晶体管触发电路上，再由脉冲变压器 TI 输出与电源电压有一定相位关系的触发脉冲信号，触发串联在电动机 M 电枢回路中的晶闸管 VH，即可使 M 得电送丝。当弧长变化引起 U_a 改变时，VH 的触发脉冲相位发生变化，使 M 的送丝速度改变而实现弧长的自动调节。由于 M 的电枢电压和转速与（$U_a - U_g$）成正比，则同样有

$$V_f = K(U_a - U_g)$$

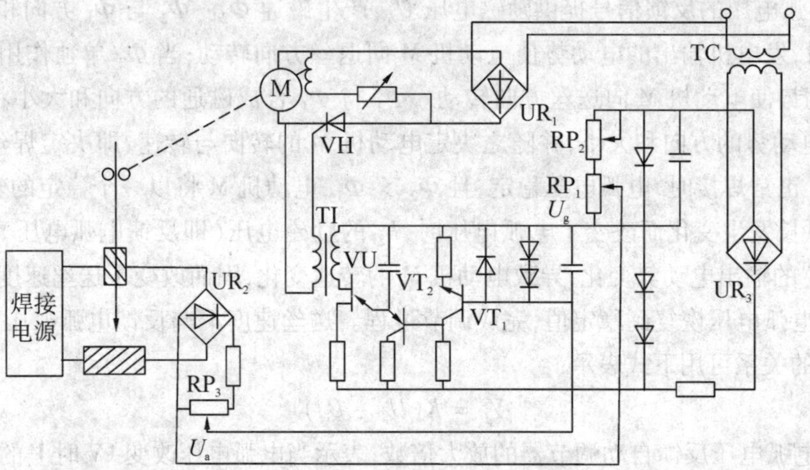

图 2－10　晶闸管电弧电压反馈自动调节系统电路原理图

这种调节系统的缺点是电动机正反转需通过另外的继电器触点进行控制，因而对回抽引弧的可靠性及使用寿命有一定的影响，但其结构简单轻便，制造成本较低，可望得到改进后进一步扩大应用。

2. 网路电压波动

网路电压波动后焊接电源的外特性也随之产生相应的变化。图 2－11 所示为网路电压降低时电弧电压反馈调节系统的工作情况。随着网路电压下降，焊接电源的外特性曲线从 MN 变为 $M'N'$。在网路电压变化的瞬间，弧长尚未变动，仍为 l_0，但电源的外特性曲线变为 $M'N'$ 后的电弧工作点随之移到 O_1 点，由于 O_1 点在 A 曲线的上方，因而它不是稳定工作点，即电弧在 O_1 点处工作时焊丝的送进速度大于其熔化速度，因而电弧工作点沿曲线 $M'N'$ 移动，与 A 曲线的交点 O_2 为新的稳定工作点。此点处与 O_0 点相比较，除电弧电压相应降低外，焊接电流有较大波动，除非网路电压恢复为原来的值，否则这种调节系统不能使电弧恢复到原来的稳定状态（O_0 点）。

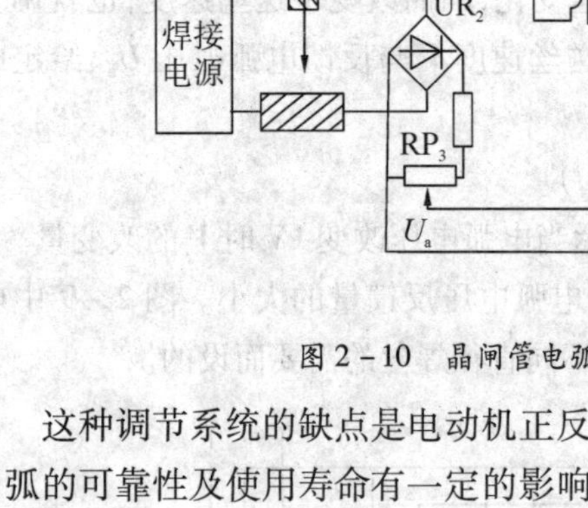

图 2－11　网压波动对电弧电压反馈自动调节系统的影响

电弧电压反馈自动调节系统在网压波动时，引起焊接电流变化的大小与焊接电源外特性形状有关。陡降的外特性曲线在网路电压波动时引起的焊接电流波动小，反之，缓降的外特性曲线则引起的焊接电流波动较大。所以，为了防止因网路电压波动引起焊接电流波动过大，这种调节系统宜配用具有陡降外特性的焊接电源。同时，为了易于引弧和使电弧燃烧稳定，焊接电源应有较高的空载电压。

2.2.4　两种调节系统的比较

熔化极电弧的自身调节系统和电弧电压反馈自动调节系统的特点比较见表 2－1。由表中可以看出，这两种调节系统对焊接设备的要求、焊接参数的调节方法及适用场合是不相同的，选用时应予以注意。

表 2－1 两种调节系统的特点比较

比较内容	电弧自身调节	电弧电压反馈自动调节
控制电路及机构	简单	复杂
采用的送丝方式	等速送丝	变速送丝
采用的电源外特性	平特性或缓降特性	陡降或垂降特性
电弧电压调节方法	改变电源外特性	改变送丝系统的给定电压
焊接电流调节方法	改变送丝速度	改变电源外特性
控制弧长恒定的效果	好	好
网路电压波动的影响	产生静态电弧电压误差	产生静态焊接电流误差
适用的焊丝直径(mm)	0.8～3.0	3.0～6.0

2.3 埋弧焊设备

2.3.1 埋弧焊电源

一般埋弧焊多采用粗焊丝，电弧具有水平的静特性曲线。按照前述电弧稳定燃烧的要求，电源应具有下降的外特性。在用细焊丝焊薄板时，电弧具有上升的静特性曲线，宜采用平特性电源。

埋弧焊电源可以用交流（弧焊变压器）、直流（弧焊发电机或弧焊整流器）或交直流并用。要根据具体的应用条件，如焊接电流范围、单丝焊或多丝焊、焊接速度、焊剂类型等选用。

一般直流电源用于小电流范围、快速引弧、短焊缝、高速焊接、所采用焊剂的稳弧性较差及对焊接工艺参数稳定性有较高要求的场合。采用直流电源时，不同的极性将产生不同的工艺效果。当采用直流正接（焊丝接负极）时，焊丝的熔敷率最高；采用直流反接（焊丝接正极）时，焊缝熔深最大。

采用交流电源时，焊丝熔敷率及焊缝熔深介于直流正接和反接之间，而且电弧的磁偏吹最小。因而交流电源多用于大电流埋弧焊和采用直流时磁偏吹严重的场合。一般要求交流电源的空载电压在 65 V 以上。

为了加大熔深并提高生产率，多丝埋弧自动焊得到越来越多的工业应用。目前应用较多的是双丝焊和三丝焊。多丝焊的电源可用直流或交流，也可以交、直流联用。双丝埋弧焊和三丝埋弧焊时焊接电源的选用及连接有多种组合。

2.3.2 埋弧焊机

埋弧焊机分为自动焊机和半自动焊机两大类。

1. 半自动埋弧焊机

半自动埋弧焊机的主要功能是：将焊丝通过软管连续不断地送入电弧区；传输焊接电流；控制焊接启动和停止；向焊接区铺施焊剂。

因此它主要由送丝机构、控制箱、带软管的焊接手把及焊接电源组成。软管式半自动埋弧焊机兼有自动埋弧焊的优点及手工电弧焊的机动性。在难以实现自动焊的工件上（例如中心线不规则的焊缝、短焊缝、施焊空间狭小的工件等），可用这种焊机进行焊接。

2. 自动埋弧焊机

自动埋弧焊机的主要功能是：连续不断地向焊接区送进焊丝；传输焊接电流；使电弧沿接缝移动；控制电弧的主要参数；控制焊接的启动与停止；向焊接区铺设焊剂；焊接前调节焊丝端位置。

常用的自动埋弧焊机有等速送丝和变速送丝两种。它们一般都由机头、控制箱、导轨（或支架）以及焊接电源组成。等速送丝自动埋弧焊机采用电弧自身调节系统，变速送丝自动埋弧焊机采用电弧电压反馈自动调节系统。

自动埋弧焊机按照工作需要，做成不同的形式。常见的有焊车式、悬挂式、机床式、悬臂式、门架式等（见图 2－12）。使用最普遍的是 MZ—1000 焊机，该焊机为焊车式。MZ—1000 焊机采用电弧电压自动调节（变速送丝）系统，送丝速度正比于电弧电压。

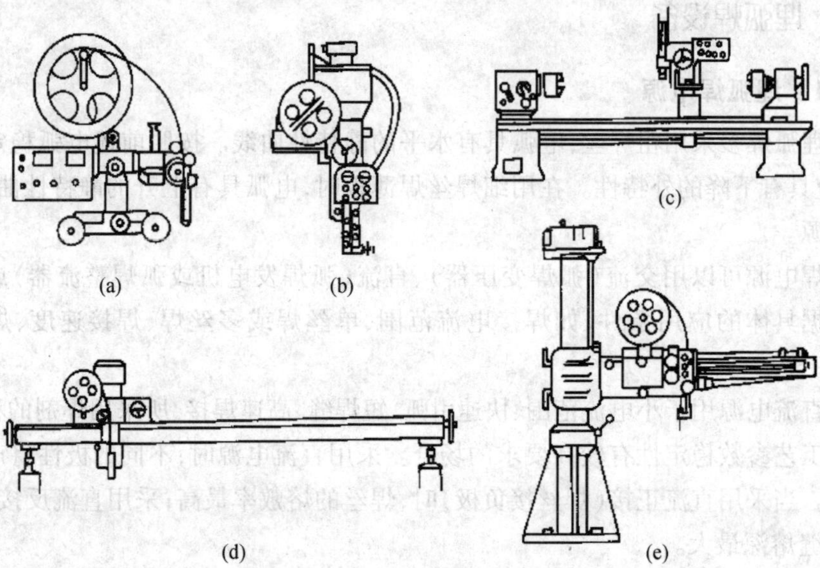

图 2－12　常见埋弧焊机的形式
(a)焊车式；(b)悬挂式；(c)车床式；(d)门架式；(e)悬臂式

(1) 自动埋弧焊机的结构特点

自动埋弧焊机主要由送丝机构、行走机构、机头调整机构、焊接电源和控制系统等部分组成，它们的结构特征、技术数据及要求见表 2－2。

表 2－2　埋弧焊机的结构特征

组成部件	技术数据或要求				结构特征	备注
送丝机构	焊丝直径/mm	1.6～2	3～6	3～8	(1) 直流电动机＋减速器＋送丝轧轮 (2) 交流感应电动机＋变速器＋送丝轧轮	结构(1)应用普遍，结构(2)只有个别产品应用
	送丝速度/(m·h^{-1})	120～420	30～300	30～300		
	功率/W	100～200				

续表

组成部件	技术数据或要求				结构特征	备注
行走机构	焊接速度/(m·h^{-1})	15~70	10~80	10~130	(1)直流电动机+减速器+离合器+行走轮 (2)交流感应电动机+变速器+离合器+行走轮	结构(2)常与送丝机构合用一台电机
	功率/W	100~1000				
送丝机构	额定焊接电流/A	500、800、1000、1200、2000			(1)弧焊变压器 (2)弧焊发电机 (3)弧焊硅整流器 (4)晶闸管弧焊整流器	结构(4)正在取代(2)(3)
	额定负载持续率/(%)	100				
	空载电压/V	60~80				
	静态外特性	缓降或陡降				
控制系统	送丝拖动控制				(1)交流感应电动机-直流发电机-直流电动机系统 (2)晶闸管整流-直流电动机系统	
	行走拖动控制					
	自动引弧、熄弧控制				按钮-继电器系统	

①送丝机构。送丝机构包括送丝电动机及传动系统、送丝滚轮和矫直滚轮等，有直流电动机拖动和交流电动机拖动两种形式，如图2－13和图2－14所示。它应能可靠地送进焊丝并具有较宽的调速范围，以保证电弧稳定。

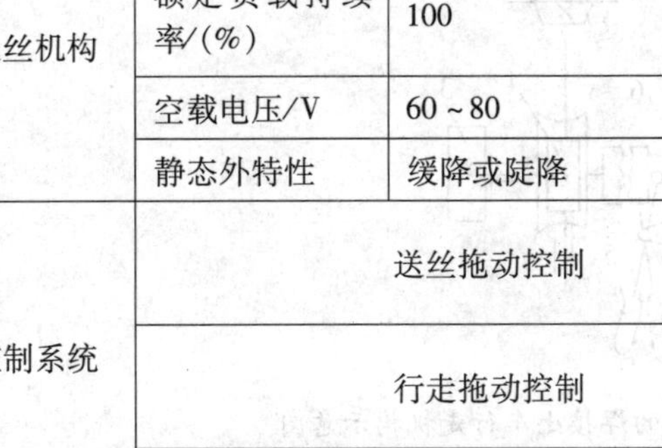

图2－13 直流电动机拖动的送丝机示意图

1—电动机 2,4—圆柱齿轮 3—蜗轮蜗杆 5—摇杆 6,7—送丝滚轮

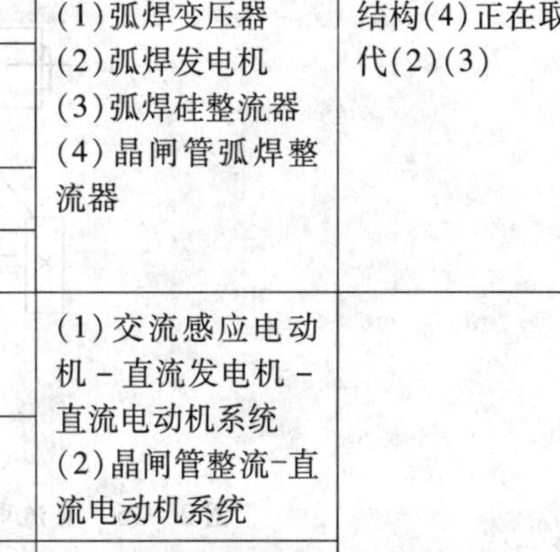

图2－14 交流电动机拖动的送丝和行走机构示意图

1—电动机 2,4,7,8,10—蜗轮蜗杆 3,9—可换齿轮副 5,6—送丝滚轮 11,12—行走轮

②焊车行走机构。焊车行走机构包括行走电动机及传动系统、行走轮及离合器等。交流电动机拖动的行走机构如图2－14所示，直流电动机拖动的焊接小车行走机构如图2－15所示。行走轮一般采用橡胶绝缘轮，以免焊接电流经车轮而短路。离合器合上时由电动机拖动，脱离时焊接小车可用手推动。

③埋弧焊控制系统。埋弧焊基本的控制系统由5个部分组成，包括：

- 送丝速度控制，在恒压系统中控制焊接电流，在恒流系统中控制焊接电压。
- 焊接电源的参数给定，在恒压系统中控制焊接电压，在恒流系统中控制焊接电流。
- 焊接启动/停止开关。
- 手动或者自动行走选择开关。
- 待焊状态焊丝的送进/回抽。

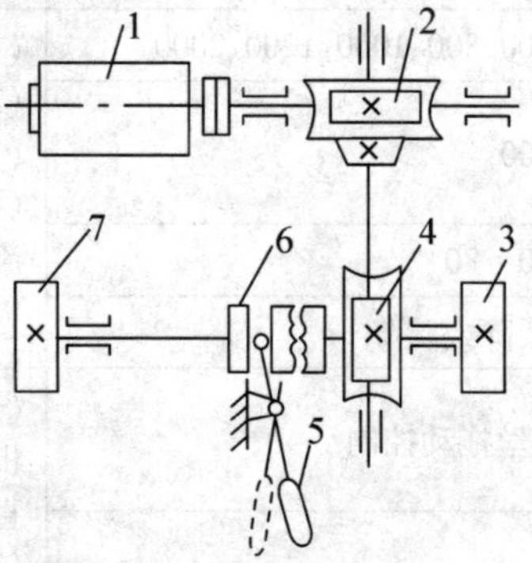

图 2-15　直流电动机拖动的焊接小车行走机构示意图

1—电动机　2,4—蜗轮蜗杆　3,7—行走轮　5—手柄　6—离合器

半自动埋弧焊控制系统相对简单，只需要送丝速度控制。在恒压电源系统中要保证焊丝的等速送进，在恒流电源系统中则需要监控焊接电压，通过调整送丝速度来保持稳定的焊接电压。最简单的送丝机仅有一个旋钮，用来设定送丝速度。

在埋弧焊数字控制系统中普遍采用电流、电压和送丝速度的数字显示。典型的数字控制包括：送丝速度控制、焊接电源控制（电压控制）、焊接启/停、自动/手动行走选择、焊丝送进/回抽、试车、火口填充以及焊剂的送给控制。埋弧焊数字控制系统的优势在于对焊接过程的精确控制。但是，其不能与所有焊接电源兼容。

（2）典型埋弧焊机

目前国内使用最普通的埋弧焊机是 MZ—1000 型，它采用发电机－电动机反馈调节器组成自动调节系统，是一种变速送丝式埋弧焊机。这种埋弧焊机适合于水平位置或与水平面倾斜不大于 15°的各种对接、角接和搭接接头的焊接，也可借助滚轮转胎焊接圆筒形焊件的内外环缝。

①焊机结构。MZ—1000 型埋弧焊机主要由焊接小车、控制箱和焊接电源三部分组成，相互之间由焊接电缆和控制电缆连接在一起。

a. 焊接小车。MZ—1000 埋弧焊机配用的焊接小车是 MZT—1000 型，它由送丝机构、行走小车、机头调整机构、控制盒、导电嘴、焊丝盘和焊剂漏斗等部分组成。焊接小车的外形结构如图 2-16 所示。

b. 控制箱。MZ—1000 型埋弧焊机配用的控制箱是 MZP—1000 型。控制箱内装有电动机－发电机组、接触器、中间继电器、变压器、整流器、镇定电阻和开关等元件，用以和焊接小车上的控制元件配合，实现送丝和焊接小车拖动控制及电弧电压反馈自动调节。

c. 焊接电源。MZ—1000 型埋弧焊机可配用交流或直流电源。配用交流电源时，一般用

BX2—1000 型同体式弧焊变压器;配用直流电源时,可配用 ZX5—1000 型或 ZXG—1000R 型弧焊整流器。

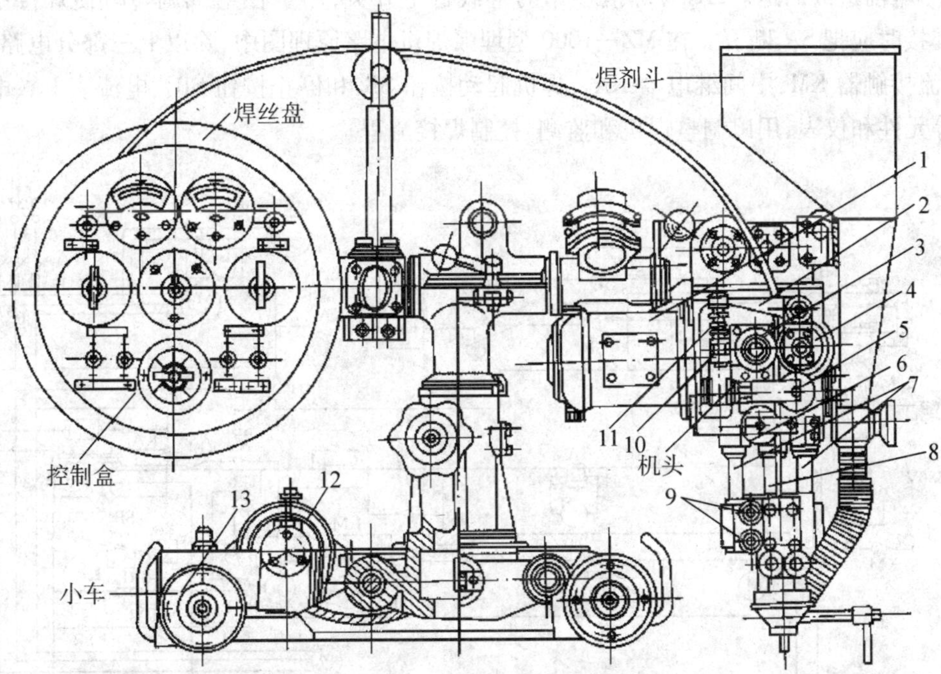

图 2-16　MZT—1000 型焊接小车

1—送丝电动机　2—摇杆　3,4—送丝轮　5,6—矫直轮　7—圆柱导轨　8—螺杆
9—螺钉(接电极用)　10—调节螺母　11—弹簧　12—小车电动机　13—小车车轮

②电路原理。MZ—1000 型埋弧焊机配用 BX2—000 型交流焊接电源的电路原理见图 2-17。它可分为焊接电源控制电路、焊丝拖动电路和焊接小车拖动电路三部分。

a. 焊接电源控制电路。此电路包括焊接主电路和焊接电流调节电路两部分,其原理示于图 2-17 的上部和中部。BX2—1000 型交流弧焊变压器属同体式结构,具有陡降的外特性。其输出的空载电压有 69 V 和 78 V 两挡。可根据网路电压实际情况和焊接工艺参数的要求,通过换接抽头来选用。BX2—1000 型的电流调节是利用交流电动机 M_5 减速后带动电抗器 L 的活动铁心移动实现的。继电器 KA_1 和 KA_2 控制 M_5 的正反转,使焊接电流增大或减小。

b. 送丝拖动电路。这部分电路位于图 2-17 的中部,其主要部分是由发电机 G_1 和电动机 M_1 组成的电弧电压反馈自动调节器。该电路原理已在前面作过讨论,此处不再赘述。调节 RP_2,便可改变 L_1 的励磁电压,以达到调节电弧电压的目的。当增加 L_1 的励磁电压时,电弧电压增大;反之则减小。为扩大电弧电压的调节范围,在 L_2 的励磁电压回路中接入一个电阻 R_1,开关 SA_4 与它并联。SA_4 闭合,R_1 被短接,L_2 的励磁电压增大,焊丝送进速度加快,电弧长度缩短,电弧电压降低,适用于细焊丝焊接;SA_4 断开,R_1 串入回路,L_2 励磁电压降低,焊丝送进速度减慢,电弧电压升高,适用于粗焊丝焊接。

c. 焊接小车拖动电路。这部分电路处于图 2-17 的下部。焊接小车由 G_2-M_2 组成的发电机-电动机系统拖动。调节 RP_1 使 L_5 的励磁电压增大时,G_2 输出的电压使 M_2 转速提高,焊接小车的行走速度加快;反之,则减慢。焊接小车行走的方向是由换向开关 SA_3 控制的。当 SA_3 旋转到不同位置时,可以改变 M_2 与 G_2 电枢连接的极性,即改变 M_2 的转向,从而使焊接小车前进或后退。SA_2 为焊接小车的空载行走开关,用于在空载调整时使焊接小车移动,焊接时应把 SA_2 断开。在 MZ—1000 型埋弧焊机电路原理图中,除以上三部分电路外,还有交流接触器 KM、中间继电器 KA_3、焊机起动按钮 SB_7 和停止按钮 SB_8、电流表 PA、电压表 PV 等元件和仪表,用以调整焊机和监测、控制焊接流程。

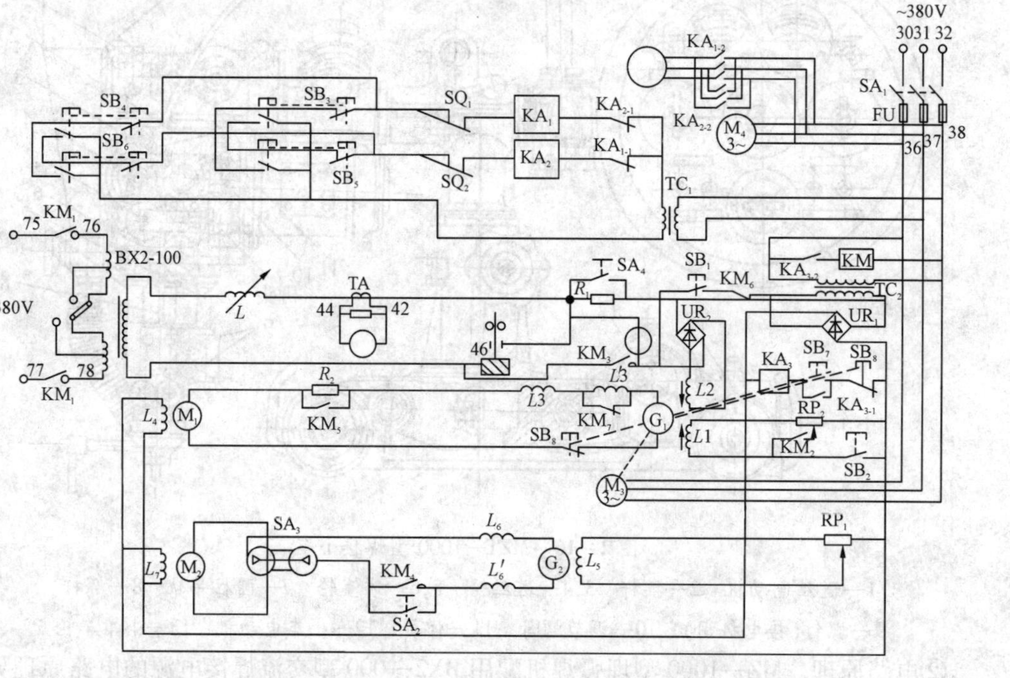

图 2－17　MZ—1000 型埋弧焊机的电路原理图(交流焊接电源)

(3)焊机操作程序

闭合控制电路开关 SA_1,接通三相控制电源。风扇电动机 M_4 运转,冷却焊接电源;三相异步电动机 M_3 启动,拖动 G_1 和 G_2 电枢旋转,控制变压器 TC_1 和 TC_2 获得输入电压,整流桥 UR_1 有直流输出。通过调节 RP_1 来调节焊接速度;调节 RP_2 来调节电弧电压;按下按钮 SB_3(SB_4)或 SB_5(SB_6)来调节焊接电流。将焊接小车置于预定位置,通过按钮 SB_1 和 SB_2 调整焊丝位置,使焊丝末端与焊件表面轻轻接触。闭合焊接小车离合器,换向开关 SA_3 拨到"焊接"方向,开关 SA_2 拨到"焊接"位置,开关 SA_4 拨到需要的位置。开启焊剂漏斗阀门使焊剂堆敷在预焊位置,准备工作即告完成。

焊接时按下启动按钮 SB_7,中间继电器 KA_3 接通接触器 KM,使焊接电源通电而引燃电弧。与此同时,焊车也开始沿轨道移动,焊接过程便正常进行。停止焊接时,先打开离合器使焊接小车停走,接着按下双程按钮 SB_8 的第一程,送丝电动机 M_1 的转子供电回路首先被切断,而电弧还在燃烧并逐渐拉长,使弧坑逐渐填满。电弧自然熄灭后,再按下 SB_8 的第二程(即按到底),这时 KA_3 回路才被切断, KM 断电,切断焊接电源,各继电器和接触器的触点恢复至原始状态,焊接过程终止。待焊接过程全部完成后,应随手关闭焊剂漏斗的阀门,制止焊剂继续外流。

MZ—1000 型埋弧焊机启动和停止的动作程序方框图如图 2－18 所示。

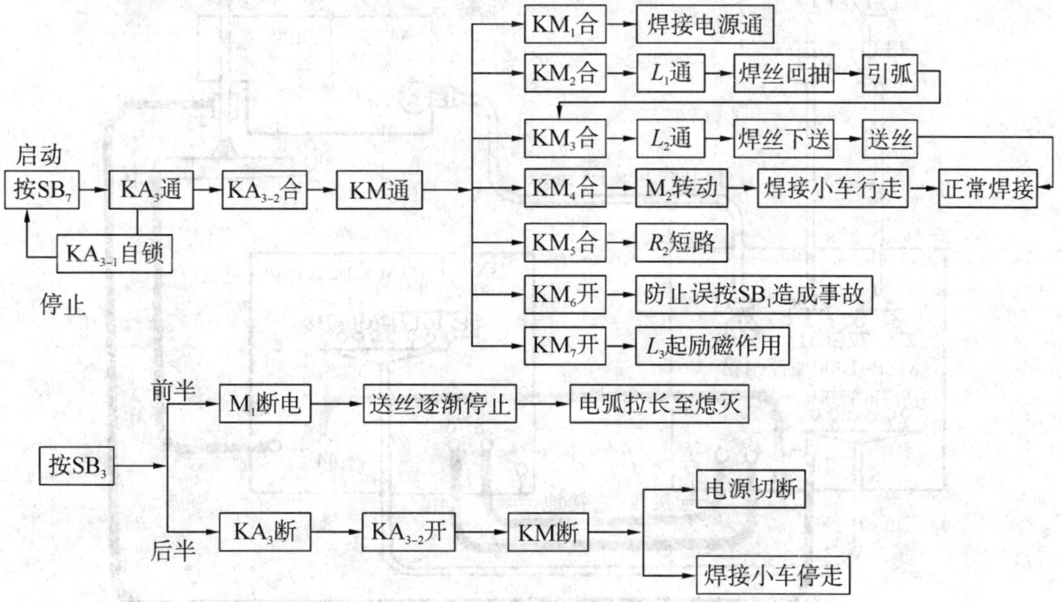

图 2－18　MZ—1000 型埋弧焊机的动作程序方框图

3. 埋弧焊机的使用维护及常见故障的排除

为保证焊接过程顺利进行，提高生产效率和焊接质量，延长焊机寿命，应正确使用焊机并对焊机进行经常性的保养维护，使其处于良好的工作状态。

埋弧焊机安装时，要仔细研读使用说明书，严格按照说明书中的要求进行安装接线。图 2－19 为 MZ—1000 型埋弧焊机使用交流电源时的外部接线图。要注意外接电网电压应与设备要求的电压一致。外接电缆要有足够的容量和良好的绝缘。连接部分的螺母要拧紧，尤其是地线连接的可靠性很重要，否则可能危及人身安全。通电前，应认真检查接线的正确性；通电后，应仔细观察设备的运行情况，如有无发热、有无声音异常等，并应注意运动部件的转向和测量仪表指示的方向是否正确无误等。若发现异常，应立即停机处理。

电焊机制造厂生产的 MZ—1000 型埋弧焊机，一般是按交流电源接线出厂供货的，若要改用直流电源，需对焊机略加改装。需要改动的主要有 3 处：一是直流电源的一极（应注意使用的极性）连接交流接触器的主触点，若触点面积不够，可用两个触点并联使用；二是将互感器改为分流器；三是将交流电流表和电压表改为直流电流表和电压表。

只有熟悉焊机的结构、工作原理和使用方法，才能正确使用和及时排除各种故障，有效地发挥设备的正常功能。在使用过程中应经常对设备进行清理，严防异物落入电源或焊接小车的运动部件内，并应及时检查连接件是否因运动时的振动而松动。运动部件响声异常、电路引线不正常发热往往就是由于连接件松动而引起的。若设备在露天工作，还要特别注意因下雨受潮而破坏焊机的绝缘等问题。但是任何设备工作一段时间后，发生某些故障总是难免的，因此对焊接设备必须进行经常性的检查和维护。

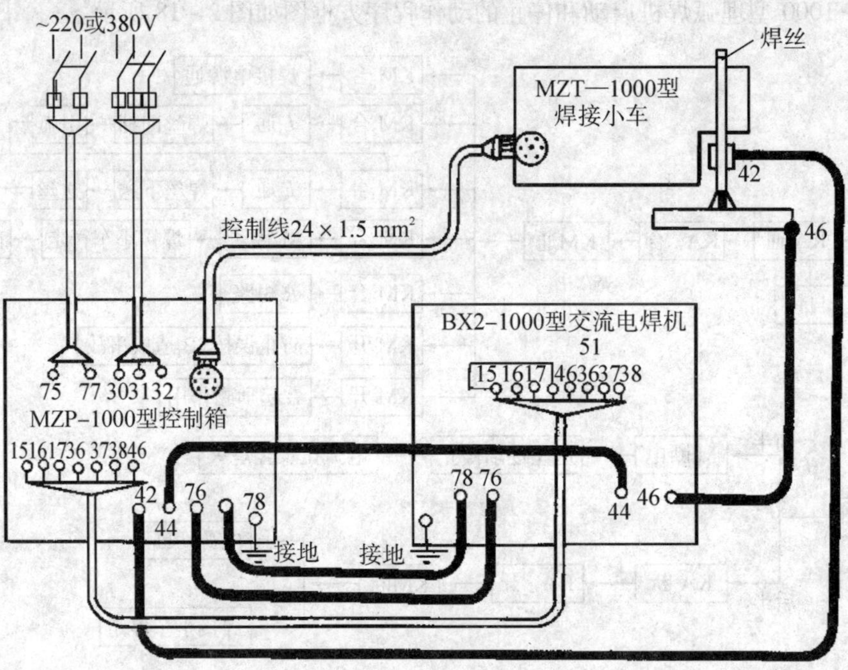

图 2-19　用交流电源时 MZ—1000 型埋弧焊机的外部接线图

2.3.3　埋弧焊辅助设备

埋弧焊时，为了调整焊接机头与工件的相对位置，使接缝处于最佳的施焊位置或为达到预期的工艺目的，一般都需有相应的辅助设备与焊机相配合。埋弧焊的辅助设备大致有以下几种类型。

1. 焊接夹具

使用焊接夹具的目的在于使工件准确定位并夹紧，以便于焊接。这样可以减少或免除定位焊缝并且可以减少焊接变形。有时为了达到其他工艺目的，焊接夹具往往与其他辅助设备联用，如单面焊双面成型装置等。

2. 工件变位设备

这种设备的主要功能是使工件旋转、倾斜、翻转以便把待焊的接缝置于最佳的焊接位置，达到提高生产率、改善焊接质量、减轻劳动强度的目的。工件变位设备的形式、结构及尺寸因焊接工件而异。埋弧焊中常用的工件变位设备有滚轮架、翻转机等。

3. 焊机变位设备

这种设备的主要功能是将焊接机头准确地送到待焊位置，焊接时可在该位置操作；或是以一定速度沿规定的轨迹移动焊接机头进行焊接。这种设备也叫做焊接操作机。它们大多与工件变位机、焊接滚轮架等配合使用，完成各种工件的焊接。基本形式有平台式、悬臂式、伸缩式、龙门式等几种。

4. 焊缝成形设备

埋弧焊的电弧功率较大，钢板对接时为防止熔化金属的流失和烧穿并促使焊缝背面成形,往往需要在焊缝背面加衬垫。最常用的焊缝成形设备除铜垫板外,还有焊剂垫。焊剂垫有用于纵缝的和用于环缝的两种基本形式。

5. 焊剂回收输送设备

焊剂回收输送设备用来在焊接中自动回收并输送焊剂,以提高焊接自动化的程度。采用压缩空气的吸压式焊剂回收输送器可以安装在小车上使用。

2.4 埋弧焊焊材及冶金特点

2.4.1 埋弧焊的焊接材料及选用

埋弧焊的焊接材料包括焊丝和焊剂,它们相当于焊条的焊芯和药皮。国产埋弧焊用碳钢焊丝和焊剂已列入国家标准 GB/T 5293—1999。埋弧焊时焊丝和焊剂直接参与焊接过程中的冶金反应,因而它们的化学成分和物理特性都会影响焊接工艺过程,并通过焊接过程对焊缝金属的化学成分、组织和性能产生影响。正确选择焊剂和焊丝并合理地配合使用,是埋弧焊技术的一项重要内容。

1. 焊丝

焊丝在埋弧焊中是作为填充金属的,也是焊缝金属的组成部分,所以对焊缝质量有直接影响。根据焊丝的成分和用途可将其分为碳素结构钢焊丝、合金结构钢焊丝和不锈钢焊丝三大类。随着埋弧焊所焊金属种类的增加,焊丝的品种也在增加,目前生产中已在应用高合金钢焊丝、各种有色金属焊丝和堆焊用的特殊合金焊丝等新品种焊丝。

在选择埋弧焊用焊丝时,最主要的是考虑焊丝中锰和硅的含量。无论是采用单道焊还是多道焊,应考虑焊丝向熔敷金属中过渡的 Mn,Si 对熔敷金属力学性能的影响。埋弧焊焊接低碳钢时,选用的焊丝牌号有 H08A,H08E,H08C,H15Mn 等,其中以 H08A 的应用最为普遍。当焊件厚度较大或对力学性能的要求较高时,则可选用 Mn 含量较高的焊丝,如 H10Mn2。在对合金结构钢或不锈钢等合金元素含量较高的材料焊接时,则应考虑材料的化学成分和其他方面的要求,选用成分相似或性能上可满足材料要求的焊丝。

为适应焊接不同厚度材料的要求,同一牌号的焊丝可加工成不同的直径。埋弧焊常用的焊丝直径有 2 mm,3 mm,4 mm,5 mm 和 6 mm 五种。使用时,要求将焊丝表面的油、锈等清理干净,以免影响焊接质量。有些焊丝表面镀有一薄层铜,可防止焊丝生锈并使导电嘴与焊丝间的导电更为可靠,提高电弧的稳定性。

焊丝一般成卷供应,使用前要盘卷到焊丝盘上,在盘卷及清理过程中,要防止焊丝产生局部小弯曲或在焊丝盘中相互套叠。否则,会影响焊接时正常送进焊丝,破坏焊接过程的稳定,严重时会迫使焊接过程中断。

2. 焊剂

焊剂在埋弧焊中的主要作用是造渣,以隔绝空气对熔池金属的污染,控制焊缝金属的化学成分,保证焊缝金属的力学性能,防止气孔、裂纹和夹渣等缺陷的产生。同时,考虑实施焊接工艺的需要,还要求焊剂具有良好的稳弧性能,形成的熔渣应具有合适的密度、黏度、熔点、颗粒度和透气性,以保证焊缝获得良好的成形,最后熔渣凝固形成的渣壳具有良好的脱渣性能。

埋弧焊的焊剂可按制造方法、用途、化学成分、化学性质以及颗粒结构等分类。我国目前主要是按制造方法和化学成分分类。按制造方法可将焊剂分为熔炼焊剂、烧结焊剂和粘结焊剂三大类。熔炼焊剂是按配方比例将原料干混均匀后入炉熔炼,然后经过水冷粒化、烘干、筛选而成为成品的焊剂;烧结焊剂和粘结焊剂都属于非熔炼焊剂,都是将原料粉按配方比例混拌均匀后,加入黏结剂调制成湿料,再经烘干、粉碎、筛选而成。所不同的是烧结焊剂是在400~1 000℃温度下烘干(烧结)而成的;而粘结焊剂则是在350~400℃的较低温度下烘干而成的。熔炼焊剂成分均匀、颗粒强度高、吸水性小、易储存,是国内生产中应用最多的一类焊剂。其缺点是焊剂中无法加入脱氧剂和铁合金,因为熔炼过程中烧损十分严重所致。非熔炼焊剂由于制造过程中未经高温熔炼,焊剂中加入的脱氧剂和铁合金等几乎没有损失,可以通过焊剂向焊缝过渡大量合金成分,补充焊丝中合金元素的烧损,常用来焊接高合金钢或进行堆焊。另外,烧结焊剂脱渣性能好,所以大厚度焊件窄间隙埋弧焊时均用烧结焊剂。

3. 焊剂和焊丝的选用与配合

焊剂和焊丝的正确选用及二者之间的合理配合,是获得优质焊缝的关键,也是埋弧焊工艺过程的重要环节。所以必须按焊件的成分、性能和要求,正确、合理地选配焊剂和焊丝。

在焊接低碳钢和强度等级较低的合金钢时,选配焊剂和焊丝通常以满足力学性能要求为主,使焊缝强度达到与母材等强度,同时要满足其他力学性能指标要求。在此前提下,即可选用下面两种配合方式中的任何一种:用高锰高硅焊剂配合低碳钢焊丝或含锰焊丝;用无锰高硅或低锰中硅焊剂配合高锰焊丝。焊接低合金高强度钢时,除要使焊缝与母材等强度外,还要特别注意提高焊缝的塑性和韧性,一般选用中锰中硅或低锰中硅焊剂配合相应钢种焊丝。焊接低温钢、耐热钢和耐蚀钢时,选择的焊剂和焊丝首先要保证焊缝具有与母材相同或相近的耐低温或耐热、耐腐蚀性能,为此可选用中硅或低硅型焊剂与相应的合金钢焊丝配合。焊接奥氏体不锈钢等高合金钢时,主要是保证焊缝与母材有相近的化学成分,同时满足力学性能和抗裂性能等方面的要求。由于在焊接过程中,铬、钼等主要合金元素会烧损,应选用合金含量比母材高的焊丝;焊剂要选用碱度高的中硅或低硅焊剂,防止焊缝增硅而使性能下降。如果只有合金成分较低的焊丝,也可以配用专门的烧结焊剂或粘结焊剂焊接,依靠焊剂过渡必要的合金元素,同样可以获得满意的焊缝成分和性能。

2.4.2 埋弧焊的冶金过程

1. 冶金过程的特点

(1)空气不易侵入电弧区

埋弧焊时,电弧在一层较厚的焊剂层下燃烧,部分焊剂在电弧热作用下立即熔化,形成液态熔渣和气泡,包围了整个焊接区和液态熔池,隔绝了周围的空气,产生了良好的保护作用。

(2)冶金反应充分

埋弧焊时,由于热输入大以及焊剂的作用,不仅使熔池体积大,同时由于焊接熔池和凝固的焊缝金属被较厚的熔渣层覆盖,焊接区的冷却速度较慢,使熔池金属凝固速度减缓,所以埋弧焊时金属熔池处于液态的时间要比焊条电弧焊长几倍,这样液态金属与熔化的焊剂、熔渣之间有较多的时间进行相互作用，因而冶金反应充分，气体和杂质易析出，不易产生气孔、夹渣等缺陷。

(3)焊缝金属的合金成分易于控制

埋弧焊接过程中可以通过焊剂或焊丝对焊缝金属进行渗合金，焊接低碳钢时，可利用焊剂中的 SiO_2 和 MnO 的还原反应，对焊缝金属渗硅和渗锰，以保证焊缝金属应有的合金成分和力学性能。焊接合金钢时，通常利用相应的焊丝来保证焊缝金属的合金成分。因而，埋弧焊时焊缝金属的合金成分易于控制。

(4)焊缝金属纯度较高且化学成分稳定、均匀

埋弧焊过程中，高温熔渣具有较强的脱硫、脱磷作用，焊缝金属中的硫、磷含量可控制在很低的范围内；同时，熔渣亦具有去除气体成分的作用，因而大大降低了焊缝金属中氢和氧的含量，提高了焊缝金属的纯度。另外，埋弧焊时，由于焊接过程机械化操作，又有弧长自动调节系统，因此焊接参数(焊接电流、电弧电压及焊接速度)比焊条电弧焊稳定，即每单位时间内所熔化的金属和焊剂的数量较为稳定，因此焊缝金属的化学成分均匀。

2. 低碳钢埋弧焊时的主要冶金反应

埋弧焊的冶金反应，主要是液态金属中某一元素被焊剂中某元素取代的反应。对于低碳钢埋弧焊来说，最主要的冶金反应有硅、锰的还原，碳的氧化(烧损)反应，以及焊缝中氢和硫、磷含量的控制等。

(1)焊缝中硅、锰的还原反应

硅、锰是低碳钢焊缝金属中最重要的合金元素。锰可以降低焊缝中产生热裂纹的危险性，提高焊缝力学性能；硅可镇静焊接熔池，加快其脱氧过程，并保证焊缝金属的致密性。因此，必须有效控制熔池的冶金过程，保证焊缝金属中适当的硅、锰含量。

低碳钢埋弧焊时，主要采用高锰高硅低氟型熔炼焊剂“HJ430”和“HJ431”并配用 H08A 型焊丝。焊剂的主要成分是 MnO 和 SiO_2，它们的渣系为 $MnO - SiO_2$。因此焊接时在熔渣与液态金属间将会发生如下反应：

$$2[Fe] + (SiO_2) = 2(FeO) + [Si]$$

$$[Fe] + (MnO) = (FeO) + [Mn]$$

式中[ ]表示在液态金属中含量，( )表示在溶渣中含量。由于 SiO_2 和 MnO 的浓度较高，因此该反应将向 Si，Mn 还原的方向进行。还原生成的 Si，Mn 元素则过渡到焊缝中去，而生成的 FeO 大部分进入熔渣，只有少量残留在焊缝金属中。埋弧焊时 Si，Mn 的还原程度以及向焊缝过渡的多少取决于焊剂成分、焊丝成分和焊接参数等因素。在上述诸因素的影响下，由实验得知用高锰高硅低氟焊剂焊接低碳钢时，通常加 $w(Mn)$ 的过渡量为 0.1% ~0.4%，而 $w(Si)$ 的过渡量为 0.1% ~0.3%。在实际生产条件下，可以根据焊缝化学成分的要求，调节上述各种因素，以达到控制硅、锰含量的目的。

(2)埋弧焊时碳的氧化烧损

低碳钢埋弧焊时，由于使用的熔炼焊剂中不含碳元素，因而碳只能从焊丝及母材进入焊接溶池。焊丝熔滴中的碳在过渡过程中发生非常剧烈的氧化反应

$$C + O = CO$$

在熔池内也有一部分碳被氧化，其结果将使焊缝中的碳元素烧损而出现脱碳现象。若增加焊丝中碳的含量，则碳的烧损量也增大。由于碳的剧烈氧化，熔池的搅动作用增强，使熔池中的气体容易析出，有利于遏制焊缝中气孔的形成。由于焊缝中碳的含量对焊缝的力学性能有很大的影响，所以碳烧损后必须补充其他强化焊缝金属的元素，才可保证焊缝力学性能的要求，这正是焊缝中硅、锰元素一般都比母材高的原因。

(3)硫、磷杂质的限制

硫、磷在金属中都是有害杂质，焊缝含硫量增加时会造成偏析形成低温共晶，使产生热裂纹的倾向增大；焊缝含磷量增加时会引起金属的冷脆性，降低其冲击韧度。因此必须限制焊接材料中硫、磷的含量并控制其过渡。低碳钢埋弧焊所用的焊丝对硫、磷有严格的限制，一般要求 $w(S,P) \leqslant 0.040\%$。低碳钢埋弧焊常用的熔炼型焊剂可以在制造过程中通过冶炼限制硫、磷含量，使焊剂中的硫、磷含量控制在 $w(S,P) \leqslant 0.1\%$；而用非熔炼型焊剂焊接时焊缝中的硫、磷含量则较难控制。

(4)熔池中的去氢反应

埋弧焊时对氢的敏感性比较大，经研究和实验证实，氢是埋弧焊时产生气孔和冷裂纹的主要原因。而防止气孔和冷裂纹的重要措施就是去除熔池中的氢。去氢的途径主要有两条：一是杜绝氢的来源，这就要求清除焊丝和焊件表面的水分、铁锈、油和其他污物，并按要求烘干焊剂；二是通过冶金手段去除已混入熔池中的氢。后一种途径对于焊接冶金来说非常重要，这可利用由焊剂中加入的氟化物分解出的氟元素和某些氧化物中分解出的氧元素，通过高温冶金反应与氢结合成不熔于熔池的化合物 HF 和 OH 来加以去除。

2.5 埋弧焊工艺

2.5.1 埋弧焊工艺的内容和编制

1. 埋弧焊工艺的主要内容

埋弧焊工艺主要包括焊接工艺方法的选择，焊接工艺装备的选用，焊接坡口的设计，焊接材料的选定，焊接工艺参数的制定，焊件组装工艺编制，操作技术参数及焊接过程控制技术参数的制定，焊缝缺陷的检查方法及修补技术的制定，焊前预处理与焊后热处理技术的制定等内容。

2. 编制焊接工艺的原则和依据

首先要保证接头的质量完全符合焊件技术条件或标准的规定，其次是在保证接头质量的前提下，最大限度地降低生产成本，即以最高的焊接速度、最低的焊材消耗和能量消耗以及最少的焊接工时完成整个焊接过程。

编制焊接工艺的依据是焊件材料的牌号和规格、焊件的形状和结构、焊接位置以及对焊接接头性能的技术要求等。

3. 埋弧焊工艺规程

根据上述基本原始资料，可编制出初步的工艺规程，即结合工厂生产车间现有的焊接设备和工艺装备，选择焊接工艺方法（如单丝焊或多丝焊、加焊剂衬垫或悬空焊、单面焊或双面焊,多层多道焊等)、焊接参数、焊剂与焊丝配合、焊丝直径、焊接坡口设计以及组装工艺等。

表2-3所列为某典型产品埋弧焊工艺规程实例。对于要求保证力学性能的接头,所编制的焊接工艺规程必须经过焊接工艺评定的检验。焊接工艺评定的程序是先由焊接技术部门根据产品的技术条件、施工设计图和有关的工艺试验报告,初步制定该焊接接头的焊接工艺设计书,在该设计书中应当规定所有影响焊接接头力学性能的主要焊接工艺参数以及接头各项检查项目和相应的合格标准。焊接试件由技术熟练的焊工在接近生产实际的条件下焊制。试板经无损探伤合格后,按设计书规定的检验项目,从试板中取出拉伸、弯曲和冲击试样。如果焊接试板所有试样的检验结果全部合格,则证明焊接工艺设计书中规定的焊接工艺参数是合适的。并编写出焊接工艺评定报告。编制焊接工艺设计书的焊接技术部门根据焊接工艺评定报告编写正式的焊接工艺规程,经工厂技术负责人批准后发给施工单位使用。

表2-3 埋弧焊工艺规程实例

产品零部件名称 焊接方法	水箱筒体纵缝 埋弧焊		母材	牌号 规格	Q345(16Mn) 10~16 mm		
接头坡口形式	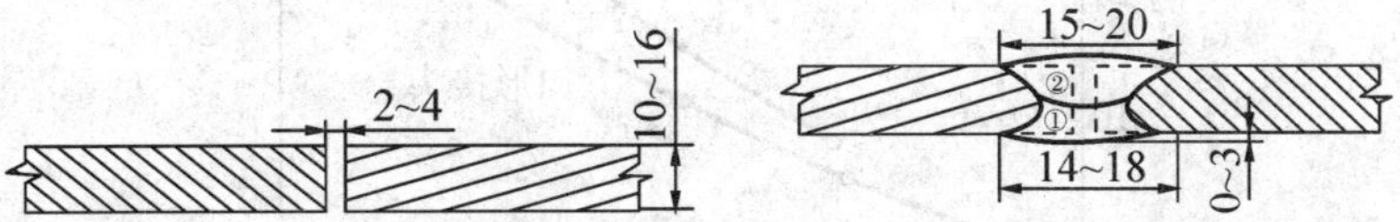						
焊前准备	1. 焊前将接缝两侧边缘氧化皮污垢等清理干净 2. 接缝装配错边不超过板厚的1/10 3. 采用E5015,ϕ4 mm焊条定位焊 4. 焊剂在350~400℃烘干3~4h				焊接材料	焊条牌号 E5015 焊丝牌号 H10Mn2 焊剂牌号 HJ431 保护气体—	规格 ϕ4 mm 规格 ϕ5mm 规格 流量—
预热	预热温度 — 层间温度≤300℃				焊后热处理	后热 ℃/h 消氢 ℃/h 消除应力处理 ℃/h	
焊接工艺参数	板厚/mm	层次	焊接电流/A	电弧电压/V	送丝速度/(m·h^{-1})	焊接速度/(m·h^{-1})	电流种类
	12	1 2	650~700 700~750	36~38 38~40	68.5 68.5	34.5 29~35	交流
	16	1 2	800~850 850~900	38~40 38~40	81~87.5 81~87.5	27.5 25~28	交流交 流
焊接设备型号	MZ-1-1000						
操作技术	1. 双面单道焊 2. 第一层焊后,背面电弧气刨 3. 第一层在焊剂垫上焊接						
焊后检查	1. 外表检查,无焊瘤、咬边 2. X射线照相15%						
编制			校对		审核		

2.5.2 焊接参数对焊缝形状、性能的影响

埋弧焊主要适用于平焊位置焊接,如果采用一定工装辅具也可以实现角焊和横焊位置

的焊接。埋弧焊时影响焊缝形状和性能的因素主要是焊接工艺参数、工艺条件等。这里主要讨论平焊位置的情况。

1. 焊接工艺参数的影响

影响埋弧焊焊缝形状和尺寸的焊接工艺参数有焊接电流、电弧电压、焊接速度和焊丝直径等。

(1)焊接电流

当其他条件不变时,增加焊接电流对焊缝熔深的影响(如图 2-20 所示),无论是 Y 形坡口还是 I 形坡口,正常焊接条件下,熔深与焊接电流变化成正比。焊接电流对焊缝断面形状的影响,如图 2-21 所示。电流小,熔深浅,余高和宽度不足;电流过大,熔深大,余高过大,易产生高温裂纹。

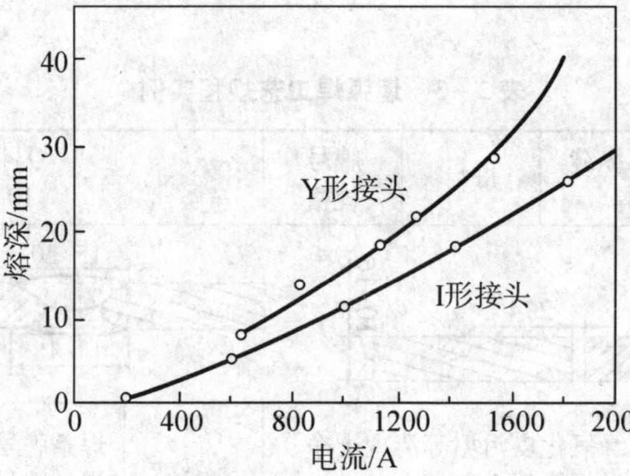

图 2-20 焊接电流与熔深的关系(ϕ4.8mm)

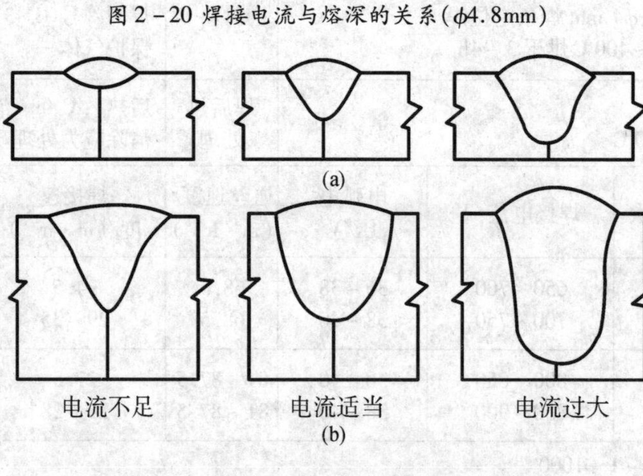

图 2-21 焊接电流对焊缝断面形状的影响

(a) I 形接头;(b) Y 形接头

(2)电弧电压

电弧电压和电弧长度成正比,在相同的电弧电压和焊接电流时,如果选用的焊剂不同,电弧空间电场强度不同,则电弧长度不同。其他条件不变,改变电弧电压对焊缝形状的影响如图 2-22 所示。电弧电压低,熔深大,焊缝宽度窄,易产生热裂纹;电弧电压高时,焊缝宽度增加,余高不够。埋弧焊时,电弧电压是依据焊接电流调整的,即一定焊接电流要保持一定的弧长才可能保证焊接电弧的稳定燃烧,所以电弧电压的变化范围是有限的。

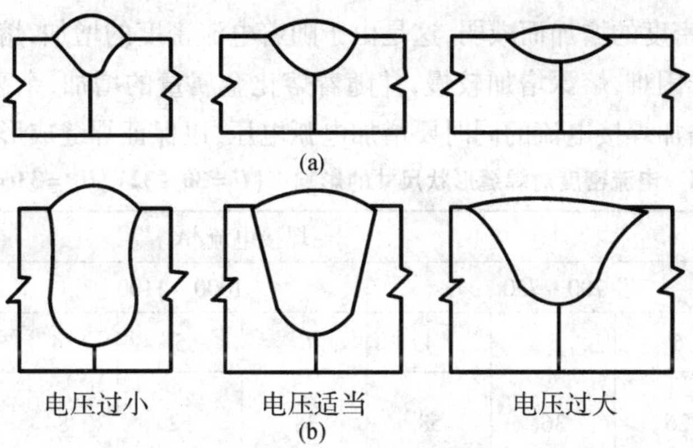

图 2-22　电弧电压对焊缝断面形状的影响
(a) I 形接头；(b) Y 形接头

(3) 焊接速度

焊接速度对熔深和熔宽都有影响，通常焊接速度小，焊接熔池大，焊缝熔深和熔宽均较大，随着焊接速度增加，焊缝熔深和熔宽都将减小，即熔深和熔宽与焊接速度成反比，如图 2-23 所示。焊接速度对焊缝断面形状的影响，如图 2-24 所示。焊接速度过小，熔化金属量多，焊缝成形差；焊接速度较大时，熔化金属量不足，容易产生咬边。实际焊接时，为了提高生产率，在增加焊接速度的同时必须加大电弧功率，才能保证焊缝质量。

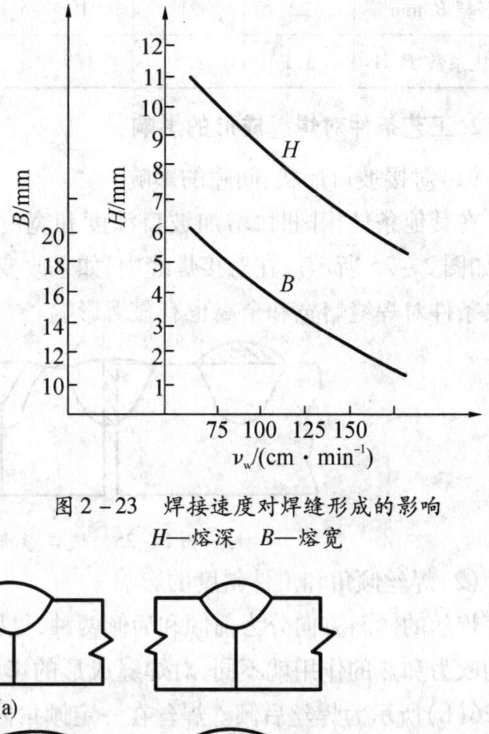

图 2-23　焊接速度对焊缝形成的影响
H—熔深　*B*—熔宽

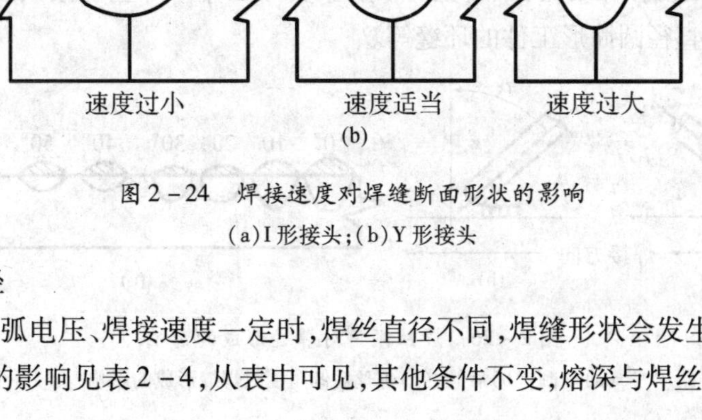

图 2-24　焊接速度对焊缝断面形状的影响
(a) I 形接头；(b) Y 形接头

(4) 焊丝直径

焊接电流、电弧电压、焊接速度一定时，焊丝直径不同，焊缝形状会发生变化。电流密度对焊缝形状尺寸的影响见表 2-4，从表中可见，其他条件不变，熔深与焊丝直径成反比关系，但这种关系随电流密度的增加而减弱，这是由于随着电流密度的增加，熔池熔化金属量不断增加，熔融金属后排困难，熔深增加较慢，并随着熔化金属量的增加，余高增加，焊缝成形变差，所以埋弧焊时增加焊接电流的同时要增加电弧电压，以保证焊缝成形质量。

表 2-4　电流密度对焊缝形状尺寸的影响　（$U=30\sim32$V，$U_w=33$cm/min）

项目	焊接电流/A							
	700～750			1000～1100			1300～1400	
焊丝直径/mm	6	5	4	6	5	4	6	5
平均电流密度/($A\cdot mm^{-2}$)	26	36	58	38	52	84	48	68
熔深 H/mm	7	8.5	11.5	10.5	12	16.5	17.5	19
熔宽 B/mm	22	21	19	26	24	22	27	24
形状系数 B/H	3.1	2.5	1.7	2.5	2	1.3	1.5	1.3

2. 工艺条件对焊缝成形的影响

（1）对接坡口形状、间隙的影响

在其他条件相同时，增加坡口深度和宽度，焊缝熔深增加，熔宽略有减小，余高显著减小，如图 2-25 所示。在对接焊缝中，如果改变间隙大小，也可以调整焊缝形状，同时板厚及散热条件对焊缝熔宽和余高也有显著影响。

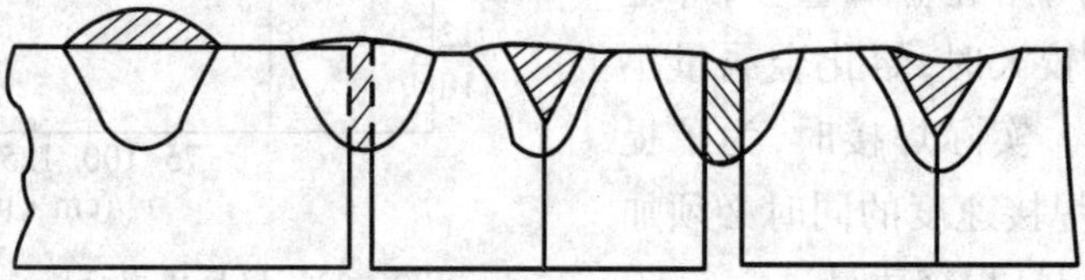

图 2-25　坡口形状对焊缝成形的影响

（2）焊丝倾角和工件斜度的影响

焊丝的倾斜方向分为前倾和后倾两种，见图 2-26。倾斜的方向和大小不同，电弧对熔池的吹力和热的作用就不同，对焊缝成形的影响也不同。图 2-26(a)所示为焊丝前倾，图 2-26(b)所示为焊丝后倾。焊丝在一定倾角内后倾时，电弧力后排熔池金属的作用减弱，熔池底部液体金属增厚，故熔深减小。而电弧对熔池前方的母材预热作用加强，故熔宽增大。图 2-26(c)所示是后倾角对熔深、熔宽的影响。实际工作中焊丝前倾只在某些特殊情况下使用，例如焊接小直径圆筒形工件的环缝等。

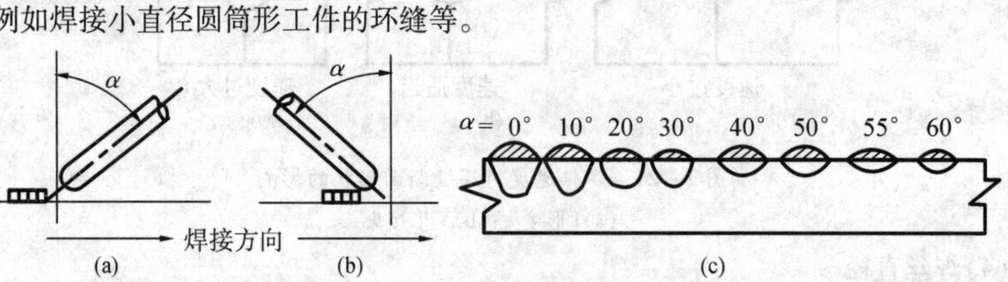

图 2-26　焊丝倾角对焊缝形成的影响

(a)前倾；(b)后倾；(c)焊丝后倾角度对焊缝形成的影响

倾斜焊接时有上坡焊和下坡焊两种情况，它们对焊缝成形的影响明显不同，见图2－27。上坡焊时（图2－27（a）、（b）），若斜度角$\beta>6°$，则焊缝余高过大，两侧出现咬边，成形明显恶化。实际工作中应避免采用上坡焊。下坡焊的效果与上坡焊相反，见图2－27（c）、（d）。

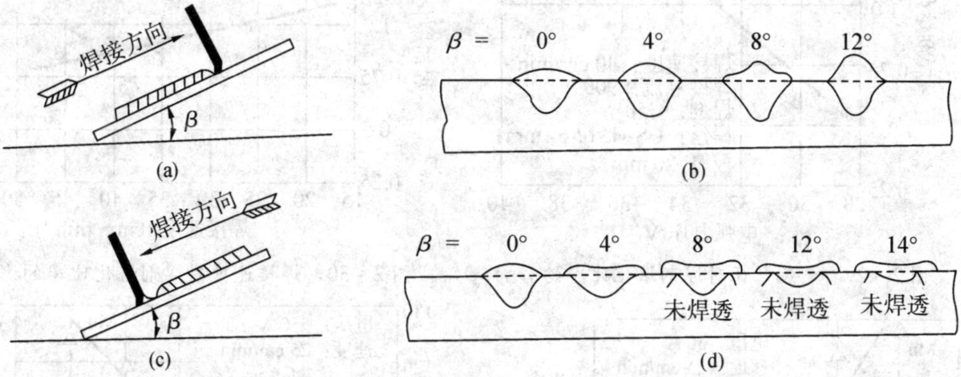

图2－27　工件斜度对焊缝成形的影响

β—工件斜度

（a）上坡斜；（b）上坡斜工件斜度的影响；（c）下坡斜；（d）下坡斜工件斜度的影响

（3）焊剂堆高的影响

埋弧焊焊剂堆高一般在25～40 mm，应保证在丝极周围埋住电弧。当使用粘结焊剂或烧结焊剂时，由于密度小，焊剂堆高比熔炼焊剂高出20%～50%。焊剂堆高越大，焊缝余高越大，熔深越浅。

3. 焊接工艺条件对焊缝金属性能的影响

当焊接条件变化时，母材的稀释率、焊剂熔化比率（焊剂熔化量/焊丝熔化量）均发生变化，从而对焊缝金属性能产生影响，其中焊接电流和电弧电压的影响较大。图2－28～图2－30给出了焊接电流、电弧电压和焊接速度对焊剂熔化比率的影响。由于焊剂熔化比率的变化，焊缝金属的化学成分、力学性能均发生变化，特别是烧结焊剂中合金元素的加入对焊缝金属化学成分的影响最大。图2－31～图2－33给出了各种焊接条件变化时对焊缝金属Mn，Si含量的影响。

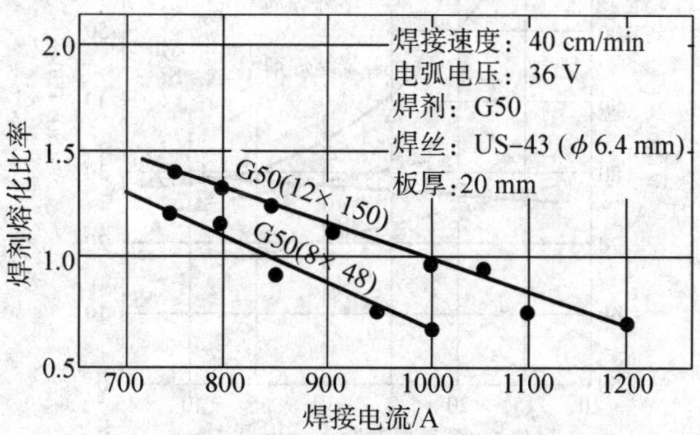

图2－28　焊接电流对焊剂熔化比率的影响

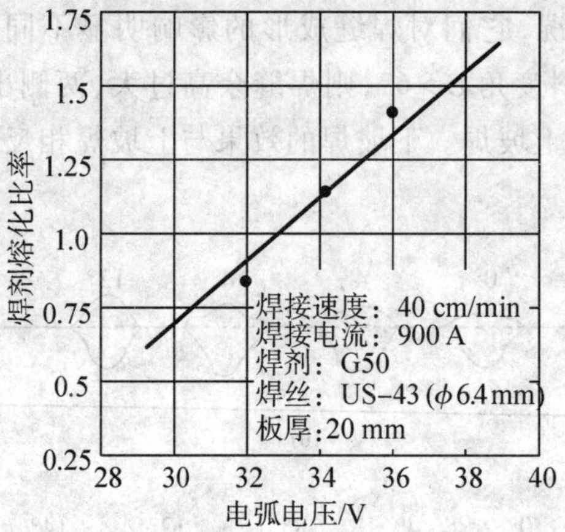

图 2-29　电弧电压对焊剂熔化比率的影响

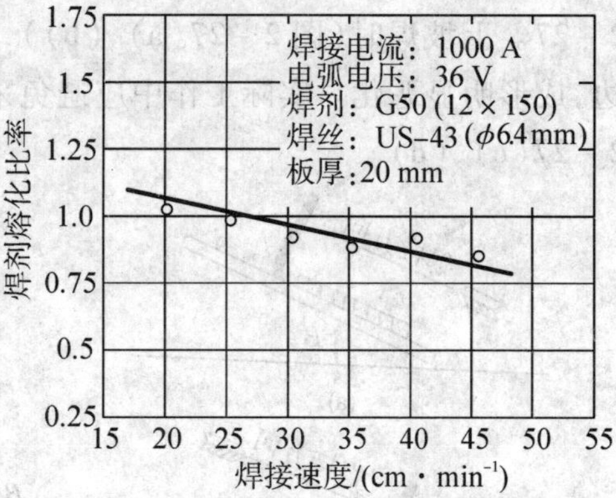

图 2-30　焊接速度对焊剂熔化比率的影响

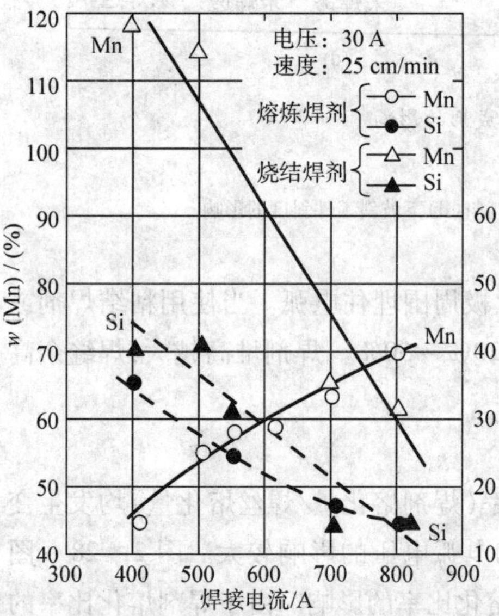

图 2-31　焊接电流对焊缝金属化学成分的影响

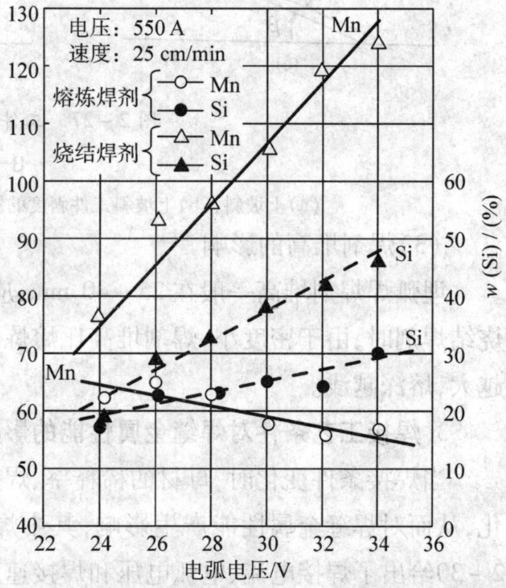

图 2-32　电弧电压对焊缝金属化学成分的影响

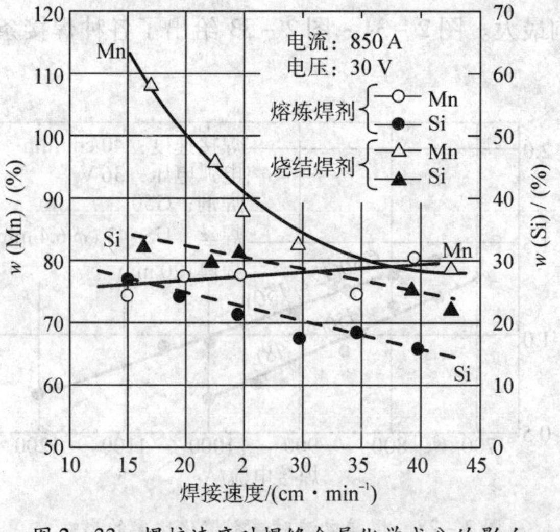

图 2-33　焊接速度对焊缝金属化学成分的影响

2.5.3 埋弧焊技术

1. 埋弧焊的焊前准备

埋弧焊的焊前准备包括焊件的坡口加工、焊件的清理与装配、焊丝表面清理及焊剂烘干、焊机检查与调整等工作。这些准备工作与焊接质量的好坏有着十分密切的关系，所以必须认真完成。

(1)坡口的选择与加工

由于埋弧焊可使用较大电流焊接，电弧具有较强穿透力，所以当焊件厚度不太大时，一般不开坡口也能将焊件焊透。但随着焊件厚度的增加，不能无限地提高焊接电流，为了保证焊件焊透，并使焊缝有良好的成形，应在焊件上开坡口。坡口形式与焊条电弧焊时基本相同，其中尤以 Y 形、X 形、U 形坡口最为常用。当焊件厚度为 10 ~ 24 mm 时，多为 Y 形坡口；厚度为 24 ~ 60 mm 时，可开 X 形坡口；对一些要求高的厚大焊件的重要焊缝，如锅炉锅筒等压力容器，一般多开 U 形坡口。埋弧焊焊缝坡口的基本形式已经标准化，各种坡口适用的厚度、基本尺寸和标注方法见 GB/T 986—1988 的规定。

坡口常用气割或机械加工方法制备。气割一般采用半自动或自动气割机方便地割出直边、Y 形和双 Y 形坡口。手工气割很难保证坡口边缘的平直和光滑，对焊接质量的稳定性有较大影响，尽可能不采用。如果必须采用手工气割加工坡口，一定要把坡口修磨到符合要求后才能装配焊接。用刨削、车削等机械加工方法制备坡口，可以达到比气割坡口更高的精度。目前，U 形坡口通常采用机械加工方法制备。

(2)焊件的清理与装配

焊件装配前，需将坡口及附近区域表面上的锈蚀、油污、氧化物、水分等清理干净。大量生产时可用喷丸处理方法；批量不大时也可用手工清理，即用钢丝刷、风动和电动砂轮或钢丝轮等进行清除；必要时还可用氧乙炔火焰烘烤焊接部位，以烧掉焊件表面的污垢和油漆，并烘干水分。机械加工的坡口容易在坡口表面沾染切削液或其他油脂，焊前也可用挥发性溶剂将污染部位清洗干净。

焊件装配时必须保证接缝间隙均匀，高低平整不错边，特别是在单面焊双面成形的埋弧焊中更应严格控制。装配时，焊件必须用夹具或定位焊缝可靠地固定。定位焊使用的焊条要与焊件材料性能相符，其位置一般应在第一道焊缝的背面，长度一般不大于 30 mm。定位焊缝应平整，且不允许有裂纹、夹渣等缺陷。

对直缝的焊件装配，须在接缝两端加装引弧板和引出板。如果焊件带有焊接试板，应将其与工件装配在一起。焊接试板、引弧板、引出板在焊件上的安装位置如图 2－34 所示。加装引弧板和引出板是因为埋弧焊焊接速度快，刚引弧时焊件来不及达到热平衡，使引弧处质量不易保证。装上引弧板后，电弧在引弧板上引燃后进入焊件，可使焊件上焊缝端头保证质量。同理，焊件（包括试板）焊缝焊完后将整个熔池引到引出板上再结束焊接，可防止收弧处熔池金属流失

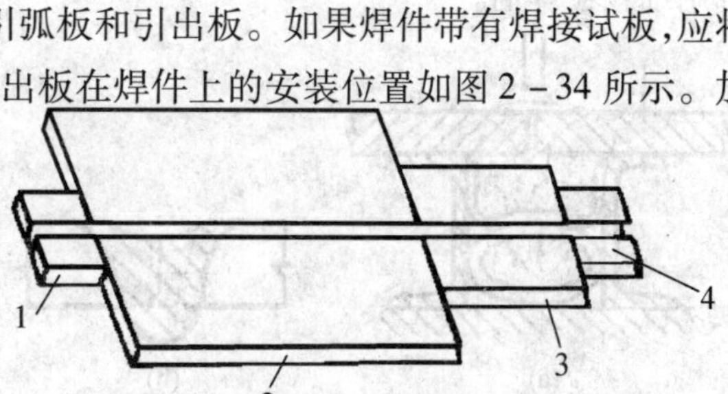

图 2－34　焊接试板、引弧板、引出板在焊件上的安装位置

1—引弧板　2—焊件　3—焊接试板　4—引出板

或留下弧坑，保证焊缝末端质量。引弧板和引出板的材质和坡口尺寸应与所焊焊件相同，焊接结束后将引弧板和引出板割掉即可。焊接环焊缝时，引弧部位被正常焊缝重叠，熄弧在已焊成的焊缝上进行，不需另外加装引弧板和引出板。

(3)焊丝表面清理与焊剂烘干

埋弧焊用的焊丝要严格清理，焊丝表面的油、锈及拔丝用的润滑剂都要清理干净，以免污染焊缝造成气孔。

焊剂在运输及储存过程中容易吸潮，所以使用前应经烘干去除水分。一般焊剂须在250℃温度下烘干，并保温1～2 h。限用直流焊接的焊剂使用前必须经350～400℃烘干，并保温2 h烘干后应立即使用。回收使用的焊剂要过筛清除焊渣等杂质后才能使用。

(4)焊机的检查与调试

焊前应检查接到焊机上的动力线、焊接电缆接头是否松动，接地线是否连接妥当。导电嘴是易损件，一定要检查其磨损情况和是否夹持可靠。焊机要进行调试，检查仪表指示及各部分动作情况，并按要求调好预定的焊接参数。对于弧压反馈式埋弧焊机或在滚轮架上焊接的其他焊机，焊前应实测焊接速度。测量时标出0.5～1.0 min内焊接小车移动或焊件转动过的距离，计算出实际焊接速度。

启动焊机前，应再次检查焊机和辅助装置的各种开关、旋钮等的位置是否正确无误，离合器是否可靠接合。检查无误后，再按焊机的操作顺序进行焊接操作。

2. 对接接头单面焊

对接接头埋弧焊时，工件可以开坡口或不开坡口。开坡口不仅为了保证熔深，而且有时还为了达到其他的工艺目的。如焊接合金钢时，可以控制熔合比；而在焊接低碳钢时，可以控制焊缝余高等。在不开坡口的情况下，埋弧焊可以一次焊透20 mm以下的工件，但要求预留5～6 mm的间隙，否则厚度超过14～16 mm的板料必须开坡口才能用单面焊一次焊透。

对接接头单面焊可采用以下几种方法：在焊剂垫上焊，在焊剂铜垫板上焊，在永久性垫板或锁底接头上焊，以及在临时衬垫上焊和悬空焊等。分述如下：

(1)在焊剂垫上焊接

用这种方法焊接时，焊缝成形的质量主要取决于焊剂垫托力的大小和均匀与否，以及装配间隙的均匀与否。图2－35说明焊剂垫托力与焊缝成形的关系。所用的焊剂垫应尽可能选用细颗粒焊剂。

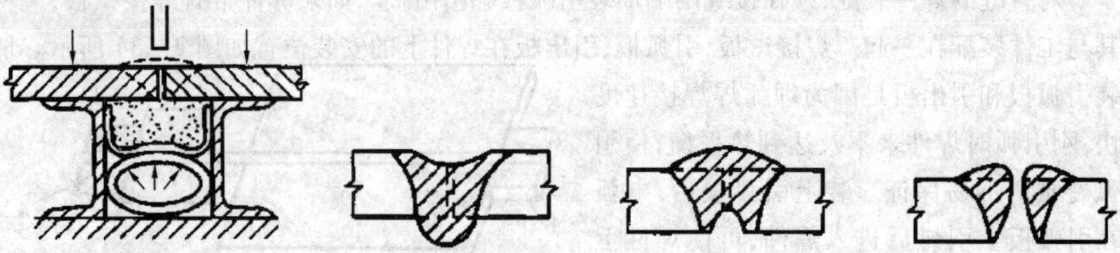

图2－35　在焊剂垫上的对接焊

(a)焊接情况；(b)焊剂托力不足；(c)焊剂托力很大；(d)焊剂托力过大

(2)在焊剂铜垫板上焊接

这种方法采用带沟槽的铜垫板,沟槽中铺撒焊剂,焊接时,这部分焊剂起焊剂垫的作用,同时又保护铜垫板免受电弧直接作用。沟槽起焊缝背面成形作用。这种工艺对工件装配质量、垫板上焊剂托力均匀与否均不敏感。板料可用电磁平台固定,也可用龙门压力架固定。铜垫板的尺寸见图 2-36 和表 2-5。

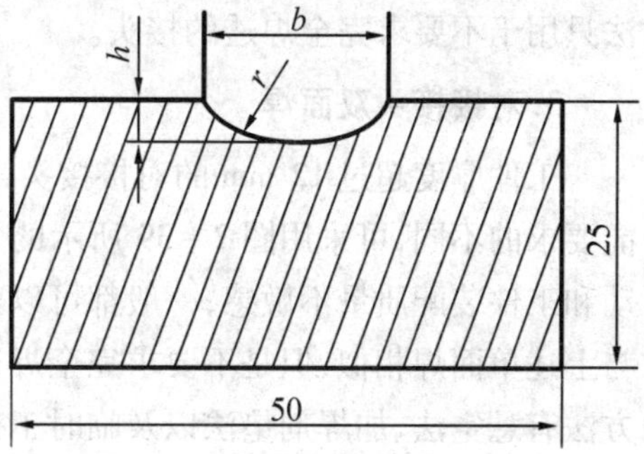

图 2-36 铜垫板尺寸

表 2-5 铜垫板断面尺寸 单位:mm

焊件厚度	槽宽 b	槽深 h	沟槽曲率半径 r
4~6	10	2.5	7.0
6~8	12	3.0	7.5
8~10	14	3.5	9.5
12~14	18	4.0	12

(3)在永久性垫板或锁底接头上焊接

当焊件结构允许焊后保留永久性垫板时,厚 10 mm 以下的工件可采用永久性垫板单面焊方法。垫板必须紧贴在待焊板缘上,垫板与工件板面间的间隙不得超过 0.5~1 mm。厚度大于 10 mm 的工件,可采用锁底接头焊接方法,如图 2-37 所示(详见 GB/T 986—1988)。此法用于小直径厚壁圆筒形工件的环缝焊接,效果很好。

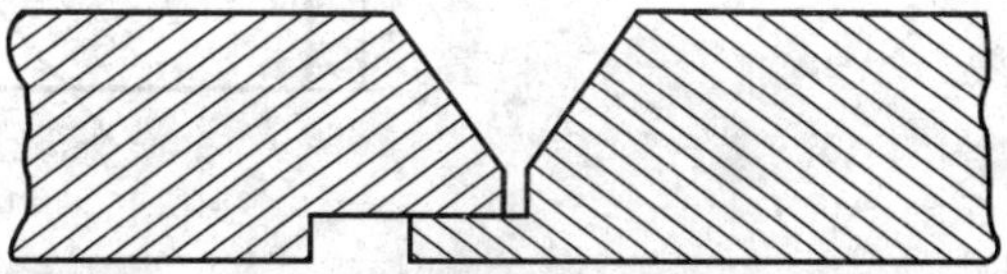

图 2-37 锁底对接接头

(4)在临时性的衬垫上焊接

这种方法采用柔性的热固化焊剂衬垫(见图 2-38)贴合在接缝背面进行焊接。衬垫材料需要专门制造或由焊接材料制造部门供应。另外还有采用陶瓷材料制造的衬垫进行单面焊的方法。

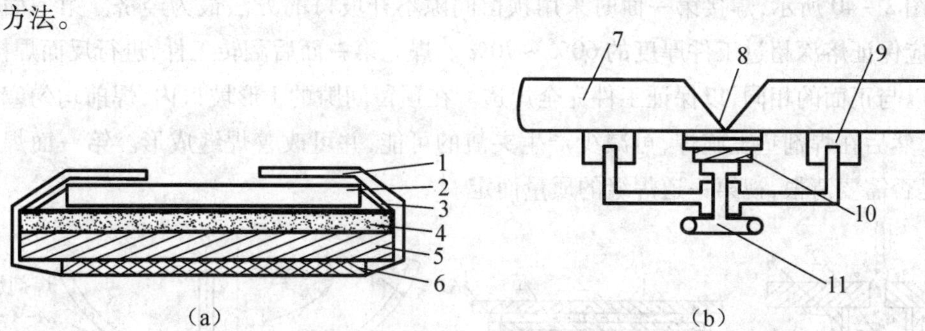

图 2-38 热固化焊剂垫构造和装配示意图

1—双面粘贴带 2—热收缩薄膜 3—玻璃纤维布 4—热固化焊剂 5—石棉布
6—弹性垫 7—焊件 8—焊剂垫 9—磁铁 10—托板 11—调节螺钉
(a)构造;(b)装配示意图

(5)悬空焊

在工件装配质量良好并且没有间隙的情况下,可以采用不加垫板的悬空焊。用这种方法进行平面焊时,工件不能完全熔透。一般的熔深不超过 2/3 板厚,否则容易烧穿。这种方法只用于不要求完全焊透的接头。

3. 对接接头双面焊

工件厚度超过 12 mm 的对接接头,通常采用双面焊。接头形式根据板厚、钢种、接头性能要求的不同,可采用图 2－39 所示的 I 形、Y 形、X 形坡口。这种方法对焊接工艺参数的波动和工件装配质量不敏感,一般都可以获得较好的焊接质量。第一面焊接时,所采用的技术与上述单面焊相似,但是不要求完全焊透,焊缝的熔透由反面焊接保证。焊接第一面的实施方法有悬空法、加焊剂垫法以及临时工艺垫板法。

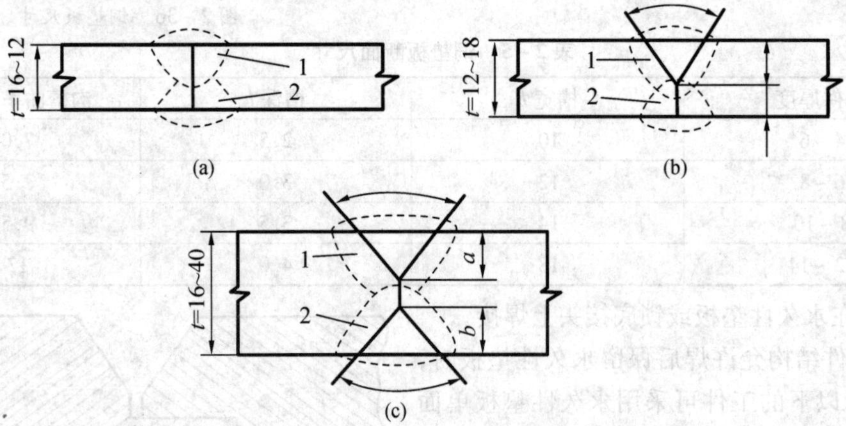

图 2－39　不同板厚的接头形式

(a)形坡口对接焊;(b) Y 形坡口对接焊;(c)X 形坡口对接焊

(1)悬空焊

装配时不留间隙或只留很小的间隙(一般不超过 1 mm)。第一面焊接达到的熔深一般小于工件厚度的一半。反面焊接的熔深要求达到工件厚度的 60% ~70%,以保证工件完全焊透。

(2)在焊剂垫上焊接

如图 2－40 所示,焊接第一面时采用预留间隙不开坡口的方法最为经济。第一面的焊接参数应保证熔深超过工件厚度的 60% ~70%。焊完第一面后翻转工件,进行反面焊接,其参数可以与正面的相同,以保证工件完全焊透。在预留间隙的 I 形坡口内,焊前均匀塞填干净焊剂,然后在焊剂垫上施焊,可减少产生夹渣的可能,并可改善焊缝成形。第一面焊道焊接后,是否需要清根,视第一道焊缝的质量而定。

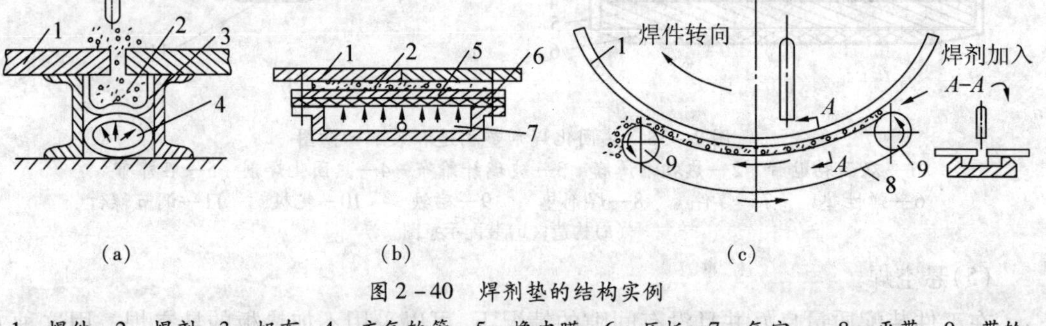

图 2－40　焊剂垫的结构实例

1—焊件　2—焊剂　3—帆布　4—充气软管　5—橡皮膜　6—压板　7—气室　8—平带　9—带轮

(a)软管气压式;(b)皮膜气压式;(c)平带张紧式

(3)在临时衬垫上焊接

采用此法焊接第一面时,一般都要求接头处留有一定间隙,以保证焊剂能填满其中。临时衬垫的作用是托住间隙中的焊剂。平板对接接头的临时衬垫常用厚3~4 mm、宽30~50 mm的薄钢带;也可采用石棉绳或石棉板,如图2-41所示。焊完第一面后,去除临时衬垫及间隙中的焊剂和焊缝底层的渣壳,用同样参数焊接第二面。要求每面熔深均达板厚的60%~70%。

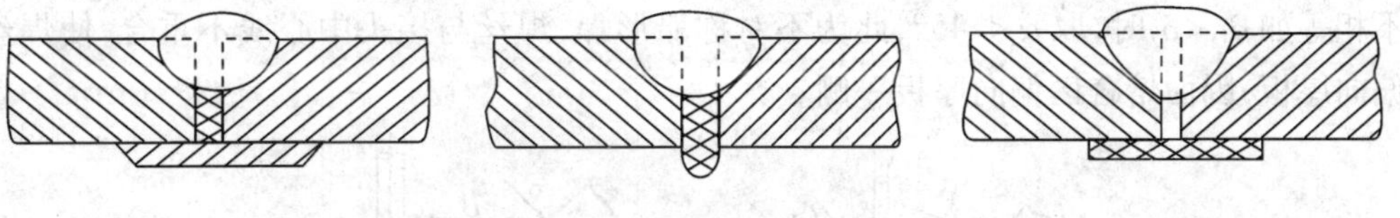

图2-41 在临时衬垫上焊接

(a)薄钢垫;(b)石棉绳垫;(c)石棉板垫

4. 对接接头环缝埋弧焊

环缝埋弧焊是制造圆柱形容器最常用的一种焊接形式,它一般先在专用的焊剂垫上焊接内环缝,如图2-42所示,然后再在滚轮转胎上焊接外环缝。由于筒体内部通风较差,为改善劳动条件,环缝坡口通常不对称布置,将主要焊接工作量放在外环缝,内环缝主要起封底作用。焊接时,通常采用机头不动,让焊件匀速转动的方法进行焊接,焊件转动的切线速度即是焊接速度。环缝埋弧焊的焊接工艺可参照平板双面对接的焊接参数选取,焊接操作技术也与平板对接埋弧焊时的基本相同。

为了防止熔池中液态金属和熔渣从转动的焊件表面流失,无论焊接内环缝还是外环缝。焊丝位置都应逆焊件转动方向偏离中心线一定距离,使焊接熔池接近于水平位置,以获得较好成形。焊丝偏置距离随所焊筒体直径而变,一般为30~80 mm,如图2-43所示。

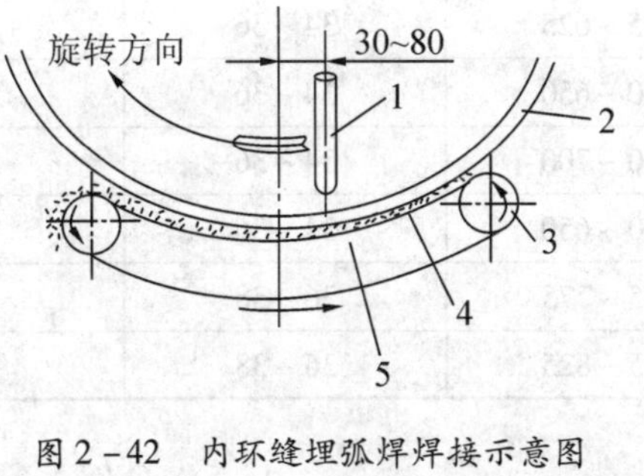

图2-42 内环缝埋弧焊焊接示意图

1—焊丝 2—焊件 3—辊轮 4—焊剂垫

5—传动带

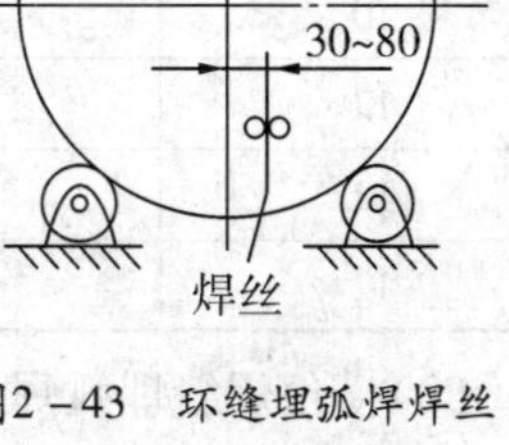

图2-43 环缝埋弧焊焊丝偏移位置示意图

5. T形接头和搭接接头的埋弧焊技术

T形接头和搭接接头的焊缝均是角焊缝,用埋弧焊时可采用船形焊和横角焊两种形式。小焊件及焊件易翻转时多用船形焊,大焊件及不易翻转时则用横角焊。

(1)船形焊缝埋弧焊

船形焊示意图如图 2-44 所示。它是将装配好的焊件旋转一定的角度,相当于在成 90°的 V 形坡口内进行平对接焊。由于焊丝为垂直状态,熔池处于水平位置,因而容易获得理想的焊缝形状。一次成形的焊脚尺寸较大,而且通过调整焊件旋转角度即图 2-35 中的 α 角就可有效地控制角焊缝两边熔合面积的比例。当板厚相等即 $\delta_1=\delta_2$时,可取 $\alpha=\beta_1=\beta_2=45°$,为对称船形焊,此时焊丝与接头中心线重合,熔池对称,焊缝在两板上的焊脚相等;当板厚不相等如 $\delta_1<\delta_2$时,取 $\alpha<45°$,此为不对称船形焊,焊丝与接头中心线不重合,使焊丝端头偏向厚板,因而熔合区偏向厚板一侧。

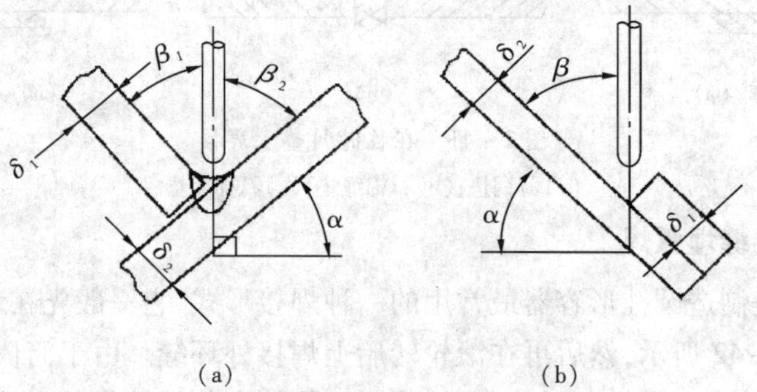

图 2-44 船形焊缝埋弧焊示意图

(a) T 形接头;(b)搭接接头

船形焊对接头的装配质量要求较高,要求接头的装配间隙不得超过 1~1.5 mm。否则,便需采取工艺措施,如预填焊丝、预封底或在接缝背面设置衬垫等,以防止熔化金属从装配间隙中流失。选择焊接参数时应注意电弧电压不能过高,以免产生咬边。此外焊缝的成形系数不大于 2 才有利于焊缝根部焊透,也可避免咬边现象。船形焊的焊接工艺参数见表 2-6。

表 2-6 船形焊的焊接工艺参数(交流电源)

焊脚尺寸/mm	焊丝直径/mm	焊接电流/A	电弧电压/V	焊接速度/($m\cdot h^{-1}$)
6	2	450~475	34~36	40
8	3	550~600	34~36	30
8	4	575~625	34~36	30
10	3	600~650	34~36	23
10	4	650~700	34~36	23
12	3	600~650	34~36	15
12	4	725~775	36~38	20
12	5	775~825	36~38	18

(2)横角焊缝埋弧焊

当采用 T 形接头和搭接接头焊件太大,不便翻转或因其他原因不能进行船形焊时,可采用焊丝倾斜布置的横角焊来完成,其示意如图 2-45 所示。横角焊在生产中应用很广,其优点是对接头装配间隙不敏感,即使间隙达到 2~3 mm,也不必采取防止液态金属流失的措施,因而对接头装配质量要求不严格。横角焊时由于熔池不在水平位置,熔池中的液体金属因自重的关系不利于立板侧的焊缝成形,使焊接时可能达到的焊脚尺寸受到限制,因而单道焊的焊脚尺寸很难超过 8 mm,更大的焊脚需采用多道焊焊接。

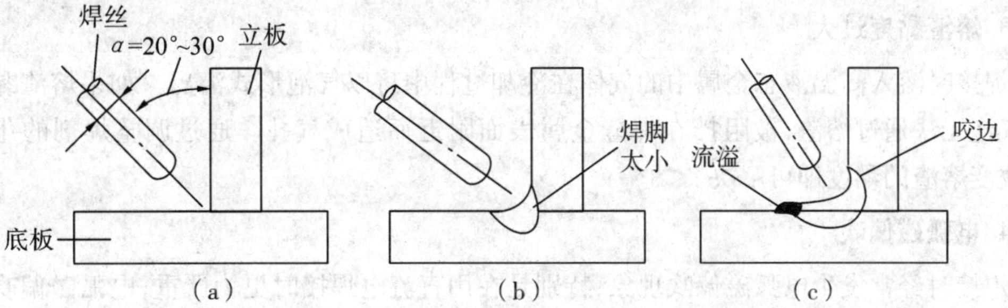

图 2-45 横角焊焊缝埋弧焊示意图

(a)示意图;(b)焊丝与立板间距过大;(c)焊丝与立板间距过小

横角焊时焊丝与焊件的相对位置对焊缝成形影响很大,当焊丝位置不当时,易产生咬边或使立板产生未熔合。为保证焊缝的良好成形,焊丝与立板的夹角 α 应保持在 15°~45°范围内(一般为 20°~30°)。选择焊接参数时应注意电弧电压不宜太高,这样可减少焊剂的熔化量而使熔渣减少,以防止熔渣流溢。使用较细焊丝可减小熔池体积,有利于防止熔池金属的流溢,并能保证电弧燃烧的稳定。横角焊的焊接工艺参数见表 2-7。

表 2-7 横角焊的焊接工艺参数(交流电源)

焊脚尺寸/mm	焊丝直径/mm	焊接电流/A	电弧电压/V	焊接速度/($m \cdot h^{-1}$)
3	2	200~220	25~28	60
4	2	280~300	28~30	55
4	3	350	28~30	55
5	2	375~400	30~32	55
5	3	450	28~30	55
7	2	375~400	30~32	28
7	3	500	30~32	28

2.6 埋弧焊主要缺陷及防止

埋弧焊时可能产生的主要缺陷,除了由于所用焊接参数不当造成的熔透不足、烧穿、成形不良以外,还有气孔、裂纹、夹渣等。这里主要叙述气孔、裂纹、夹渣这几种缺陷的产生原因及其防止措施。

2.6.1 气孔

埋弧焊焊缝产生气孔的主要原因及防止措施如下:

1. 焊剂吸潮或不干净

焊剂中的水分、污物和氧化铁屑等都会使焊缝产生气孔,在回收使用的焊剂中这个问题更为突出。水分可通过烘干消除,烘干温度与时间由焊剂生产厂家规定。防止焊剂吸收水分的最好方法是正确的储存和保管。采用真空式焊剂回收器可以较有效地分离焊剂与尘土,从而减少回收焊剂在使用中产生气孔的可能性。

2. 焊接时焊剂覆盖不充分

由于电弧外露卷入空气而造成气孔。焊接环缝时,特别是小直径的环缝,容易出现这种现象，应采取适当措施，防止焊剂散落。

3. **熔渣黏度过大**

焊接时溶入高温液态金属中的气体在冷却过程中将以气泡形式溢出。如果熔渣黏度过大，气泡无法通过熔渣，被阻挡在焊缝金属表面附近而造成气孔。通过调整焊剂的化学成分，改变熔渣的黏度即可解决。

4. **电弧磁偏吹**

焊接时经常发生电弧磁偏吹现象，特别是在用直流电焊接时更为严重，电弧磁偏吹会在焊缝中造成气孔。磁偏吹的方向受很多因素的影响，例如工件上焊接电缆的连接位置、电缆接线处接触不良、部分焊接电缆环绕接头造成的二次磁场等。在同一条焊缝的不同部位，磁偏吹的方向也不相同。在接近端部的一段焊缝上，磁偏吹更经常发生。因此这段焊缝的气孔也较多。为了减少磁偏吹的影响，应尽可能采用交流电源；工件上焊接电缆的连接位置尽可能远离焊缝终端；避免部分焊接电缆在工件上产生二次磁场等。

5. **工件焊接部位被污染**

焊接坡口及其附近的铁锈、油污或其他污物在焊接时将产生大量气体，促使气孔生成，焊接之前应予清除。

2.6.2 裂纹

通常情况下，埋弧焊接头有可能产生两种类型裂纹，即结晶裂纹和氢致裂纹。前者只限于焊缝金属，后者则可能发生在焊缝金属或热影响区。

1. **结晶裂纹**

钢材焊接时，焊缝中的硫、磷等杂质在结晶过程中形成低熔点共晶。随着结晶过程的进行，它们逐渐被排挤在晶界，形成了“液态薄膜”。焊缝凝固过程中，由于收缩作用，焊缝金属受拉应力，“液态薄膜”不能承受拉应力而形成裂纹。可见产生“液态薄膜”和焊缝的拉应力是形成结晶裂纹的两方面原因。

钢材的化学成分对结晶裂纹的形成有重要影响。硫对形成结晶裂纹影响最大，但其影响程度又与钢中其他元素含量有关，如Mn与S结合成MnS而除硫，从而对S的有害作用起抑制作用。Mn还能改善硫化物的性能、形态及其分布等。因此，为了防止产生结晶裂纹，对焊缝金属中的Mn/S值有一定要求。Mn/S值多大才有利于防止结晶裂纹，还与含碳量有关。图2-46表示C，Mn，S含量与焊缝裂纹倾向的关系。可见含碳量越高，要求Mn/S值也越高。

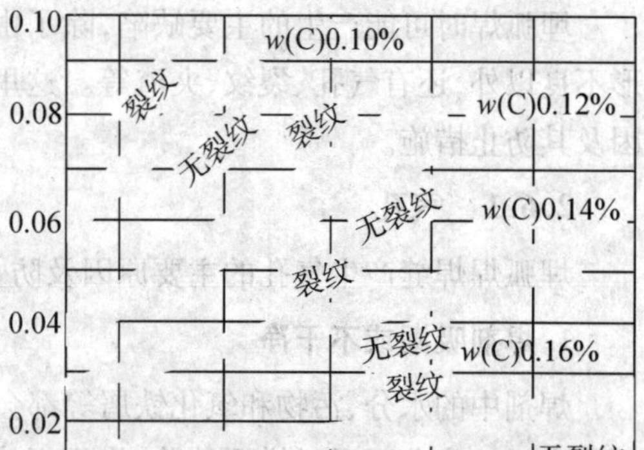

图2-46　Mn，C，S同时存在对结晶裂纹的影响

埋弧焊焊缝的熔合比通常都较大，因而母材金属的杂质含量对结晶裂纹倾向有很大关系。母材杂质较多，或因偏析使局部C，S含最偏高，对Mn/S可能达不到要求。可以通过工

艺措施(如采用直流正接、加粗焊丝以减小电流密度、改变坡口尺寸等)减小熔合比,也可以通过焊接材料调整焊缝金属的成分,如增加含 Mn 量,降含 C,Si 量等。

焊缝形状对于结晶裂纹的形成也有明显影响。窄而深的焊缝会造成对生的结晶面,"液态薄膜"将在焊缝中心形成,有利于结晶裂纹的形成。焊接接头形式不同,不但刚性不同,并且散热条件与结晶特点也不同,对产生结晶裂纹的影响也不同。图 2-47 表示不同形式接头对结晶裂纹的影响,图中(a)、(b)两种接头抗裂性较高,(c)、(d)、(e)、(f)几种接头抗裂性较差。

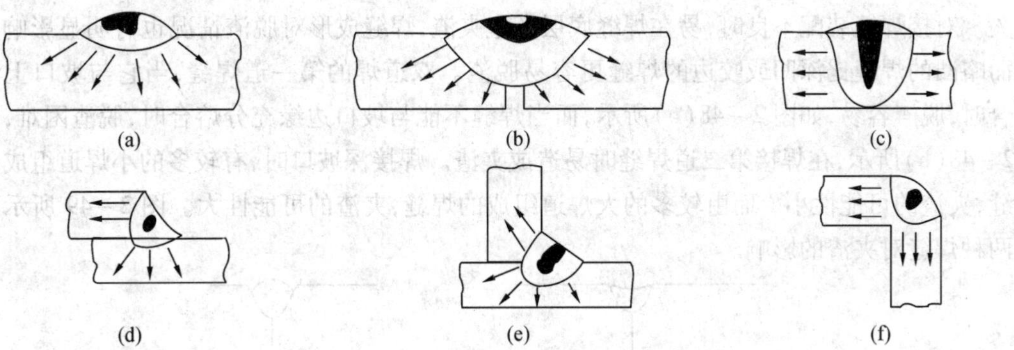

图 2-47 接头形式对结晶裂纹的影响

2. 氢致裂纹

这种裂纹较多发生在低合金钢、中合金钢和高碳钢的焊接热影响区中。它可能在焊后立即出现,也可能在焊后几小时、几天,甚至更长时间才出现。这种焊后若干时间才出现的裂纹称为延迟裂纹。

氢致裂纹是焊接接头含氢量、接头显微组织、接头拘束情况等因素相互作用的结果。在焊接厚度 10 mm 以下的工件一般很少发现这种裂纹。工件较厚时,焊接接头冷却速度较大,对淬硬倾向大的母材金属,易在接头处产生硬脆的组织。另一方面,焊接时溶解于焊缝金属中的氢由于冷却过程中溶解度下降,向热影响区扩散。当热影响区的某些区域氢浓度很高而温度继续下降时,一些氢原子开始结合成氢分子,在金属内部造成很大的局部应力。在接头拘束应力作用下产生裂纹。

焊接某些低合金高强钢时,这种裂纹会出现在焊缝金属中。

针对氢致裂纹产生的原因,可以从以下几方面采取措施,防止其发生。

①减少氢的来源及其在焊缝金属中的溶解,采用低氢焊剂;焊剂保管中注意防潮,使用前严格烘干;对焊丝、工件坡口附近的锈、油污、水分等焊前必须清理干净。通过焊剂的冶金反应把氢结合成不溶于液态金属的化合物,如高 Mn 高 Si 焊剂可以把 H 结合成 HF 和 OH 两种稳定化合物进入熔渣中,减少氢对生成裂纹的影响。

②正确选择焊接参数,可降低钢材的淬硬程度并有利于氢的逸出和改善应力状态,必要时可采用预热。

③采用后热或焊后热处理。焊后后热有利于焊缝中的溶解氢顺利地逸出。有些工件焊后需要进行热处理,一般情况下多采用回火处理。这种热处理的效果一方面可消除焊接残余应力,另一方面使已产生的马氏体高温回火,改善组织。同时接头中的氢可进一步逸出,

有利于消除氢致裂纹,改善热影响区的延性。

④改善接头设计,降低焊接接头的拘束应力。在焊接接头设计上,应尽可能消除引起应力集中的因素,如避免缺口、防止焊缝的分布过分密集等。坡口形状尽量对称为宜,不对称的坡口裂纹敏感性较大。在满足焊缝强度的基本要求下,应尽量减少填充金属的用量。埋弧焊时,焊接热影响区除了可能产生氢致裂纹外,还可能产生淬硬脆化裂纹、层状撕裂等。

2.6.3 夹渣

埋弧焊时,焊缝的夹渣除与焊剂的脱渣性能有关外,还与工件的装配情况和焊接工艺有关。对接焊缝装配不良时,易在焊缝底层产生夹渣,焊缝成形对脱渣情况也有明显影响。平而略凸的焊缝比深凹或咬边的焊缝更容易脱渣。双道焊的第一道焊缝,当它与坡口上缘熔合时,脱渣容易,如图 2-48(a)所示,而当焊缝不能与坡口边缘充分熔合时,脱渣困难,如图 2-48(b)所示,在焊接第二道焊缝时易造成夹渣。焊接深坡口时,有较多的小焊道组成的焊缝,夹渣的可能性小。而由较多的大焊道组成的焊缝,夹渣的可能性大。图 2-49 所示为这两种焊缝对夹渣的影响。

(a)　　　　(b)

图 2-48　焊道与坡口熔合情况对脱渣的影响

(a) 脱渣容易;(b) 脱渣困难

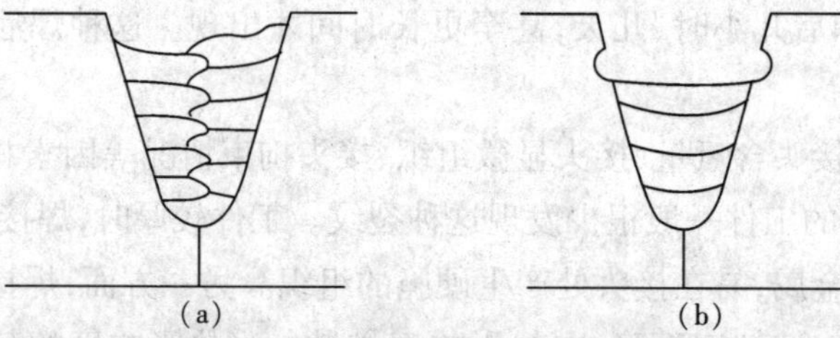

(a)　　　　(b)

图 2-49　多层焊时焊道大小对脱渣的影响

(a)脱渣容易;(b)脱渣困难

2.7　低合金钢的焊接

2.7.1　低合金钢的种类、标准与性能

1. 概述

低合金钢是在碳素钢的基础上添加一定量的合金化元素而成,合金元素的质量分数一般为 1.5% ~5%,用以提高钢的强度并保证其具有一定的塑性和韧性,或使钢具有某些特殊性能,如耐低温、耐高温或耐腐蚀等。低合金钢中常用的合金元素是锰、硅、铬、镍、钼,或一些微合金化元素,如钒、铌、钛、锆等。按 GB/T 13304—1991《钢分类》中规定合金元素含量的界限值,低合金钢中 $w(Si)=0.5\%\sim0.9\%$;$w(Mn)=1.0\%\sim1.4\%$;$w(Ni)=0.3\%\sim0.5\%$;$w(Mo)=0.05\%\sim0.10\%$;$w(Cr)=0.3\%\sim0.5\%$;$w(Cu)=0.10\%\sim0.50\%$;$w(Nb)=0.02\%\sim0.06\%$;$w(Ti)=0.05\%\sim0.13\%$;$w(V)=0.04\%\sim0.12\%$;$w(Zr)=0.05\%\sim0.12\%$。实际上,由于低合金钢在很大程度上是以使用性能作为主要交货验收指标,在保

证所需使用性能且不损害其他可能需要的性能基础上，允许钢厂在生产低合金钢时其化学成分中某种或某几种元素的含量适当超过界线值。低合金钢可以热轧、控轧控冷、正火、调质状态供货。目前世界钢产量中有70%属于工程结构用钢，而工程结构用钢中60%以上均属于低合金钢，可见低合金钢在国民经济各行业中的应用十分广泛。

2. 分类

低合金钢有多种分类方法。按钢材的使用性能可分为高强度钢、低温钢、耐热钢、耐蚀钢、耐磨钢、抗层状撕裂钢等；按用途可分为锅炉用钢、石油天然气输送管线用钢、压力容器用钢、船体用结构钢、桥梁用结构钢等；按照钢材的屈服强度的最低值可以分为345 MPa，390 MPa，440 MPa，540 MPa，590 MPa，690 MPa，980 MPa等不同等级；按钢材使用时的热处理状态可分为热轧、控轧控冷（TMCP）、正火及调质钢等；按照钢的显微组织可分为铁素体－珠光体钢、针状铁索体钢、低碳贝氏体钢、回火马氏体钢等。在所有低合金钢中，低合金高强度钢应用最为广泛，我国钢分类标准GB/T 13304—1991中按照钢材的质量等级将焊接高强度钢分为普通质量级、优质级及特殊质量级。其中普通质量级主要用于一般用途结构钢；优质级主要用于锅炉、压力容器、造船、汽车、桥梁、工程机械及矿山机械等；特殊质量级主要用于核电、石油天然气管线、海洋工程、军用舰船等。这里将重点介绍低合金高强度钢、低合金调质钢、低合金低温用钢、低合金耐候及耐海水腐蚀用钢及低合金镀层钢的焊接。

2.7.2 低合金钢用焊接材料的选用原则

低合金钢焊接材料的选择应根据所焊钢材的化学成分、接头的力学性能要求、结构的拘束程度（板厚、接头形式）、焊后是否需要热处理、焊接结构的服役工况（耐腐蚀、耐高温、耐低温等）、焊接位置和施焊条件、焊接产品的批量大小及焊接设备条件等方面进行综合考虑。对于重要的焊接产品，焊接材料初步选定后，应根据相应产品的工艺规程进行工艺评定，检测焊缝金属的力学性能、抗裂性、耐腐蚀性以及焊条、焊丝和焊剂的焊接工艺性能。经考核所选的焊接材料满足所焊产品的技术要求后，方可用于产品的焊接。所选择的焊接材料以焊缝金属的力学性能及其他特殊性能满足焊接结构的使用要求为前提，其次，焊接材料应具有良好的焊接工艺性能及较高的焊接生产效率。选择低合金钢焊接材料应注意以下几个方面：

① 对于低合金高强度钢，在保证焊接接头强度的前提下，重点考虑焊接材料的抗裂性及焊缝金属的塑韧性。为此应优先选择低氢及超低氢的焊接材料及塑韧性优良的焊接材料。

② 对于两种强度级别不同的结构钢之间的焊接，应按强度级别低的母材选择焊接材料。

③ 选择焊接材料时，应考虑工艺条件的影响。采用同一焊接材料焊同一钢种时，如果坡口形式不同，则焊缝性能各异。如用HJ431焊剂进行Q345（16Mn）钢埋弧焊不开坡口直边对接焊时，由于母材溶入焊缝金属较多，此时采用合金成分较低的H08A焊丝配合HJ431，即可满足焊缝力学性能要求；但如焊接Q345（16Mn）钢厚板开坡口对接接头时，如仍用H08A－HJ431组合，则因母材熔合比小，而使焊缝强度偏低，此时应采用合金成分较高的H08MnA，H10Mn2等焊丝与HJ431组合；角接接头焊接时的冷却速度要大于对接接头，因此

Q345(16Mn)钢角接时,应采用合金成分较低的 H08A 焊丝与 HJ431 焊剂组合,以获得综合力学性能较好的焊缝金属;如采用合金成分偏高的 H08MnA 或 H10Mn2 焊丝,则该角焊缝的塑性偏低;对于焊后经受热卷或热处理的焊件,必须考虑焊缝金属经受高温热处理后对其性能的影响,应保证焊缝热处理后仍具有所要求的强度、塑性和韧性,如厚壁压力容器筒节需用热卷方法成形,热卷温度一般要求达到或高于正火温度,这时筒节纵缝将随着经受正火处理,一般正火处理后的焊缝强度要比焊态时低,因此对于在焊后要经受正火处理的焊缝,应选用合金成分较高的焊接材料。如焊件焊后要进行消除应力热处理,一般焊缝金属的强度将降低,这时也应选用合金成分较高的焊接材料;对于焊后经受冷卷或冷冲压的焊件,则要求焊缝具有较高的塑性。

④ 对于厚板、拘束度大及冷裂倾向大的焊接结构,应选用超低氢焊接材料,以提高抗裂性能,降低预热温度。厚板、大拘束度焊件,第一层打底焊缝最容易产生裂纹,此时可选用强度稍低、塑韧性良好的低氢或超低氢焊接材料。

⑤ 对于重要的焊接产品,如海上采油平台、压力容器及船舶等,为确保产品使用的安全性,焊缝应具有优良的低温冲击韧度和断裂韧性,应选用高韧性焊接材料,如高碱度焊剂、高韧性焊丝、焊条、高纯度的保护气体并采用 Ar + CO_2混合气体保护焊等。

⑥ 为提高生产率,应选用高效铁粉焊条、重力焊条、高熔敷率的药芯焊丝及高速焊剂等,立角焊时可用向下立焊焊条,大口径管接头可用高速焊剂,小口径管接头可用底层焊条。

⑦ 在通风不良的产品中焊接时(如船仓、压力容器等),为改善卫生条件,宜采用低尘低毒焊条。

2.7.3 低合金高强度钢的焊接

1. 低合金离强度钢的种类、用途、标准和性能

低合金高强度钢中含碳量一般控制在 0.20% 以下,为了确保钢的强度和韧性,通过添加适量的 Mn,Ni,Mo 等合金元素及 V,Nb,Ti,Al 等微合金化元素,配合适当的轧制工艺或热处理工艺来保证钢材具有优良的综合力学性能。低合金高强度钢包括一般结构用钢、桥梁钢、压力容器用钢、锅炉用钢、造船和采油平台用钢、工程机械用钢、建筑用钢、油气输送管线用钢、车辆用钢等。由于低合金高强度钢具有良好的焊接性、优良的可成形性及较低的制造成本,因此被广泛用于压力容器、车辆、桥梁、建筑、工程机械、矿山机械、农业机械、纺织机械、海洋结构、船舶、电力、石油化工、军工产品及航空航天等领域,已成为大型焊接结构中最主要的结构材料之一。这里所述低合金高强度钢是在热轧、控轧、正火及正火加回火状态下焊接和使用的、屈服强度为 295 ~690 MPa 的低合金高强度结构钢。

GB/T 1591—1994 对低合金高强度结构钢的化学成分和力学性能要求作了规定。标准中钢的分类是按照钢的力学性能划分的。钢的牌号由代表屈服点的汉语拼音字母 Q、屈服点数值、质量等级符号 3 个部分按顺序排列。本标准中,按照钢的屈服强度,低合金高强度钢分为 5 个强度等级,分别是 295 MPa,345 MPa,390 MPa,420 MPa 及 460 MPa。每个强度等级又根据钢中的 P、S 含量及冲击吸收功不同要求分成 A,B,C,D,E 5 个质量等级。

2. 低合金高强度钢的焊接性

以热轧和正火状态使用的低合金高强度钢,由于其碳含量及合金元素含量均较低,因此其焊接性总体较好，其中热轧钢的焊接性更优，但由于这类钢中含有一定量的合金元素及微合金化元素。焊接过程中如果工艺不当，也存在着焊接热影响区脆化、热应变脆化及产生焊接裂纹（氢致裂纹、热裂纹、再热裂纹、层状撕裂）的危险。只有在掌握其焊接性特点和规律的基础上，才能制订正确的焊接工艺，保证焊接质量。

（1）焊接热影响区脆化

低合金高强度钢焊接时，热影响区中被加热到1100℃以上的粗晶区及加热温度为700～800℃的不完全相变区是焊接接头的两个薄弱区。热轧钢焊接时，如焊接热输入过大，粗晶区将因晶粒严重长大或出现魏氏组织等而降低韧性；如焊接热输入过小，由于粗晶区组织中马氏体比例增大而降低韧性。正火钢焊接时粗晶区组织性能受焊接热输入的影响更为显著，Nb，V微合金化的14MnNb，15MnVN等正火钢焊接时，如果热输入较大，粗晶区的Nb（C，N），V（C，N）析出相将固溶于奥氏体中，从而失去了抑制奥氏体晶粒长大及细化组织的作用，粗晶区将产生粗大的粒状贝氏体、上贝氏体组织而导致粗晶区韧性的显著降低。某些低合金高强度钢焊接热影响区的不完全相变区，在焊接加热时该区域内只有部分富碳组元发生奥氏体转变，在随后的焊接冷却过程中，这部分富碳奥氏体将转变成高碳孪晶马氏体，而且这种高碳马氏体的转变终了温度（Mf）低于室温，相当一部分奥氏体残留在马氏体岛的周围，形成所谓的M－A组元，M－A组元的形成是该区域的组织脆化的主要原因。防止不完全相变区组织脆化的措施是控制焊接冷却速度，避免脆硬的马氏体产生。模拟焊接热影响区过热区连续冷却组织转变图（简称CCT图）比较全面地反映了热影响区粗晶区的组织变化规律，提供了在不同的焊接冷却速度下热影响区粗晶区的组织组成及硬度变化规律。图2－50是14MnNbq钢的焊接连续冷却组织转变图，可以看出，当$t_{8/5} \leqslant 3.5s$时，14MnNbq钢热影响区粗晶区为100%马氏体，硬度为410HV；当$3.5s < t_{8/5} \leqslant 12.5s$时，热影响区粗晶区组织为马氏体加贝氏体混合组织；当$t_{8/5} > 12.5s$以后，热影响区粗晶区组织为100%贝氏体或贝氏体加铁素体加珠光体混合组织，硬度明显降低。焊接连续冷却组织转变图为选择合理的焊接热输入提供了依据。对于一些重要的低合金高强钢焊接结构，应根据钢种及其结构的特点，结合焊接连续冷却组织转变图来选择合适的预热温度和热输入，以确保热影响区韧性和防止焊接氢致裂纹的产生。

（2）热应变脆化

在自由氮含最较高的C－Mn系低合金钢中，焊接接头熔合区及最高加热温度低于Ac_1的亚临界热影响区，常常有热应变脆化现象，它是热和应变同时作用下产生的一种动态应变时效。一般认为，这种脆化是由于氮、碳原子聚集在位错周围，对位错造成钉扎作用所造成的。热应变脆化容易在最高加热温度范围200～400℃的亚临界热影响区产生。如有缺口效应，则热应变脆化更为严重。熔合区常常存在缺口性质的缺陷，当缺陷周围受到连续的焊接热应变作用后，由于存在应变集中和不利组织，热应变脆化倾向就更大，所以热应变脆化也容易发生在熔合区。

（3）氢致裂纹敏感性

焊接氢致裂纹（也称冷裂纹或延迟裂纹）是低合金高强度钢焊接时最容易产生，而且是危害最为严重的工艺缺陷，它常常是焊接结构失效破坏的主要原因。低合金高强度钢焊接时产生的氢致裂纹主要发生在焊接热影响区，有时也出现在焊缝金属。根据钢种的类型、焊接区氢含量及应力水平的不同,氢致裂纹可能在焊后200℃以下立即产生,或在焊后一段时间内产生。大量研究表明,当低合金高强度钢焊接热影响区中产生淬硬的M或M +B混合组织时,对氢致裂纹敏感;而产生B或B + F组织时,对氢致裂纹不敏感。热影响区最高硬度可被用来粗略地评定焊接氢致裂纹敏感性。对一般低合金高强度钢,为防止氢致裂纹的产生,焊接热影响区硬度应控制在350 HV以下。热影响区淬硬倾向可以采用碳当量公式加以评定。对于C－Mn系低合金高强钢,可采用国际焊接学会(IIW)推荐的CE_{IIW}碳当量公式;对于微合金化的低碳低合金高强钢,适合于采用Pcm公式,应用这些公式时应注意其适用范围。

$$CE_{IIW} = w(C) + w(Mn)/6 + w(Cr)/5 + w(Mo)/5 + w(V)/5 + w(Ni)/15 + w(Cu)/15$$

$$Pcm = w(C) + w(Si)/30 + w(Mn)/20 + w(Cu)/20 + w(Ni)/60 + w(Cr)/20 + w(Mo)/15 + w(V)/10 + 5w(B)$$

强度级别较低的热轧钢,由于其合金元素含量少,钢的淬硬倾向比低碳钢稍大。如Q345钢、Q420钢焊接时,快速冷却可能出现淬硬的马氏体组织,冷裂倾向增大。但由于热轧钢的碳当量比较低,通常冷裂倾向不大。在环境温度很低或钢板厚度大时应采取措施防止冷裂纹的产生。

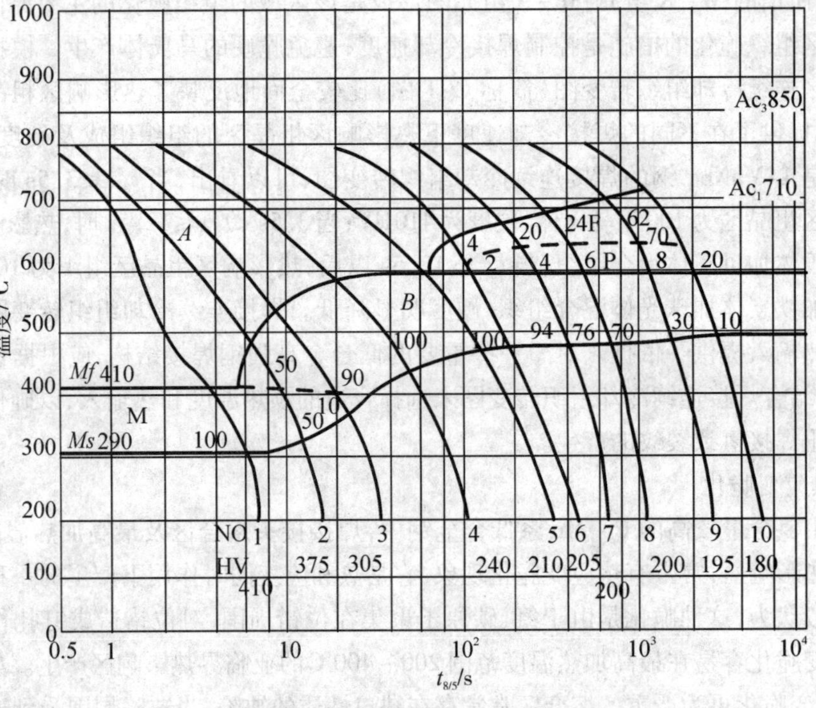

图2－50 14MnNbq钢的焊接连续冷却组织转变图

控轧控冷钢碳含量和碳当量都很低,其冷裂纹敏感性较低。除超厚焊接结构外,490 MPa级的控轧控冷钢焊接,一般不需要预热。

正火钢合金元素含量较高,焊接热影响区的淬硬倾向有所增加。对强度级别及碳当量较低的正火钢,冷裂倾向不大。但随着强度级别及板厚的增加,其淬硬性及冷裂倾向都随之增大,需要采取控制焊接热输入、降低含氢量、预热和及时后热等措施,以防止冷裂纹的产生。

(4)热裂纹敏感性

与碳素钢相比,低合金高强钢的 w(S)较低,且 w(Mn)较高,其热裂纹倾向较小。但有时也会在焊缝中出现热裂纹,如厚壁压力容器焊接生产中,在多层多道埋弧焊焊缝的根部焊道或靠近坡口边缘的高稀释率焊道中易出现焊缝金属热裂纹;电渣焊时,如母材含碳量偏高并含铌时,电渣焊焊缝可能出现八字形分布的热裂纹。另外,焊接热裂纹也常常在低碳的控轧控冷管线钢根部焊缝中出现,这种热裂纹产生的原因与根部焊缝基材的稀释率大及焊接速度较快有关。采用 Mn,Si 含量较高的焊接材料,减小焊接热输入,减少母材在焊缝中的熔合比,增大焊缝成形系数(即焊缝宽度与高度之比),有利于防止焊缝金属的热裂纹。

(5)再热裂纹敏感性

低合金钢焊接接头中的再热裂纹亦称消除应力裂纹,出现在焊后消除应力热处理过程中。再热裂纹属于沿晶断裂,一般都出现在热影响区的粗晶区,有时也在焊缝金属中出现。其产生与杂质元素 P,Sn,Sb,As 在初生奥氏体晶界的偏聚导致的晶界脆化有关,也与 V,Nb 等元素的化合物强化晶内有关,Mn-Mo-Nb 和 Mn-Mo-V 系低合金高强钢对再热裂纹的产生有一定的敏感性,这些钢在焊后热处理时应注意防止再热裂纹的产生。

(6)层状撕裂倾向

大型厚板焊接结构(如海洋工程、核反应堆及船舶等)焊接时,如在钢材厚度方向承受较大的拉伸应力,可能沿钢材轧制方向发生阶梯状的层状撕裂。这种裂纹常出现于要求熔透的角接接头或 T 形接头中。选用抗层状撕裂钢;改善接头形式以减缓钢板 Z 向的应力应变;在满足产品使用要求的前提下,选用强度级别较低的焊接材料或采用低强焊材预堆边;采用预热及降氢等措施都有利于防止层状撕裂。

3. 低合金高强度钢的焊接工艺

(1)焊接方法的选择

低合金高强度钢可采用焊条电弧焊、熔化极气体保护焊、埋弧焊、钨极氩弧焊、气电立焊、电渣焊等所有常用的熔焊及压焊方法焊接。具体选用何种焊接方法取决于所焊产品的结构、板厚、对性能的要求及生产条件等。其中焊条电弧焊、埋弧焊、实心焊丝及药芯焊丝气体保护电弧焊是常用的焊接方法。对于氢致裂纹敏感性较强的低合金高强度钢的焊接,无论采用哪种焊接工艺,都应采取低氢的工艺措施。厚度大于 100 mm 低合金高强度钢结构的环形和长直线焊缝,常常采用单丝或双丝窄间隙埋弧焊。当采用高热输入的焊接工艺方法,如电渣焊、气电立焊及多丝埋弧焊焊接低合金高强度钢时,在使用前应对焊缝金属和热影响区的韧性作认真的评定,以保证焊接接头韧性能够满足使用要求。

(2)焊接材料的选择

低合金高强度钢焊接材料的选择原则已作过介绍。焊接材料的选择首先应保证焊缝金属的强度、塑性、韧性达到产品的技术要求,同时还应该考虑抗裂性及焊接生产效率等。由于低合金高强度钢氢致裂纹敏感性较强,因此选择焊接材料时应优先采用低氢焊条和碱度适中的埋弧焊焊剂。焊条、焊剂使用前应按制造厂或工艺规程规定进行烘干。焊条烘干后应存放在保温筒中随用随取,低氢焊条的存放时间按规定 E50XX 级不超过 4h,E55XX 级不超过 2 h,E60XX 级不超过 lh,E70XX 级不超过 0.5h。气体保护焊用的 CO_2 气体应符合 HG/

T 2537—1993 规定。另外，为了保证焊接接头具有与母材相当的冲击韧度，正火钢与控轧控冷钢，优先选用高韧性焊接材料，配以正确的焊接工艺以保证焊缝金属和热影响区具有优良的冲击性能。

(3)焊接热输入的控制

焊接热输入的变化将改变焊接冷却速度，从而影响焊缝金属及热影响区的组织组成，并最终影响焊接接头的力学性能及抗裂性。屈服强度不超过 500 MPa 的低合金高强度钢焊缝金属，如能获得细小均匀针状铁素体组织，其焊缝金属则具有优良的强韧性，而针状铁素体组织的形成需要控制焊接冷却速度。因此为了确保焊缝金属的韧性，不宜采用过大的焊接热输入。焊接操作上尽量不用横向摆动和挑弧焊接，推荐采用多层窄焊道焊接。

热输入对焊接热影响区的抗裂性及韧性也有显著的影响。低合金高强度钢热影响区组织的脆化或软化都与焊接冷却速度有关。由于低合金高强度钢的强度及板厚范围都较宽，合金体系及合金含量差别较大，焊接时钢材的状态各不相同，很难对焊接热输入作出统一的规定。各种低合金高强度钢焊接时应根据其自身的焊接性特点，结合具体的结构形式及板厚，选择合适的焊接热输入。

与正火或正火加回火钢及控轧控冷钢相比，热轧钢可以适应较大的焊接热输入。含碳量较低的热轧钢[Q295(09Mh2,09MnNb 等)]以及含碳量偏下限的 Q345(16Mn)钢焊接时，焊接热输入没有严格的限制。因为这些钢焊接热影响区的脆化及冷裂倾向较小。但是当焊接含碳量偏上限的 Q345(16Mn)钢时，为降低淬硬倾向，防止冷裂纹的产生，焊接热输入应偏大一些。

含 V,Nb,Ti 微合金化元素的钢种，为降低热影响区粗晶区的脆化，确保焊接热影响区具有优良的低温韧性，应选择较小的焊接热输入。如 14MnNbq 钢焊接热输入应控制在 37kJ/cm 以下，Q420(15 MnVN)钢的焊接热输入宜在 40 ~45 kJ/cm 以下。

碳及合金元素含量较高、屈服强度为 490 MPa 的正火钢，如 18 MnMoNb 等，选择热输入时既要考虑钢种的淬硬倾向，同时也要兼顾热影响区粗晶区的过热倾向。一般为了确保热影响区的韧性，应选择较小的热输入，同时采用低氢焊接方法配合适当的预热或及时的焊后消氢处理来防止焊接冷裂纹的产生。

控冷控轧钢的碳含量和碳当量均较低，对氢致裂纹不敏感，为了防止焊接热影响区的软化，提高热影响区韧性，应采用较小的热输入焊接，使焊接冷却时间控制在 10 s 以内为佳。

(4)预热及焊道间温度

预热可以控制焊接冷却速度，减少或避免热影响区中淬硬马氏体的产生，降低热影响区硬度，同时预热还可以降低焊接应力，并有助于氢从焊接接头的逸出。预热是防止低合金高强度钢焊接氢致裂纹产生的有效措施，但预热常常恶化劳动条件，使生产工艺复杂化，不合理的、过高的预热和道间温度还会损害焊接接头的性能。因此，焊前是否需要预热及合理的预热温度，都需要认真考虑选择或通过试验确定。

预热温度的确定取决于钢材的成分(碳当量)、板厚、焊件结构形状和拘束度、环境温度以及所采用的焊接材料的含氢量等。随著钢材碳当量、板厚、结构拘束度、焊接材料的含氢量的增加和环境温度的降低，焊前预热温度要相应提高。

(5)焊接后热及焊后热处理

①焊接后热及消氢处理。焊接后热是指焊接结束或焊完一条焊缝后，将焊件或焊接区立即加热到150～250℃范围内，并保温一段时间；而消氢处理则是在300～400℃加热温度范围内保温一段时间。两种处理的目的都是加速焊接接头中氢的扩散逸出，消氢处理效果比低温后热更好。焊后及时后热及消氢处理是防止焊接冷裂纹的有效措施之一，特别是对于氢致裂纹敏感性较强的14MnMoV、18MnMoNb等钢厚板焊接接头，采用这一工艺不仅可以降低预热温度，减轻焊工劳动强度。而且还可以采用较低的焊接热输入使焊接接头获得良好的综合力学性能。对于厚度超过100 mm的厚壁压力容器及其他重要的产品构件，焊接过程中应至少进行2～3次中间消氢处理，以防止因厚板多道多层焊氢的积聚而导致的氢致裂纹。

②焊后热处理。热轧、控轧控冷及正火钢一般焊后不进行热处理。电渣焊的焊缝及晶粒粗化的热影响区，焊后必须进行正火处理以细化晶粒。某些焊成的部件(如筒节等)在热校和热整形后也需要正火处理。正火温度应控制在钢材Ac_3点以上30～50℃。过高的正火温度会导致晶粒长大，保温时间按1～2 min/mm计算。厚壁受压部件经正火处理后产生较高的内应力，正火后应作回火处理。

③消除应力处理。厚壁高压容器、要求耐应力腐蚀的容器以及要求尺寸稳定性的焊接结构，焊后需要进行消除应力处理。此外，对于冷裂纹倾向大的高强钢，也要求焊后及时进行消除应力处理。

消除应力热处理是最常用的松弛焊接残余应力的方法，该方法是将焊件均匀加热到Ac_1点以下某一温度，保温一段时间后随炉冷到300～400℃，最后焊件在炉外空冷。合理的消除应力热处理工艺可以起到消除内应力并改善接头的组织与性能的目的。对于某些含钒、铌的低合金钢热影响区和焊缝金属，如焊后热处理的加热温度和保温时间选择不当，会因碳、氮化合物的析出产生消除应力脆化，降低接头韧性。因此应恰当地选择加热制度和加热温度，避免焊件在敏感的温度区长时间加热。另外，消除应力热处理的加热温度不应超过母材原来的回火温度，以免损伤母材性能。

对那些受结构几何形状和尺寸的限制不易入炉的大件，有再热裂纹倾向的低合金高强度钢结构，以及为了节省能源，降低制造成本，可以采用振动或爆炸法降低焊接结构的残余应力。

振动消除应力是通过设计一个包括焊接结构件在内的振动系统，用振源激发，使构件共振，并在共振的条件下处理一段时间，在此过程中，金属组织内部产生微观塑性变形，使应力得到松弛，从而达到降低应力稳定尺寸的目的。

爆炸消除残余应力的机制与静压过载使材料发生流变的机制相似。据报道采用爆炸消除残余应力的水平与整体退火消除应力的结果相近，此外爆炸消除残余应力处理对改善焊接构件的抗疲劳、耐应力腐蚀及抗脆断的能力也有显著的效果。国内在起重机吊臂、大型球罐、水电站压力钢管及石油化工反应塔等一些低合金钢焊接结构上采用爆炸法消除残余应力，效果良好。

2.7.4 调质钢的焊接

1. 调质钢的种类、用途、标准和性能

低合金调质钢属于热处理强化钢，在调质状态下使用。按含碳量、合金体系及合金含量

的不同,低合金调质钢可分为低碳调质钢和中碳调质钢。低碳调质钢中含碳量 $w(C)<0.25\%$(一般不超过0.22%,实际大多控制在0.18%以下),合金系统一般采用 Si－Mn－Cr－Ni－Mo－Cu,同时添加V,Nb,Ti等微合金化元素,一些钢种中还加入了一定量的B以提高钢的淬透性。根据用途的不同,低碳调质钢可采用不同合金成分及不同热处理制度,获得不同的综合性能;中碳调质钢中含碳量 $\omega(C)0.25\% \sim 0.50\%$(一般为0.25%～0.45%),常用的合金体系为Cr－Mn－Si,Cr－Mn－Si－Ni,Cr－Mn－Si－Mo－V,Cr－Mo,Cr－Mo－V,Cr－Ni－Mo等。

低碳调质钢的屈服强度一般在450～980MPa,由于该类钢在具有较高强度的同时还具有良好的塑性、韧性及耐磨性,而且与中碳调质钢相比,低碳调质钢还具有较好的焊接性,因此被广泛应用于一些重要的焊接结构上。在低碳调质钢中,国产的HQ系列、日本WEL－TEN系列、德国StE系列、美国ASTM A514－B、A517等钢种主要应用于工程机械、矿山机械的制造中,如牙轮钻机、推土机、挖掘机、煤矿液压支架、重型汽车及工程起重机等;低裂纹敏感性(CF)钢,WDL系列的07MnCrMoVR,O7MnCrMoVDR,07MnCrMoV－D及07MnCrMoV－E钢具有较好的低温韧性及优良的焊接性,可用于在低温下服役的焊接结构,如高压管线、桥梁、电视塔等钢结构,在大型球罐及海上采油平台的制造中,也有广阔的应用前景;ASTM A533－C,HY－80,HY－100,HY130和12Ni3CrMoV(与HY－80相当)主要用于核压力容器、核动力装置、舰船及航天装备等。低碳调质钢综合性能的获得除了取决于其化学成分外,还要执行正确的热处理制度才能保证有良好的组织与性能。这类钢的热处理制度一般为奥氏体化—淬火—回火。回火温度越低,强度越高,而塑韧性相对较低。

中碳调质钢的碳含量较高,同时含有较多的合金元素以保证钢的淬透性,因此这类钢在调质状态下具有较高的强度和硬度,屈服强度高达880～1176MPa。这里所述中碳调质钢大部分归属GB/T 3077—1999《合金结构钢》,在该标准中按冶金质量分为优质钢、高级优质钢(钢号后加“A”)、特级优质钢(钢号后加“E”)。中碳调质钢的焊接性较差,其使用范围较窄,以40Cr为代表的含Cr中碳调质钢具有较高的淬透性、良好综合力学性能和较高的疲劳强度,主要用于交变载荷下工作的机器零件,如齿轮、轴类等;Cr－Mo系统的中碳调质钢,如35CrMoA,35CrMoVA,40CrMo等,主要用于汽轮机叶片、主轴和发电机转子等;Cr－Mn－Si系中碳调质钢30CrMnSiA,30CrMnSiNi2A,40CrMnSiMoVA在我国使用比较普遍,主要用于高负荷、高速运转的重要零件;以40CrNiMoA,34CrNi3MoA为代表的Cr－Ni－Mo系中碳调质钢强度高、韧性好,主要用于高负荷、大截面的轴类及承受冲击载荷的构件,如汽轮机轴、飞机起落架及火箭发动机壳体等。

2. 调质钢的焊接性

(1)低碳调质钢的焊接性

低碳调质钢的含碳量一般不超过0.21%,与中碳调质钢相比有较好的焊接性,但要成功地焊接这类钢,必须掌握这类钢的焊接性特点,拟定正确的焊接工艺,并且严格实施。这类钢焊接性的主要特点是,在焊接热影响区,特别是焊接热影响区的粗晶区有产生冷裂纹和韧性下降的倾向;在焊接热影响区受热时未完全奥氏体化的区域,以及受热时其最高温度低于 Ac_1,而高于钢调质处理时的回火温度的那个区域有软化或脆化的倾向。低碳调质钢的淬硬倾向较大，但在焊接热影响区的粗晶区形成的是低碳马氏体，而这类钢的 Ms 点较高，在焊接冷却过程中，所形成的马氏体可发生自回火，因而这种钢的冷裂倾向比中碳调质钢小得多。为了可靠地防止冷裂纹的产生，还必须严格控制焊接时的氢源及选择合适的焊接方法及焊接参数。一般低碳调质钢的热裂倾向较小，因钢中的 C、S 含量都比较低，而 Mn 含量及Mn/S 又较高。如果钢中的 C、S 含量较高或 Mn/S 低时，则热裂倾向增大。如 12Ni3CrMoV 钢中的 Mn/S 较低，又含有较多的 Ni，在近缝区易出现液化裂纹。这种裂纹常出现于大热输入焊接时，采用小热输入的焊接参数，控制熔池形状，可以防止这种裂纹的产生。

(2) 中碳调质钢的焊接性

①焊接热影响区的脆化和软化。中碳调质钢由于含碳量高、合金元素含量多，在快速冷却时，从奥氏体转变为马氏体的起始温度 Ms 点较低，焊后热影响区产生的马氏体难以产生自回火效应，硬度很高，造成脆化。如果钢材在调质状态下施焊，而且焊接以后不再进行调质处理，其热影响区被加热到超过调质处理回火温度的区域，将出现强度、硬度低于母材的软化区，该软化区可能成为降低接头强度的薄弱区。

②裂纹。中碳调质钢焊接热影响区极易产生硬脆的马氏体，对氢致冷裂纹的敏感性很大，在一般用于焊接的低合金钢中，具有最大的冷裂纹敏感性。从 40CrNi2Mo 钢模拟焊接热影响区粗晶区的连续冷却组织转变相图可以看出，当 $t_{8/3}$ 小于 140s 时，40CrNi2Mo 钢焊接热影响区粗晶区是 100% 的马氏体，而且马氏体的硬度高达 800 HV。这意味着即使采用高热输入埋弧焊，其焊接热影响区粗晶区组织也是 100% 的高硬度马氏体。因此焊接中碳调质钢时，为了防止氢致冷裂纹的产生，除了尽量采用低氢或超低氢焊接材料和焊接工艺外，通常应采用焊前预热和焊后及时热处理。由于中碳调质钢的碳及合金元素含量高，焊接熔池凝固时，固液相温度区间大，结晶偏析倾向大，因而焊接时具有较大的热裂纹倾向。为了防止产生热裂纹，要求采用低碳，低硫、磷的焊接材料。重要产品用钢材及焊材，应采用真空冶炼及电渣精炼。在焊接工艺上，要注意填满弧坑。

3. 调质钢的焊接工艺

(1) 低碳低合金调质钢焊接工艺

①焊接方法。低碳调质钢最常用的焊接方法有焊条电弧焊、熔化极气体保护焊、埋弧焊及钨极氩弧焊。采用上述各种电弧焊方法，用一般焊接参数，焊接接头的冷却速度较高，使低碳调质钢的焊接热影响区的力学性能接近钢在调质状态下的力学性能，因而不需要进行焊后热处理。如果采用电渣焊工艺，由于焊接热输入大、母材加热时间长、冷却缓慢，必须进行淬火加回火处理。为了避免焊接热影响区韧性的恶化，不推荐大电流、粗丝、多丝埋弧焊工艺。但是窄间隙双丝埋弧焊工艺，由于焊丝细、焊接热输入不高，已成功地应用于低碳调质钢压力容器的焊接。

②焊接材料。一般来说熔敷金属的性能应满足结构设计要求，并应按照对接接头力学性能的要求，对所选用的焊接材料进行评定试验，合格后方可用于结构焊接中。低碳调质钢焊接材料可以选择获得强度系数为 100% 的焊接接头，有时也可采用熔敷金属强度低于母材强度的焊接材料，如焊接纵向受剪切应力的角焊缝。为了防止高拘束条件下焊缝开裂，在焊接棱角焊缝及 T 形角接头时，也常常采用强度低于母材的焊接材料。由于低碳调质钢产生

冷裂纹的倾向较大,因此严格控制焊接材料中的氢是十分重要的,用于低碳调质钢的焊条应是低氢型或超低氢型焊条,焊前必须按照生产厂规定的,或工艺规程中规定的烘干条件进行再烘干,烘干后的焊条应立即存放在低温干燥的焊条保温筒内,随用随取。对于再烘干的焊条在保温筒内存放不得超过4h。对于E60xx型再烘干的焊条在大气中允许存放的时间不应超过1h,而对于E70xx以上级别的焊条在大气中允许存放的时间不应超过0.5h。气体保护焊或埋弧焊焊丝表面污物,保护气体或焊剂中的水分,及焊接部位表面的水分都应严加控制。用于气体保护焊的二氧化碳气体应符合HG/T 2537—1993优等品要求。

③焊接热输入和焊接技术。焊接热输入影响焊接冷却速度,如前所述,每一种低碳调质钢有一最佳$t_{8/5}$或$t_{8/3}$。如能结合焊接结构接头形式、板厚和为防止产生冷裂纹必须采用的预热温度,选择适当的热输入,使焊接接头的冷却速度达到最佳值是较理想的。如果种种条件限制不能保证焊接接头的冷却速度达到最佳值,也一定要避免采用过大的热输入,以避免过度地损伤焊接热影响区的韧性。焊接热输入不仅影响焊接热影响区的性能,也影响焊缝金属的性能。对许多焊缝金属来说。为获得综合的强韧性,需要获得针状铁素体组织,这种组织必须在较快的冷却条件下才能获得。为了避免采用过大的热输入,不推荐采用大直径的焊条或焊丝,尽可能采用多层小焊道焊缝,最好采用窄焊道,而不采用横向摆动的运条技术。这样不仅可以使焊接热影响区和焊缝金属有较好的韧性,而且还可以减少焊接变形。立焊时不可避免地要做局部摆动和向上挑动,但应控制在最低程度。可以采用碳弧气刨清理焊根,但必须严格控制热输入。在碳弧气刨以后,应打磨清理气刨表面后再施焊。

④预热。为了防止冷裂纹的产生,焊接低碳调质钢时,常常需要采用预热,但必须注意防止由于预热而使焊接热影响区的冷却速度过于缓慢,因为在过于缓慢的冷却速度下,焊接热影响区内产生M－A组元和粗大贝氏体。这些组织使焊接热影响区强度下降、韧性变坏。为了避免预热对接头造成有害的影响,必须严格准确地选用预热温度。如有可能,采用低温预热加后热,或不预热只采用后热的方法来防止低碳调质钢产生冷裂纹,以减轻或消除过高的预热温度对其热影响区韧性的损害。

⑤焊后热处理。大多数低碳调质钢焊接构件是在焊态下使用,除非在下述条件下才进行焊后热处理:a.焊后或冷加工后钢的韧性过低;b.焊后需进行高精度加工,要求保证结构尺寸的稳定性;c.焊接结构承受应力腐蚀。某些对钢和焊缝金属强韧化有益的元素,在焊后消除应力热处理时会产生有害的作用。许多沉淀硬化型低碳调质钢在焊后再加热处理中的焊接热影响区会出现再热裂纹。为了使焊后热处理不致使焊接接头受到严重损害,应仔细地研究焊后热处理的温度、时间和冷却速度对接头性能的影响,以及产生再热裂纹的倾向和避免措施。并认真地制定焊后热处理参数。焊后热处理的温度必须低于母材调质处理的回火温度,以防母材的性能受到损害。

⑥接头设计与焊后表面处理。合理的接头设计、良好的坡口加工、装配,和适当的焊接检验,才能保证低碳调质钢的良好性能得以发挥。接头设计时,应考虑焊接操作和焊后检验的方便。不正确的焊缝位置能导致截面突变、未焊透、未熔合、咬边和焊瘤并造成缺口,引起应力集中。这些缺陷对于屈服强度大于550 MPa的高强钢是不允许的。因为这些缺陷将大大损害接头的疲劳强度。对接接头比角接接头易于检验,V形和U形坡口比半V形或J形坡口易于保证焊透。对接接头焊后,应将余高打磨平才能使接头有足够的疲劳强度。角接

接头容易产生应力集中，降低疲劳强度。角焊缝焊趾处的机械打磨、TIG 重熔或锤击强化都可以提高角接接头的疲劳强度。但必须选择适宜的打磨、重熔或锤击工艺。

(2)中碳调质钢焊接工艺

中碳调质钢的滚圆、校圆、冲压等成形工艺应在退火状态下完成。

①焊接方法及热输入的选择。常用的焊接方法有钨极氩或氦弧焊、熔化极气体保护焊、埋弧焊、焊条电弧焊及电阻点焊等。钨极氩或氦弧焊焊缝的氢含量极低，适合于焊接薄小且拘束应力较大的构件。熔化极气体保护焊焊缝的含氢量很低，有利于减小中碳调质钢焊接时产生冷裂纹的可能性。埋弧焊常用于那些焊后进行调质处理的构件，这时应选好焊丝、焊剂的组合，以保证经调质处理的焊缝金属具有满意的强度、塑性及韧性。焊条电弧焊应选用低氢或超低氢焊条。中碳调质钢点焊工艺与中碳钢相同，应采用回火加热脉冲，以软化淬火硬化的焊核。采用脉冲氩弧焊、等离子弧及真空电子束等热量集中的焊接方法有利于缩小中碳调质钢热影响区的宽度，减小焊接应力，获得组织较细的热影响区组织，从而提高其抗裂性及焊接接头的力学性能。如果采用真空电子束焊，有时可以不预热或低温预热。

中碳调质钢宜采用较低的热输入焊接，大热输入将产生宽的、组织粗大的热影响区，增大脆化的倾向；大热输入也增大焊缝及热影响区产生热裂纹的可能性；对在调质状态下的焊接，且焊后不再进行调质处理的构件，大热输入增大热影响区软化的程度。应尽可能采用机械化、自动化焊接，从而减少起弧及停弧次数，减少焊接缺陷和改善焊缝成形。

中碳调质钢的焊接坡口应采用机械加工方法加工，以保证装配精度，并避免由热切割引起坡口处产生淬火组织。

②焊接材料的选择。为提高抗裂性，焊条电弧焊时应选用低氢或超低氢焊条；埋弧焊时，选用中性或中等碱度的焊剂，以保焊缝有足够的韧性和优良的抗裂性。焊条、焊剂使用前应严格烘干，使用过程中应采取措施防止焊接材料再吸潮。为保证焊缝金属有足够的强度、良好的塑韧性及抗裂性，应选用低碳和含适量合金的焊条、焊丝，应尽量降低焊接材料中 S,P 等杂质的含量。对于焊后进行调质处理的构件，应选用合金成分与母材相近的焊接材料。对于焊后只进行消除应力热处理的构件，应考虑焊缝金属消除应力热处理后的强韧性与母材相匹配。对于焊后不进行热处理，并要求在动载及冲击载荷下具有良好性能，而不要求焊缝金属与母材等强度的构件时，可选用镍基合金或镍铬奥氏体钢焊接材料。中碳调质钢用的焊接材料尚未标准化。

③预热。为防止氢致冷裂纹的产生，除了拘束度小、结构简单的薄壁壳体等焊件不用预热外，中碳调质钢焊接时一般均需要预热。焊接时，需采用的最低预热及道间温度取决于被焊钢材的碳及合金的含量、焊后的热处理条件、构件截面厚度及拘束度和焊接时可能有的氢含量。如钨极氩弧焊或熔化极气体保护焊可采用比焊条电弧焊较低的预热和道间温度。理想的预热及道间温度应比冷却时马氏体开始转变的温度(Ms)高 20℃，焊后在此温度下保持一段时间，以保证焊缝及热影响区全部转变为贝氏体，而且也使接头的氢能较充分地扩散逸出，可有效地防止氢致冷裂纹。但是，中碳调质钢冷却时，马氏体开始转变的温度(Ms)一般在 300℃以上。如此高的预热温度不但使焊接工人操作困难，也会在金属表面产生氧化膜，导致焊接缺陷。如果预热及道间温度比冷却时马氏体开始转变的温度(Ms)低，焊接时焊缝及热影响区部分奥氏体立即转变为硬脆的马氏体，还有部分奥氏体没有转变。若焊后焊件

立即冷却至室温，尚未转变的奥氏体也转变为硬脆的马氏体，这种情况下极易产生冷裂纹。因此预热及道间温度比冷却时马氏体开始转变的温度（Ms）低时，焊接以后焊件冷至室温以前必须及时采用适当的热处理措施。

④焊后热处理。预热及道间温度比冷却时马氏体开始转变的温度（Ms）低时，如果焊接以后焊件不能立即进行消除应力热处理，为防止氢致冷裂纹的产生，应采用后热措施，即将焊件立即加热至高于 Ms 点 10 ~ 40℃并在此温度下保温约 1h，使尚未转变的那部分奥氏体转变为韧性较好的贝氏体，然后再冷至室温。如果焊接以后焊件可以立即进行消除应力热处理时，应将焊件立即冷却至马氏体转变终了的温度 Mf 点以下，并停留一段时间，使尚未转变的那部分奥氏体亦完成马氏体转变，然后焊件应立即进行消除应力热处理，这样焊件在随后的消除应力热处理过程中，接头中的马氏体被回火和软化。经过消除应力热处理的焊件，再冷至室温不会有产生氢致冷裂纹的危险。对于焊接以后进行调质处理的焊件，进行处理前应仔细检查接头是否有缺陷，若需补焊，则补焊工艺要求与焊接工艺一样。采用的淬火工艺应保证接头各部分都能得到马氏体，然后进行回火处理。

⑤防止氢致冷裂纹的其他措施。由于中碳调质钢焊接热影响区的高碳马氏体的氢脆敏感性大，少量的氢足以导致焊接接头产生氢致冷裂纹。为了降低焊接接头中的氢含量，除了采用预热及焊后及时热处理，采用低氢或超低氢焊接材料和焊接方法外，还应注意焊接前仔细清理焊件坡口周围及焊丝表面的油锈等，严格执行焊条、焊剂的烘干及保存制度，避免在穿堂风、低温及高温度环境下施焊，否则应采取挡风和进一步提高预热温度等措施，不允许焊接接头有未焊透、咬边等缺陷，焊缝与母材的过渡应圆滑。上述缺陷都可能成为裂纹源，为了改善焊缝成形，除了尽量采用机械化自动化焊接方法和注意操作外，可以采用钨极氩弧焊对焊趾处进行重熔处理。

请沿此线剪下

任务实施

资讯单

学习领域	焊接工艺的实施与控制		
学习情境2	埋弧焊工艺实施与控制	学时	10
资讯方式	学生分组查询资料,找出问题的答案		
资讯问题	1. 埋弧焊有哪些特点？应用范围？ 2. 埋弧焊自动调节的必要性？目标和方法？ 3. 电弧自身调节系统如何工作？对弧长波动和网压波动调节效果如何？ 4. 电弧电压反馈自动调节系统如何工作？对弧长波动和网压波动调节效果如何？ 5. 埋弧焊对电源有什么样的要求？ 6. 常用的埋弧焊所用的工具有哪些？各有什么作用？ 7. 埋焊常用的接头形式有哪些？坡口形式有哪些？ 8. 埋弧焊有哪些工艺参数？如何选择？ 9. 埋焊的基本操作有哪些？ 10. 低合金钢的焊接性如何？有哪些工艺要点？		
资讯引导	以上资讯问题请查阅以下书籍： [1]中国机械工程学会焊接学会. 焊接手册. 3 版. 北京:机械工业出版社,2008. [2]胡云岩,等. 实用焊工速查手册. 石家庄:河北科学技术出版社,2002. [3]邹增大. 焊接材料、工艺及设备手册. 北京:化学工业出版社,2001. [4]王洪光. 实用焊接工艺手册. 北京:化学工业出版社,2010. [5]陈祝年. 焊接工程师手册. 北京:机械工业出版社,2010.		

请沿此线剪下

请沿此线剪下

决策单

<table>
<tr><td>学习领域</td><td colspan="7">焊接工艺的实施与控制</td></tr>
<tr><td>学习情境2</td><td colspan="4">埋弧焊工艺实施与控制</td><td>学 时</td><td colspan="2">1</td></tr>
<tr><td colspan="8">方案讨论</td></tr>
<tr><td rowspan="11">方案对比</td><td>组号</td><td>工作流程的正确性</td><td>知识运用的科学性</td><td>内容的完整性</td><td>方案的可行性</td><td>人员安排的合理性</td><td>综合评价</td></tr>
<tr><td>1</td><td></td><td></td><td></td><td></td><td></td><td></td></tr>
<tr><td>2</td><td></td><td></td><td></td><td></td><td></td><td></td></tr>
<tr><td>3</td><td></td><td></td><td></td><td></td><td></td><td></td></tr>
<tr><td>4</td><td></td><td></td><td></td><td></td><td></td><td></td></tr>
<tr><td>5</td><td></td><td></td><td></td><td></td><td></td><td></td></tr>
<tr><td>6</td><td></td><td></td><td></td><td></td><td></td><td></td></tr>
<tr><td>7</td><td></td><td></td><td></td><td></td><td></td><td></td></tr>
<tr><td>8</td><td></td><td></td><td></td><td></td><td></td><td></td></tr>
<tr><td>9</td><td></td><td></td><td></td><td></td><td></td><td></td></tr>
<tr><td>10</td><td></td><td></td><td></td><td></td><td></td><td></td></tr>
<tr><td>方案评价</td><td colspan="7"></td></tr>
<tr><td>班级</td><td></td><td>组长签字</td><td></td><td>教师签字</td><td></td><td colspan="2">月 日</td></tr>
</table>

请沿此线剪下
请沿此线剪下
请沿此线剪下

计划单

<table>
<tr><td>学习领域</td><td colspan="5">焊接工艺的实施与控制</td></tr>
<tr><td>学习情境 2</td><td colspan="3">埋弧焊工艺实施与控制</td><td>学 时</td><td>1</td></tr>
<tr><td>计划方式</td><td colspan="5">分组讨论,制定各组的实施操作计划</td></tr>
<tr><td>序 号</td><td colspan="4">实施步骤</td><td>使用资源</td></tr>
<tr><td>1</td><td colspan="4"></td><td></td></tr>
<tr><td>2</td><td colspan="4"></td><td></td></tr>
<tr><td>3</td><td colspan="4"></td><td></td></tr>
<tr><td>4</td><td colspan="4"></td><td></td></tr>
<tr><td>5</td><td colspan="4"></td><td></td></tr>
<tr><td>制定计划说明</td><td colspan="5"></td></tr>
<tr><td rowspan="3">计划评价</td><td>班 级</td><td></td><td>第 组</td><td>组长签字</td><td></td></tr>
<tr><td>教师签字</td><td colspan="2"></td><td>日 期</td><td></td></tr>
<tr><td colspan="5">评语：</td></tr>
</table>

请沿此线剪下 请沿此线剪下 请沿此线剪下

材料清单

学习领域	焊接工艺的实施与控制				
学习情境 2	埋弧焊工艺实施与控制				
序号	名　称	作　用	数量	使用前	使用后
1	MZ－1000 埋弧焊机		1 台		
2	H08Mn2SiA 焊丝 Φ3.0mm	填充金属	1 盘		
3	焊剂		1 袋		
4	焊件 Q235 钢板		2 件	1000×125 ×10	
5	角向打磨机	加工坡口和 清理焊缝	1 台		
6	钢丝刷	清理焊缝	1 个		
7	钢板尺	测量尺寸	1 把		
8	敲渣锤		1 把		
9	焊缝万能量规		1 把		
10	防护面罩		4 个		
11	手套		1 付		
班级		组长签字			

请沿此线剪下

请沿此线剪下

请沿此线剪下

实施单

学习领域	焊接工艺的实施与控制		
学习情境2	埋弧焊工艺实施与控制	学时	10
序号	分组实施,按实际的实施情况填写此单		
序号	实施步骤	使用资源	
1			
2			
3			
4			
5			
6			
7			
8			
9			
10			
11			
12			
实施说明:			
班　级		组长签字	
教师签字		日　期	

检查单

学习领域	焊接工艺的实施与控制			
学习情境2	埋弧焊工艺实施与控制		学时	1
序号	检查项目	检查标准	学生自检	教师检查
1	目标认知	工作目标明确,工作计划具体结合实际,具有可操作性		
2	理论知识	工具的使用方法和技巧等基本知识的全面掌握		
3	基本技能	能够运用知识进行完整的方案设计,并顺利完成任务		
4	学习能力	能在教师的指导下自主学习,全面掌握相关知识和技能		
5	工作态度	在完成任务的过程中的参与程度,积极主动地完成任务		
6	团队合作	积极与他人合作,共同完成工作任务		
7	工具运用	熟练利用资料单进行自学,利用网络进行二手资料的查询		
8	任务完成	保质保量,圆满完成工作任务		
9	演示情况	能够按要求进行演示,效果好		
检查评价	班　　级		组长签字	
	教师签字		日　　期	
	评语:			

请沿此线剪下
请沿此线剪下
请沿此线剪下

评价单

学习领域	焊接工艺的实施与控制				
学习情境2	埋弧焊工艺实施与控制			学时	1
评价类别	项目	子项目	个人评价	组内互评	教师评价
专业能力（60%）	资讯（10%）	搜集信息（5%）			
		引导问题回答（5%）			
	计划（5%）	计划可执行度（5%）			
		材料工具安排（2%）			
	实施（20%）	安装、调试操作规范（7%）			
		功能实现（7%）			
		安全操作（3%）			
		创意和拓展性（2%）			
	检查（10%）	全面性、准确性（5%）			
		故障分析及解决（5%）			
	过程（5%）	操作过程规范性（3%）			
		工具和仪表使用管理（2%）			
	结果（5%）	结果质量（5%）			
	作业（5%）	作业质量（5%）			
社会能力（20%）	团结协作（10%）	小组成员合作良好（5%）			
		对小组的贡献（5%）			
	敬业精神（10%）	学习纪律性（5%）			
		爱岗敬业、吃苦耐劳精神（5%）			
方法能力（20%）	计划能力（10%）				
	决策能力（10%）				
检查评价	班　　级		姓　　名		日　　期
	教师签字		组长签字		
	学　　号		总　　评		
	评语：				

知识拓展

1. 附加填充金属的埋弧焊

在满足焊接接头力学性能的前提下，提高熔敷速度就可以提高生产率。在常规埋弧焊方法中，如果要提高熔敷速度，就要加大焊接电流，亦即加大电弧功率。其结果是焊接熔池变大，母材熔化量随之增加，导致焊缝化学成分发生变化，同时热影响区扩大并使接头性能恶化。

采用附加填充金属的埋弧焊，是一种既能提高熔敷速度，又不使接头性能变差的一种有效方法，这种方法使用的焊接设备和焊接工艺与普通埋弧焊基本相同。其基本做法是在坡口中预先加入一定数量的填充金属再进行埋弧焊，所加的填充金属可以是金属粉末，也可以是金属颗粒或切断的短焊丝。在常规埋弧焊中，只有10% ~20%电弧能量用于填充焊丝的熔化，其余的能量消耗于熔化焊剂和母材以及使焊接熔池过热。因此，可以将过剩的能量用于熔化附加的填充金属，以提高焊接生产率。单丝埋弧焊时熔敷速度可提高60% ~100%；深坡口焊接时，可减少焊接层数，减小热影响区，降低焊剂消耗。附加填充金属的埋弧焊接法，由于熔敷率高，稀释率低，很适宜于表面堆焊和厚壁坡口焊缝的填充层焊接。

附加填充金属的方法不仅可以提高生产率，还可以用来获得特定成分的焊缝金属。例如，在坡口中附加高铬和镍的金属粉末，配用低碳钢焊丝进行埋弧焊，可以得到不锈钢的熔敷金属。图2－51是附加填充金属埋弧焊的示意图。这种方法适合于平焊、角焊，一般在水平位置焊接。此法可以是单面焊，也可以是双面焊。双面焊时，可以不开坡口而预留一定间隙（即采用I形坡口），也可以加工成一定的坡口形式。

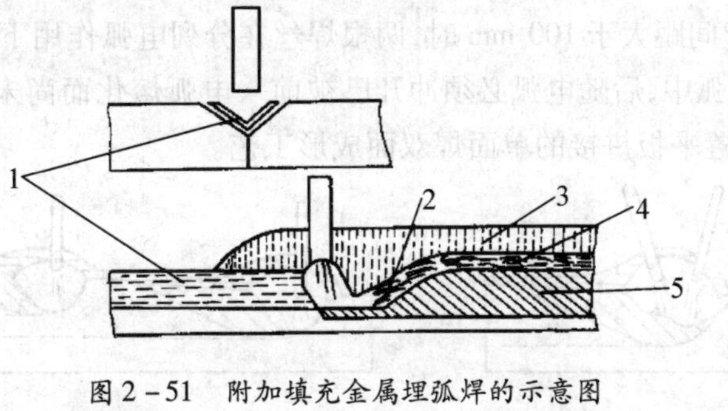

图2－51 附加填充金属埋弧焊的示意图

1—附加填充金属 2—熔池 3—焊渣 4—焊缝 5—母材

2. 多丝埋弧焊

多丝埋弧焊是一种既能保证合理的焊缝成形和良好的焊接质量，又可以提高焊接生产率的有效方法。采用多丝单道埋弧焊焊接厚板时可实现一次焊透，其总的热输入量要比单丝多层焊时少。因此，多丝埋弧焊与常规埋弧焊相比具有焊接速度快、耗能省、填充金属少等优点。

多丝埋弧焊主要用于厚板的焊接，通常采用在焊件背面使用衬垫的单面焊双面成形的焊接工艺。目前生产中应用最多的是双丝埋弧焊和三丝埋弧焊。按焊丝的排列方式可分为纵列式、横列式和直列式3种，如图2－52所示。从焊缝的成形看，纵列式的焊缝深而窄；横列式的焊缝浅而宽；直列式的焊缝熔合比小。

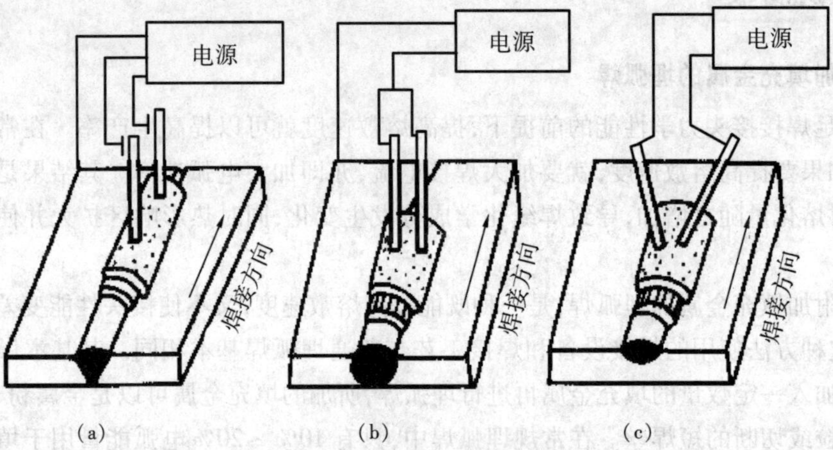

图 2-52 多丝埋弧焊示意图

(a)纵列式；(b)横列式；(c)直列式

双丝埋弧焊可以合用一个焊接电源，也可以用两个独立的焊接电源。前者设备简单，但其焊接过程稳定性差（因为电弧是交替燃烧和熄灭），要单独调节每一个电弧的功率较困难；后者设备较复杂，但两个电弧都可以单独调节功率，而且还可以采用不同的电流种类和极性，焊接过程稳定，可获得更理想的焊缝成形。双丝埋弧焊应用较多的是纵列式。用这种方法焊接时，前列电弧可用足够大的电流以保证熔深；后随电弧则采用较小电流和稍高电压，主要用来改善焊缝成形。这种方法不仅可大大提高焊接速度，而且还因熔池体积大，存在时间长，冶金反应充分而使产生气孔的倾向大大减小。此外，这种方法还可通过改变焊丝之间的距离及倾角来调整焊缝形状。当焊丝间距小于 35 mm 时，两根焊丝在电弧作用下合并形成一个单熔池；焊丝间距大于 100 mm 时，两根焊丝在分列电弧作用下形成双熔池，如图 2-53 所示。在分列电弧中，后随电弧必须冲开已被前一电弧熔化而尚未凝固的熔渣层。这种方法适合于水平位置平板拼接的单面焊双面成形工艺。

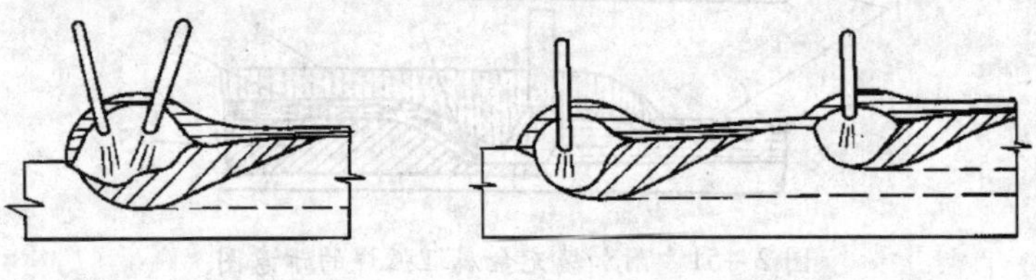

图 2-53 纵列式双丝埋弧焊示意图

(a)单熔池；(b)双熔池（分列电弧）

多丝埋弧焊主要用在厚壁铜管、H 形钢梁及厚壁压力容器的生产中，最多的焊丝可达 8 ~12 根，使焊接速度提高到 120 m/h 以上。可见，随焊丝数目的增加，焊接生产率大为提高。

3. 带极埋弧焊

带极埋弧焊是由多丝（横列式）埋弧焊发展而成的。它用矩形截面的钢带取代圆形截面的焊丝作电极，不仅可提高填充金属的熔化量，提高焊接生产率，而且可增大焊缝成形系数，即在熔深较小的条件下大大增加焊道宽度，很适合于多层焊时表层焊缝的焊接，尤其适合于埋弧堆焊，因而具有很大的实用价值。

带极埋弧焊的焊接过程示意图和带极形状如图2－54所示。焊接时，焊件与带极间形成电弧，电弧热分布在整个电极宽度上。带极熔化形成熔滴过渡到熔池中，冷凝后形成焊道。由于带极伸出部分的刚性较差，因此要配用专门的带极送进装置，使得焊接过程中带极能顺畅、均匀地连续送进，以保证焊接过程的稳定进行。

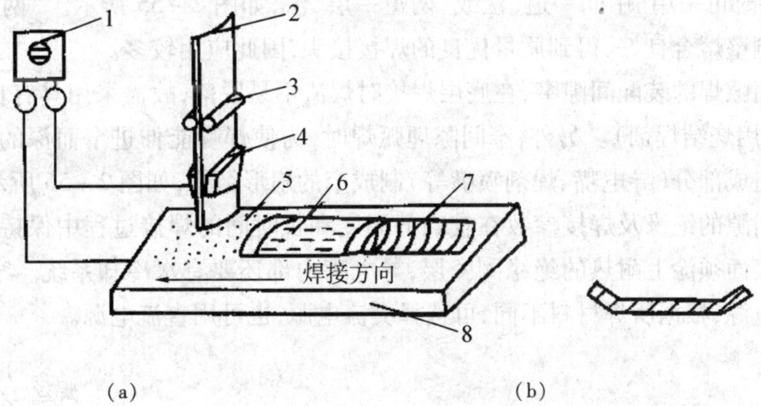

图2－54　带极埋弧焊和带极形状示意图

1—电源　2—带极　3—带极送进装置　4—导电嘴　5—焊剂　6—渣壳　7—焊道　8—焊件

(a)带极埋弧焊示意图；(b)带极形状示意图

带极埋弧焊用于堆焊时，常用来修复一些设备表面的磨损部分，也可以在一些低合金钢制造的化工容器、核反应堆等容器的内表面上堆焊耐磨、耐蚀的不锈钢层，以代替整体不锈钢的结构，这样既可以保证耐磨、耐腐蚀的要求，又可以节省不锈钢材料，降低成本。

带极埋弧焊时，根据焊接材料的不同，可以采用交流电源，也可以采用直流电源。当采用直流电源时，带极为正极性时比带极为反极性时熔敷量大，熔深也浅。

带极埋弧焊主要特点归纳如下：

①使用的焊接电流大。这是因为丝极埋弧焊时如果使用太大焊接电流，则熔深增加较大，即焊缝的成形系数减小，容易产生裂纹。而用带状电极焊接时，电弧在电极端面上快速往返移动，使热量分散，焊缝的成形系数得以提高，焊缝产生裂纹的可能性较小。因此，与丝极埋弧焊相比，带极埋弧焊可以采用更大的焊接电流。

②熔敷金属量大，效率高。这一方面是由于电弧热分布在整个电极宽度上使其熔化，熔敷面积大；另一方面也是由于使用的电流大，带状电极熔化快，因而熔敷金属量大，熔敷效率高。

③易控制焊道成形。带极埋弧焊时，熔化的金属向与电极宽度方向成直角流动，将电极偏转一个角度，就可以使焊道移位，因此，可用这种方法控制焊道的形状和熔深。在坡口中多层焊时，交替地、对称地改变电极偏转角，有可能获得均匀分布的焊道。

4. 窄间隙埋弧焊

窄间隙埋弧焊是近年来新发展起来的一种高效率的焊接方法。它主要适用于一些厚板结构，如厚壁压力容器、原子能反应堆外壳、涡轮机转子等的焊接。这些焊件壁厚很大，若采用常规埋弧焊方法，需开U形或双U形坡口，这种坡口的加工量及焊接量都很大，生产效率低且不易保证焊接质量。采用窄间隙埋弧焊时，坡口形状为简单的I形，不仅可大大减小坡口加工量，而且由于坡口截面积小，焊接时可减小焊缝的热输入和熔敷金属量，节省焊接材料和电能，并且易实现自动控制。

窄间隙埋弧焊一般为单丝焊，间隙大小取决于所焊工件的厚度。当焊件厚度为50～200 mm时，间隙宽度为14～20 mm左右；当焊件厚度在200～350 mm时，间隙宽度为20～30 mm。焊接时可采用“中间一道”法或“两道一层”法，如图2－55所示。“两道一层”法容易保证焊缝侧壁熔合良好，得到质量优良的焊接接头，因此应用较多。

由于窄间隙焊的装配间隙窄，在底层焊接时焊渣不易脱落，故需采用具有良好脱渣性的专用焊剂（常用烧结焊剂）。另外，窄间隙埋弧焊时，为使焊嘴能伸进窄而深的间隙中，须将焊嘴的主要组成部分（导电嘴、焊剂喷嘴等）制成窄的扁形结构，如图2－56所示。为了保证焊嘴与焊缝间隙的绝缘及焊接参数在较高的温度和长时间的焊接过程中保持恒定，铜导电嘴的整个外表面须涂上耐热的绝缘陶瓷层，导电嘴内部还要有水冷却系统。窄间隙埋弧焊所用的焊接电源，根据所焊材料不同，可选择交流电源，也可用直流电源。

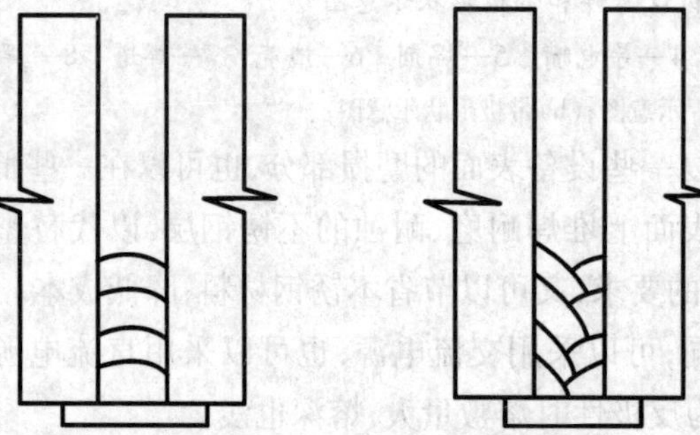
(a)　(b)

图2－55　窄间隙埋弧焊示意图

(a)“中间一道”法；(b)“两道一层”法

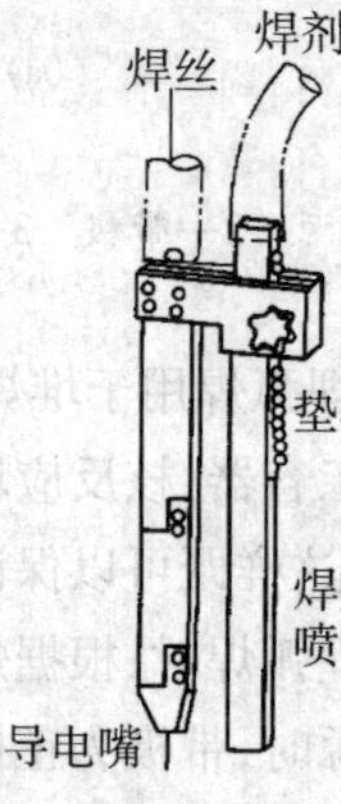

图2－56　窄间隙埋弧焊焊嘴结构示意图

窄间隙埋弧焊是一种高效、省时、节能的焊接方法。为进一步提高焊接质量，目前已在窄间隙埋弧焊中应用了焊接过程自动检测、焊嘴在焊接间隙内自动跟踪导向及焊丝伸出长度自动调整等技术，以保证焊丝和电弧在窄间隙中的正确位置及焊接过程的稳定。这些措施已大大扩展了窄间隙埋弧焊的应用范围。

思考与练习

一、名词解释

MZ—1000　HJ431　电弧自身调节

二、填空题

1. 埋弧焊机的自动调节系统按送丝方式不同可分为（　　）和（　　）两种调节系统。

2. 埋弧焊机主要由（　　）、（　　）、（　　）、（　　）和（　　）等组成。

3. 埋弧焊机剂按制造方法不同可分为（　　）和（　　）两大类。

4. 电弧自身调节系统应配用具有(　　)外特性的焊接电源,电弧电压反馈自动调节系统应配用具有(　　)外特性的焊接电源。

5. 埋弧焊焊接工艺参数包括(　　)、(　　)、(　　)、(　　)、(　　)、(　　)和(　　)等。

6. 埋弧焊焊接低碳钢时,常用的焊丝牌号为(　　)、(　　)、(　　)、(　　)等。

7. 熔炼焊剂的优点有(　　)、(　　)、(　　)、(　　)等,其缺点是(　　)、(　　)。

8. 埋弧焊常见的缺陷有焊缝成型不良、(　　)、未焊透、气孔、裂纹、(　　)、烧穿焊瘤及塌陷等。

三、选择题

1. 焊接设备的机壳必须良好的接地,这是为了(　　)。

A. 防止设备漏电,引起人员触电　　B. 节约用电

C. 防止设备过热烧损　　D. 提供稳定的焊接电流

2. 埋弧焊接时,往往需要对焊缝根部进行保护,现塔架车间塔筒焊接时采用的焊缝根部保护方式为(　　)。

A. 手工焊封底　　B. 焊剂封底　　C. 不做封底

3. 焊接电流主要影响焊缝的(　　)。

A. 熔宽　　B. 熔深　　C. 余高

4. 埋弧焊主要是利用(　　)作为热源。

A. 电弧　　B. 气体燃烧火焰　　C. 化学反应热

5. 焊机受潮后不仅使焊接工艺性能变差,而且水分中的氢容易产生(　　)等缺陷。

A. 气孔　　B. 夹渣　　C. 未焊透　　D. 裂纹

6. 复杂结构件不合理的装配和焊接顺序是(　　)。

A. 先焊收缩量大的焊缝　　B. 先焊能增加结构刚度的部件

C. 尽可能考虑焊缝能自由收缩　　D. 先焊收缩量小的焊缝

7. 埋弧焊焊缝宽度主要应依靠何种方式控制(　　)。

A. 横向摆动幅度　　B. 提高电弧电压

C. 增大焊枪角度　　D. 增加焊接电流

8. X 光射线探伤方法主要用来检验(　　)。

A. 焊缝尺寸不符合要求　　B. 焊瘤及烧穿

C. 焊缝的内部缺陷　　D. 焊缝背面凹坑

9. 埋弧焊焊接过程中,如果发现焊缝的宽度过窄,应该(　　)。

A. 降低焊接电流　　B. 降低焊接电压

C. 提高焊接电压　　D. 提高焊接速度

10. 埋弧焊焊接前,焊剂需要烘干,其目的是(　　)。

A. 增加焊丝速度　　B. 使焊渣容易脱落

C. 减少焊剂中的水分　　D. 减少焊接变形

11. 厚度为 12 mm 的板对接接头，采用埋弧焊，为保证焊透，从合理的选择焊接参数角度考虑，应选择开(　　)坡口。

A. I 形　B. V 形　C. U 形　D. X 形

12. 埋弧焊时(　　)增加，焊缝的熔深、宽度和余高都减少。

A. 焊接电流　B. 电弧电压　C. 焊接速度

13. 通常埋弧焊方法用(　　)表示。

A. 21　B. 141　C. 135　D. 15

14. 预热和焊件焊后的冷却速度的关系(　　)。

A. 减少　B. 加快　C. 没关系

15. 气孔在一般焊接接头中是(　　)存在的缺陷。

A. 允许　B. 不允许　C. 数量不多时允许

16. 普通埋弧焊的焊丝干伸长是(　　)。

A. 10 ~ 20 mm　B. 20 ~ 30 mm　C. 30 ~ 50 mm　D. 70 ~ 80 mm

17. 埋弧焊时，采用较大的焊缝形成系数可防止产生(　　)。

A. 热裂纹　B. 再热裂纹　C. 夹渣　D. 未焊透

18. 关于埋弧焊，缩短焊丝干伸长而其他焊接参数不变，则焊接过程电弧电压将(　　)。

A. 升高　B. 不变　C. 降低　D. 为零

19. 埋弧自动焊属于(　　)。

A. 渣保护　B. 气保护　C. 渣 - 气联合保护　D. 无保护

20. 以下选项中，不属于埋弧焊的优点的是(　　)。

A. 焊接生产率高　B. 焊缝质量好

C. 焊接位置广　D. 劳动条件好

21. 埋弧焊电源的负载持续率是(　　)。

A. 60%　B. 80%　C. 100%　D. 40%

22. 埋弧焊时焊丝及工件表面若清理不干净，则容易产生(　　)焊接缺陷。

A. 裂缝　B. 夹渣　C. 气孔　D. 未熔合

23. 埋弧焊时焊接电压主要影响焊缝的(　　)。

A. 熔深　B. 余高　C. 熔宽　D. 夹渣

24. 埋弧焊常用焊丝 H08MnA 中的“08”表示(　　)。

A. 含碳量 0.8%　B. 含碳量 0.08%

C. 含碳量 0.008%　D. 含碳量 8%

25. 埋弧焊收弧的顺序是(　　)。

A. 先停止焊接小车，然后切断电源，同时停止送丝

B. 先停止送丝，然后切断电源，再停止焊接小车

C. 先切断电源，然后停止送丝，再停止焊接小车

D. 先停止送丝，然后停止焊接小车，同时切断电源

26. 埋弧焊时，在其他焊接参数不变的情况下，焊接电源增大，焊缝的(　　)。

A. 熔深与熔宽都明显增加　B. 熔深减小、熔宽增加

C. 熔深增加、熔宽变化不大　　D. 熔深不变、熔宽增加

27. 埋弧焊上坡焊时,焊缝的(　　)。

A. 熔深和熔宽都增加　　B. 熔深减小、余高增加

C. 熔深增加、余高减小　　D. 熔深增加、余高不变

28. 埋弧焊焊接内外环形焊缝时,焊丝位置(　　)。

A. 应对正接头中心线

B. 焊内环应逆转方向偏移,焊外环应顺转动方向偏移

C. 应顺转动方向偏移一定距离

D. 应逆转动方向偏移一定距离

29. 埋弧焊时熔炼焊剂一般要求烘干到(　　)。

A. 100 ~ 150℃　　B. 150 ~ 200℃　　C. 200 ~ 250℃　　D. 350 ~ 400℃

四、判断题

1. 手工电弧焊立焊、横焊、仰焊时,应选用较小的电流,通常应比平焊小。(　　)

2. 常用的坡口形式有:I,V,Y,X,U,K,J,M 型等。(　　)

3. CO_2 气体保护焊的特点有:生产效率高、生产成本低、操作简便、焊后变形量小和飞溅小。(　　)

4. CO_2 气体保护焊焊接时,使用左焊法飞溅小,便于观察焊缝;使用右焊法飞溅较大,便于观察熔池。(　　)

5. 焊接时,焊接速度和焊接效率有直接关系,故焊接速度越高越好。(　　)

6. 弧焊焊接时,如果焊剂使用次数太多,焊剂变成粉末状,不可在继续使用,因为容易出现气孔。(　　)

7. 碱性焊条的工艺性能差,引弧困难,电弧稳定性差,且飞溅大,故只能用于一般结构的焊接。(　　)

8. 焊缝标注辅助符号“O”表示焊缝环绕工件周围。(　　)

9. 焊接结构件焊接完成后,通过回火处理,可以消除变形和消除应力。(　　)

10. 板对接时,焊接应在坡口及两侧 20 mm 范围内,将油污、铁锈、氧化物等清理干净。(　　)

11. 采用碱性焊条一般使用直流电源和短弧操作办法。(　　)

12. 埋弧焊剂按制造方法分为熔炼焊剂、烧结焊剂和陶制焊剂,按化学成分分为碱性焊剂、酸性焊剂和中性焊剂。(　　)

13. 埋弧焊过程,若其他条件不变,随着电弧电压的增高,熔宽显著增加,而熔深和余高略有减小。(　　)

14. 埋弧焊机按焊丝的数目分类可分为单丝和多丝埋弧自动焊机。(　　)

五、问答题

1. 埋弧焊有哪些特点? 有哪些局限性?

2. 为什么埋弧焊时允许使用比焊条电弧焊大得多的焊接电流和电流密度?

3. 什么是电弧自身调节系统? 说明电弧自身调节系统静特性曲线的物理意义。

4. 当弧长发生变化时,电弧自身调节系统如何进行调节?

5. 电弧自身调节系统为什么需要配用平或缓降外特性的电源？
6. 什么是电弧电压反馈自动调节系统？说明该系统静特性曲线的物理意义。
7. 简述发电机－电动机电弧电压反馈自动调节系统的结构和工作原理。
8. MZ—1000 型埋弧焊机如何调整焊接参数？说明其原理。
9. 与焊条电弧焊相比，埋弧焊的冶金过程有哪些特点？
10. 埋弧焊时为什么容易产生氮气孔？如何防止？
11. 低碳钢埋弧焊时焊剂与焊丝应如何配合？为什么？
12. 埋弧焊时焊前应做些什么准备工作？其目的是什么？
13. 简要说明焊接参数对埋弧焊焊缝质量的影响。
14. 试比较双面对接埋弧焊和单面焊双面成形埋弧焊的优缺点。
15. 双面和单面对接埋弧焊各有哪些主要方法？
16. 如何进行环缝的埋弧焊？
17. 带极埋弧焊有何特点？适用于什么场合？
18. 窄间隙埋弧焊有何优越性？

◇学习情境三

CO_2 气体保护焊工艺实施与控制

任务描述

根据给定焊接结构(如图3-1所示),完成其焊接加工工艺编制的任务。该工艺编制应根据加工车间的实际生产情况制定,达到正确、完整、合理、规范,且经济性好。

图3-1　板厚10 mm的60°V形坡口对接焊

学习目标

☆知识目标:

1. 掌握 CO_2 气体保护焊原理;
2. 熟悉 CO_2 气体保护焊的设备组成及原理、焊机的使用和维修;
3. 学会焊接材料、CO_2 气体保护焊参数及选择、接头设计;
4. 掌握常见的 CO_2 气体保护焊缺陷及防止措施;
5. 熟悉各种材料 CO_2 气体保护焊的要点;
6. 学会制定 CO_2 气体保护焊工艺及工艺文件的编写;
7. 能熟练地使用 CO_2 气体保护焊操作技术进行焊接生产。

☆技能目标:

1. 掌握 CO_2 焊操作的各种劳动保护和焊前准备;
2. 根据实际生产条件和具体焊接结构及其技术要求,正确选择 CO_2 焊焊接工艺参数、工艺措施;
3. 使用 CO_2 焊设备规范地进行焊接操作。

学时安排

项目	资讯	决策	计划	实施	检查	评价	总计
学时	10	2	2	12	1	1	28

知识链接

3.1 CO_2气体保护焊的特点及应用

3.1.1 CO_2气体保护焊的实质

CO_2气体保护电弧焊是利用CO_2作为保护气体的熔化极电弧焊方法。这种方法以CO_2气体作为保护介质,使电弧及熔池与周围空气隔离,防止空气中氧、氮、氢对熔滴和熔池金属的有害作用,从而获得优良的机械保护性能。生产中一般是利用专用的焊枪,形成足够的CO_2气体保护层,依靠焊丝与焊件之间的电弧热,进行自动或自半动熔化极气体保护焊接。CO_2气体保护焊的原理示意如图 3-2 所示。

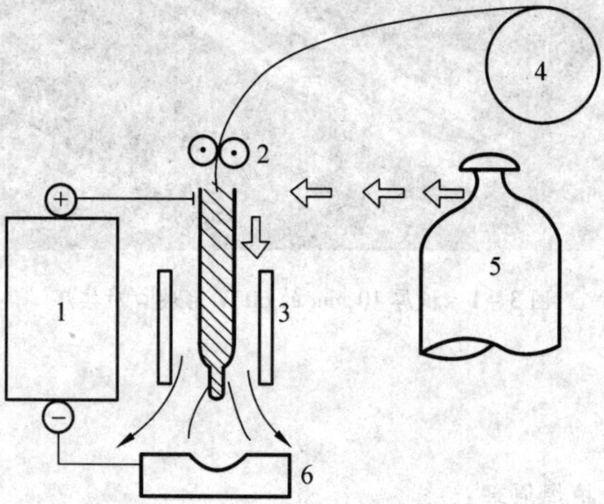

图 3-2 CO_2气体保护焊原理示意图

1—直流电源 2—送丝机构 3—焊枪 4—焊丝盘 5—CO_2 气瓶 6—焊件

早在20世纪30年代就有人提出用CO_2及水蒸气作为保护气体,但试验结果发现焊缝金属严重氧化,气孔很多,焊接质量得不到保证。因此氩气、氦气等惰性气体保护焊首先应用于焊接生产,解决了当时航空工业中有色金属的焊接问题,气体保护焊的优越性也逐步被人们认识和重视。但是氩气、氦气为稀有气体,价格较贵,应用上受到一定的限制。为此,到20世纪50年代。人们又重新研究CO_2气体保护焊,并逐步应用于焊接生产。

氩气、氦气等惰性气体既不和金属发生化学反应,也不溶于金属,能起到良好的保护作用,而CO_2则是一种氧化性气体,特别是在高温作用下具有强烈的氧化性。但CO_2气体价格低廉,供应充足,虽然它有强烈的氧化作用,但氧化了的熔化金属可比较容易地脱氧;另一方面较强的氧化性能够抑制焊缝中氢的存在,防止产生氢气孔和裂纹;而且CO_2良好的保护作用,还能有效地防止空气中N_2对熔滴及熔池金属的有害作用,这一点是很可贵的,因为金属一旦被氮化,便难以使之脱氮。

CO_2气体保护焊按使用焊丝直径的不同,可分为细丝CO_2气体保护焊(焊丝直径<1.6 mm)和粗丝CO_2气体保护焊(焊丝直径>1.6 mm)。按操作的方式分类,又可分为半自动CO_2气体保护焊和自动CO_2气体保护焊。

3.1.2 CO_2气体保护焊的特点

1.优点

①焊接生产率高。由于焊接电流密度较大,电弧热量利用率较高,以及焊后不需清渣,因此提高了生产率。CO_2气体保护焊的生产率比普通的焊条电弧焊高2~4倍。

②焊接成本低。CO_2气体来源广,价格便宜,而且电能消耗少,故使焊接成本降低。通常CO_2气体保护焊的成本只有埋弧焊或焊条电弧焊的40%~50%。

③焊接变形小。由于电弧加热集中,焊件受热面积小,同时CO_2气流有较强的冷却作用,所以焊接变形小,特别适宜于薄板焊接。

④焊接质量较高。对铁锈敏感性小,焊缝含氢量少,抗裂性能好。

⑤适用范围广。可实现全位置焊接,并且对于薄板、中厚板甚至厚板都能焊接。

⑥操作简便。焊后不需清渣,且是明弧,便于监控,有利于实现机械化和自动化焊接。

2.缺点

①飞溅率较大,并且焊缝表面成形较差。金属飞溅是CO_2气体保护焊中较为突出的问题,这是主要缺点。

②很难用交流电源进行焊接,焊接设备比较复杂。

③抗风能力差,给室外作业带来一定困难。

④不能焊接容易氧化的有色金属。

CO_2气体保护焊的缺点可以通过提高技术水平和改进焊接材料、焊接设备加以解决,而其优点却是其他焊接方法所不能比的。因此,可以认为CO_2气体保护焊是一种高效率、低成本的节能焊接方法。

3.1.3 CO_2气体保护焊的应用

CO_2气体保护焊主要用于焊接低碳钢及低合金钢等黑色金属。对于不锈钢,由于焊缝金属有增碳现象,影响抗晶间腐蚀性能,所以只能用于对焊缝性能要求不高的不锈钢焊件。此外,CO_2气体保护焊还可用于耐磨零件的堆焊、铸钢件的焊补以及电铆焊等方面。目前CO_2气体保护焊已在汽车制造、机车和车辆制造、化工机械、农业机械、矿山机械等部门得到了广泛的应用。

3.1.4 CO_2气体保护焊熔滴过渡的特点

CO_2气体保护焊的熔滴过渡主要有短路过渡和自由过渡(包括滴状过渡、喷射过渡等)两种方式。

1.短路过渡

短路过渡是熔滴在未脱离焊丝之前就与熔池接触形成金属液桥,在其表面张力、电磁收缩力及其他力共同作用下向熔池过渡的过程。具体来说，在小电流低电压焊接时，熔滴在未脱离焊丝前就与熔池接触形成液态金属短路，使电弧熄灭。当液桥金属主要在电磁收缩力、表面张力作用下，脱离焊丝过渡到熔池中去后，电弧复燃，又开始下一周期过程。短路过渡过程的电弧电压和电流动态波形图见图 1 – 31。短路过渡适合用细焊丝焊接薄板的情况。

2. 排斥过渡

中等电流、电弧电压较高时，熔滴呈变化形态的排斥过渡。此时，电弧较长，熔滴呈粗滴状。排斥过渡的特点是：电弧较集中，而且电弧总是在熔滴下方产生；作用在熔滴上的电弧力集中，具有排斥作用；熔滴较大且不规则，过渡时偏离焊丝的轴线方向（见图 3 – 3），过渡频率也较低；焊接过程的稳定性较差，焊缝成形比较粗糙，飞溅较大。焊接电流对过渡频率的影响见图 3 – 4。

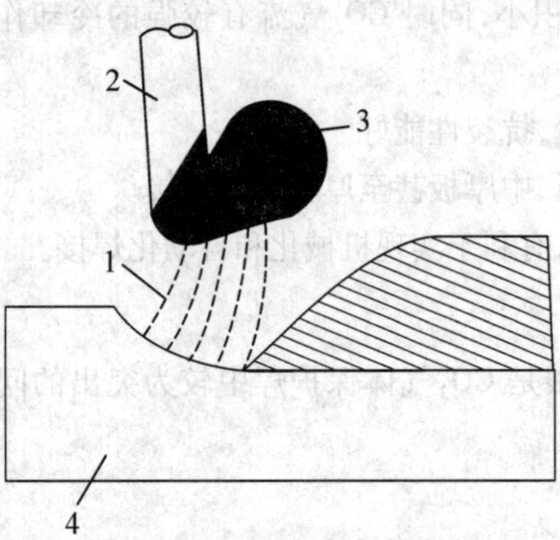

图 3 – 3　非轴线方向熔滴过渡示意图

1—电弧　2—焊丝　3—熔滴　4—工件

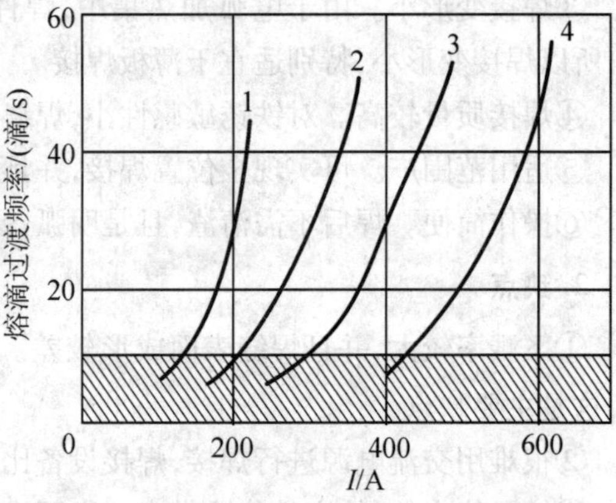

图 3 – 4　焊接电流与熔滴过渡频率的关系

（1 ~ 4 分别对应直径 0.8，1.2，1.6，2.4 mm 的焊丝）

3. 混合过渡

焊接电流、电压介于上述两种情况之间时，易产生短路过渡和滴状过渡都存在的混合过渡。两者比例因参数匹配而异，飞溅较大，但电弧加热效率高。从提高焊接生产率考虑，往往在实际操作中用于焊接中等厚度焊件，熔深较大。

4. 细滴过渡

大电流焊接且弧压较高时，熔滴呈细滴的非轴向过渡，焊接熔深大，飞溅小，称作细滴过渡，适合焊接较厚的工件。

5. 射流过渡

粗丝（ϕ3 ~ 5 mm）大电流 CO_2 气体保护焊焊接时，电弧对熔池产生较大压力并使之出现凹坑，电弧可在凹坑内燃烧，如图 3 – 5（a）所示。这样可压低电弧，将长弧时的射滴过渡转变为潜弧的射流过渡。这是因为在电弧下潜并被液态金属包围后，电弧中进入大量金属蒸气而改变了电弧气氛，从而能细化熔滴，减小飞溅；即使有飞溅也主要落在熔池内。但潜弧焊的焊缝成形往往不佳，易产生裂纹，此时可将焊丝拉出至可见到 2 ~ 3 mm 长电弧的半潜弧状态,见图3-5(b),虽飞溅略大,但改善了成形,不易产生裂纹。这种方法只适合焊接热输入大的厚板焊接,工艺难度较大。

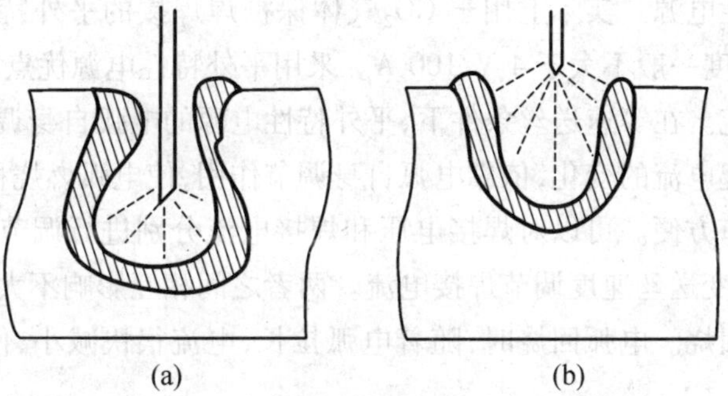

图3-5 潜弧和半潜弧焊接

3.2 CO_2气体保护焊设备

CO_2气体保护焊所用的设备有半自动CO_2气体保护焊设备和自动CO_2气体保护焊设备两类。在实际生产中,半自动CO_2气体保护焊设备使用较多,下面以半自动CO_2气体保护焊焊机为主介绍CO_2焊设备。

3.2.1 CO_2气体保护焊设备的组成和作用

半自动CO_2气体保护焊设备由焊接电源、送丝机构、焊枪、供气系统、冷却水循环装置及控制系统等几部分组成,如图3-6所示。而自动CO_2气体保护焊设备则除上述几部分外还有焊车行走机构。

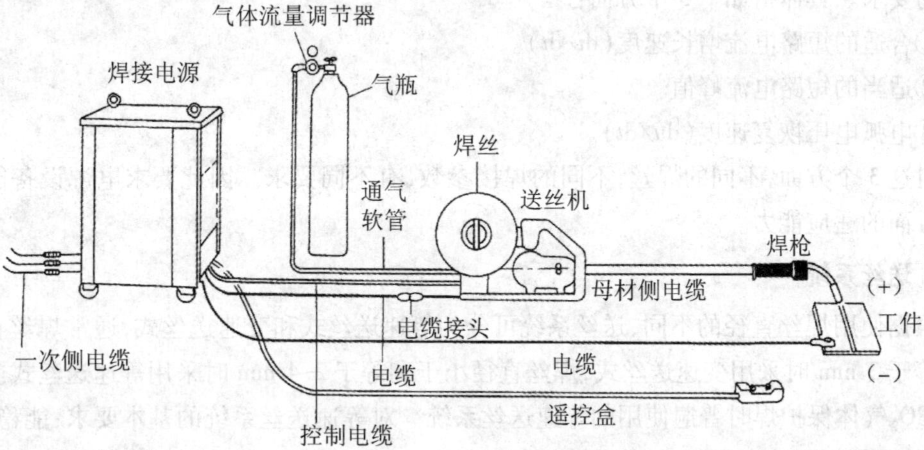

图3-6 半自动CO_2焊设备

1.焊接电源

CO_2气体保护焊一般采用直流电源且反极性连接。根据不同直径焊丝CO_2气体保护焊的焊接特点,一般细焊丝采用等速送丝式焊机,配合平特性电源。粗焊丝采用变速送丝式焊机,配合下降特性电源。

(1)平特性电源

细焊丝 CO_2 气体保护焊的熔滴过渡一般为短路过渡过程,送丝速度快,宜采用等速送丝式焊机配合平外特性电源。实际上用于 CO_2 气体保护焊焊接的平外特性电源,其外特性都有一些缓降,其缓降度一般不大于4 V/100 A。采用平外特性电源优点如下:

①电弧燃烧稳定。在等速送丝条件下,平外特性电源的电弧自身调节灵敏度较高,可以依靠弧长变化来引起电流的变化,依靠电弧自身调节作用,使电弧燃烧稳定。

②焊接参数调节方便。可以对焊接电压和焊接电流分别进行调节,通过改变电源外特性调节电弧电压,改变送丝速度调节焊接电流。两者之间相互影响不大。

③可避免焊丝回烧。电弧回烧时,随着电弧拉长,电流很快减小,使得电弧在未回烧到导电嘴前已熄灭。

(2)下降特性电源

粗丝 CO_2 气体保护焊的熔滴过渡一般为细滴过渡过程,宜采用变速送丝式焊机,配合下降的外特性电源。此时 CO_2 气体保护焊焊接参数的调节,往往因为电源外特性的陡降程度不同,要进行两次或三次调节。如先调节电源外特性粗略确定焊接电流,但调节电弧电压时,电流又有变化,所以要反复调节最后达到要求的焊接参数。

(3)电源动特性

电源动特性是衡量焊接电源在电弧负载发生变化时,供电参数(电流及电压)的动态响应品质。电源良好的动特性是焊接过程稳定的重要保证。

粗焊丝细滴过渡时,焊接电流的变化比较小,所以对焊接电源的动特性要求不高。

细焊丝短路过渡时,因为焊接电流不断地发生较大的变化,所以对焊接电源的动特性有较高的要求。具体指如下3个方面:

①合适的短路电流增长速度(di/dt)。

②适当的短路电流峰值。

③电弧电压恢复速度(du/dt)。

对这3个方面,不同的焊丝,不同的焊接参数,有不同要求。因此要求电源设备能兼顾这3方面的适应能力。

2.送丝系统

根据使用焊丝直径的不同,送丝系统可分为等速送丝式和变速送丝式,通常焊丝直径大于和等于3 mm时采用变速送丝式,焊丝直径小于和等于2.4 mm时采用等速送丝式。下面介绍 CO_2 气体保护焊时普遍使用的等速送丝系统。对等速送丝系统的基本要求:能稳定、均匀地送进焊丝,调速要方便,结构应牢固轻巧。

(1)送丝方式

半自动气体保护焊机有推丝式、拉丝式、推拉丝式3种基本送丝方式,如图3-7所示。

①推丝式主要用于直径为0.8~2.0 mm的焊丝,是应用最广的一种送丝方式,如图3-7(a)所示。其特点是焊枪结构简单轻便;操作与维修方便。但焊丝进入焊枪前要经过一段较长的送丝软管,阻力较大。而且随着软管长度加长,送丝稳定性也将变差。所以送丝软管不能太长,一般在2~5 m左右。

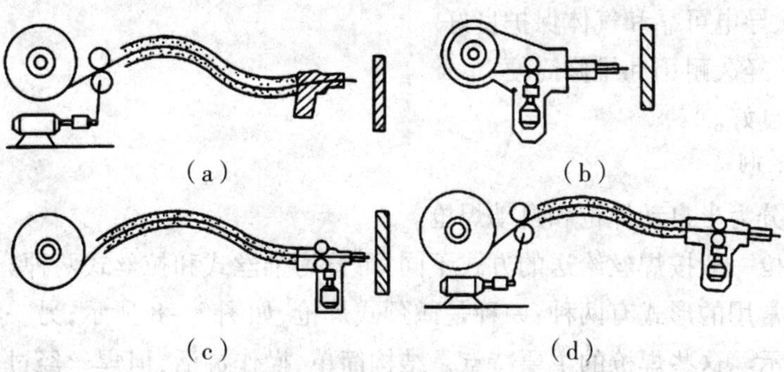

图 3－7 半自动焊机送丝方式示意图

(a)推丝式;(b)、(c)拉丝式;(d)推拉丝式

②拉丝式主要用于直径小于或等于 0.8 mm 的细焊丝,因为细焊丝刚性小,难以推丝。它又分为两种形式,一种是焊丝盘和焊枪分开,两者用送丝软管联系起来,如图 3－7(b)所示;另一种是将焊丝盘直接装在焊枪上,如图 3－7(c)所示。后者由于去掉了送丝软管,增加了送丝稳定性,但焊枪重量增加。

③推拉丝式。此方式把上述两种方式结合起来,克服了使用推丝式焊枪操作范围小的缺点,送丝软管可加长到 15 m 左右。如图 3－7(d)所示。推丝电动机是主要的送丝动力,而拉丝电动机只是将焊丝拉直,以减小推丝阻力。推力和拉力必须很好地配合,通常拉丝速度应稍快于推丝速度。这种方式虽有一些优点,但由于结构复杂,调整麻烦,同时焊枪较重,因此实际应用不多。

(2)送丝机构

送丝机构由送丝电动机、减速装置、送丝滚轮和压紧机构等组成。送丝电动机一般采用他励直流伺服电动机。选用伺服电动机时,因其转速较低,所以减速装置只需一级蜗轮蜗杆和一级齿轮传动。其传动比应根据电动机的转速、送丝滚轮直径和所要求的送丝速度来确定。送丝速度一般应在 2～16 m/min 范围内均匀调节。为保证均匀、可靠的送丝,送丝轮表面应加工出 V 形槽,滚轮的传动形式有单主动轮传动和双主动轮传动。送丝机构工作前要仔细调节压紧轮的压力,若压紧力过小,滚轮与焊丝间的摩擦力小,如果送丝阻力稍有增大,滚轮与焊丝间便打滑,致使送丝不均匀。如压紧力过大,又会在焊丝表面产生很深压痕或使焊丝变形,使送丝阻力增大,甚至造成导电嘴内壁的磨损。

(3)调速器

用调速器调节送丝速度,一般采用改变送丝电动机电枢电压的方法,实现送丝速度的无级调节。

(4)送丝软管

送丝软管是导送焊丝的通道,要求软管内壁光滑、规整及内径大小要均匀合适;焊丝通过的摩擦阻力小;应具有良好的刚性和弹性。

3. 焊枪

(1)对焊枪的要求

焊枪应起到送气、送丝和导电的作用。对焊枪有下列要求:

①送丝均匀、导电可靠和气体保护良好。

②结构简单、经久耐用和维修简便。

③使用性能良好。

(2)焊枪的类型

焊枪按用途分为半自动焊枪和自动焊枪。

①半自动焊枪一般按焊丝给送的方式不同,可分为推丝式和拉丝式两种。

推丝式焊枪常用的形式有两种:一种是鹅颈式焊枪,如图 3－8 所示;另一种是手枪式焊枪,如图 3－9 所示。这些焊枪的主要特点是结构简单、操作灵活,但焊丝经过软管产生的阻力较大,故所用的焊丝不宜过细,多用于直径 1 mm 以上焊丝的焊接。焊枪的冷却方法一般采用自冷式,水冷式焊枪不常用。

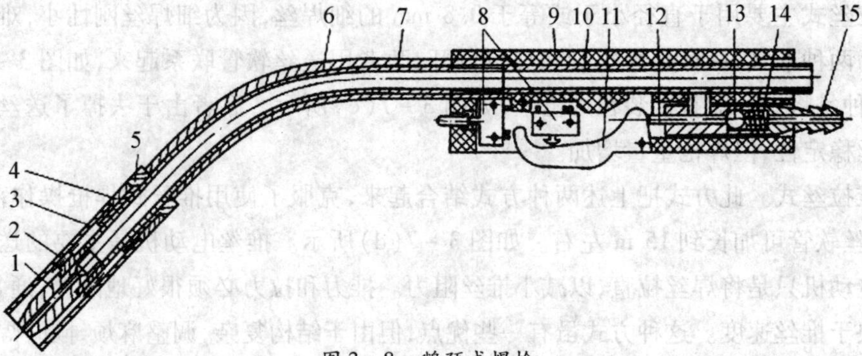

图 3－8　鹅颈式焊枪

1—导电嘴　2—分流环　3—喷嘴　4—弹簧管　5—绝缘套　6—鹅颈管　7—乳胶管　8—微动开关　9—焊把　10—枪体　11—扳机　12—气门推杆　13—气门球　14—弹簧　15—气阀嘴

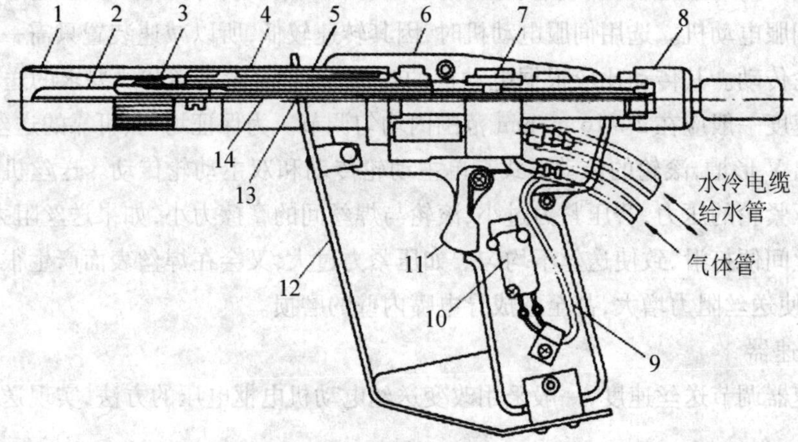

图 3－9　水冷手枪式焊枪

1—焊枪　2—焊嘴　3—喷管　4—水筒装配件　5—冷却水通路　6—焊枪架　7—焊枪主体装配件　8—螺母　9—控制电缆　10—开关控制杆　JZ11—微型开关　12—防弧盖　13—金属丝通路　14—喷嘴内管

拉丝式焊枪的结构如 3－10 所示。其主要特点:

a. 一般均做成手枪式;

b. 送丝均匀稳定;

c. 引入焊枪的管线少，焊接电缆较细，尤其是其中没有送丝软管，所以管线柔软，操作灵活。但因为送丝部分（包括微电机、减速器、送丝滚轮和焊丝盘等）都安装在枪体上，所以焊枪比较笨重，结构较复杂。通常适用于直径0.5～0.8 mm的细丝焊接。

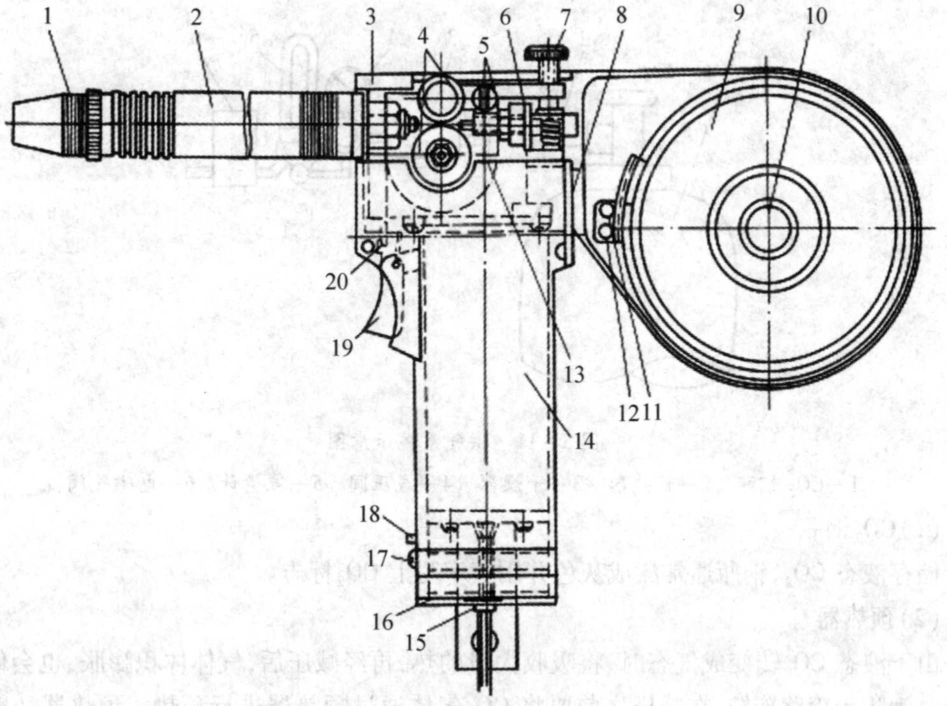

图3－10　拉丝式焊枪

1—喷嘴　2—外套　3—绝缘外壳　4—送丝滚轮　5—螺母　6—导丝杆　7—调节螺杆　8—绝缘外壳　9—焊丝盘　10—压栓　11,15,17,21,22—螺钉　12—压片　13—减速箱　14—电动机　16—底板　18—退丝按钮　19—扳机开关　20—触点

②自动焊枪一般都安装在自动CO_2气体保护焊焊机上（焊车或焊接操作机），不需要手工操作，自动CO_2气体保护焊焊机多用于大电流情况，所以枪体尺寸都比较大，以便提高气体保护和水冷效果；枪头部分与半自动焊枪类似。

(3)焊枪的喷嘴和导电嘴

喷嘴是焊枪上的重要零件，其作用是向焊接区域输送保护气体，以防止焊丝端头、电弧和熔池与空气接触。喷嘴形状多为圆柱形，也有圆锥形，喷嘴内孔直径与焊接电流大小有关，通常为12～24 mm。焊接电流较小时，喷嘴直径也小；焊接电流较大时，喷嘴直径也大。

导电嘴的材料要求导电性良好、耐磨性好和熔点高，一般选用纯铜或陶瓷材料制作，为增加耐磨性也可选用铬锆铜。导电嘴孔径的大小对送丝速度和焊丝伸出长度有很大影响。如孔径过大或过小，会造成焊接参数不稳定而影响焊接质量。

喷嘴和导电嘴都是易损件，需要经常更换，所以应便于装拆。并且应结构简单、制造方便和成本低廉。

4. 供气系统

供气系统的作用是保证纯度合格的 CO_2 保护气体能以一定的流量均匀地从喷嘴中喷出。它由 CO_2 钢瓶、预热器、干燥器、减压器、流量计及电磁气阀等组成,如图 3-11 所示。

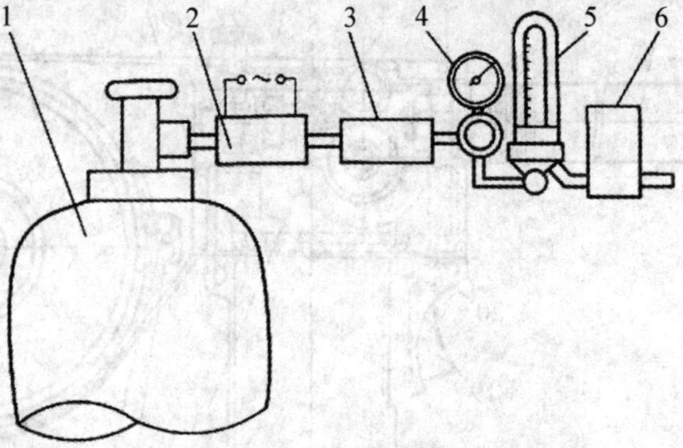

图 3-11 供气系统示意图

1—CO_2 钢瓶 2—预热器 3—干燥器 4—减压阀 5—流量计 6—电磁气阀

(1) CO_2 钢瓶

储存液态 CO_2,钢瓶通常漆成灰色并用黄字写上 CO_2 标志。

(2) 预热器

由于液态 CO_2 转变成气态时,将吸收大量的热,再经减压后,气体体积膨胀,也会使温度下降。为防止管路冻结,在减压之前要将 CO_2 气体通过预热器进行预热。预热器一般采用电阻加热式,采用 36 V 交流供电,功率为 100 ~ 150 W 左右。

(3) 干燥器

干燥器内装有干燥剂,如硅胶、脱水硫酸铜和无水氯化钙等。无水氯化钙吸水性较好,但它不能重复使用;硅胶和脱水硫酸铜吸水后颜色发生变化,经过加热烘干后还可以重复使用。

在 CO_2 气体纯度较高时,不需要干燥。只有当含水量较高时,才需要加装干燥器。

(4) 减压器和流量计

减压器的作用是将高压 CO_2 气体变为低压气体。流量计用于调节并测量 CO_2 气体的流量。

(5) 电磁气阀

它是装在气路上,利用电磁信号控制的气体开关,用来接通或切断保护气体。

3.2.2 CO_2 气体保护焊焊机的型号及发展趋势

1. 气体保护焊焊机的型号

按照 GB/T 10249—1988 的规定,CO_2 气体保护焊用焊机的型号一般采用以下形式表示,型号中各位置符号表示含义见表 3-1。

CO_2 气体保护焊用焊机的型号:

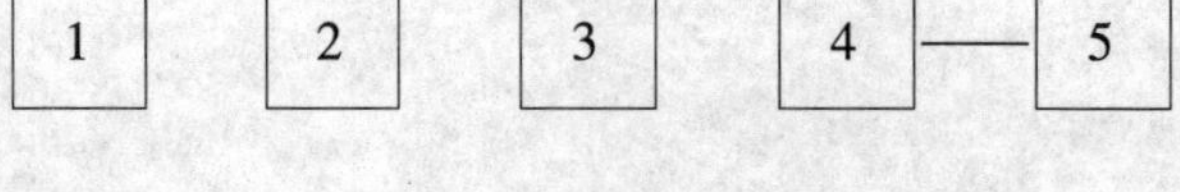

表3-1 典型CO_2气体保护焊焊机的技术数据

所在位置	表示符号	表示含义
1	N	MIG/MAC 焊机
2	Z	自动焊用焊机
	B	半自动焊用焊机
	D	点焊用焊机
	U	堆焊用焊机
	G	切割用设备
3	M	氩气及混合气体保护焊、脉冲
	C	CO_2 气体保护焊
4	1	全位置焊车式
	2	横臂式
	3	机床式
	4	旋转焊头式
	5	台式
	6	焊接机器人
	7	变位式
5	数字	额定焊接电流

2. CO_2气体保护焊焊机的发展趋势

近年来，随着机电控制和计算机的迅速发展，越来越多的CO_2气体保护焊设备采用了微处理机集中控制系统，使CO_2气体保护焊更加稳定，保证了焊接质量，这是全面推广CO_2气体保护焊的重要前提。汽车、摩托车、集装箱制造等行业实现了智能CO_2气体保护自动焊，大大降低了工人的劳动强度，并提高了焊接效率。另一方面，集成电路板的采用，也便利了焊接设备的维修。

3.2.3 CO_2气体保护焊对设备的要求

1. 综合工艺性能

要想焊出好的CO_2气体保护焊接头，需要有综合工艺性能好的焊接设备，焊接引弧容易，电弧的自调节能力强，当弧长变化时，焊接电流的变化小，当干伸长变化时，产生的静态电压误差小，并且焊接参数调节方便，能够实现多种直径焊丝的焊接。

2. 良好的使用性能

使用过程中，焊枪轻巧，操作方便；送丝机构重量轻，便于移动；供气系统工作顺畅；另外要求焊机维修方便；焊机有安全防护措施，确保使用安全。

3. 提高焊接过程稳定性的途径

送丝机构设计合理，焊接过程中确保均匀顺畅送丝；电源的外特性选择合理，变速送丝焊机采用下降外特性电源，等速送丝焊机则选用平或缓降外特性电源。

3.3 CO_2气体保护焊焊机的使用和维修

3.3.1 焊机的安装

1. 安装要求

①电源电压、开关、熔丝容量必须符合焊机铭牌上的要求，千万不能将额定输入电压为220 V的设备接在380 V的电源上。

②每台设备都用一个专用的开关供电，设备与墙距离应大于0.3 m，保证通风良好。

③设备导电外壳必须接地线，地线截面必须大于12 mm^2。

④凡需用水路中串联一个水压继电器，无水时可自动停电，以免烧毁焊接电源及焊枪。使用循环水箱的焊机，冬天应注意防冻。

⑤根据焊接电流的大小，正确选择电缆软线的截面。

当电焊接软线允许压降为4 V时，电焊钳软线的截面可按表3－2选定。

表3－2 电焊钳软线截面的选定

电流/A \ 距离/m	20	30	40	50	60	70	80	90	100
100	30	38	38	38	38	38	38	50	50
150	30	38	38	38	50	50	60	80	80
200	38	38	38	50	60	80	80	100	100
250	38	50	50	60	80	100	100	125	125
300	38	50	60	80	100	100	125	125	–
350	38	50	80	80	100	125	–	–	–
400	38	60	80	100	125	–	–	–	–
450	50	80	100	125	–	–	–	–	–
500	50	80	100	125	–	–	–	–	–
550	50	80	100	125	–	–	–	–	–
600	80	100	125	–	–	–	–	–	–

2. 焊机的安装步骤

焊机安装前必须认真地阅读设备使用说明书，搞清基本要求后才能按下述步骤进行安装。

①查清电源的电压、开关和熔丝的容量。这些要求必须与设备铭牌上标明的额定输入参数完全一致。

②焊接电源的导电外壳必须可靠接地。

③用电缆将焊接电源输出端的负极和焊件接好，将正极与送丝机构接好。

注意，CO_2气体保护焊通常都采用直流反接，可获得较大的熔深和生产效率。如果用于堆焊，为减小堆焊层的稀释率，最好采用直流正接。这两根电缆的接法正好与上述要求相反。

④接好遥控盒插头，以便焊工能在焊接处灵活地调整焊接参数。

⑤将流量计至焊接电源及焊接电源至送丝机处的送气管道接好。

⑥将减压调压器上的预热器的电缆插头，插至焊机插座上并拧紧（接通预热器电源）。

⑦将焊枪与送丝机接好。

⑧若焊机或焊枪需用水冷却，则需接好冷却水系统，冷却水的流量和水压必须符合要求。

⑨接好焊接电源至供电电源开关间的电缆，若焊机固定不动，焊机至开关这段电缆，按要求应从埋在地下的钢管中穿过。若焊机需移动，最好采用截面合适和绝缘良好的四芯橡套电缆。

3.3.2 焊机的作用与调整方法

以松下 YM—500S 型 CO_2气体保护焊机为例，说明焊机的使用与调整方法。

这种焊机的功能较完善，工作较可靠，且较耐用。我国很多生产厂引进了该焊机的生产技术，功能大同小异。

YM－500S 型 CO_2气体保护焊机送丝机构的型号为 YM－508UFHNK4，焊枪型号为 YT－502CCS，遥控盒的型号为 YD－50IUHZ，CO_2气体减压调节器的型号为 YX－256C。

1. 选择控制按钮

YM－500S 型焊机可采用直径为 1.2 mm 和 1.6 mm 的焊丝，纯 CO_2气体或氩气与 CO_2混合气体进行焊接。焊接前需预先调整好这些开关的位置。这些开关必须在焊前调整好，焊接过程开始后不再调整。

2. 装焊丝

按下述步骤装焊丝：

① 将焊丝盘装在轴上并锁紧。

② 将压紧螺钉松开并转到左边，顺时针翻起压力臂。

③ 将焊丝通过矫直轮，并经与焊丝直径对应的 V 形槽插入导管电缆约 20～30 mm。

④ 放下压力臂并拧紧压紧螺钉。

⑤ 调整矫直轮压力，矫直轮压紧螺钉的最佳位置如下：

对于直径为 1.2 mm 的焊丝，完全拧紧后再松开 1/4 圈。

对于直径为 1.6 mm 的焊丝，完全拧紧。

⑥ 按遥控器上的步进按钮，直到焊丝头超过导电嘴端 10～20 mm 为止。

3. 安装减压调压阀并调整流量

① 操作者站在气瓶嘴的侧面，缓慢开、闭气瓶阀门 1～2 次，检查气瓶是否有气，并吹净瓶口上的脏物。

② 装上减压调压器，并拧紧螺母（顺时针方向），然后缓慢地打开瓶阀，检查接口处是否漏气。

③ 按下焊机面板上的保护气检查开关，此时电磁气阀打开，可慢慢拧开流量调节手柄，至流量符合要求为止。

④ 流量调好后，再按一次保护气检查开关，此开关自动复位，气阀关闭，气路处于准备状态，一旦开始焊接，即按调好的流量供气。

4. 选择焊机的工作方式

YM－500S 型焊机有 3 种工作方式，可用"自锁、弧坑"控制开关选择。此开关在焊机的左上方，位于电流表与电压表的下面。

当弧坑电路接通时（ON），收弧处将按预先选定的焊接参数自动衰减，能较好地填满弧坑。若弧坑电路不通（OFF），收弧时焊接参数不变。

下面讨论每种工作方式的特点：

（1）第一种工作方式

工作方式选择开关搬向上方时，为第一种工作方式。在这种工作方式下，自锁与弧坑控制电路都处于接通状态。

因为自锁电路处于接通状态，焊接过程开始后，即可松开焊枪上的控制开关，焊接过程自动进行，直到第二次按焊枪上的控制开关为止。

当第二次按焊枪上的控制开关时，弧坑控制电路开始工作，焊接电流与电弧电压按预先调整好的参数减小，电弧电压降低，送丝速度减小，第二次松开控制开关时，填弧坑结束。填弧坑时采用的电流和电压（即送丝速度），可分别用弧坑电流、弧坑电压旋钮调节。

操作时应特别注意以下要点：

焊枪控制开关第二次接通时间的长短是收弧时间，这段时间必须根据弧坑状况选择。若时间太短，填不满弧坑，若时间太长，弧坑堆高太大，还可能会烧坏焊丝嘴。

开关接通时间必须在实践中反复练习才能掌握。

第一种工作方式适用于连续焊长焊缝，焊接参数不需经常调整的情况。

（2）第二种工作方式

在这种工作方式下，自锁和弧坑控制线路都处于断开状态。焊接过程中不能松开焊枪上的控制开关，焊工较累。靠反复引弧、断弧的办法填充弧坑。

第二种工作方式适于焊接短缝和焊接参数需经常调整的情况。

（3）第三种工作方式

工作方式选择开关搬向下方为第三种工作方式。在这种方式下，自锁电路接通，弧坑控制电路断开，焊接过程一旦转入正常状态，焊工就可以松开焊枪上的控制开关，自锁电路保证焊接过程自动进行。需要停止焊接时第二次按焊枪上的控制开关，焊接过程自动停止。因弧坑电路不起作用，焊接电流不能自动衰减，为填满弧坑，需在弧坑处反复引弧、断弧几次，直到填满弧坑为止。

5. 调整焊接参数

YM－500S 型焊机采用一元化控制方式，调整工艺参数简单，通常按下述步骤进行。

① 将遥控盒上的输出调整旋钮的指针旋至预先选定的焊接电流刻度处，微调旋钮调至零处。

注意：电流有两圈刻度，内圈用于直径为 1.2 mm 的焊丝，外圈用于直径为 1.6 mm 的焊丝。

② 引燃电弧,并观察电流表读数与所选值是否相符,若不符,则再次调节输出旋钮至电流读数相符为止。

③ 根据焊缝成形情况,用电压微调旋钮修正电弧电压值,直到焊缝宽度满意为止。

若焊缝较窄或两边熔合不太好,可适当增加电压,将微调旋钮按顺时针转动;若焊缝太宽或咬边,则降低电压,微调旋钮逆时针转动。

6. 调整收弧焊接参数

若选用弧坑控制工作方式(第二种工作方式),则可用弧坑电流和弧坑电压调节旋钮,分别调节收弧电流和电压。

7. 波形控制开关的作用

对于CO_2气体保护焊,当焊接电流在100 ~ 180 A范围内时,由于熔滴过渡是短路过渡和熔滴过渡的混合形式,因此飞溅大,电弧不稳定,焊缝成形不好。

当波形控制电路接通后(开关按下时),在上述电流范围内,可改善焊接条件,减小飞溅,改善焊缝成形,并可提高焊接速度20% ~30%。

3.4　CO_2气体保护焊的冶金特性和焊接材料

3.4.1　合金元素的氧化与脱氧

CO_2焊所用的CO_2气体是一种氧化性气体,在高温下分解,具有强烈的氧化作用,能把合金元素氧化烧损或造成气孔和飞溅。

1. 合金元素的氧化

CO_2气体在电弧高温作用下会发生分解,即

$$CO_2 = CO + O$$

CO_2,CO和O这3种成分在电弧空间同时存在,CO在焊接中不溶于金属,也不与金属发生反应。CO_2和O则能与铁和其他元素发生如下氧化反应。

(1)直接氧化

$$Fe + CO_2 = FeO + CO\uparrow$$

$$Si + 2CO_2 = SiO_2 + 2CO\uparrow$$

$$Mn + CO_2 = MnO + CO\uparrow$$

与高温分解的氧原子作用

$$Fe + O = FeO$$

$$Si + 2O = SiO_2$$

$$Mn + O = MnO$$

$$C + O = CO\uparrow$$

FeO可溶于液态金属内成为杂质或与其他元素发生反应,SiO_2和MnO成为熔渣能浮出,生成的CO从液态金属中逸出。

(2)间接氧化

间接氧化是指与氧结合能力比Fe大的合金元素把氧从FeO中置换出来而自身被氧化,

其反应式为

$$2FeO + Si = 2Fe + SiO_2$$

$$FeO + Mn = Fe + MnO$$

$$FeO + C = Fe + CO\uparrow$$

从上述可见，CO_2及其在高温分解出的氧，都具有很强的氧化性。随着温度的提高，氧化性增强。氧化反应的程度取决于合金元素在焊接区的浓度和它们对氧的亲和力。熔滴和熔池金属中 Fe 的浓度最大，Fe 的氧化比较激烈。Si，Mn，C 的浓度虽然较低，但它们与氧的亲和力比 Fe 大，所以也很激烈。

2. 氧化反应的结果

上述氧化反应会使 Fe，Si，Mn 和 C 等合金元素烧损，在 CO_2电弧中，Ni，Cr，Mo 过渡系数最高，烧损最少。Si，Mn 的过渡系数则较低，因为它们中的相当一部分要耗于熔池中的脱氧。Al，Ti，Nb 等元素的过渡系数更低，烧损比 Si，Mn 还要多。

氧化反应中的反应生成物 SiO_2和 MnO 会结合成硅酸盐。其密度较小，很容易浮出熔池形成熔渣。FeO 一部分成杂质浮于熔池表面；另一部分溶入液态金属中，并进一步与熔池及熔滴中的合金元素发生反应。

反应生成的 CO 气体有两种情况：其一是在高温时反应生成的 CO 气体，由于 CO 气体体积急剧膨胀，在逸出液态金属过程中，往往会引起熔池或熔滴的爆破，发生金属的溅损与飞溅。其二是在低温时反应生成的 CO 气体，由于液态金属呈现较大的动力粘度和较强的表面张力，产生的 CO 无法逸出，最终留在焊缝中形成气孔。

合金元素烧损、气孔和飞溅是 CO_2焊中 3 个主要的问题。它们都与 CO_2电弧的氧化性有关，因此必须在冶金上采取脱氧措施予以解决。但应指出，气孔、飞溅除和 CO_2气体的氧化性有关外，还和其他因素有关，这些问题以后还要讨论。

3. CO_2焊的脱氧

从上述内容中可以看出，在 CO_2电弧中，溶入液态金属中的 FeO 是引起气孔、飞溅的主要因素。同时，FeO 残留在焊缝金属中将使焊缝金属的含氧量增加而降低力学性能。如果能使 FeO 脱氧，并在脱氧的同时对烧损掉的合金元素给予补充，则 CO_2气体的氧化性所带来的问题基本上可以解决。

如何使 FeO 脱氧，又如何补充被烧损的合金元素呢？冶金上通常采取的措施是在焊丝中（或药芯焊丝的药粉中）加入足量的对氧亲和力比 Fe 大的合金元素（脱氧剂），利用这些元素使 FeO 中的 Fe 还原，即使 FeO 脱氧。脱氧剂在完成脱氧任务之后，所剩余的量便作为补充合金元素留在焊缝中，起着提高焊缝金属力学性能的作用。

高温时，与氧的亲和力比 Fe 大的合金元素按亲和力大小顺序为：Al，Ti，Si，Mn，Cr，Mo。CO_2焊常用 Al，Ti，Si，Mn 作为脱氧剂，Cr，Mo 因其比较贵重，脱氧能力又不强，一般不用。

在 Al，Ti，Si，Mn 四种元素中，各自单独作用时其脱氧效果并不理想。实践证明，用 Si，Mn 联合脱氧时其效果最好。目前，应用最广泛的 H08Mn2SiA 焊丝，就是采用 Si，Mn 联合脱氧的。

加入到焊丝中的 Si 和 Mn，在焊接过程中一部分直接被氧化和蒸发，一部分耗于 FeO 的脱氧，剩余的部分则剩留在焊缝中，起焊缝金属合金化作用，所以焊丝中加入的 Si 和 Mn，需要有足够的数量。但是焊丝中 Si，Mn 的含量过多也不行。Si 含量过高会降低焊缝的抗热裂纹能力；Mn 含量过高会使焊缝金属的冲击值下降。

此外，Si 和 Mn 之间的比例还必须适当，否则不能很好地结合成硅酸盐浮出熔池，而会有一部分 SiO_2 或者 MnO 夹杂物残留在焊缝中，使焊缝的塑性和冲击值下降。

根据试验，焊接低碳钢和低合金钢用的焊丝，一般 $w(Si)$ 为 1% 左右。经过在电弧中和熔池中烧损和脱氧后，还可在焊缝金属中剩下约 0.4% ~0.5%。焊丝中 $w(Mn)$ 一般为 1% ~2% 左右。

3.4.2 CO_2焊的气孔及防止

CO_2焊时，由于熔池表面没有熔渣覆盖，CO_2气流又有冷却作用，因而熔池凝固比较快。如果焊接材料或焊接工艺处理不当，可能会出现 CO 气孔、氮气孔和氢气孔。

1. CO 气孔

在焊接熔池开始结晶或结晶过程中，熔池中的 C 与 FeO 反应生成的 CO 气体来不及逸出，而形成 CO 气孔。这类气孔通常出现在焊缝的根部或近表面的部位，且多呈针尖状。

CO 气孔产生的主要原因是焊丝中脱氧剂不足，并且含 C 量过多。要防止产生 CO 气孔，必须选用含足够脱氧剂的焊丝，且焊丝中的含碳量要低，抑制 C 与 FeO 的氧化反应。如果母材的含碳量较高，则在工艺上应选用较大热输入的焊接参数，增加熔池停留的时间，以利于 CO 气体的逸出。

所以在 CO_2焊中，只要焊丝选择适当，产生 CO 气孔的可能性是很小的。

2. 氮气孔

在电弧高温下，熔池金属对 N_2 有很大的溶解度。但当熔池温度下降时，N_2在液态金属中的溶解度便迅速减小，就会析出大量 N_2，若未能逸出熔池，便生成 N_2气孔。N_2气孔常出现在焊缝近表面的部位，呈蜂窝状分布，严重时还会以细小气孔的形式广泛分布在焊缝金属之中。这种细小气孔往往在金相检验中才能被发现，或者在水压试验时被扩大成渗透性缺陷而表露出来。

氮气孔产生的主要原因是保护气层遭到破坏，使大量空气侵入焊接区。造成保护气层破坏的因素有：使用的 CO_2保护气体纯度不合要求；CO_2气体流量过小；喷嘴被飞溅物部分堵塞；喷嘴与焊件距离过大及焊接场地有侧向风等。要避免 N_2气孔，必须改善气体保护效果。要选用纯度合格的 CO_2气体，焊接时采用适当的气体流量参数；要检验从气瓶至焊枪的气路是否有漏气或阻塞；要增加室外焊接的防风措施。此外，在野外施工中最好选用含有固氮元素（如 Ti，Al）的焊丝。

3. 氢气孔

氢气孔产生的主要原因是，熔池在高温时溶入了大量氢气，在结晶过程中又不能充分排出，留在焊缝金属中成为气孔。

氢的来源是焊件、焊丝表面的油污及铁锈，以及 CO_2气体中所含的水分。油污为碳氢化合物，铁锈是含结晶水的氧化铁。它们在电弧的高温下都能分解出氢气。氢气在电弧中还会被进一步电离,然后以离子形态很容易溶入熔池。熔池结晶时,由于氢的溶解度陡然下降,析出的氢气如不能排出熔池,则在焊缝金属中形成圆球形的气孔。

要避免H_2气孔,就要杜绝氢的来源。应去除焊件及焊丝上的铁锈、油污及其他杂质,更重要的要注意CO_2气体中的含水量。因为CO_2气体中的水分常常是引起氢气孔的主要原因。

CO_2气体具有氧化性,可以抑制氢气孔的产生,只要焊前对CO_2气体进行干燥处理,去除水分,清除焊丝和焊件表面的杂质,产生氢气孔的可能性很小。

3.4.3 CO_2焊的飞溅及防止

1. 飞溅产生的原因

飞溅是CO_2焊最主要的缺点,严重时甚至要影响焊接过程的正常进行。产生飞溅的主要原因如下:

①气体爆炸引起的飞溅。熔滴过渡时,由于熔滴中的FeO与C反应产生的CO气体,在电弧高温下急剧膨胀,使熔滴爆破而引起金属飞溅。

②由电弧斑点压力而引起的飞溅。因CO_2气体高温分解吸收大量电弧热量,对电弧的冷却作用较强,使电弧电场强度提高,电弧收缩,弧根面积减小,增大了电弧的斑点压力,熔滴在斑点压力的作用下十分不稳定,形成飞溅。用直流正接法时,熔滴受斑点压力大,飞溅也大。

③短路过渡时由于液态小桥爆断引起的飞溅。当熔滴与熔池接触时,由熔滴把焊丝与熔池连接起来,形成液体小桥。随着短路电流的增加,使液体小桥金属迅速的加热,最后导致小桥金属发生汽化爆炸,引起飞溅。

④当焊接参数选择不当时,也会引起飞溅。

2. 减少金属飞溅的措施

(1)正确选择焊接参数

①焊接电流与电弧电压。CO_2气体保护焊时,不同直径的焊丝,其飞溅率和焊接电流之间的关系如图3-12所示。在短路过渡区飞溅率较小,细滴过渡区飞溅率也较小,而混合过渡区飞溅率最大。以直径1.2 mm焊丝为例,电流小于150 A或大于300 A飞溅率都较小,介于两者之间则飞溅率较大。在选择焊接电流时应尽可能避开飞溅率高的混合过渡区。电弧电压则应与焊接电流匹配。

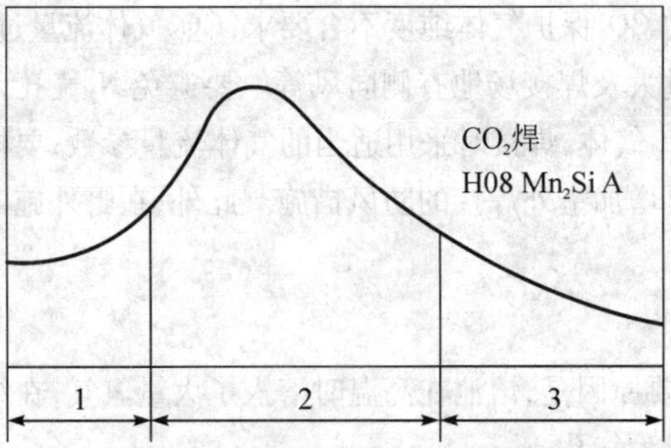

图3-12 CO_2焊飞溅损失与电流的关系

1—短路过渡区 2—混合过渡区 3—细滴过渡区

②焊丝伸出长度。一般焊丝伸出长度越长，飞溅率越高。例如直径1.2 mm焊丝，焊丝伸出长度从20 mm增至30 mm，飞溅率约增加5%。所以在保证不堵塞喷嘴的情况下，应尽可能缩短焊丝伸出长度。

③焊枪角度。焊枪垂直时飞溅量最少，倾斜角度越大，飞溅越多。焊枪前倾或后倾最好不超过20°。

(2)细滴过渡时在CO_2中加入Ar气

CO_2气体的物理性质决定了电弧的斑点压力较大，这是CO_2气体保护焊产生飞溅的最主要原因。在CO_2气体中加入Ar气后，改变了纯CO_2气体的物理性质。随着Ar气比例增大，飞溅逐渐减少，见图3－13。由图中可见，飞溅损失变化最显著的是细滴直径大于0.8 mm的飞溅，对直径小于0.8 mm的细滴飞溅影响不大。

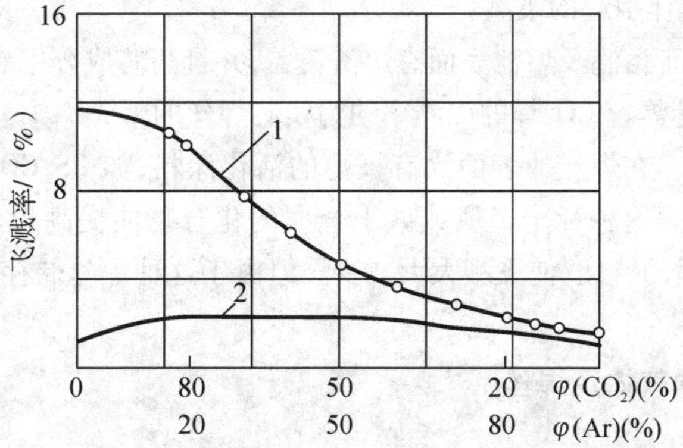

图3－13　CO_2 + Ar混合气体中飞溅率

1—细滴直径>0.8 mm　2—细滴直径<0.8 mm

(焊丝直径1.2 mm　电流250 A　电弧电压30 V)

混合气体的成本虽然比纯CO_2气体高，但可从材料损失降低和节省清理飞溅的辅助时间上得到补偿。所以采用CO_2 + Ar混合气体，总成本还有减低的趋势。另外，CO_2 + Ar混合气体的焊缝金属低温韧性值也比纯CO_2气体高。

(3)短路过渡时限制金属液桥爆断能量

短路过渡CO_2气体保护焊接时，当熔滴与熔池接触形成短路后，如果短路电流的增长速率过快，使液桥金属迅速地加热，造成了热量的聚集，将导致金属液桥爆裂而产生飞溅。因此必须设法使短路液桥的金属过渡趋于平缓。目前具体的方法有如下几种：

①在焊接回路中串接附加电感。电感越大，短路电流增长速度越小。焊丝直径不同，串接相同的电感值时，短路电流增长速度不同。焊丝直径粗，短路电流增长速度大；焊丝直径细，短路电流增长速度小。短路电流增长速度应与焊丝的最佳短路频率相适应，细焊丝熔化快，熔滴过渡的周期短，因此需要较大的电流增长速度，要求串接的附加电感值较小。粗焊丝熔化慢，熔滴过渡的周期长，则要求较小的电流增长速度，应串接较大的附加电感。通常，焊接回路内的电感值在0～0.2mH范围内变化时，对短路电流上升速度的影响最明显。因此适当的调整附加电感值，可以有效地减少金属飞溅。这种方法的优点是设备简单，效果明显。缺点是控制不够精确，适量调整不易。因而只能在一定程度上减少飞溅。

②电流切换法。在每个熔滴过渡过程中，液桥缩颈达到临界尺寸之前，允许短路电流有

较大的自然增长，以产生足够的电磁收缩力。一旦缩颈尺寸达到临界值，便立即进行电流切换，迅速将电流从高值切换到低值，使液桥缩颈在小电流下爆断。就消除了液桥爆断产生飞溅的因素。据试验，若将电流从 400 A 降至 30 A，飞溅率可降低至 2% ~3%。

③电流波形控制法。通过控制电流的波形，使金属液桥在较低的电流时断开，液桥断开、电弧再引燃后，立即施加电流脉冲，增加电弧热能，使熔化金属的温度提高。而在将临短路时，再由高值电流改变成低值电流，短路时的电流值较低，但处于高温状态的熔滴形成的短路液桥温度较高，很容易发生流动，再施加很少的能量就能实现金属的过渡与爆断。从而限制了金属液桥爆断的能量，因此能够降低金属飞溅。电流波形控制法的缺点是设备复杂。

(4)采用低飞溅率焊丝

①超低碳焊丝。在短路过渡或细滴过渡的 CO_2 气体保护焊中，采用超低碳的合金钢焊丝，能够减少由 CO 气体引起的飞溅。

②药芯焊丝。由于熔滴及熔池表面有熔渣覆盖，并且药芯成分中有稳弧剂，因此电弧稳定，飞溅少。通常药芯焊丝 CO_2 焊的飞溅率约为实芯焊丝的 1/3。

③活化处理焊丝。在焊丝的表面涂有极薄的活化涂料，如 CS_2CO_3 与 K_2CO_3 的混合物，采用直流正极性焊接。这种稀土金属或碱土金属的化合物能提高焊丝金属发射电子的能力，从而改善 CO_2 电弧的特性，使飞溅大大减少。但由于这种焊丝储存、使用比较困难，所以应用还不广泛。

3.4.4 CO_2 焊的气体及焊丝

1. CO_2 气体

(1) CO_2 气体的性质

CO_2 气体是无色、无味和无毒气体。在常温下它的密度为 1.98 kg/m^3，约为空气的 1.5 倍。在常温时很稳定，但在高温时发生分解，至 5000 K 时几乎能全部分解。

CO_2 有 3 种形态：固态、液态和气态。其转变的方式比较特殊，气态的 CO_2 只有受到压缩才能变成液态。常压冷却时，CO_2 气体将直接变成固态的干冰。固态的干冰在温度升高时也只能直接变成气态，而不经过液态的转变。但是，固态 CO_2 不适于在焊接中使用，因为空气中的水分会冷凝在干冰的表面上，使 CO_2 气体中带有大量的水分。因此，用于 CO_2 气体保护焊的是由瓶装液态 CO_2 所产生的 CO_2 气体。

气体在较高压力下能变成液体，液态 CO_2 的密度随温度有很大变化。当温度低于 -11℃时比水重，而当温度高于 -11℃时比水轻。由于 CO_2 由液态变为气态的沸点很低，为 -78.9 ℃，所以工业用 CO_2 都是使用液态的，常温下它自己就气化。在 0℃和 101.3kPa(1 个大气压)下，1kg 液态 CO_2 可以气化成 509L 的气态 CO_2。通常容量为 40L 的标准钢瓶内，可以灌入 25kg 的液态 CO_2，约占钢瓶容积的 80%，其余 20% 左右的空间则充满气化了的 CO_2。一瓶液态 CO_2 可以汽化成 12 725 L 气体，若焊接时气体流量为 15 L/min 时，可以连续使用 14 h 左右。

气瓶的压力与环境温度有关，当温度为 0 ~20℃时，瓶中压力为 $4.5 \sim 6.8 \times 10^6$ Pa(40 ~60 大气压)，当环境温度在 30℃以上时，瓶中压力急剧增加，可达 7.4×10^6 Pa(73 大气压)以上。所以气瓶不得放在火炉、暖气等热源附近，也不得放在烈日下爆晒，以防发生爆炸。

(2)提高 CO_2气体纯度的措施

目前许多厂家生产的 CO_2气体纯度不稳定,为确保 CO_2气体的纯度,可采取如下措施:

①洗瓶后应该用热空气吹干因为洗瓶后在钢瓶中往往残留较多的自由状态水。

②倒置排水液态的 CO_2可溶解质量分数约 0.05% 的水分,另外还有一部分自由态的水分沉积于钢瓶的底部。焊接使用前首先应去掉自由态水分。可将 CO_2钢瓶倒立静置 1 ~ 2 h,以便使瓶中自由状态的水沉积到瓶口部位,然后打开阀门放水 2 ~ 3 次,每次放水间隔 30 min,放水结束后,把钢瓶恢复放正。

③正置放气放水处理后,将气瓶正置 2 h,打开阀门放气 2 ~ 3 min,放掉一些气瓶上部的气体,因这部分气体通常含有较多的空气和水分,同时带走瓶阀中的空气。

④使用干燥器可在焊接供气的气路中串接过滤式干燥器。用以干燥含水较多的 CO_2气体。

⑤使用时注意瓶中的压力在环境温度不变的情况下,只要瓶中存在着液态 CO_2,则液态 CO_2上方的气体压力就不会变化,CO_2气体中的水分含量也是不变化的。但当液态 CO_2挥发完后,气体的压力将随着气体的消耗而下降。气体压力越低,水气分解压越是相对地增大,水分挥发量越多,当瓶中气体压力低于 1×10^6 Pa (10 个大气压)时,CO_2气体的含水量急剧增加,这将引起在焊缝中形成气孔。所以低于该压力时不得再继续使用。

2. 焊丝

CO_2焊焊丝既是填充金属又是电极,所以焊丝既要保证一定的化学成分和力学性能,又要保证具有良好的导电性和工艺性能。

(1)对焊丝的要求

①脱氧剂。焊丝必须含有一定数量的脱氧剂,以防止产生气孔,减少飞溅并提高焊缝金属的力学性能。用于低碳钢和低合金钢 CO_2气体保护焊的焊丝,主要的脱氧剂是 Si 和 Mn。其成分含量范围 w(Si)为 0.5% ~1%、w(Mn)为 1% ~2.5%。Mn,Si 比约为 1.2 ~2.5,发挥 Si - Mn 联合脱氧的有利作用。

②C,S,P。焊丝的含碳量要低,要求 w(C) <0.11%,这对于避免气孔及减少飞溅是很重要的。对于一般焊丝要求硫及磷含量均为 w(S,P) <0.04%;对于高性能的优质 CO_2焊丝,则要求硫及磷含量均为 w(S, P) <0.03%。

③镀铜。为防锈及提高导电性,焊丝表面最好镀铜。但镀铜焊丝的含铜量不能太大,否则会形成低熔共晶体,影响焊缝金属的抗裂能力。要求镀铜焊丝的 w(Cu)不大于 0.5%。

(2)焊丝牌号和化学成分

目前我国 CO_2气体保护焊用的主要焊丝品种是 H08Mn2Si 类型,牌号中带有 A 符号的为优质焊丝,其杂质 S 和 P 的含量限制得比较严格。

这类焊丝采取 Si,Mn 联合脱氧,具有很好的抗气孔能力。Si 和 Mn 元素也起合金化的作用,使焊缝金属具有较高的力学性能。此外,焊丝的 w(C)限制在 0.11% 以下,有利于减少焊接时的飞溅。

CO_2焊用焊丝的化学成分及焊缝力学性能见表 3 - 3 和表 3 - 4。

表 3-3 焊丝的牌号和化学成分要求

焊丝牌号	化学成分(质量分数,%)									
	C	Mn	Si	P	S	Cr	Ni	Cu	Mo	V
H08MnSi	≤0.11	1.20~1.50	0.40~0.70	≤0.035	≤0.035	≤0.20	≤0.30	≤0.20	—	—
H08Mn2Si	≤0.11	1.70~2.10	0.65~0.95	≤0.035	≤0.035	≤0.20	≤0.30	≤0.20	—	—
H08Mn2SiA	≤0.11	1.80~2.10	0.65~0.95	≤0.030	≤0.030	≤0.20	≤0.30	≤0.20	—	—
H11MnSi	0.07~0.15	1.00~1.50	0.65~0.95	≤0.025	≤0.035	—	≤0.15	—	≤0.15	≤0.05
H11Mn2SiA	0.07~0.15	1.40~1.85	0.85~1.15	≤0.025	≤0.025	—	≤0.15	—	≤0.15	≤0.05

表 3-4 焊缝力学性能要求

焊丝牌号	抗拉强度 σ_b/MPa	条件屈服应力 $\sigma_{0.2}$/MPa	伸长率/δ_5(%)	室温冲击吸收功 A_{KV}/J
H08MnSi	420~520	≥320	≥22	≥27
H08Mn2Si	≥500	≥420	≥22	≥27
H08Mn2 SiA	≥500	≥420	≥22	≥47
H11MnSi	≥500	≥420	≥22	—
H11Mn2SiA	≥500	≥420	≥22	≥27

(3)焊丝的分类

焊丝的分类方法很多,按所用的焊接方法可分为埋弧焊焊丝、电渣焊焊丝、气保护或自保护焊焊丝、堆焊焊丝、气焊焊丝等。按制造方法的不同可分为实芯焊丝和药芯焊丝。按被焊材料的不同可分为碳钢焊丝、低合金钢焊丝、不锈钢焊丝、有色金属焊丝等。

CO_2气体保护焊用焊丝,按焊丝的制造方法不同,可分为实芯焊丝、药芯焊丝(自保护药芯焊丝和气保护药芯焊丝)。

CO_2气体保护焊用焊丝的制造质量,应从焊丝内在质量和外部质量两方面满足焊接要求。

①焊丝的内在质量。

a. CO_2气体保护焊过程中,C容易被氧化生成CO气,是造成焊缝出现CO气孔和产生焊接飞溅的重要原因,所以,焊丝中的含碳量不宜太高。

b. 焊丝中Si,Mn等脱氧元素含量要适当。焊丝中的Si,Mn含量应有一个适当的配合比例,通常Mn和Si的配合比在2.0~4.5之间为宜。为了增强抗N_2气孔的能力,焊丝中还要加入适当的Ti,A1等合金元素,这样不仅能进一步提高焊缝脱氧能力,而且还有利于提高焊缝抗N_2气孔的能力,此外,合金元素Ti还可以起到细化焊缝金属晶粒的作用。

c. 为确保不同的母材焊接接头的强度要求,焊接不同母材所用的焊丝中合金元素含量要适当。

②焊丝的外部质量。

a. 焊丝表面通常是镀铜的,镀铜的主要作用是:

防止焊丝在运输、储存过程中生锈。

焊丝表面镀铜,改善了焊接过程的导电性。

焊丝表面镀铜,减小了焊接过程中的送丝阻力。

焊丝的镀铜层要牢固,否则,焊接过程中,镀铜层在焊丝送丝软管中脱落,堵塞软管,增加送丝阻力,严重时会造成焊接过程中送丝速度不稳定,影响焊缝质量。焊丝的镀铜层不要太厚,过厚的焊丝镀铜层熔化后,会增加焊缝金属铜元素的含量,从而降低焊缝金属力学性能。

b. 焊丝表面要清洁,无油、污、锈、垢等。焊丝表面光滑平整,不应有毛刺、划痕和氧化皮。

c. 焊丝应具有一定的挺度,特别是用细焊丝进行 CO_2 气体保护焊时,过软的焊丝在送丝阻力稍大时会造成送丝不稳定,影响焊接质量。

d. 焊丝应缠绕规整,成盘包装,以便在焊接的时候使用。同时,焊丝在缠绕过程中,不允许焊丝有硬折弯或打结,否则会影响焊接过程中焊丝的等速送进,降低焊缝质量。

(4)焊丝的型号与牌号。

①CO_2气体保护焊焊丝型号与牌号。

a. 焊丝的型号。根据 GB/T 8110—1995《气体保护焊用碳钢、低合金钢焊丝》规定,焊丝的型号是按强度级别和成分类型命名的。

ER xx—xx

- xx(后):表示焊丝化学成分分类代号
- xx(前):表示熔敷金属的抗拉强度最小值
- ER:表示焊丝(实芯焊丝)

焊丝型号举例:

ER—55—B_2—Mn

- Mn:表示焊丝含有锰元素
- B_2:表示焊丝化学成分分类代号
- 55:表示熔敷金属抗拉强度最低值为550 MPa
- ER:表示为焊丝

b. 焊丝的牌号。焊丝的牌号是对焊丝产品的具体命名,可以由生产厂家制定,也可以由行业组织统一命名,制定全国焊材行业统一牌号。每种焊丝只有一个牌号,但多种牌号的焊丝可以同时对应于一种型号。每一牌号的焊丝必须按国家标准要求,在产品包装上或产品样本上注明该产品是"符合国标""相当国标"或不加标注(即与国标不符),以便用户结合焊接产品的技术要求,对照标准予以选用。

除气体保护焊用碳钢及低合金钢焊丝外,根据 GB/T 14957—1994《熔化焊用钢丝》、GB/T 5293—1999《埋弧焊用碳钢焊丝和焊剂》、GB/T 17854—1999《埋弧焊用不锈钢焊丝和焊剂》及 YB/T 5092—2005《焊接用不锈钢丝》的规定,实芯焊丝的牌号都是以字母"H"开头,后面以元素符号及数字表示该元素的近似含量。

焊丝牌号具体编制方法:

H xx x x A(或E)

- E:高级优质品(P,S等杂质含量更低)
- A:优质品
- x:数字,表示钙元素的近似含量
- x:表示焊丝含有某元素的化学符号
- xx:一位或两位数字,表示含碳量的平均约数
- H:表示焊丝

焊丝牌号举例：

H 08 Mn_2 Si A

- A——优质品(P，S的质量分数均不大于0.03%)
- Si——Si的质量分数不大于1%
- Mn_2——Mn的质量分数约为2%
- 08——C的质量分数约为0.08%
- H——焊丝

②药芯焊丝型号和牌号。

a. 药芯焊丝型号。

• 碳钢药芯焊丝型号：GB/T 10045—2001（碳钢药芯焊丝）标准规定，碳钢药芯焊丝型号是根据其熔敷金属力学性能、焊接位置及焊丝类别特点（保护类型、电流类型及渣系特点等）进行划分的，与 GB/T 10045—1988 标准相比，有较大区别。因为在 GB/T 10045—1988 标准中，其型号是根据药芯类型、是否采用外部保护气体、焊接电流种类以及对单道焊和多道焊的适用性进行分类的。焊丝型号由焊丝类型代号和焊缝金属的力学性能标注两部分组成。

碳钢药芯焊丝型号（GB/T 10045—2001）编制方法：

E 50 1 T—1 M L

- L——焊丝熔敷金属V形缺口，冲击功在-40℃不小于27J无“L”时，焊丝熔敷金属冲击功符合一般要求
- M——$\Phi(Ar)75\%\sim80\%+\Phi(CO_2)25\%\sim20\%$无“M”时表示保护气体为$CO_2$气或自保护类型
- 1——表示焊丝类别特点：外加保护气体、直流电源、焊丝接正极，用于单道或多道焊
- T——表示药芯焊丝
- 1——表示焊接位置为全位置(“0”表示平焊或横焊位置，“1”表示全位置)
- 50——表示熔敷金属抗拉强度最低值为480MPa
- E——表示焊丝

• 低合金钢药芯焊丝型号：根据 GB/T 17493—1998（低合金钢药芯焊丝）标准规定，低合金钢药芯焊丝型号，是根据其熔敷金属力学性质、焊接位置、焊丝类别特点（保护类型、电流类型、渣系特点等）及溶敷金属化学成分进行划分的。

低合金钢药芯焊丝型号编制方法：

E xx x Tx—xx

- xx——表示熔敷金属化学成分分类代号
- Tx——表示药芯焊丝类别特点、熔渣保护类型、电流类型及极性
- x——表示推荐的焊接位置(“0”表示平焊或横焊位置，“1”表示全位置)
- xx——表示熔敷金属的力学性能
- E——表示焊丝

低合金钢药芯焊丝举例：

E 60 1 T1—B3

- B3：焊丝化学成分分类代号
- T1：表示药芯焊丝类别特点、渣系以金红石为主体，外加CO2保护气，直流，焊丝接正极，熔滴成喷射或细滴过渡
- 1：推荐用于全位置焊接
- 60：熔敷金属抗拉强度范围为620~760MPa，最小屈服强度为540MPa，最小伸长率为17%
- E：表示焊丝

• 不锈钢药芯焊丝型号：根据 GB/T 17853—1999《不锈钢药芯焊丝》标准规定，不锈钢药芯焊丝型号是根据其熔敷金属化学成分、焊接位置、保护气体及焊接电流种类来划分的。

不锈钢药芯焊丝型号编制方法：

x xxx x T x—x

- 最后的x：数字，表示保护气体及焊丝电流类型
- T后的x：表示推荐的焊接位置（“0”表示平焊或横焊位置，“1”表示全位置）
- T：表示药芯焊丝
- 第三组x：表示熔敷金属中含有特殊要求的元素
- xxx：三位或四位数字，表示熔敷金属化学成分分类代号
- 第一个x：E:表示焊丝 R:表示填充焊丝

部分型号的焊丝对应的保护气体、电流类型及焊接方法示例见表 3－5。

表 3－5 保护气体、电流类型及焊接方法

型号	保护气体	电流类型	焊接方法
E x x xTx—3	CO_2		
E x x x T x—3	无（自保护）	直流反接	FCAW
E x x xT x—4	75% ~80%（体积分数）Ar + CO_2		
R x x x T1—5	Ar	直流正接	GTAW
Ex x x T x—G	不规定	不规定	FCAW
R x x x T1—G			GTAW

注：FCAW 为药芯焊丝电弧焊，GTAW 为钨极惰性气体保护焊。

不锈钢药芯焊丝型号举例：

E 308 Mo T 0—3

- 3：表示自保护型，采用直流反接焊接
- 0：表示焊丝适用于平焊或横焊位置焊接
- T：表示药芯焊丝
- Mo：表示熔敷金属中Mo含量有特殊要求
- 308：表示熔敷金属化学成分分类代号
- E：表示焊丝

R 347 T 1—5

- 5：表示自保气体是纯Ar，采用直流正接焊接
- 1：表示焊丝适用于全位置焊接
- T：表示药芯焊丝
- 347：表示熔敷金属化学成分分类代号
- R：表示填充焊丝

b. 药芯焊丝牌号。

药芯焊丝牌号是由生产厂家自行编制的，随着焊丝应用的广泛，为了便于用户选用，国家曾制定了统一牌号，如 YJ501—1。如今，焊丝市场发展迅速，各个厂家为了区别其他厂家的产品，通常在国家制定的统一牌号前面冠以企业名称代号，如 PK—YJ507—1（北京），AT—YJ507—1（安泰），有的就另行编制，如 SQJ507（天津三英），SF50（上海）等。

国家制定的统一牌号编制方法如下：

Y J xx x x—x

- x（末位）：数字，表示焊接时保护类型代号
- x：其主要作用的元素或表示主要用途的字母（一般不超过2个）
- x：数字，表示渣系和电流种类　"1"为金红石型　"2"为碳钙型　"7"为碱性渣系
- xx：表示熔敷金属特性（力学性能或化学成分分类）
- J：表示焊丝主要用途　"J"为结构钢　"A"为奥氏体铬镍不锈钢　"G"为铬不锈钢　"R"为耐热钢　"D"为堆焊
- Y：药芯焊丝

药芯焊丝几种牌号及对应保护类型代号举例见表 3 -6。

表 3 -6　保护类型代号

牌号	保护类型	牌号	保护类型
YJ x x x—1	气保护	YJx x x—3	气保护与自保护
YJ x x x—2	自保护	YJ x x x	其他保护形式

药芯焊丝牌号举例：

Y J 50 1 Ni—1

- 1：气保护
- Ni：添加元素Ni
- 1：金红石渣系，交直流两用
- 50：表示熔敷金属抗拉强度最低值为490MPa
- J：焊接结构用钢
- Y：药芯焊丝

（5）CO_2气体保护焊焊丝的选用

选用 CO_2气体保护焊焊丝时，必须根据焊件母材的化学成分、焊接接头的力学性能、焊接结构的拘束度、焊件焊后能否进行热处理以及焊缝金属的耐高温、耐低温、耐腐蚀等使用条件进行综合考虑，然后经过焊接工艺评定，符合焊接结构的技术要求后予以确定。

①碳钢和低合金钢焊丝的选用。采用 CO_2 气体保护焊焊接热轧钢、正火钢以及焊态下使用的低碳调质钢时，首先考虑的是焊缝金属力学性能与焊缝母材相接近或相等，焊缝金属的化学成分与焊缝母材化学成分是否相同则放在次要考虑。焊接拘束度大的焊接结构时，为防止产生焊接裂纹，可采用低匹配原则、即选用焊缝金属的强度稍低于焊件母材的强度。按等强度要求选用焊丝时，应充分考虑焊件的板厚、接头形式、坡口形状、焊缝的分布及焊接热输入等因素对焊缝金属力学性能的影响。

焊接中碳调质钢前选择焊丝时，在严格控制焊缝金属中 S，P 等杂质含量的同时，还应确保焊缝金属主要合金成分与母材合金成分相近，以保证焊后调质时，能获得焊缝金属的力学性能与母材一致。

焊接两种强度等级不同的母材时，应根据强度等级低的母材选择焊丝，焊缝的塑性不应低于较低塑性的母材，焊接参数的制定，应适合焊接性较差的母材。

②碳钢和低合金钢药芯焊丝的选用。碱性药芯焊丝焊接的焊缝金属的塑性、韧性和抗裂性好，碱性熔渣相对流动性较好，便于焊接熔池、熔渣之间的气体逸出，减小焊缝生成气孔的倾向。碱性熔渣中的氟化物（CaF_2等）又可以阻止氢溶解到焊接熔池中，使焊缝中扩散氢含量很低，所以，碱性药芯焊丝对表面涂有防锈剂的钢板具有较强的抗气孔和抗凹坑能力，对涂有氧化铁型和硫化物型涂料底漆的钢板也有较好的焊接效果。碱性药芯焊丝的不足之处是：焊道成凸形，飞溅较大；焊接过程中，焊丝熔滴呈粗颗粒过渡；焊接熔渣的流动性太大，不容易实现全位置焊接；焊接过程中，容易造成未熔合等缺陷。所以，近年来碱性药芯焊丝正在逐步被钛型药芯焊丝取代。

钛型药芯焊丝又称为金红石型焊丝，这种焊丝属于酸性渣系，熔渣流动性好，凝固温度范围很小，适用于全位置焊接。焊接过程中电弧稳定，焊丝熔滴成喷射过渡，大大提高了药芯焊丝的力学性能，特别是焊缝金属的低温韧性。钛型药芯焊丝在药芯焊丝中占主导地位。

③耐热钢焊丝的选用。含有一定量的 Cr，Mo 元素的低合金耐热钢，多用于制造锅炉、石油工业炼油设备、合成化学工业设备以及高温高压抗氢材料等，在使用过程中，要求钢材和焊接接头在高温和压力作用下，具有化学稳定性和足够的抗蠕变性能以及持久强度。

选择 Cr－Mo 耐热钢焊接用的焊丝，首先，保证焊缝的化学成分和力学性能应与母材尽量一致，使焊缝在工作温度下，具有一定的高温强度、良好的抗氧化性和抵抗气体介质腐蚀能力。其次，在考虑焊丝焊接性的同时，应避免选用杂质含量较高或强度过高的焊丝。Cr－Mo 耐热钢焊丝中碳的质量分数应控制在 0.07%～0.12% 之间，含碳量过低会降低 Cr－Mo 耐热钢焊缝的高温强度，含碳量过高又容易出现焊缝结晶裂纹，近年来，为了降低焊前预热温度，甚至不预热，提高 Cr－Mo 耐热钢焊缝的抗裂性能、焊丝多选用 $w(\mathrm{C}) \leq 0.04\%$ 的超低碳 Cr－Mo 耐热钢焊丝。

焊接大刚度、焊后不能热处理的 Cr－Mo 耐热钢结构件以及焊接缺陷的补焊和焊接性较差的耐热钢（如 12Cr5Mo）时，应该选用塑性好、强度低、溶氢量大的 Cr－Ni 奥氏体型焊丝进行不预热焊接，以达到提高焊接接头韧性、降低焊接应力、防止产生焊接裂纹。在循环加热和冷却条件下工作的 Cr－Mo 耐热钢焊接结构，不适宜使用 Cr－Ni 型焊丝焊接，因为 Cr－Ni 型焊丝与 Cr－Mo 耐热钢热膨胀系数相差很大，在使用过程中由于热应力的作用，引起焊接结构开裂。

④低温钢焊丝的选用。低温钢是制造(-25 ~ -253℃)低温下工作的焊接结构专用钢材。在使用过程中,应确保在低温工作的条件下,具有足够的强度、塑性、韧性和良好的焊接性,回火脆性和应变时效脆性的敏感性要小,在低于最低工作温度时,钢材和焊接接头区具有足够的抗断裂能力,从而达到在低温下安全使用的目的。

焊接低温钢用的焊丝,无论是实芯焊丝还是药芯焊丝,大都采用与被焊母材含 Ni 量相当的镍合金化的低合金钢焊丝,焊丝中的 C,S,P 等杂质含量越低越好。如果在焊丝中添加微量的 Ti 和 B 元素,可以起到细化焊缝晶粒作用,从而提高焊缝的韧性。低温钢药芯焊丝按渣系分类有钛型渣系、碱性渣系和金属粉型渣系。

钛型低温钢药芯焊丝,具有良好的全位置焊接操作性,焊道美观,但扩散氢含量偏高,焊缝金属韧性及抗裂性不如碱性渣系的药芯焊丝。碱性渣系低温钢药芯焊丝,虽然低温韧性和抗裂性较钛型低温钢药芯焊丝好,但焊接工艺性较差。近年来,在钛型药芯焊丝的焊粉中加入强氧化元素和去氢组元,提高焊缝熔池的脱氧和去氢效果,使该焊丝既具有钛型药芯焊丝的焊接工艺好的优点,又具有碱性药芯焊丝抗裂性能高的特点。该钛型低温钢药 芯焊丝,能控制焊缝金属的氧的质量分数在 $6 \times 10^2\%$ 左右,扩散氢含量在 5 mL/100 g 以下。

⑤耐候钢焊丝的选用。耐候钢具有一定的耐大气腐蚀及海水腐蚀性能,由于钢中含有少量的 Cu,P,Cr,Ni 等元素,其耐大气腐蚀能力比普通碳钢高 1/3 以上。

耐候钢焊接用焊丝,按其熔敷金属合金系统可分为 Cu-Cr 系、Cu-Cr-Ni 系和 Cu-Ni 系,焊缝金属抗拉强度分为 490 MPa 和 590 MPa 两种。选用焊丝时,焊丝的化学成分应与被焊耐候钢合金系统一致,由于 P 在焊缝中容易引起裂纹和脆化,所以,不选用在焊丝中添加 P 来提高耐候钢焊缝耐大气腐蚀的能力。

(6)焊丝的储存保管及使用中的管理

①焊丝的储存与保管。

a. 在仓库中储存未打开包装的焊丝,库房的保管条件为:室温 10 ~ 15℃(最高为 40℃)以上,最大相对湿度为 60%。

b. 存放焊丝的库房应保持空气流通,没有有害气体或腐蚀性介质(如 SO_2 等)。

c. 焊丝应放在货架上或垫板上,存放焊丝的货架或垫板距离墙或地面的距离应不小于 250 mm,防止焊丝受潮。

d. 进库的焊丝,每批都应有生产厂家的质量保证书和产品质量检验合格证书。焊丝的内包装上应有标签或其他方法标明焊丝的型号、国家标准号、生产批号、检验员号、焊丝的规格、净质量、制造厂名称及地址、生产日期等。

e. 焊丝在库房内应按类别、规格分别堆放,防止混用、误用。

f. 尽量减少焊丝在仓库内的存放期,按"先进先出"原则发放焊丝。

g. 发现包装破损或焊丝有锈迹时,要及时通报有关部门,经研究、确认之后再决定是否用于产品上的焊接。

②焊丝在使用中的保管。

a. 打开包装的焊丝,要防止油、污、锈、垢的污染,保持焊丝表面的洁净、干燥,并且在 2

天内用完。

b. 焊丝当天没用完，需要在送丝机内过夜时，要用防雨、雪的塑料布等将送丝机（或焊丝盘）罩住，以减少与空气中的潮湿气体接触。

c. 焊丝盘内剩余的焊丝若在3天以上的时间不用时，应从焊机的送丝机内取下，放回原包装内，并将包装的封口密封，然后再放入有良好保管条件的焊丝仓库内。

d. 对受潮较严重的焊丝，焊前应烘干，烘干温度为120～150℃，保温时间为1～2 h。

3.5 CO_2气体保护焊工艺

3.5.1 CO_2气体保护焊各工艺参数对其焊接的影响

焊接工艺参数对焊接质量和焊接生产率有很大的影响。为了获得优质的焊接接头，必须先搞清楚各焊接工艺参数对焊接的影响。

1. 焊丝直径

焊丝直径对焊接过程的电弧稳定、金属飞溅以及熔滴过渡等方面有显著影响。随着焊丝直径的加粗（或减细），则熔滴下落速度相应减小（或增大）；随着焊丝直径的加粗（或减细），则相应减慢（或加快）送丝速度，才能保证焊接过程的电弧稳定。随着焊丝直径加粗，焊接电流、焊接电压、飞溅颗粒等都相应增大，焊接电弧越不稳定，焊缝成形也相对较差。

2. 焊接电流

焊接电流除对焊接过程的电弧稳定、金属飞溅以及熔滴过渡等方面有影响外，还对焊缝宽度、熔深、余高有显著影响。通常随着焊接电流的增加，电弧电压会相应增加一些。因此随着电流的增加，焊缝熔宽和余高会随之增大一些，而熔深增大最明显。但是当焊接电流太大时，金属飞溅会相应增加，并容易产生烧穿及气孔等缺陷。反之，若焊接电流太小时，电弧不能连续燃烧，容易产生未焊透及焊缝表面成形不良等缺陷。

焊接电流与送丝成正比，也就是说送丝速度越快则焊接电流也越大。CO_2气体保护焊接电流的大小是由送丝速度来调节的。

焊接电流对焊丝的熔化影响也大。焊接电流与熔化速度关系，如图3－14所示。图中表明随着焊接电流的增大，焊丝熔化速度也增大。其中细焊丝的熔化速度增大更快些，这是因为细丝产生的电阻热较大。

3. 电弧电压

电弧电压是影响熔滴过渡、金属飞溅、电弧燃烧时间以及焊缝宽度的主要因素。在一般情况下，电弧电压越高，电弧笼罩也越大。于是熔宽增加，而熔深、余高却减小，焊接趾部易出现咬边；电弧电压过低，则电弧太短，焊丝容易伸入熔池，使电弧不稳定，焊缝易造成熔合不良（焊道易成为凸形）。

电弧电压也反映了弧长的大小。电弧电压越高，弧长也越长，则焊枪喷嘴到焊件的距离也越大，气体保护效果会越差，这样就易产生气孔。电弧电压与气孔的关系，如图3－15所示。

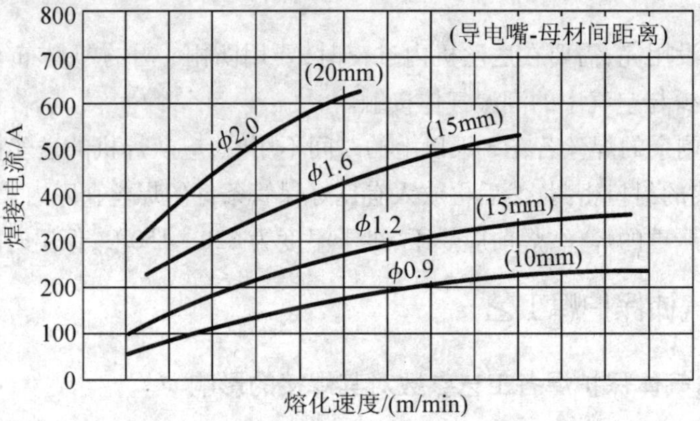

图 3－14　焊接电流与熔化速度的关系

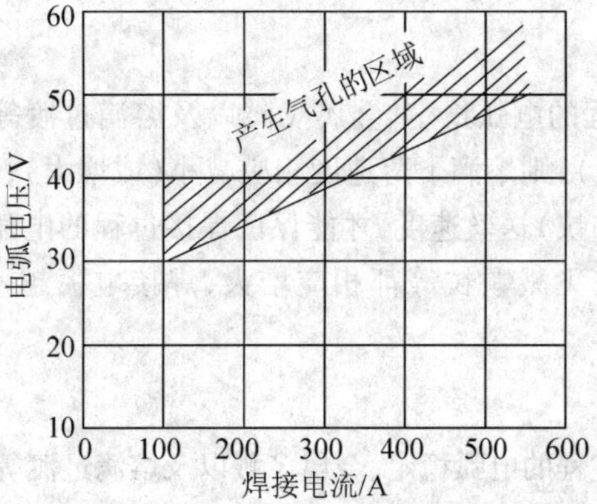

图 3－15　电弧电压与气孔的关系

4. 焊接速度

焊接速度对焊缝内部与外观的质量都有重要影响。在保持焊接电流和电弧电压一定的情况下，焊接速度加快则焊缝的熔深、熔宽和余高都会减小，焊道会成为凸形。焊接速度再加快，在焊接趾部易出现咬边。进一步提高焊接速度时出现驼峰焊道。相反焊速过低，熔池中液态金属将流到电弧前面，电弧在液态金属上面燃烧，从而使焊缝熔合不良，形成未焊透。

通常半自动焊时，当焊速低于 15 cm/min 时，焊枪移动不易均匀。而在焊速达 60 ~ 70 cm/min时，焊枪难以对准焊接线，所以通常焊接速度多为 30 ~ 50 cm/min。

5. 焊丝伸出长度

焊丝伸出长度是指焊接时导电嘴与焊件间的距离。焊丝伸出长度对焊接过程的稳定性影响比较大。当焊丝伸出长度增加时，焊丝的熔化速度加快，可以使生产率提高。焊丝伸出长度过大时，由于电阻热的作用，使焊丝的熔化速度相应加快，将引起电弧不稳，飞溅增加，焊缝外观不良和产生气孔；反之，焊丝伸出长度太短时，则焊接电流增大，并缩短了喷嘴与焊件间的距离，这样使喷嘴极易过热，容易堵塞喷嘴，从而影响气体流通。

焊丝伸出长度的大小还影响母材的热输入。焊丝伸出长度与焊接电流、熔深的关系，如图 3－16 所示。恒电压电源和等速送丝系统，当改变焊丝伸出长度时，焊接电流与熔深均发生变化。当伸出长度增大时，焊丝熔化的速度加快。而焊缝熔深及焊接电流减少，根据这一特点，在半自动焊接时焊工可以通过调节焊枪高度来调节输入。

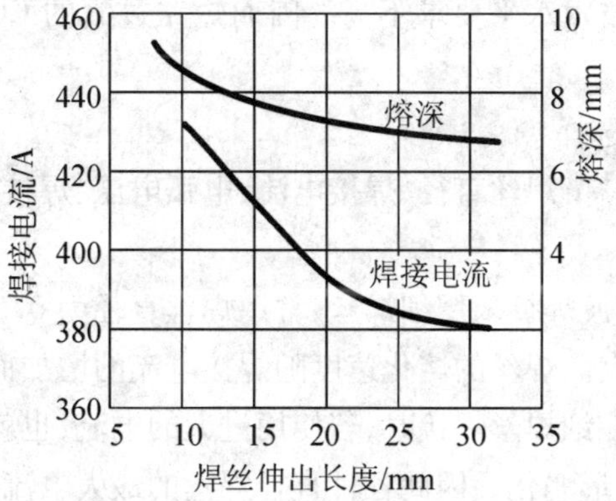

图 3-16　焊丝伸出长度与焊接电流、熔深的关系

6. **气体流量**

CO_2气体保护焊利用CO_2气体的屏蔽作用实现保护，气体流量、焊丝伸出长度及风的大小都是影响保护的主要因素。气体流量的大小与电流有关，在大电流时气体的流量则要大，为20~25 L/min。在工作环境有风时，应适当增大喷嘴直径，以便在大流量时仍可获得稳定的电弧。CO_2气体流量和风速上限的关系，见表3-7。通常实芯焊丝CO_2气体保护焊时，为得到可靠的保护效果，风速上限为4 m/s，如果风速超过这一上限值，则应采取必要的防风措施。

表 3-7　CO_2气体流量和风速上限的关系

喷嘴直径/mm	16	16	16	22	22	22
CO_2流量 L/min	25	30	36	25	30	35
风速上限 m/s	2.1	2.5	3.0	1.1	1.4	1.7

7. **焊枪倾角**

当其他焊接条件不变时，焊丝从垂直变为左焊法时，熔深减小而焊道变为较宽和较平。在平焊位置采用右焊法时，熔池被电弧力吹向后方，因此电弧能直接作用在母材上，而获得较大熔深，焊道变为窄而凸起，电弧较稳定和飞溅较小。对于各种焊接位置，焊丝的倾角大多选在10°范围内，这时可实现对熔池良好的控制和保护。

8. **电源极性**

CO_2气体保护焊时，电源极性对焊缝熔深、电弧稳定都有重要影响。为保证电弧的稳定燃烧，一般采用直流反接。采用正接时，焊丝熔化速度加快、焊缝熔深浅、余高增加，电弧燃烧没有反接稳定。

3.5.2　CO_2气体保护焊工艺

在CO_2气体保护焊中，为了获得稳定的焊接过程，熔滴过渡通常有两种形式，即短路过渡和细滴过渡。短路过渡焊接在我国应用最为广泛。

1. **短路过渡CO_2气体保护焊工艺**

(1)短路过渡焊接的特点

短路过渡时，采用细焊丝、低电压和小电流。熔滴细小而过渡频率高，电弧非常稳定，飞溅小，焊缝成形美观。主要用于焊接薄板及全位置焊接。焊接薄板时，生产率高、变形小，焊接操作容易掌握，对焊工技术水平要求不高。因而短路过渡的 CO_2 气体保护焊易于在生产中得到推广应用。

(2)焊接工艺参数的选择

主要的焊接工艺参数有：焊丝直径、焊接电流、电弧电压、焊接速度、保护气体流量、焊丝伸出长度及电感值等。

①焊丝直径。短路过渡焊接采用细焊丝，常用焊丝直径为 0.6 ~ 1.6 mm，随着焊丝直径的增大，飞溅颗粒相应增大。焊丝的熔化速度随焊接电流的增加而增加，在相同电流下焊丝越细，其熔化速度越高。在细焊丝焊接时，若使用过大的电流，也就是使用很大的送丝速度，将引起熔池翻腾和焊缝成形恶化。因此各种直径焊丝的最大电流要有一定的限制。

②焊接电流。焊接电流是重要的焊接参数，是决定焊缝厚度的主要因素。电流大小主要决定于熔化速度，如图 3 - 14 所示。从图中可以清楚看到，随着熔化速度的增加，焊接电流也增加，大致成正比关系。焊接电流的大小还与焊丝的外伸长及焊丝直径等有关。短路过渡形式焊接时，由于使用的焊接电流较小，因而飞溅较小，焊缝厚度较浅。

③电弧电压。短路过渡的电弧电压一般在 17 ~ 25 V 之间。因为短路过渡只有在较低的弧长情况下才能实现，所以电弧电压是一个非常关键的焊接参数，如果电弧电压选得过高(如大于 29 V)，则无论其他参数如何选择，都不能得到稳定的短路过渡过程。

短路过渡时焊接电流均在 200 A 以下，这时电弧电压均在较窄的范围(2 ~ 3 V)内变动。电弧电压与焊接电流的关系可用下式来计算：

$$U = 0.04I + (16 \pm 2)$$

电弧电压的选择与焊丝直径及焊接电流有关，它们之间存在着协调匹配的关系。细丝的电弧电压与焊接电流的匹配关系示于图 3 - 17。

短路过渡时不同直径焊丝相应选用的焊接电流、电弧电压的数值范围见表 3 - 8。

表 3 - 8　不同直径焊丝选用的焊接电流与焊接电压

焊丝直径/mm	电弧电压/V	焊接电流/A	焊丝直径/mm	电弧电压/V	焊接电流/A
0.5	17 ~ 19	30 ~ 70	1.2	19 ~ 23	90 ~ 200
0.8	18 ~ 21	50 ~ 100	1.6	22 ~ 26	14 ~ 300
1.0	18 ~ 22	70 ~ 120	—	—	—

④焊接速度。焊接速度对焊缝成形、接头的力学性能及气孔等缺陷的产生都有影响。在焊接电流和电弧电压一定的情况下，焊接速度加快时，焊缝厚度 S、宽度 c 和余高 h 均减小，如图 3 - 18 所示。

焊速过快时，会在焊趾部出现咬肉，甚至出现驼峰焊道。相反，速度过慢时，焊道变宽，在焊趾部会出现满溢。通常半自动 CO_2 气体保护焊时，熟练焊工的焊接速度为30 ~ 60 cm/min。

⑤保护气体流量。气体保护焊时，保护效果不好将发生气孔，甚至使焊缝成形变坏。在正常焊接情况下，保护气体流量与焊接电流有关，在 200 A 以下的薄板焊接时气体流量为 10

~15 L/min,在200 A以上的厚板焊接时气体流量为15~25 L/min。

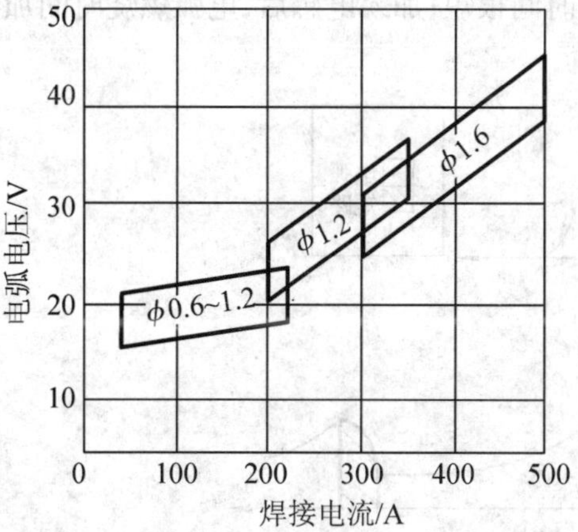

图3-17　电弧电压与焊接电流的关系

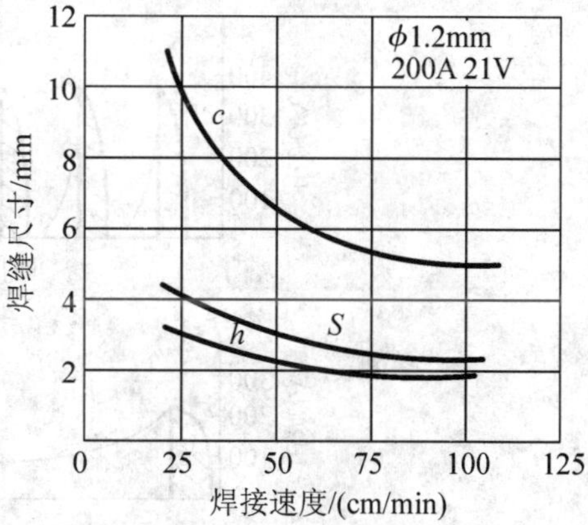

图3-18　焊接速度与焊缝成形的关系

影响气体保护效果的主要因素是保护气体流量不足、喷嘴高度过大、喷嘴上附着大量飞溅物和强风。特别是强风的影响十分显著,在强风的作用下,保护气流被吹散,使得熔池、电弧甚至焊丝端头暴露在空气中,破坏保护效果。风速在1.5 m/s以下时,对保护作用无影响。当风速大于2 m/s时,焊缝中的气孔明显增加。

⑥焊丝伸出长度。短路过渡焊接时采用的焊丝都比较细,因此焊丝伸出长度对焊丝熔化速度的影响很大。在焊接电流相同时,随着伸出长度增加,焊丝熔化速度也增加。换句话说,当送丝速度不变时,伸出长度越大,则电流越小,将使熔滴与熔池温度降低,造成热量不足,而引起未焊透。直径越细、电阻率越大的焊丝这种影响越大。图3-19所示为不锈钢焊丝伸出长度与焊接电流之间的关系。

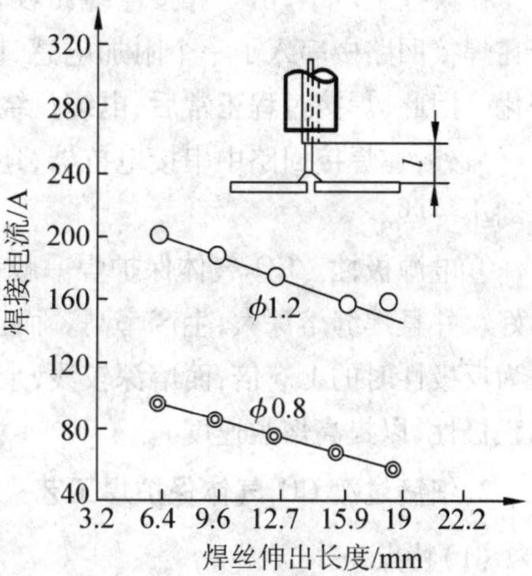

图3-19　焊丝伸出长度与焊接电流之间的关系

另外,伸出长度太大,电弧不稳,难以操作,同时飞溅较大,焊缝成形恶化,甚至破坏保护而产生气孔。相反,焊丝伸出长度过小时,会缩短喷嘴与焊件间的距离,飞溅金属容易堵塞喷嘴。同时,还妨碍观察电弧,影响焊工操作。

适宜的焊丝伸出长度与焊丝直径有关,焊丝伸出长度大约等于焊丝直径的10倍。

⑦电感值。短路过渡焊接时,串接电感的作用主要有两方面:

a. 调节短路电流增长速度 di/dt。

短路电流的增长速度 di/dt 过小,会产生大颗粒飞溅,甚至使焊丝成段爆断,造成电弧熄灭。回路内的电感在0~0.2 mH范围内调节时,对短路电流上升速度的影响特别显著。

b. 调节电弧燃烧时间,控制母材熔深。

在短路过渡的一个周期中,短路期间短路电流的能量大部分加到焊丝伸出部分。只有电弧燃烧时电弧的大部分热量才输入焊件，形成一定的熔深。回路电感对短路频率和燃弧时间的影响见图 3-20。未加电感时，电弧燃烧时间很短；加入电感后，电弧燃烧时间加长。

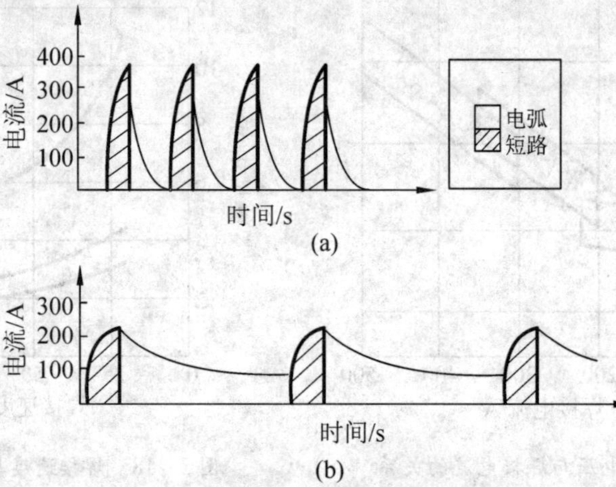

图 3-20　回路电感对短路频率和燃弧时间的影响

一般说来，短路频率高的电弧，其燃烧时间很短，因此熔深小。适当增大电感，虽然频率降低，但电弧燃烧时间增加，从而增大了母材熔深。所以调节焊接回路中的电感量，可以调节电弧的燃烧时间，从而控制母材的熔深。

在某些工厂中，由于焊接电缆比较长，常常将一部分电缆盘绕起来。必须注意，这相当于在焊接回路中串入了一个附加电感，回路电感值的改变，使飞溅情况、母材熔深都将发生变化。因此，焊接过程正常后，电缆盘绕的圈数就不宜变动。

另外，在焊接回路中串接电抗器，还可以起滤波作用，可以使整流后的电压和电流波形脉动小一些。

⑧电源极性。CO_2 气体保护焊一般都采用直流反极性。这时电弧稳定，飞溅小，焊缝成形好。并且焊缝熔深大，生产率高。而正极性时，在相同电流下，焊丝熔化速度大大提高，大约为反极性时的 1.6 倍，而熔深较浅，余高较大且飞溅很大。只有在堆焊及铸铁补焊时才采用正极性，以提高熔敷速度。

2. 细滴过渡 CO_2 气体保护焊工艺

(1)特点

细滴过渡 CO_2 气体保护焊的特点是电弧电压比较高，焊接电流比较大。此时电弧是持续的，不发生短路熄弧的现象。焊丝的熔化金属以细滴形式进行过渡，所以电弧穿透力强，母材熔深大。适合于进行中等厚度及大厚度焊件的焊接。

(2)焊接参数选择

①电弧电压与焊接电流。为了实现滴状过渡，电弧电压必须选取在 34～45 V 范围内。焊接电流则根据焊丝直径来选择。对应于不同的焊丝直径，实现细滴过渡的焊接电流下限是不同的。表 3-9 列出了几种常用焊丝直径的电流下限值。这里也存在着焊接电流与电弧电压的匹配关系，在一定焊丝直径下，选用较大的焊接电流，就要匹配较高的电弧电压。因为随着焊接电流增大，电弧对熔池金属的冲刷作用增加，势必恶化焊缝的成形。只有相应地提高电弧电压，才能减弱这种冲刷作用。

表3-9 细滴过渡的电流下限及电压范围

焊丝直径/mm	电流下限/A	电弧电压/V	焊丝直径/mm	电流下限/A	电弧电压/V
1.6	300	34~45	3.0	650	34~45
1.6	400		4.0	750	
2.0	500		—	—	

②焊接速度。细滴过渡CO_2气体保护焊的焊接速度较高。与同样直径焊丝的埋弧焊相比，焊接速度高0.5~1倍。常用的焊速为40~60 m/h。

③保护气体流量。应选用较大的气体流量来保证焊接区的保护效果。保护气流量通常比短路过渡的CO_2气体保护焊提高1~2倍。常用的气流量范围为25~50 L/min。

在短路过渡和细滴过渡的CO_2气体保护焊中间，还有一种介于两者之间的过渡形式，被称为"混合过渡CO_2气体保护焊"或"半短路过渡CO_2气体保护焊"。通常以短路过渡为主，伴有部分的细滴过渡，电流和电压的数值比短路过渡大，比细滴过渡小。这种过渡形式的CO_2气体保护焊在短路过渡的基础上，焊接生产率及焊接熔透能力都有所提高。但由于熔滴过渡频率低，熔滴尺寸较大，因此飞溅较严重，生产中一般不被采用。

3.6 CO_2气体保护焊接技术

3.6.1 焊前准备

CO_2气体保护焊时，为了获得最好的焊接效果，除选择好焊接设备和焊接工艺参数外，还应做好焊前准备工作。

1. 坡口形状

CO_2气体保护焊时推荐使用的坡口形状见表3-10。细焊丝短路过渡的CO_2气体保护焊主要焊接薄板或中厚板。一般开I形坡口；粗焊丝细滴过渡的CO_2气体保护焊主要焊接中厚板及厚板，可以开较小的坡口。开坡口不仅为了熔透，而且要考虑到焊缝成形及熔合比。坡口角度过小易形成指状熔深，在焊缝中心可能产生裂纹。尤其在焊接厚板时，由于拘束应力大，这种倾向很强，必须十分注意。

表3-10 CO_2气体保护焊推荐坡口形状

坡口形状		板厚/mm	有无垫板	坡口角度 α/(°)	根部间隙 b/mm	钝边高度 p/mm
I形	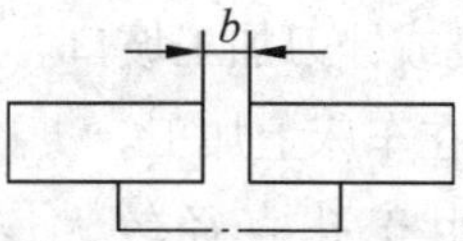	<12	无	–	0~2	–
			有	–	0~3	–
单边V形	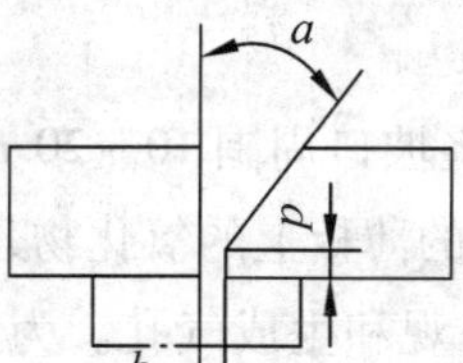	<60	无	45~60	0~2	0~5
			有	25~50	4~7	0~3

续表

坡口形状		板厚/mm	有无垫板	坡口角度 α/(°)	根部间隙 b/mm	钝边高度 p/mm
Y 形	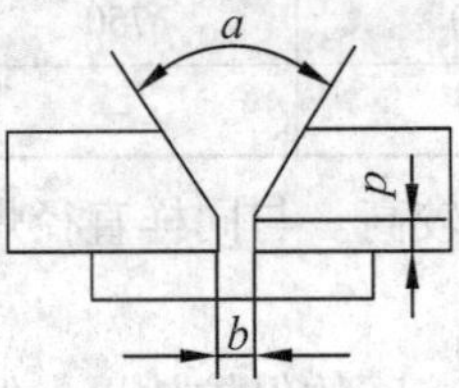	<60	无	45～60	0～2	0～5
			有	35～60	0～6	0～3
K 形	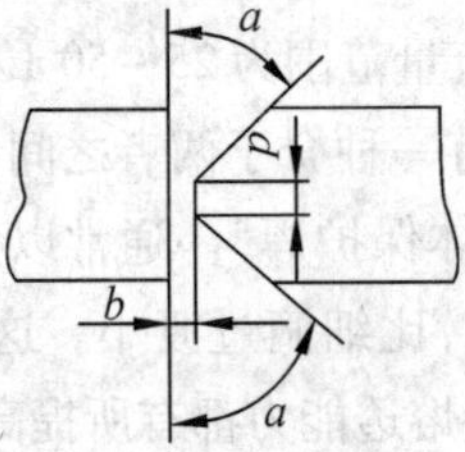	<100	无	45～60	0～2	0～5
X 形	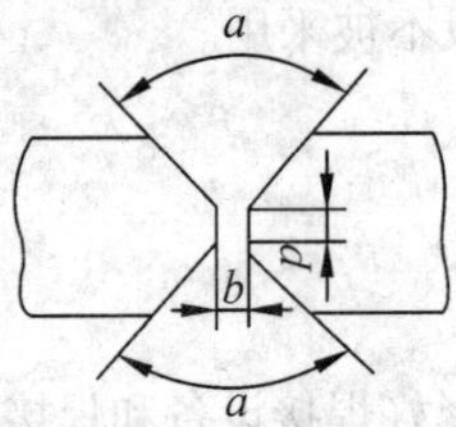	<100	无	45～60	0～2	0～5

2. 坡口加工方法与清理

坡口加工精度对焊接质量影响很大。坡口尺寸偏差能造成未焊透和未焊满等缺陷。CO_2气体保护焊时对坡口加工精度的要求比焊条电弧焊时更高。加工坡口的方法主要有机械加工、气割和碳弧气刨等。

①刨床加工。各种形式的直坡口都可采用边缘刨床或牛头刨床加工。

②铣床加工。V 形坡口、带钝边 V 形坡口、双 V 形坡口（带钝边）、I 形坡口的长度不大时，在高速铣床上加工是比较好的。

③数控气割或半自动气割。可割出 I 形、V 形、带钝边 V 形、双 V 形坡口，通常培训时使用的单 V 形坡口试板都是用半自动气割切割出来的，没有钝边，割好的试板用磨光机打磨一下就能使用。

④手工加工。在条件不具备时可用手工气割、磨光机或锉刀加工坡口。

⑤车床加工。管子端面的坡口及管板上的孔通常都在车床上加工。

⑥钻床加工。钻床加工只能加工管板上的孔，由于孔直径较大，必须用大钻床钻孔。

焊缝附近有污物时，会严重影响焊接质量。焊前应将坡口周围 10～20 mm 范围内的油污、油漆、铁锈、氧化皮及其他污物清除干净。6 mm 以下的薄板上的氧化物几乎对质量无影响。而在厚板时，氧化皮能影响电弧稳定性、恶化焊道外观和生成气孔。为了去除氧化皮、水分和油类，目前工厂常用的方法是用氧乙炔火焰烘烤。

3. 定位焊

焊前为了固定焊件的相对位置而进行的焊接操作叫定位焊,俗称点固焊。定位焊形成的短小而断续的焊缝叫做定位焊缝,也叫做点固焊缝。通常定位焊缝都比较短小,焊接过程中都不去掉,而成为正式焊缝的一部分保留在焊缝中,因此定位焊缝的质量好坏,位置、长度和高度等是否合适,将直接影响正式焊缝的质量及焊件的变形。定位焊是为了保证坡口尺寸,防止由于焊接所引起的变形。通常 CO_2气体保护焊与焊条电弧焊相比要求更坚固的定位焊缝。定位焊缝本身易生成气孔和夹渣,它们是随后进行 CO_2气体保护焊时产生气孔和夹渣的主要原因。所以必须认真地焊接定位焊缝。根据经验,生产中发生的一些重大质量事故,如结构变形大,出现未焊透及裂纹等缺陷,往往是定位焊不合格造成的,因此对定位焊必须引起足够的重视。

焊接定位焊缝时必须注意以下几点:

①必须按照焊接工艺规定的要求焊接定位焊缝。例如,采用与工艺规定的同牌号,同直径的焊条(或焊丝),用相同的焊接参数施焊;若工艺规定焊前需预热,焊后需缓冷,则焊定位焊缝前也要预热,焊后也要缓冷。

②定位焊必须保证熔合良好,余高不能太高,起头和收尾处应圆滑,不能太陡,防止焊缝接头时两端焊不透。

③焊接薄板时定位焊缝应该细而短,长度为 3 ~ 10 mm,间距为 30 ~ 50 mm。它可以防止变形及焊道不规整。焊接中厚板时定位焊缝间距较大,达 100 ~ 150 mm,为增加定位焊的强度,应增大定位焊缝长度,一般为 15 ~ 50 mm。若为熔透焊缝时,点固处难以实现反面成形,应从反面进行点固。

④定位焊缝不能焊在焊缝交叉处或焊缝方向发生急剧变化的地方,通常至少应离开这些地方 50 mm 才能焊定位焊缝。

⑤为防止焊接过程中工件开裂,应尽量避免强制装配,必要时可增加定位焊缝的长度,并减小定位焊缝的间距。

⑥定位焊后必须尽快焊接,避免中途停顿或存放时间过长,定位焊用电流可比普通焊接时的电流大 10% ~15% 。

3.6.2 焊接操作技术

1. 焊接操作要点

CO_2气体保护焊的质量是由焊接过程的稳定性决定的,而焊接过程的稳定性,除通过调节设备选择合适的焊接参数保证外,更主要的是取决于焊工实际操作技术水平。因此每个焊工都必须熟悉 CO_2气体保护焊的注意事项,并掌握基本操作手法,才能根据不同的实际情况,灵活地运用这些技能,获得满意的效果。

(1)选择正确的持枪姿势

由于 CO_2气体保护焊的焊枪比焊条电弧焊焊钳重,焊枪后面又拖了一根沉重的送丝导管,因此焊接过程中焊工是较吃力的,为了能长时间坚持生产,每个焊工都应根据焊接位置,选择正确的持枪姿势。采用正确的持枪姿势,焊工既不感到别扭,又能长时间、稳定地进行焊接。

正确的持枪姿势应满足以下条件：

①操作时用身体的某个部位承担焊枪的重量，通常手臂都处于自然状态，手腕能灵活带动焊枪平移或转动，不感到太累。

②焊接过程中，软管电缆最小的曲率半径应大于300 mm，焊接时可随意拖动焊枪。

③焊接过程中，能维持焊枪倾角不变，还能清楚、方便地观察熔池。

④将送丝机放在合适的地方，保证焊枪能在需要焊接的范围内自由移动。

(2)保持焊枪与焊件的合适的相对位置

CO_2气体保护焊焊接过程中，焊工必须使焊枪与焊件间保持合适的相对位置，主要是正确控制焊枪与焊件间的倾角和喷嘴高度。在这种位置焊接时，焊工既能方便地观察熔池，控制焊缝成形，又能可靠地保护熔池，防止出现缺陷。合适的相对位置因焊缝的空间位置和接头形式而异。

(3)保持焊枪匀速向前移动

整个焊接过程中，必须保持焊枪匀速前移，才能获得满意的焊缝。通常焊工可根据焊接电流的大小、熔池的形状、焊件熔合情况、装配间隙、钝边大小等情况，调整焊枪前移速度，力争匀速前进。

(4)保持摆幅一致的横向摆动

像焊条电弧焊一样，为了控制焊缝的宽度和保证熔合质量，CO_2气体保护焊焊枪也要作横向摆动。为了减小热输入，减小热影响区，减小变形，通常不希望采用大的横向摆动来获得宽焊缝，提倡采用多层细焊道来焊接厚板，当坡口小时，如焊接打底焊缝时，可采用锯齿形较小的横向摆动，当坡口大时，可采用弯月形的横向摆动。

2. 基本操作技术

由于没有焊条送进运动，焊接过程中只需维持弧长不变，并根据熔池情况摆动和移动焊枪就行了，因此CO_2气体保护焊操作比焊条电弧焊容易掌握。

虽然在讲述CO_2气体保护焊工艺时，讨论过焊接参数对焊缝成形的影响，也介绍了调整焊接参数的方法，但那些都是理性的东西，进行基本操作之前，每个焊工都应调好焊接参数，并积累根据试焊结果判断焊接参数是否合适的经验。

(1)引弧

CO_2气体保护焊与焊条电弧焊引弧的方法稍有不同，不采用划擦式引弧，主要是碰撞引弧，但引弧时不必抬起焊枪。具体操作步骤如下：

①引弧前先按遥控盒上的点动开关或按焊枪上的控制开关，点动送出一段焊丝，焊丝伸出长度小于喷嘴与焊件间应保持的距离，超长部分应剪去，如图3－21所示。

若焊丝的端部出现球状时，必须预先剪去，否则引弧困难。

②将焊枪按要求(保持合适的倾角或喷嘴高度)放在引弧处(见图3－22)。注意此时焊丝端部与焊件未接触，喷嘴高度由焊接电流决定。若操作不熟练，最好双手持枪。

③按焊枪上的控制开关，焊机自动提前送气，延时接通电源，保持高电压，慢送丝，当焊丝碰撞焊件短路后，自动引燃电弧。

短路时，焊枪有自动顶起的倾向，如图3－23所示，故引弧时要稍用力下压焊枪，防止因焊枪抬起太高，电弧太长而熄灭。

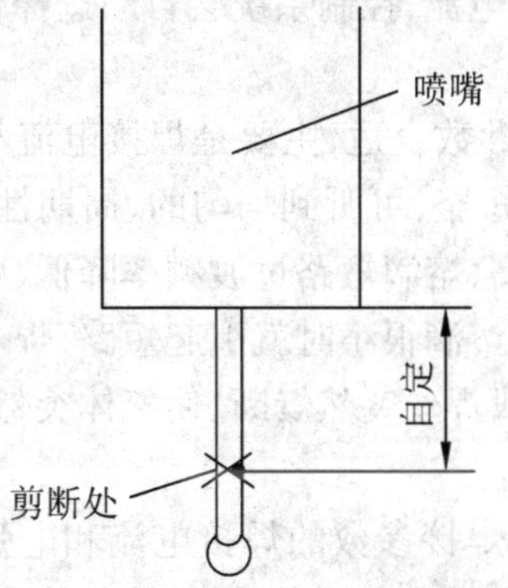

图 3-21 引弧前剪去超长的焊丝

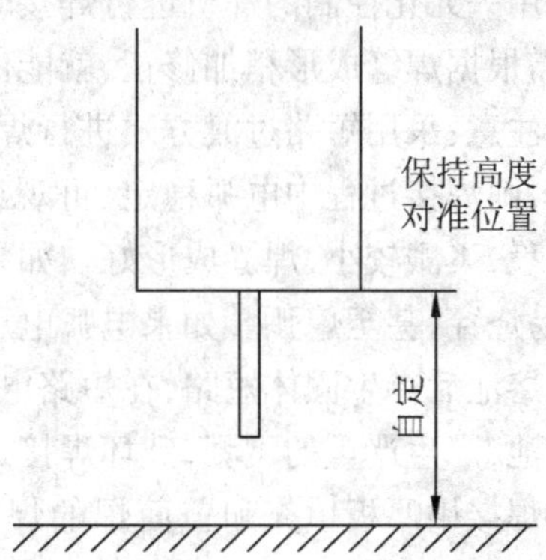

图 3-22 准备引弧

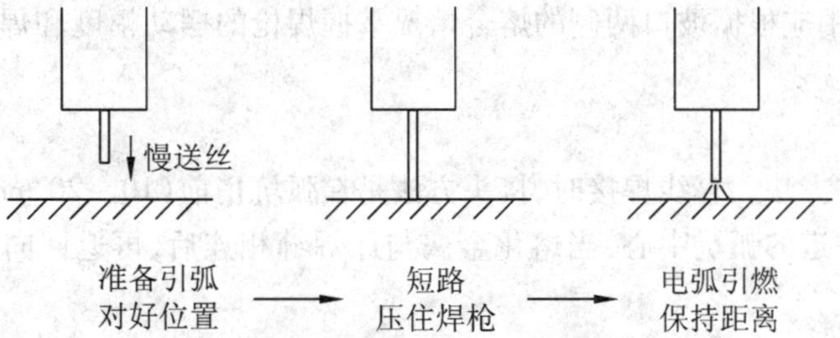

图 3-23 引弧过程

(2)定位焊

由于 CO_2气体保护焊热量比焊条电弧焊大,要求定位焊缝要有足够的强度。通常定位焊缝都不磨掉,仍保留在焊缝中,焊接过程中很难全部重熔,因此应保证定位焊缝的质量,定位焊缝既要熔合好,其余高又不能太高,还不能有缺陷,要求焊工像正式焊接那样焊接定位焊缝。

(3)焊接

引燃电弧后,通常都采用左焊法,焊接过程中,焊工的主要任务是保持焊枪合适的倾角和喷嘴高度,沿焊接方向尽可能地均匀移动,当坡口较宽时,为保证两侧熔合好,焊枪还要作横向摆动。

焊工必须能够根据焊接过程,判断焊接参数是否合适。像焊条电弧焊一样,焊工主要依靠在焊接过程中看到的熔池的情况、电弧的稳定性、飞溅的大小以及焊缝成形的好坏来选择焊接参数。

在前文中曾讨论了焊接参数对成形的影响。当焊丝直径不变时,实际上作用的焊接参数只有两组。其中一组的焊接参数用来焊薄板或打底焊道,另一组的焊接参数用来焊中厚板或盖面焊。下面讨论这两组焊接参数在焊接过程中的特点。

①焊接薄板或打底焊的焊接参数。这组焊接参数的特点是焊接电流较小,电弧电压较低。在这种情况下,由于弧长小于熔滴自由成形时的熔滴直径,频繁地引起短路,熔滴为短路过渡,焊接过程中可观察到周期性的短路过渡。

保证短路过渡的关键是电弧电压必须与焊接电流配合好,对于直径为 0.8 mm,1.0 mm,1.2 mm,1.6 mm 的焊丝,短路过渡时的电弧电压在 20 V 左右。采用多元控制系统的焊机进行焊接时,要特别注意电弧电压的配合。

采用一元化控制的焊机进行焊接时，如果选用小电流，控制系统会自动选择合适的低电压，只需根据焊缝成形稍加修正，就能保证短路过渡。

请注意：采用短路过渡方式进行焊接时，若焊接参数合适，主要是焊接电流与电弧电压配合好，则焊接过程中电弧稳定，可观察到周期性的短路，可听到均匀的、周期性的啪啪声，熔池平稳，飞溅较小，焊缝成形好。如果电弧电压太高，熔滴短路过渡频率降低，电弧功率增大，容易烧穿，甚至熄弧。如果电弧电压太低，可能在溶滴很小时就引起短路，焊丝未熔化部分插人熔池后产生固体短路，在短路电流作用下，这段焊丝突然爆断，使气体突然膨胀，从而冲击熔池，产生严重的飞溅，破坏焊接过程。

②焊接中厚板填充和盖面焊的焊接参数。这组焊接参数的焊接电流和电弧电压都较大，但焊接电流小于引起喷射过渡的临界电流，由于电弧功率较大，焊丝熔化较快，填充效率高。实际上经常使用的是半短路过渡或小颗粒过渡，熔滴较细，过渡频率较高，飞溅小，电弧较平稳，操作过程中应根据坡口两侧的熔合情况掌握焊枪的摆动幅度和焊接速度，防止咬边和未熔合。

(4)接头

①焊道的接头方法。直线焊接时，接头方法是在弧坑稍前(10～20 mm)处引弧，然后将电弧快速移到原焊道的弧坑中心，当熔化金属与原焊缝相连后，再返回向焊接方向移动，如图 3－24(a)所示。

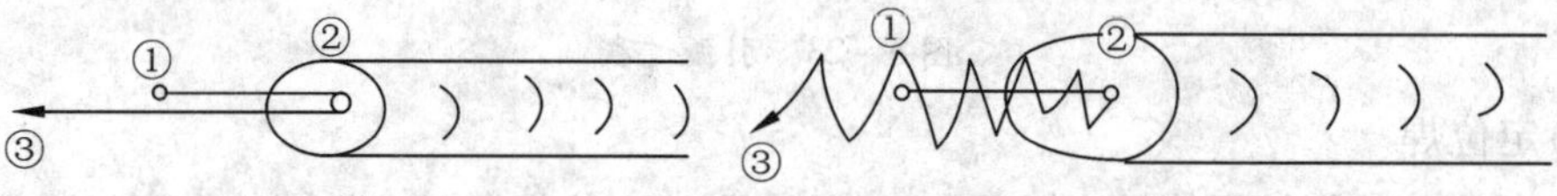

图 3－24　焊道的接头方法

在摆动焊接情况下，按图 3－24(b)所示的①—②—③顺序进行，从②点返回，先作较小的摆动，不应超出焊缝宽度，随后一点一点地加宽摆幅，达到焊缝宽度。

②接头操作方法。CO_2气体保护焊不可避免地要有接头，为保证接头质量，建议按下列步骤操作：

a. 将待焊接头处用磨光机打磨成斜面，如图 3－25 所示。

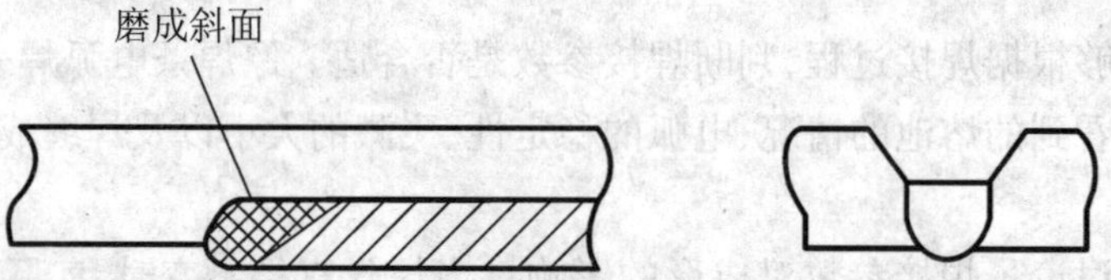

图 3－25　接头处的准备

b. 在斜面顶部引弧，引燃电弧后，将电弧移至斜面底部，转一圈返回引弧处后再继续向左焊接，如图 3－26 所示。

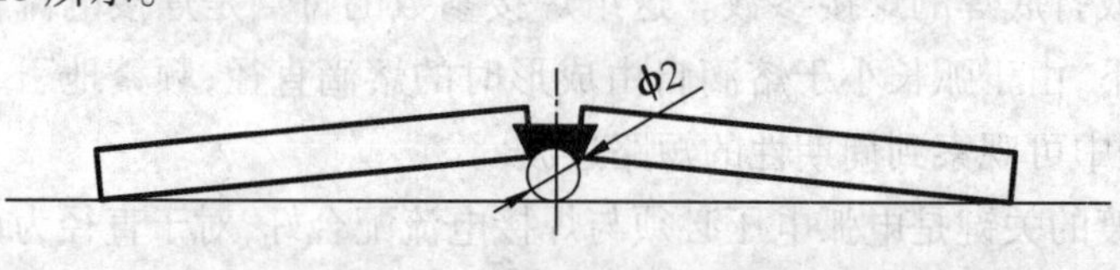

图 3－26　接头处的引弧操作

注意：这个操作很重要，引燃电弧后向斜面底部移动时，要注意观察熔孔，若未形成熔孔则接头处背面焊不透;若熔孔太小,则接头处背面产生缩颈;若熔孔太大,则背面焊缝太宽或焊漏。

(5)收弧

①收弧方法。焊道收尾处往往出现凹陷,它被称为弧坑。CO_2气体保护焊比一般焊条电弧焊用的焊接电流大,所以弧坑也大。弧坑处易产生火口裂纹及缩孔等缺陷。为此,应设法减小弧坑尺寸。目前主要应用的方法如下:

a.采用带有电流衰减装置的焊机时,填充弧坑电流较小,一般只为焊接电流的50%~70%,易填满弧坑。最好以短路过渡的方式处理弧坑。这时,电弧沿弧坑的外沿移动焊枪,并逐渐缩小回转半径,直到中间停止。

b.没有电流衰减装置时,在弧坑未完全凝固的情况下,应在其上进行几次断续焊接。这时只是交替按压与释放焊枪按钮,而焊枪在弧坑填满之前始终停留在弧坑上,电弧燃烧时间应逐渐缩短。

c.使用工艺板,也就是把弧坑引到工艺板上,焊完之后去掉它。

②收弧注意事项。焊接结束前必须收弧,若收弧不当容易产生弧坑,并出现弧坑裂纹、气孔等缺陷。操作时可以采取以下措施:

a.CO_2气体保护焊机有弧坑控制电路,则焊枪在收弧处停止前进,同时接通此电路,焊接电流与电弧电压自动变小,待熔池填满时断电。

b.若所用焊机没有弧坑控制电路,或因焊接电流小没有使用弧坑控制电路时,在收弧处焊枪停止前进,并在熔池未凝固时,反复断弧、引弧几次,直到弧坑填满为止。操作时动作要快,若熔池已凝固才引弧,则可能产生未溶合及气孔等缺陷。

不论采用哪种方法收弧,操作时都需特别注意,收弧时焊枪除停止前进外,不能抬高喷嘴,即使弧坑已填满,电弧已熄灭,也要让焊枪在弧坑处停留几秒种后才能移开,因为灭弧后,控制线路仍保证延迟送气一段时间,以保怔溶池凝固时能得到可靠的保护,若收弧时抬高焊枪,则容易因保护不良引起缺陷。

3.7 典型接头的CO_2气体保护焊接操作技术

3.7.1 板对接平焊技术

下面讲述水平位置各种厚度平板对接焊缝的单面焊双面成形焊接方法。

相对而言,平板对接是比较好掌握的,它是掌握各种位置焊接技术的基础,是锅炉压力容器的焊接技术,是焊工取证实际考试的必考项目。无论是初试或复试必须考试平板对接平焊试板,有的部门甚至规定了若这个项目考试不合格都不发给焊工合格证。因此,在练习过程中应体会并掌握操作要领,熟练地掌握单面焊双面成形的操作技能。

平焊打底时熔池的形状如图3-27所示。

从横剖面看,熔池上大下小,主要靠熔池背面表面张力的向上分力维持平衡,支撑熔化的金属不下滴。因此,焊工必须根据装配间隙及焊接过程中试板的升温情况的变化,调整焊枪角度、摆动幅度和焊接速度,尽可能地维持熔孔直径不变,保证获得平直均匀的背面焊道。为此,必须认真、仔细地观察焊接过程中的情况,并不断地总结经验,才能熟练掌握单面焊双面成形操作技术。

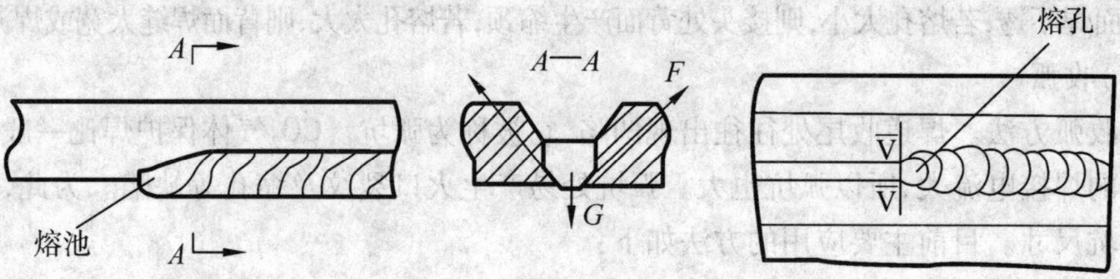

图 3－27　打底焊道与熔池

F—表面张力　　G—重力

1.12 mm 厚板 V 形坡口对接平焊

(1)装配及定位焊

装配间隙及定位焊如图 3－28 所示,试件对接平焊的反变形如图 3－29 所示。

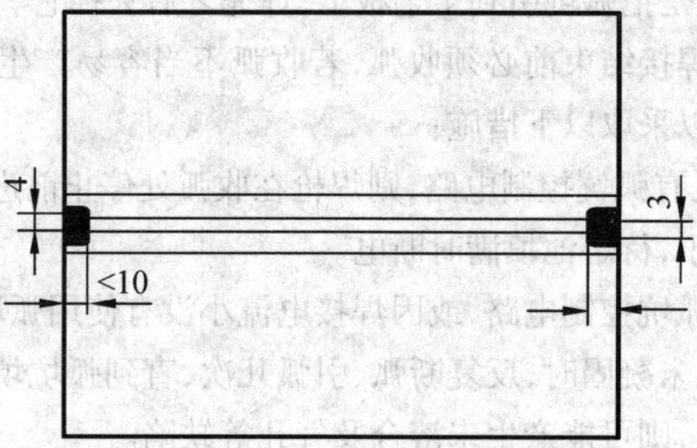

图 3－28　装配及定位焊

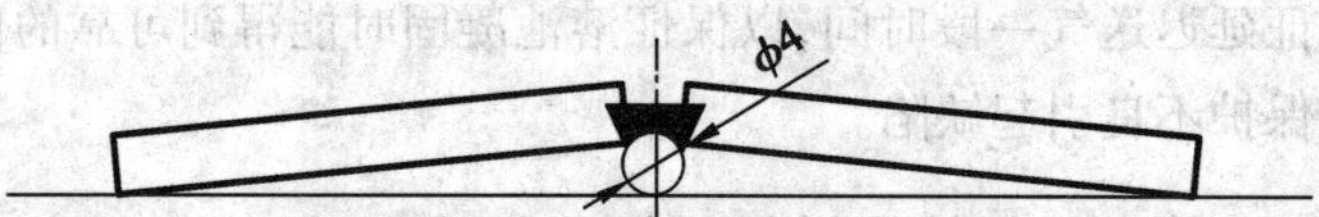

图 3－29　对接平(立)焊的反变形

(2)焊接参数

表 3－11 介绍两组参数:第一组用直径为 1.2 mm 焊丝,较难掌握,但适用性好;第二组用直径为 1.0 mm 焊丝,比较容易掌握,但因直径为 1.0 mm 的焊丝不普遍,适用性较差,使用受到限制。

表 3－11　焊接参数

组别	焊接层次位置	焊丝直径/mm	焊丝伸出长度/mm	焊接电流/A	电弧电压/V	气体流量/(L/min)	层数
第一组	打底焊	1.2	20～25	90～100	18～20	10～15	3
	填充焊			220～240	24～26	20	
	盖面焊			230～250	25	20	
第二组	打底焊	1.0	15～25	90～95	18～20	10	3
	填充焊			110～120	20～22		
	盖面焊			110～120	20～22		

(3)焊接要点

①焊枪角度与焊法。一般采用左焊法,三层三道,对接平焊的焊枪角度如图 3-30 所示。

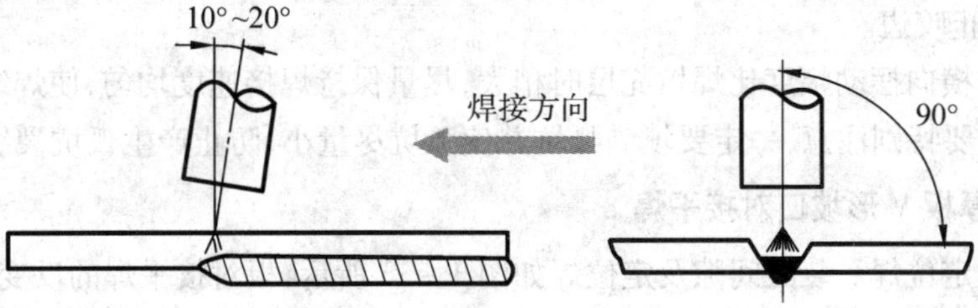

图 3-30　对接平焊焊枪的角度

②试板位置。焊前先检查装配间隙及反变形是否合适,间隙小的一端放在右侧。

③打底焊。调试好打底焊的参数后,在试板右端预焊点左侧约 20 mm 处坡口两侧引弧,待电弧引燃后迅速右移至试板右端头,然后向左开始焊接打底焊道,焊枪沿坡口两侧作小幅度横向摆动,并控制电弧在离底边约 2~3 mm 处燃烧,当坡口底部熔孔直径达到 3~4 mm 时转入正常焊接。

打底焊时应注意以下事项:

a. 电弧始终在坡口内作小幅度横向摆动,并在坡口两侧稍微停留,使熔孔直径比间隙大 0.5~1 mm,焊接时要仔细观察熔孔,并根据间隙和熔孔直径的变化调整横向摆动幅度和焊接速度,尽可能地维持熔孔的直径不变,以保证获得宽窄和高低均匀的反面焊缝。

b. 依靠电弧在坡口两侧的停留时间,保证坡口两侧熔合良好,使打底焊道两侧与坡口结合处稍下凹,焊道表面保持平整,如图 3-31 所示。

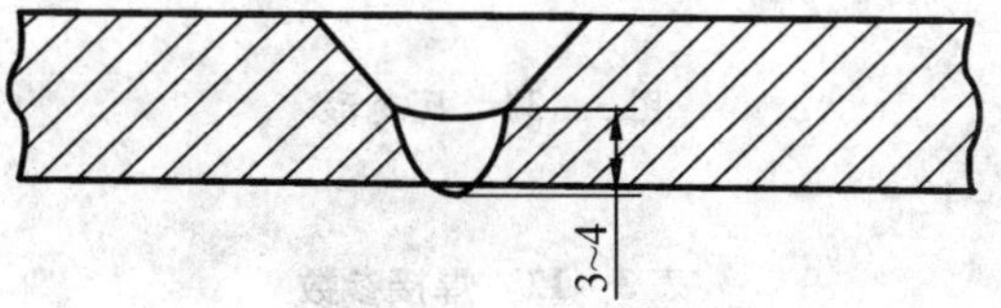

图 3-31　打底焊道

c. 打底焊时,要严格控制喷嘴的高度,电弧必须在离坡口底 2~3 mm 处燃烧,保证打底层厚度不超过 4 mm。

④填充焊。调试好填充层的焊接参数后,在试板右端开始焊填充层,焊枪横向摆动的幅度较打底焊时稍大,应注意熔池两侧的熔合情况,保证焊道表面平整并稍下凹。

焊填充层时要特别注意,除保证焊道表面的平整并稍下凹外,还要掌握焊道厚度,其要求如图 3-32 所示,焊接时不允许熔化棱边。

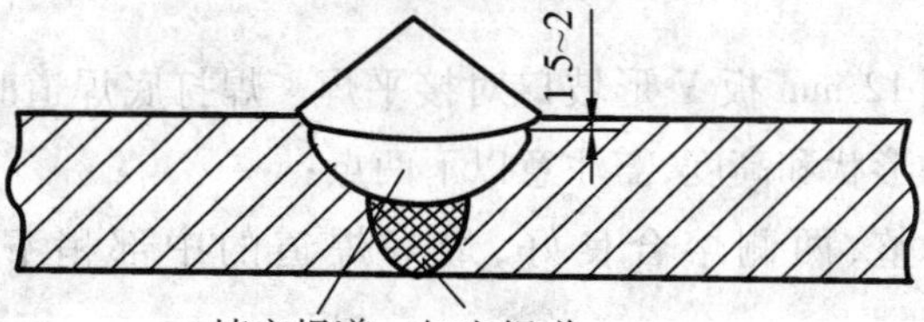

图 3-32　填充焊道

⑤盖面焊调试好盖面层的焊接参数后,从右端开始焊接,需注意以下事项:

a. 保持喷嘴高度,特别注意观察溶池边缘,熔池边缘必须超过坡口上表面棱边 0.5 ~ 1.5 mm,并防止咬边。

b. 焊枪的横向摆动幅度比焊填充层时稍大,尽量保持焊接速度均匀,使焊缝外形美观。

c. 收弧时要特别注意,一定要填满弧坑并使弧坑尽量小,防止产生弧坑裂纹。

2. 6 mm 厚板 V 形坡口对接平焊

①装配及定位焊。装配间隙及定位焊如图 3 – 33 所示,板对接平焊的反变形如图 3 – 34 所示。

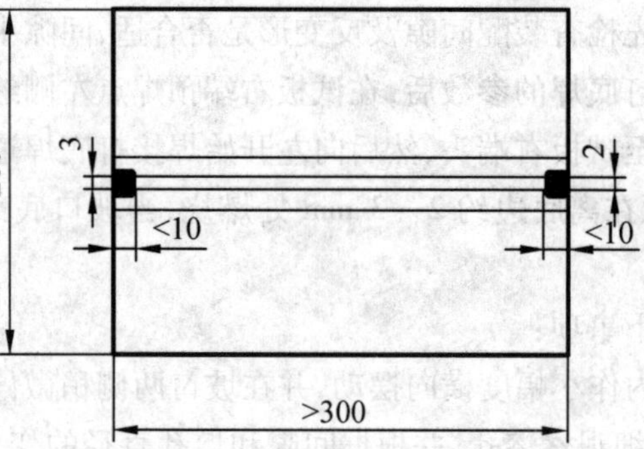

图 3 – 33　装配与定位焊

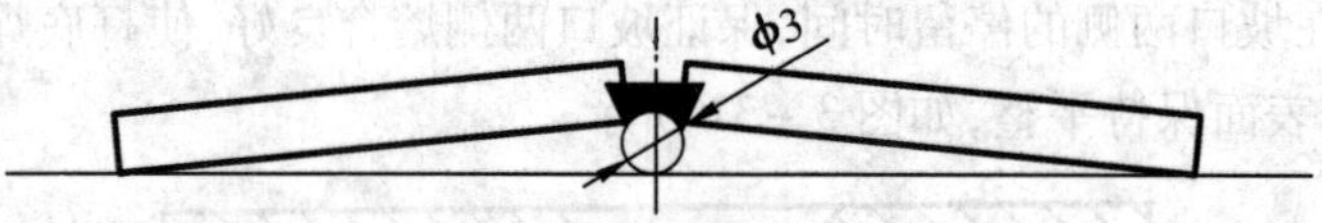

图 3 – 34　反变形

②焊接参数见表 3 – 12。

表 3 – 12　焊接参数

焊接层次位置	焊丝直径/mm	焊丝伸出长度/mm	焊接电流/A	电弧电压/V	气体流量/(L/min)
打底焊	0.8	10 ~ 15	70 ~ 80	17 ~ 18	8 ~ 10
盖面焊			90 ~ 95	19 ~ 20	

③焊接要点。

a. 焊枪角度与焊法。采用左焊法,二层焊道,焊枪角度如图 3 – 30 所示。

b. 试板位置。焊前先检查装配间隙及反变形是否合适,试板放在水平位置,间隙小的一端放在右侧。

c. 打底焊。要求同 12 mm 板 V 形坡口对接平焊。焊打底焊道时,除注意反面成形外,还要掌握好正面焊道的形状和高度,需注意以下两点:

• 焊道表面要平整,两侧熔合良好,最好焊道的中部稍下凹,以免盖面时两侧夹渣。

• 不能熔化试板上表面的棱边,保证打底焊道离试板上表面 2 mm 左右较好。

④盖面焊焊接过程中,焊枪除保持原有角度和喷嘴高度外,还应加大横向摆动幅度,保证溶池两侧超过坡口上表面棱边0.5~1.5 mm,并匀速前进。

3.2 mm 厚板 I 形坡口对接平焊

①装配及定位焊。装配间隙及定位焊如图3-35所示,薄板对接平焊反变形如图3-36所示。

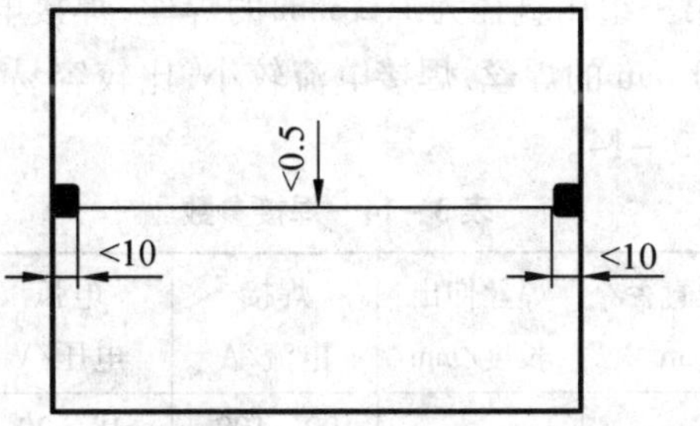

图3-35 装配余定位焊

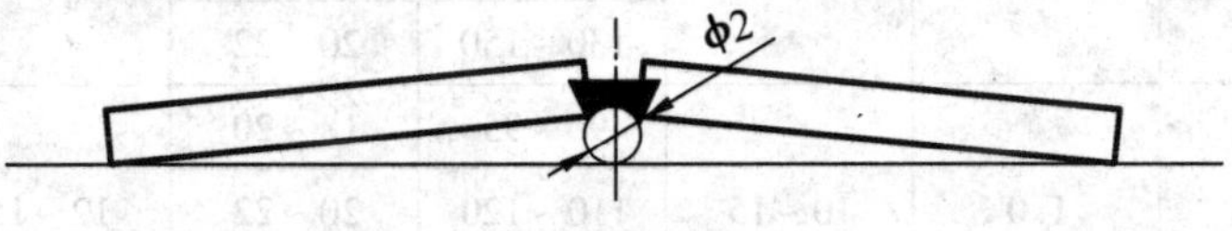

图3-36 对接平焊的反变形

②焊接参数见表3-13。

表3-13 焊接参数

焊接层次位置	焊丝直径/mm	焊丝伸出长度/mm	焊接电流/A	电弧电压/V	气体流量/(L/min)
0.8	10~15	60~70	17~19	4~4.5	8~10

③焊接要点。

a. 焊枪角度与焊法。左焊法,单层单道,焊枪角度如图3-30所示。

b. 试板位置。焊前先检查试板间隙及反变形是否合适,若合适则将试板平放在水平位置,注意将间隙小的一端放在右侧。

c. 焊接。因为是单层单道焊,焊接时既要保证焊缝背面成形,又要保证正面成形,焊接时要特别小心,在试板右端引燃电弧,待左侧形成熔孔后,向左焊接,焊枪可沿间隙前后摆动并小幅度横向摆动,不能长时间对准间隙中心,否则容易烧穿。

3.7.2 板对接立焊技术

立焊比平焊难掌握,其主要原因是虽然熔池的下部有焊道依托,但熔池底部是个斜面,熔融金属在重力作用下比较容易下淌,因此,很难保证焊道表面平整。立焊时熔池的形状如图3-37所示。为防止熔融金属下淌,必须要求采用比平焊稍小的焊接电流,焊枪的摆动频率稍快,锯齿形节距较小的方式进行焊接,使熔池小而薄。

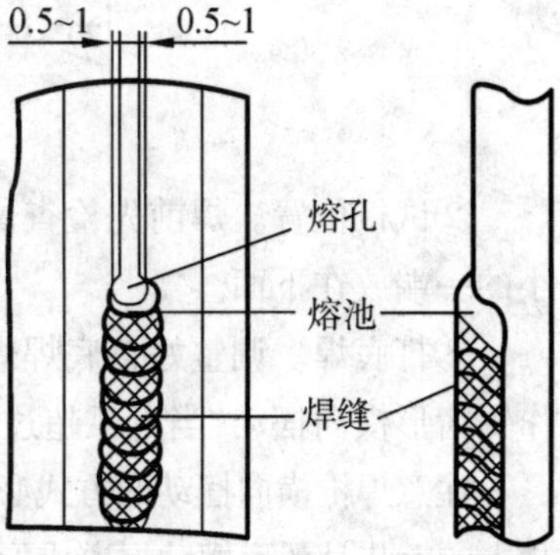

图3-37 立焊时的熔孔与熔池

立焊盖面焊道时，要防止焊道两侧咬边，中间下坠。

1. 12 mm 厚板 V 形坡口对接立焊

(1)装配与定位焊

装配与定位焊的要求如图 3－28 所示，对接立焊反变形如图 3－29 所示。

(2)焊接参数

介绍两组焊接参数，第一组用直径为 1.2 mm 的焊丝，焊接电流较大，较难掌握，适用性较好；第二组用直径为 1.0 mm 的焊丝，焊接电流较小，比较容易掌握，适用性较差。实际生产中使用的焊接参数见表 3－14。

表 3－14　焊接参数

组别	焊接层次位置	焊丝直径/mm	焊丝伸出长度/mm	焊接电流/A	电弧电压/V	气体流量/(L/min)	层数
第一组	打底焊	1.2	15～20	90～100	18～20	12～15	3
	填充焊			130～150	20～22		
	盖面焊			130～150	20～22		
第二组	打底焊	1.0	10～15	90～95	18～20	12～15	3
	填充焊			110～120	20～22		
	盖面焊			110～120	20～22		

(3)焊接要点

①焊枪角度与焊法。采用向上立焊，由下往上焊，三层三道，平板对接立焊的焊枪角度如图 3－38 所示。

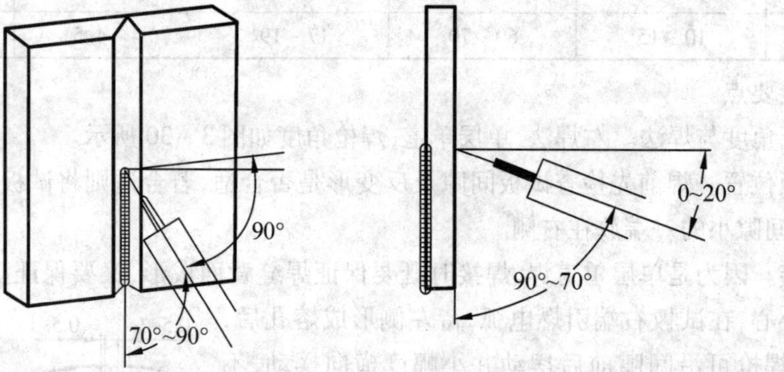

图 3－38　平对接立焊焊枪角度

②试板位置。焊前先检查试板的装配间隙及反变形是否合适，把试板垂直固定好，间隙小的一端放在下面。

③打底焊。调整好打底焊焊接参数后，在试板下端定位焊缝上引弧，使电弧沿焊缝中心作锯齿形横向摆动，当电弧超过定位焊缝并形成熔孔时，转入正常焊接。

注意焊枪横向摆动的方式必须正确，否则焊肉下坠，成形不好，小间距锯齿形摆动或间距稍大的上凸月牙形摆动焊道成形较好，下凹的月牙形摆动易使焊道表面下坠，是不正确的。

焊接过程中要特别注意熔池和熔孔的变化，不能让熔池太大。

若焊接过程中断了电弧，则应按基本操作手法中讲的接头要点。先将需接头处打磨成斜面，打磨时要特别注意不能磨掉坡口的下边缘，以免局部间隙太宽。

焊到试板最上方收弧时，待电弧熄灭，熔池完全凝固以后，才能移开焊枪，以防收弧区因保护不良而产生气孔。

④填充焊。调试好填充焊焊接参数后，自下而上焊填充焊缝，需注意以下事项：

a. 焊前先清除打底焊道和坡口表面的飞溅和焊渣，并用磨光机将局部凸起的焊道磨平。

b. 焊枪横向摆幅比打底焊时稍大，电弧在坡口两侧停留，保证焊道两侧熔合好。

c. 填充焊道比试板上表面低 1.5 ~2 mm，不允许烧坏坡口的棱边。

⑤盖面焊。调整好盖面焊焊接参数后，按下列顺序焊盖面焊道：

a. 清理填充焊道及坡口上的飞溅、焊渣，打磨掉焊道上局部凸起过高部分的焊肉。

b. 在试板下端引弧，自下向上焊接，摆幅较填充焊时大。当熔池两侧超过坡口边缘 0.5 ~1.5 mm 时，匀速锯齿形上升。

c. 焊到顶端收弧，待电弧熄灭、熔池凝固后，才能移开焊枪，以免局部产生气孔。

2. 6 mm 厚板 V 形坡口对接立焊

(1)装配及定位焊

装配间隙及定位焊的要求如图 3 –33 所示，对接立焊反变形如图 3 –34 所示。

(2)焊接参数

焊接参数见表 3 –15。

表 3 –15　焊接参数

焊接层次位置	焊丝直径/mm	焊丝伸出长度/mm	焊接电流/A	电弧电压/V	气体流量/(L/min)
打底焊	0.8	10 ~15	70 ~80	17 ~18	8 ~10
盖面焊			90 ~95	19 ~20	
打底焊	1.2	20 ~25	100 ~110	18 ~19	15
盖面焊			120 ~130	19 ~20	

(3)焊接要点

①焊枪角度与焊法。采用向上立焊，由下往上焊，两层焊道，焊枪角度如图 3 –38 所示。

②试板位置。焊前先检查试板装配间隙及反变形是否合适，把试板垂直固定好，间隙小的一端应放在下面。

③打底焊。调试好打底焊焊接参数后，在试板下端引燃电弧，使焊枪在焊缝中心处作锯齿形横向摆动，当电弧超过定位焊缝时，产生熔孔，保持熔孔边缘比坡口边缘大 0.5 ~1 mm 较合适。

④盖面焊。调试好盖面焊焊接参数后，由下向上盖面，要求焊枪的横向摆动幅度稍大些，使熔池边缘超过坡口上表面的棱边 0.5 ~1.5 mm，并保持匀速向上焊接。

3. 2 mm 厚板 I 形坡口向下立焊

(1)装配与定位焊

装配与定位焊要求如图 3 –35 所示，反变形如图 3 –36 所示。

(2)焊接参数

焊接参数见表3-16。

表3-16　焊接参数

焊接层次位置	焊丝直径/mm	焊丝伸出长度/mm	焊接电流/A	电弧电压/V	气体流量/(L/min)
0.8	10~15	60~70	17~19	8~10	气体流量

(3)焊接要点

①焊枪角度与焊法。采用向下立焊,即从上面开始向下焊接,单层单道,薄板向下立焊的焊枪角度如图3-39所示。

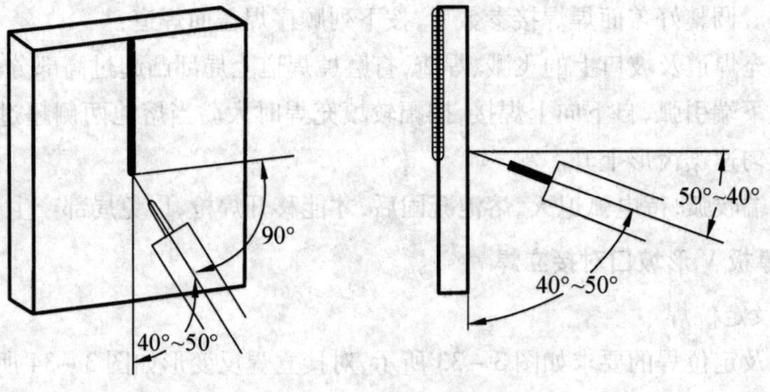

图3-39　立向下焊焊枪角度

②试板位置。试板固定在垂直位置,间隙小的一端在上面。

③焊接。调试好焊接参数后,在试板顶端引弧,注意观察熔池,待试板底部边缘完全溶合后,开始向下焊接,焊枪不作横向摆动。

因为是单层单道焊,要同时保证正反两面焊缝都成形,难度较大,焊接时要特别注意观察溶池,随时调整焊枪角度。

3.7.3　管对接垂直工位焊接技术

1.垂直固定的小径管焊接

从理论上讲,垂直固定的管子,焊缝在横焊位置,故可简称为小径管横焊。

(1)焊接参数

焊接参数见表3-17。

表3-17　焊接参数

焊丝 直径/mm	焊丝伸出 长度/mm	焊接 电流/A	电弧 电压/V	气体 流量/(L/min)
1.2	15~20	110~130	20~22	12~15

(2)焊接要点

①焊枪角度与焊法。采用左焊法,单层单道,小径管垂直固定焊焊枪角度如图3-40所示。

②试件位置。调整好试件的高度,将小径管垂直固定好,保证焊工坐着或站着能方便地转腕进行焊接,将一个定位焊缝位于右侧的准备引弧处。

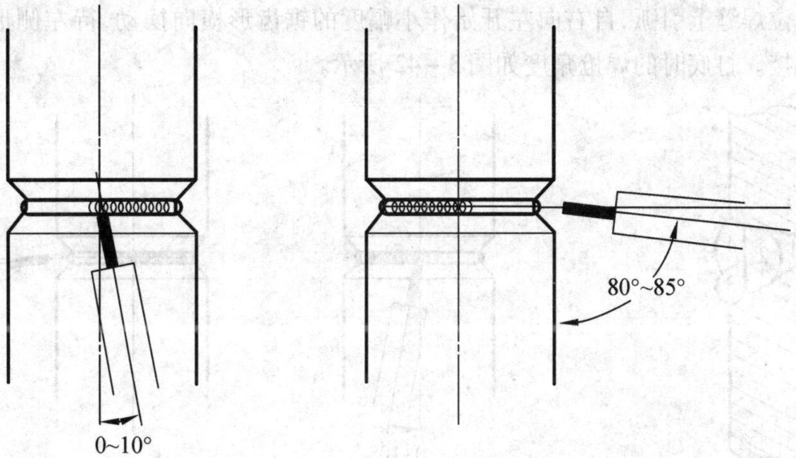

图 3-40 焊枪角度

③焊接。调试好焊接参数后，按下述步骤焊接：

a. 在右侧定位焊缝上引弧，焊枪小幅度地作横向摆动，当定位焊缝左侧形成熔孔后，转入正常焊接。

注意：焊接过程中，尽可能地保持熔孔直径不变，熔孔直径比间隙大 0.5 ~ 1 mrn 较合适，从右向左焊到不好观察熔池处时断弧，断弧后不能移开焊枪，需利用余气保护熔池至完全凝固为止，不必填弧坑。

b. 将弧坑处磨成斜面后，从引弧处开始再从右至左焊接，如此重复，直到焊完一圈焊缝。

整个焊接过程中需注意以下几点：

尽可能地保持熔孔直径一致，以保证背面焊缝的宽、高均匀。

焊枪沿上、下两侧坡口作锯齿形横向摆动，并在坡口面上适当停留，保证焊缝两侧熔合好。

焊接速度不能太慢，防止烧穿、背面焊缝太高或正面焊缝下坠。

2. 垂直固定的大直径管对接

这种项目简称大直径管横焊，是比较容易掌握的，焊接时的主要问题是焊缝外形不对称，通常都用多层多道焊来调整焊缝外观形状，焊接时要掌握好焊枪的角度。

(1)焊接参数

焊接参数见表 3-18。

表 3-18 焊接参数

焊接层次位置	焊丝直径/mm	焊丝伸出长度/mm	焊接电流/A	电弧电压/V	气体流量/(L/min)
打底焊	1.2	15 ~ 20	110 ~ 130	18 ~ 20	12 ~ 15
填充层 盖面焊			130 ~ 150	20 ~ 22	

(2)焊接要点

①焊枪角度与焊法。左焊法，三层四道，大直径管横焊焊道如图 3-41 所示。

右侧定位焊缝上引弧，自右向左开始作小幅度的锯齿形横向摆动，待左侧形成熔孔后，转入正常焊接。打底时的焊枪角度如图 3－42 所示。

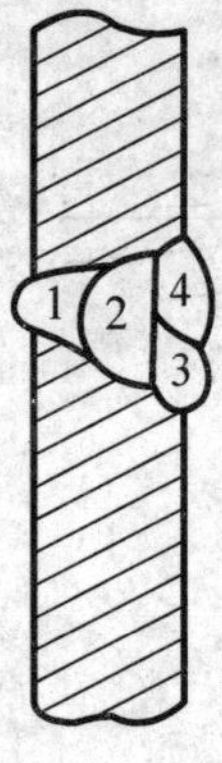

图 3－41　大直径管横焊焊道

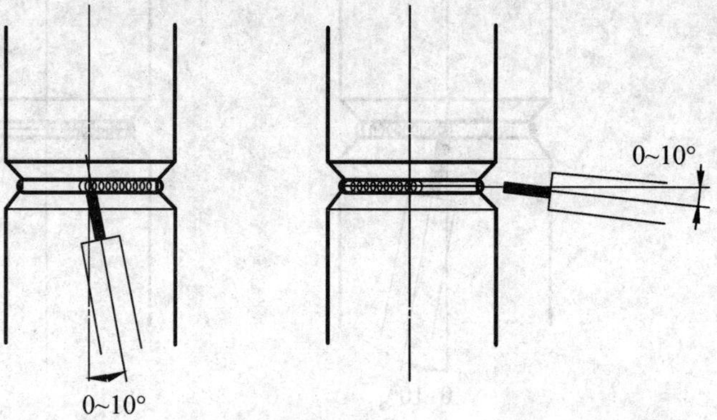

图 3－42　打底焊焊枪角度

打底时需注意以下事项：

a. 底焊道主要是保证焊缝的背面成形。焊接过程中，保证熔孔直径比间隙大 0.5～1 mm，两边对称才能保证焊根背面熔合好。

b. 要特别注意定位焊缝的焊接，保证打底焊道与定位焊缝熔合好，接好头。

c. 焊到不便观察处立即灭弧，不必填弧坑，但不能移开焊枪，需利用 CO_2 气体保护熔池到完全凝固为止，然后将试件转一个角度，将弧坑转到开始引弧处再引弧焊接，直到焊完打底焊道。

d. 除净焊渣、飞溅后，用角向磨光机将接头局部凸起处磨掉。

②填充焊。调试好填充焊的焊接参数后，自右向左焊完填充焊道，需注意以下几点：

a. 适当加大焊枪的横向摆动幅度，保证坡口两侧熔合好，焊枪的角度同打底焊要求。

b. 不准熔化坡口的棱边，保证焊缝表面平整并低于管子表面 2.5～3 mm。

c. 除净焊渣、飞溅，并打磨掉填充焊道接头的局部凸起处。

③盖面焊。用填充焊道的焊接参数和步骤焊完盖面焊道。盖面焊时应注意以下事项：

a. 为了保证焊缝余高对称，盖面层焊道分两道，焊枪角度如图 3－43 所示。

b. 焊接过程中，要保证焊缝两侧熔合好，熔池边缘超过坡口棱边 0.5～2 mm。

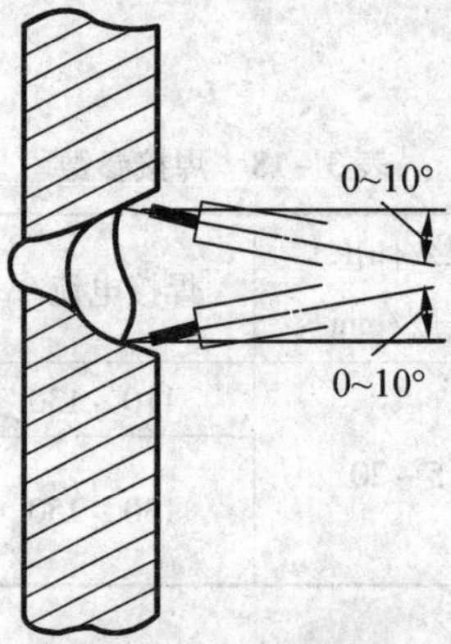

图3－43　盖面焊焊枪角度

3.7.4 管对接水平固定焊接技术

1. 水平固定的小直径管全位置焊接

焊接过程中，管子轴线固定在水平位置，不准转动，必须同时掌握了平焊、立焊、仰焊3种位置单面焊双面成形操作技能才能焊出合格的焊缝，故又简称为小径管全位置焊。

（1）焊接参数

焊接参数见表3－19。

表3－19 焊接参数

焊丝直径/mm	焊丝伸出长度/mm	焊接电流/A	焊接电压/V	气体流量/(L/min)
1.2	15～20	90～100	18～20	15

（2）焊接要点

①焊枪角度与焊法。采用单层单道焊，焊接过程中，小管全位置焊接焊枪的角度变化如图3－44所示。

②试件位置。调整好卡具的高度，保证焊工单腿脆地时能从时钟7点焊到3点处，站着稍弯腰能从时钟3点处焊到时钟0点处，然后固定小管子，保证小管子的轴线水平，时钟0点在最上方。焊接过程中不准改变小管子的相对位置。

③焊接。调试好焊接参数后，按下述步骤焊接：

a. 在时钟7点处的定位焊缝上引弧，保持焊枪角度、沿逆时针方向焊至时钟3点处断弧，不必填弧坑，但断弧后不能立即拿开焊枪，利用余气保护熔池，至凝固为止。

b. 将弧坑处第二个定位焊缝打磨成斜面。

c. 在3点处的斜面最高处引燃电弧，沿逆时针方向焊至11点处断弧。

d. 将7点处的焊缝头部磨成斜面，从最高处引燃电弧后迅速接好头，并沿顺时针方向焊至9点处断弧。

e. 将9点和11点处的焊缝端部都打磨成斜面，然后从9点处引弧，仍沿顺时针方向焊完封闭段焊缝，在0点处收弧，并填满弧坑。

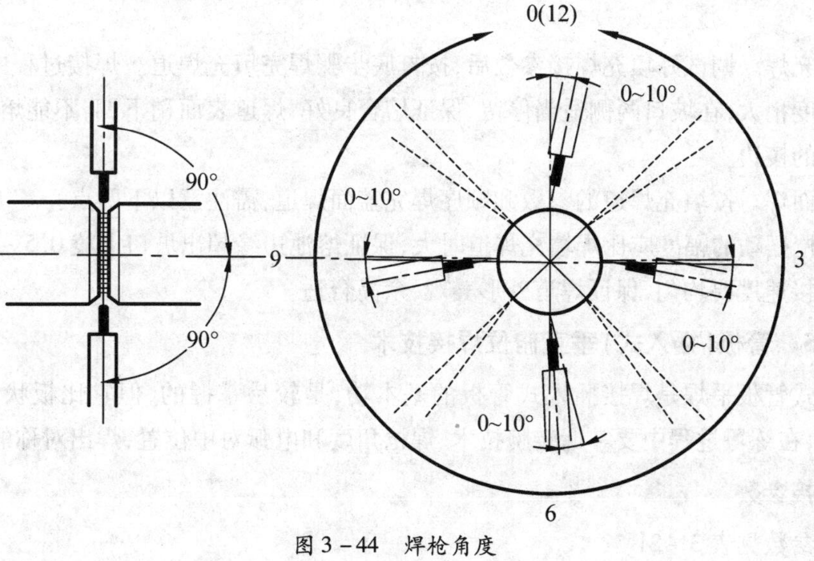

图3－44 焊枪角度

2. 水平固定的大直径管对接

由于焊接过程中管子固定在水平位置，不准转动，焊接难度较大，必须同时掌握了对接板平焊、立焊、仰焊三种位置的单面焊双面成形技术才能焊出合格的试件。

(1)焊接参数

焊接参数见表3－20。

表3－20　焊接参数

焊接层次位置	焊丝直径/mm	焊丝伸出长度/mm	焊接电流/A	电弧电压/V	气体流量/(L/min)
打底焊	1.2	15～20	110～130	18～20	12～15
填充层			130～150	20～22	
盖面焊			130～140	20～22	

(2)焊接要点

①焊枪角度与焊法。焊三层三道，从7点处开始按逆时针方向焊接，焊枪角度如图3－44所示。

②试件位置。调整好试板高度，将管子水平固定在试板架上，保证焊工单腿跪地时能方便地焊到7－3点处，站着能方便地焊完3－4点的焊道，0点在最上方。

③打底焊。调整好打底焊的焊接参数后，在7点处定位焊缝上引弧，沿逆时针方向作小幅度锯齿形摆动，当定位焊右侧形成熔孔后转入正常焊接。

焊接过程中应控制好溶孔直径，通常熔孔直径比间隙大0.5～1 mm较为合适，熔孔与间隙两边对称才能保证焊根熔合良好。

焊至不便操作处灭弧，不必填弧坑，但断弧后不能立即拿开焊枪，利用余气保护熔池，至凝固为止。

将灭弧处的弧坑磨成斜面，由此引弧，形成熔孔后，仍沿逆时针方向焊至0点处。

从7点处开始，按顺时针方向焊至0点处，除净焊渣、飞溅、磨掉打底焊道接头局部凸起处。

④填充焊。调试好填充焊接参数后，按打底步骤焊完填充焊道。焊接过程中，要求焊枪摆动的幅度稍大，在坡口两侧适当停留、保证熔合良好，焊道表面稍下凹，不能熔化了管子外表面坡口的棱边。

⑤盖面焊。按填充焊道的参数和顺序焊完盖面焊道，需注意以下两点：

a. 焊枪摆动的幅度应比焊填充焊道时大，保证熔池边缘超出坡口上棱0.5～2.5 mm内。

b. 焊接速度要均匀，保证焊道外形美观，余高合适。

3.7.5　管板(插入式)垂直俯位焊接技术

插入式管板平焊是焊接插入式管板的基本功，是较易掌握的，但它比板状T形接头难焊。为此，在练习过程中要掌握转腕技术、焊枪角度和电弧对中位置，焊出对称的焊脚。

1. 焊接参数

焊接参数见表3－21。

表 3-21 焊接参数

焊丝直径/mm	焊丝伸出长度/mm	焊接电流/A	焊接电压/V	气体流量/(L/min)
1.2	15~20	130~150	20~22	15

2. 焊接要点

(1)焊枪角度与焊法

采用左焊法，单层单道，插入式管板平焊的焊枪角度如图 3-45 所示。

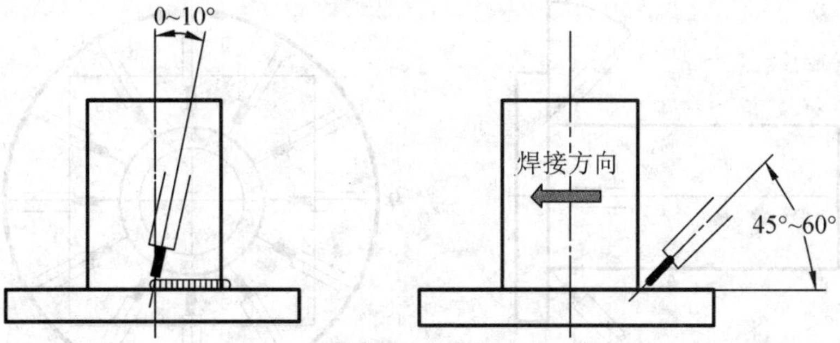

图 3-45 焊枪角度

(2)试件位置

调整好试板架的高度，将管板垂直放在试板架上，保证焊工站立时焊枪能很顺手地沿待焊处移动，一个定位焊缝应位于右侧的准备引弧处。

(3)焊接

焊接步骤如下：

①在试件右侧定位焊缝上引弧，从右向左沿管子外圆焊接，焊完圆周的 1/4~1/3 收弧，收弧时不必填满弧坑，最好将收弧处磨成斜面。

②将磨好的接头处转到始焊处，再引弧焊接管子圆周的 1/4~1/3，如此重复，直焊到剩下最后一段封闭焊缝为止。

③焊接封闭焊缝前，需将已焊好的焊缝两头都磨成斜面。

④将打磨好的试件转到合适的地方焊完最后一段焊缝，结束时必须填满弧坑，并不要使接头太高。

3.7.6 管板(插入式)水平固定焊接技术

这是插入式管板最难焊的位置，需同时掌握 T 形接头平焊、立焊、仰焊的操作技能，并根据管子的曲率进行转腕。

1. 焊接参数

焊接参数见表 3-22。

表 3-22 焊接参数

焊接层次	焊丝直径/mm	焊丝伸出长度/mm	焊接电流/A	电弧电压/V	气体流量/(L/min)
打底焊	1.2	15~20	90~110	18~20	10
盖面焊			110~130	20~22	15

2. 焊接要点

(1)焊枪角度与焊法

根据考规规定,全位置管板焊接过程不准改变位置,整个圆周焊缝必须从时钟位置7点处开始,按顺、逆时计方向焊接,封闭焊缝收弧处必须在0点位置。焊接过程中插入式管板全位置焊焊枪角度如图3-46所示。

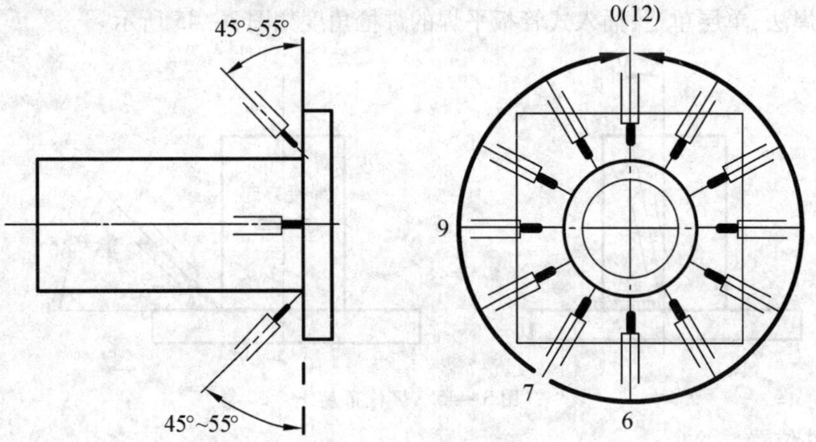

图3-46 焊枪角度

单层单道或二层二道,一层打底焊一层盖面焊。

(2)试件位置

焊前先调整好卡具的高度,保证焊工单腿跪地时能从时钟7点位置处焊到3点或9点位置,然后站着稍弯腰从3点或9点位置焊到0点处,再将管板固定好,保证管子的轴线保持水平,一圈焊缝在垂直面内,0点位于最上方。

(3)焊接

操作步骤如下:

①调好焊接参数后,在7点处引弧,保持焊枪角度沿逆时针方向焊至3点处断弧,不必填弧坑,但断弧后不能移开焊枪。

②迅速改变焊工的体位从3点处引弧,保持焊枪角度沿逆时针方向由3点处焊到0点处。

③将0点处的焊缝磨成斜面。

④从7点处引弧,沿顺时针方向焊至0点,注意接头要平整,不能凸出太高,并填满弧坑。

若采用两层两道焊,则按上述要求再焊一次。焊第一层时焊接速度要快,保证根部焊透,焊枪不摆动,保证焊脚小,盖面焊时焊枪摆动,保证焊缝两侧熔合好,焊脚尺寸符合要求。

注意:上述步骤实际上是一次完成的,应根据管子的曲率变化,焊工不断地转腕和改变体位连续焊接,按逆、顺时针方向焊完一圈焊缝。

3.8 CO_2气体保护焊的焊接缺陷产生的原因及防止方法

CO_2气体保护焊常见缺陷见表3-23。

表 3-23 CO_2气体保护焊常见缺陷

缺陷	产生原因	防止方法
裂纹	1. 焊缝深宽比太大；焊道太窄（特别是角焊缝和底层焊道）	1. 增大电弧电压或减小焊接电流，以加宽焊道而减小熔深；减慢行走速度，以加大焊道的横截面
	2. 焊缝末端处的弧坑冷却过快	2. 采用衰减控制以减小冷却速度；适当地填充弧坑；在完成焊缝的顶部采用分段退焊技术，一直到焊缝结束
	3. 焊丝或工件表面不清洁（有油、锈、漆等）	3. 焊前仔细清理
	4. 焊缝中含 C、S 量高而含 Mn 量低	4. 检查工件和焊丝的化学成分，更换合格材料
	5. 多层焊的第一道焊缝过薄	5. 增加焊道厚度
夹渣	1. 采用多道焊短路电弧（熔焊渣型夹杂物）	1. 在焊接后续焊道之前，清除掉焊缝边上的渣壳
	2. 高的行走速度（氧化膜型夹杂物）	2. 减小行走速度；采用含脱氧剂较高的焊丝；提高电弧电压
气孔	1. 保护气体覆盖不足；有风	1. 增加保护气体流量，排除焊缝区的全部空气；减小保护气体的流量，以防止卷入空气；清除气体喷嘴内的飞溅；避免周边环境的空气流过大，破坏气体保护；降低焊接速度；减小喷嘴到工件的距离；焊接结束时应在熔池凝固之后移开焊枪喷嘴
	2. 焊丝的污染	2. 采用清洁而干燥的焊丝；清除焊丝在送丝装置中或导丝管中黏附上的润滑剂
	3. 工件的污染	3. 在焊接之前，清除工件表面上的全部油脂、锈、油漆和尘土；采用含脱氧剂的焊丝
	4. 电弧电压太高	4. 减小电弧电压
	5. 喷嘴与工件距离太大	5. 减小焊丝的伸出长度
	6. 气体纯度不良	6. 更换气体或采用脱水措施
	7. 气体减压阀冻结而不能供气	7. 应串接气瓶加热器
	8. 喷嘴被焊接飞溅堵塞	8. 仔细清除附着在喷嘴内壁的飞溅物
	9. 输气管路堵塞	9. 检查气路有无堵塞和弯折处
咬边	1. 焊接速度太高	1. 减慢焊接速度
	2. 电弧电压太高	2. 降低电压
	3. 电流过大	3. 降低送丝速度
	4. 停留时间不足	4. 增加在熔池边缘的停留时间
	5. 焊枪角度不正确	5. 改变焊枪角度，使电弧力推动金属流动

续表

缺陷	产生原因	防止方法
未熔合	1. 焊缝区表面有氧化膜或锈皮	1. 在焊接之前,清理全部坡口面和焊缝区表面上的轧制氧化皮或杂质
	2. 热输入不足	2. 提高送丝速度和电弧电压;减小焊接速度
	3. 焊接熔池太大	3. 减小电弧摆动以减小焊接熔池
	4. 焊接技术不合适	4. 采用摆动技术时应在靠近坡口面的熔池边缘停留;焊丝应指向熔池的前沿
	5. 接头设计不合理	5. 采用摆动技术时应在靠近坡口面的熔池边缘停留;焊丝应指向熔池的前沿
未焊透	1. 坡口加工不合适	1. 接头设计必须合适,适当加大坡口角度,使焊枪能够直接作用到熔池底部,同时要保持喷到工件的距离合适;减小钝边高度;设置或增大对接接头中的底层间隙
	2. 焊接技术不合适	2. 使焊丝保持适当的行走角度,以达到最大的熔深;使电弧处在熔池的前沿
	3. 热输入不合适	3. 提高送丝速度以获得较大的焊接电流,保持喷嘴与工件的距离合适
熔透过大	1. 热输入过大	1. 减小送丝速度和电弧电压;提高焊接速度
	2. 坡口加工不合适	2. 减小过大的底层间隙;增大钝边高度
蛇形焊道	1. 焊丝干伸长过大	1. 保持适合的干伸长
	2. 焊丝的校正机构调整不良	2. 再仔细调整
飞溅	1. 电感量过大或过小	1. 仔细调节电弧力旋钮
	2. 电弧电压过低或过高	2. 根据焊接电流仔细调节电压;采用一元化调节焊机
	3. 导电嘴磨损严重	3. 更换新导电嘴
	4. 送丝不均匀	4. 检查压丝轮或送丝软管(修理或更换)
	5. 焊丝与工件清理不良	5. 焊前仔细清理焊丝与坡口处
	6. 焊机动特性不合适	6. 对于整流式焊机应调节直流电感;对于逆变式焊机须调节控制回路的电子电抗器
电弧不稳	1. 导电嘴内孔过大	1. 使用与焊丝直径相适合的导电嘴
	2. 导电嘴磨损过大	2. 更换新的导电嘴
	3. 焊丝纠结	3. 仔细解开
	4. 送丝轮的沟槽磨耗过大引起的送丝不良	4. 更换送丝轮
	5. 送丝轮压紧力不合适	5. 再调整
	6. 焊机输出电压不稳定	6. 检查控制电路和焊接电缆接头,有问题及时处理
	7. 送丝软管阻力大	7. 更换或清理弹簧软管

3.9　低合金钢的焊接

3.9.1　TMCP 钢的焊接

1. TMCP 钢简介

提高钢材的强度和韧性,一直是人们努力追求的目标。添加合金元素和控制冶金组织,是实现这一目标的基本途径。其中依靠工艺措施获得强韧性好的组织,可使钢材在不增加合金含量的情况下,强度、韧性获得提高,从而提高性能/价格比。1935 年再热淬火工艺在工业生产中开始应用,随后再热淬火及回火工艺被采用,获得了高强韧性的钢。1962 年,英国在连续热轧钢带生产线上成功地采用了激冷技术。20 世纪 70 年代开始,控轧技术被用于生产管线钢,该技术在钢中添加微合金元素,如 Mo,Nb,V,Ti,以扩大奥氏体再结晶温度范围(Ar_3之上),在这一温度范围内进行集中轧制。1980 年开始应用的 TMCP(thermo - mcchanically controlled processing)技术,实际上是控轧和激冷技术的结合,该技术依靠控轧和控制始冷温度、终冷温度、冷却速度,将组织组成比,如铁素体、珠光体、贝氏体、马氏体的比例,控制在一定水平,从而获得所需要的强度和韧性。TMCP 钢通常纯度较高,晶粒细小,与正火钢相比,在力学性能和焊接性方面都更优越。由于 TMCP 工艺能提高钢的强度,因此钢中合金元素含量可以降低。相同的强度级别,TMCP 钢比正火钢碳当量可减少 0.04% ~0.08%,如图 3 -47 所示。

2. TMCP 钢的焊接性

(1)热影响区硬度和接头强度

对于在常温下不预热、不后热焊接的焊接结构,为避免冷裂纹,热影响区的硬度要求在 350 HV 以下,重要焊件要求在 300 HV 以下。对于在含 H_2S 环境下工作的管线,热影响区的硬度要求在 248 HV 以下。对于海洋结构和管线,正火钢一般较难满足要求,而 TMCP 钢含碳量较低,在这方面获得广泛应用。

由于 TMCP 钢靠快速冷却提高强度,在高热输入方法焊接时,如埋弧焊、电渣焊、闪光对焊等,热影响区有软化现象,如图 3 -48 所示。当软化区宽度较窄时,拘束强化效应可降低或避免软化区对接头力学性能的影响。如 TS490MPa 级的船用 TMCP 钢采用 14 kJ/mm 的三丝埋弧焊和 61 kJ/mm 的电渣焊后,小试样拉伸试验表明,接头的拉伸强度为母材强度的 90%,但软化区宽度比板厚窄。进一步采用宽板拉伸进行试验,结果表明,接头的强度与母材相当。宽板拉伸试验更能代表实际钢结构的断裂强度,因此可以说 TMCP 钢的热影响区软化现象不是致命的弱点。另一方面,采用高能量密度热源快速焊接,可减小软化区宽度,更有利于防止软化对接头强度的

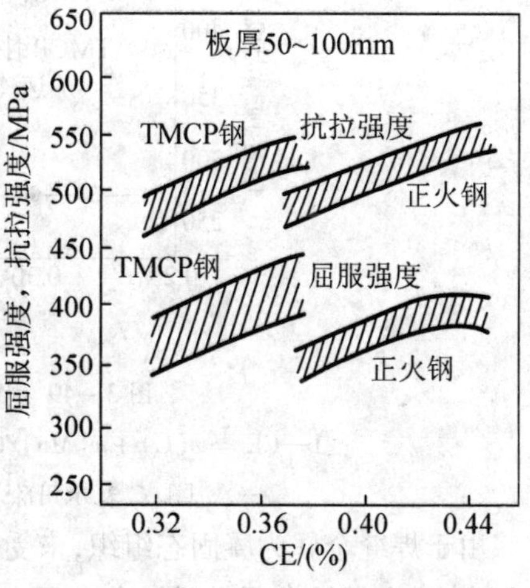

图 3 -47　TMCP 钢与正火钢碳当量对比

注:CE $=w(C)+w(Mn)/6+w(Cr+Mo+V)/5+w(Ni+Cu)/15$

影响。

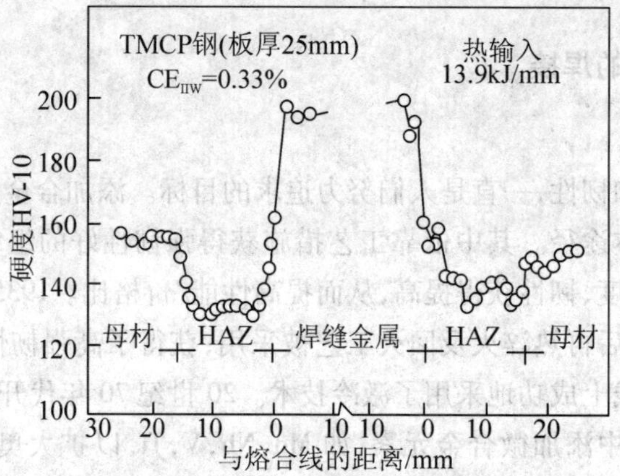

图 3-48 热影响区的软化现象

热影响区软化对接头的疲劳强度几乎没有影响，这是因为疲劳强度主要受应力集中系数的影响，如焊缝余高的形状。热影响区软化对抗弯强度和翘曲强度的影响也不大。

为了减小热影响区软化，加入 Nb 有较明显的效果，因为在高热输入焊接后的冷却过程中，Nb 能够沉淀强化。在 23 kJ/mm 热输入焊接条件下，每增加 0.017%（质量分数）Nb，热影响区软化区的硬度可增加 15HV。

(2)焊接裂纹

图 3-49 所示为临界预热温度与碳当量的关系。可以看到，TMCP 钢所需预热温度比正火钢低 100℃左右。这是因为 TMCP 钢的低碳当量使其热影响区淬硬倾向较低，因此热影响区产生冷裂纹的倾向较小。

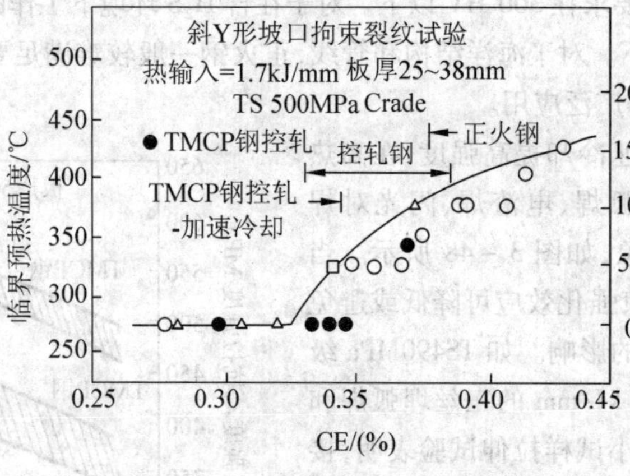

图 3-49 临界预热温度与碳当量的关系

1—CE $=w(C)+w(Mn)/6+w(Cr+Mo+V)/5+w(Ni+Cu)/15$

2—△、□、○表示用除 TMCP 钢外的其他钢种试验所得的数据

由于焊缝金属为凝固态组织，未受到母材同等的工艺处理，为了使焊缝具有与母材同等的强度，需在焊缝金属中添加合金元素。因此焊接时热影响区金属可能先于焊缝金属发生奥氏体向铁素体的转变，导致扩散氢从热影响区向焊缝扩散，这种情形与普通低碳钢的焊接相反。因此 TMCP 钢焊接时，更可能在焊缝金属中产生冷裂纹。考虑高强 TMCP 钢焊接时

的预热温度时，应按照焊缝金属的成分进行计算。

一般认为，高碳含量的焊缝金属易产生凝固裂纹。但若焊缝金属含过低的碳，也易产生凝固裂纹。钢中 w(C)低于0.02%会使奥氏体晶粒过大。因此对于高级别管线钢，出于防止产生凝固裂纹和限制热影响区硬度双重考虑，w(C)为0.05%左右。TMCP 钢焊接时，当焊速较快，有可能产生凝固裂纹。由于凝固裂纹是当焊缝金属处于脆性温度区间时，应变速度大于临界应变速度时产生的，因此尽可能降低焊接应力、应变，并采用适当的焊接速度，可防止凝固裂纹的产生。

3. 热影响区的组织和韧性

热影响区的组织取决于钢的化学成分和焊接热输入，而热影响区的韧性又与组织相对应。TMCP 钢焊接时，热影响区高温区转变为奥氏体，在随后的冷却过程中随冷却时间不同，转变为不同的组织。图 3－50 所示为热影响区粗晶区夏比冲击断裂表面形貌转变温度与焊缝 800℃至 500℃冷却速度的关系。当采用小热输入进行焊接，冷却时间短，组织为下贝氏体，韧性好。当 $t_{8/5}$较长，组织为上贝氏体和侧板条铁素体时，韧性恶化。对于 TS490 钢，$t_{8/5}$冷却时间为 10～30s 时，韧性最低。

温度与焊缝 800℃至 500℃冷却速度的关系 TMCP 钢较低的含碳量可减少热影响区 M－A 组元的含量，对改进韧性有利。但多层焊时，前一焊道热影响区经受后一焊道峰温在 Ac_1和 Ac_3之间热循环时，前一焊道热影响区粗晶区碳化物溶解产生的可扩散碳在奥氏体中聚集，部分高碳奥氏体可转变为韧性很差的 M－A 组元。针状铁素体组织细小，可使碳富集区分散，从而减少 M－A 组元的产生。

为了避免影响组织和性能，TMCP 钢焊后不能进行包括正火、正火加回火以及淬火加回火的热处理，但可进行消除应力热处理。

3.9.2 低合金低温用钢的焊接

1. 低合金低温用钢的种类、用途、标准和性能

普通低合金钢随温度降低强度有所增加，塑韧性则急剧降低，这类钢材不能用于低温下工作的结构上，而低温用钢在相应的低温条件下仍具有良好的韧性和抗脆断能力，能够确保结构的使用安全。低温钢主要用于低温下工作的容器、管道和结构，如石油化工设备（化肥、乙烯、煤液化、液化石油气等）、冷冻设备、食品工业及液态气体储存设备等。低合金低温用钢一般用于－20～－110℃工况条件。按适用温度范围：低合金低温用钢可分为－40℃，－70℃，－90℃，－110℃钢；按照钢材的合金体系：低合金低温用钢可分为不含 Ni 及含 Ni 的两大类。不含 Ni 的低温钢一般工作温度在－40℃以上，而含 Ni 的低温钢根据 Ni 含量的高低，可以工作在较低的温度下，如 2.5% Ni 钢可以用于－60℃以

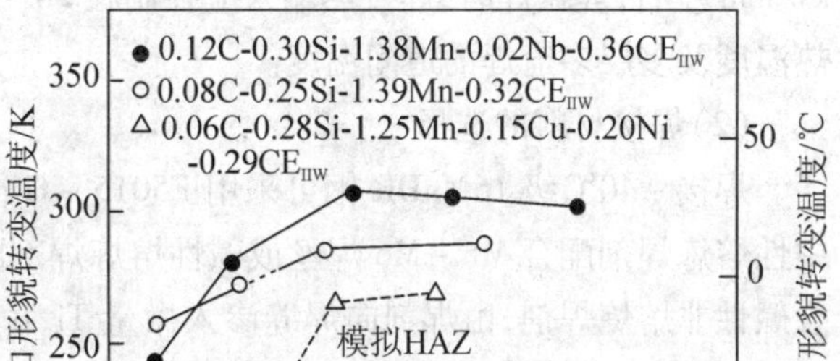

图 3－50 热影响区粗晶区夏比冲击断裂表面形貌转变

下，3.5%Ni 钢可以用于 -90 ~ -110℃。低合金低温用钢一般是通过合金元素的固溶强化、晶粒细化，并通过正火或正火加回火处理细化组织晶粒，从而获得良好的低温韧性。在低温用钢中常用合金元素是 Mn, Ni, V, Nb 等，如我国的低温压力容器用钢 09Mn2VDR, 15MnNiDR 及 09MnNiDR 等，为保证低温韧性，在低温用钢中尽量降低含碳量，并严格限制 S, P 含量。

2. 低合金低温用钢的焊接性

低合金低温钢中 $w(C) \leqslant 0.2\%$，同时合金元素的总质量分数不超过 5%，碳当量较低，淬硬倾向较小，因此冷裂敏感性不大。薄板焊接时一般可不采用预热，但应避免在低温下施焊。当板厚超过 25mm 或焊接接头的拘束较大时，应采用适当的预热措施，以防止产生焊接冷裂纹，但预热温度不能过高，一般控制在 100 ~ 150℃，预热温度过高会导致焊接接头组织粗化，导致焊接接头韧性降低。低合金低温钢中 Ni 可能增大热裂倾向，焊接过程中应注意防止热裂纹的产生，但由于这类钢及焊接材料中的 C, S 及 P 的含量控制较低，采用合理的焊接参数，增大焊缝成形系数，可以避免热裂纹产生。某些低温钢中，由于含有 V, Ti, Nb, Cu, N 等元素，在焊后消除应力热处理时，如果加热温度处于回火脆性敏感温度区间(450 ~ 550℃)会析出脆性相，而使低温韧性降低，选择合理的焊后热处理工艺，减少在敏感温度区间的停留时间。可以避免回火脆性的产生。对低温钢焊接接头的评定中最重要的是必须保证焊接接头在使用温度下具有足够的冲击韧度和抗脆断能力，确保结构的使用安全。因此正确选择焊接材料、制订优化的焊接工艺，确保焊接接头焊缝金属和热影响区的低温韧性是低温用钢焊接时的技术关键。

3. 低合金低温用钢的焊接工艺要点

(1)焊接方法及热输入的选择

常用的焊接方法有焊条电弧焊、埋弧焊、钨极氩弧焊及熔化极气体保护焊等。低合金低温用钢焊接时，为避免焊缝金属及近缝区形成粗大组织而使焊缝及热影响区的韧性恶化，焊条尽量不摆动，采用窄焊道、多道多层焊，焊接电流不宜过大，宜用快速多道焊以减轻焊道过热。并通过多层焊的重热作用细化晶粒。多道焊时，要控制道间温度，应采用小热输入施焊，焊条电弧焊热输入应控制在 2.0 kJ/mm 以下，熔化极气体保护焊热输入应控制在 2.5 kJ/mm 左右，埋弧焊时，焊接热输入应控制在 28 ~45 kJ/mm。如果需要预热，应严格控制预热温度及多层多道焊的道间温度。

(2)焊接材料的选择

焊接 -40℃级 16MnDR 钢可采用 E5015 - G 或 E5016 - G 高韧性焊条。埋弧焊时，可用中性熔炼焊剂配合 Mn - Mo 焊丝或碱性熔炼焊剂配合含 Ni 焊丝；也可采用 C - Mn 钢焊丝配合碱性非熔炼焊剂，由焊剂向焊缝渗入微量 Ti, B 合金元素，以保证焊缝金属获得良好的低温韧性。焊接含 Ni 的低合金低温钢所用焊接材料中的含 Ni 量应与基材相当或稍高。但要注意，在焊态下的焊缝，其 $w(Ni) > 2.5\%$ 时，焊缝组织中容易出现粗大的板条贝氏体或马氏体，韧性较低。只有焊后经调质处理，焊缝的韧性才能随其含 Ni 量的增加而提高。添加少量的 Ti 可以细化 2.5Ni 钢焊缝金属的组织，提高其韧性，添加少量的 Mo 可以克服其回火脆性。

(3)焊后检查与处理

焊接低温用钢产品,应注意避免弧坑、未熔透及焊缝成形不良等缺陷。焊后应认真检查内在及表面缺陷,并及时修复。低温下由缺陷引起的应力集中将增大结构低温脆性破坏倾向。焊后消除应力处理可以降低低合金低温用钢焊接产品的脆断危险性。

3.9.3 耐候钢及耐海水腐蚀用钢的焊接

1. 耐候钢及耐海水腐蚀用钢的种类、用途、标准和性能

耐候钢,即耐大气腐蚀钢,是指含有少量合金元素在大气中具有良好耐腐蚀性能的低合金高强钢,主要合金元素有Cu,P,Cr,Ni,Mn,V,RE等。耐候钢在使用过程中表面会逐渐形成一层致密的保护膜,阻止大气中的氧、水及其他腐蚀性介质对基体进一步腐蚀,使腐蚀速率相对普通低合金钢大大降低。耐候钢可分为一般结构用耐候钢(GB/T 4171—2000《高耐候结构钢》)和焊接结构用耐候钢(GB/T 4172—2000)。一般结构用耐候钢主要用于非焊接或焊接要求不高的结构件上,该类钢以Cu-P系为主,具有优良的耐大气腐蚀性能,其中$w(P)=0.07\%\sim0.15\%$,屈服强度一般在345 MPa以下,板厚一般不超过16 mm。典型钢种包括国产的09CuPCrNi,09CuPTi,09CuPTiRE,09CuPRE,08CuPVRE,美国的ASTM A242系列和日本的JIS SPA系列等。焊接结构用耐候钢主要用于焊接结构中,合金体系可采用Cu-Cr,Mn-Cu-Cr或Cu-Cr-Ni等,$w(P)$在0.04%以下,具有优良的焊接性和力学性能。典型钢种包括国产的16CuCr,12MnCuCr,15MnCuCr,09Mn2Cu,16MnCu,美国的ASTM A588系列和日本的JIS SMA系列等。GB/T 4171—2000和GB/T 4172—2000对上述两种类型耐候钢的化学成分和力学性能作出了规定。由于低合金耐候钢具有较高的强度,而且成本远远低于不锈钢,因此在桥梁、钢结构建筑物、输变电塔架、铁路(公路)车辆、挖掘机、起重机、矿用设备、集装箱、输送管线等得到广泛应用。

耐海水腐蚀用钢与耐候钢相似,同属低合金耐蚀钢体系,国外耐海水腐蚀用钢有美国的"Mariner"钢,日本的"Mariloy"钢等,国产的耐海水腐蚀用钢包括:10MnPNbRE、10Cr2MoAIRE、08PVRE等。耐海水腐蚀钢主要用于海洋结构,如海上采油平台、海底石油采掘设备、石油储藏设备、海底油气管线、海洋观察塔等。

2. 耐候钢及耐海水腐蚀用钢的焊接性

焊接结构用耐候钢合金体系主要采用的是Cu-Cr或Cu-Cr-Ni,P含量较低,除了Cu含量之外,其他化学成分与一般的低合金热轧钢或正火钢差别不大。钢材的淬硬倾向不大,冷裂倾向很小。Cu虽然能促进热裂纹产生倾向,但由于含量较低[一般$w(Cu)=0.2\%\sim0.4\%$],加之C含量较低,因此焊缝中一般不产生热裂纹,这类钢总体焊接性良好。一般结构用耐候钢(高耐候性结构钢)以Cu-P系为主,P含量较高,一般$w(P)=0.07\%\sim0.15\%$。由于P是增加钢材冷脆倾向的元素,一方面P在焊缝金属晶界上易产生偏析而促进结晶裂纹的产生,另一方面P还能使近缝区的硬度增加,降低焊接接头的塑性和韧性,增大了冷裂纹产生的敏感性。因此从改善焊接性和韧性出发,此类钢应严格控制碳含量,希望钢中的$w(C)+w(P)$控制在0.25%以下。焊接过程中尽量采用小的焊接热输入,向焊缝金属中添加细化晶粒的合金元素,同时尽量避免在大拘束条件下焊接。耐海水腐蚀用钢的合金体系与耐候钢相似,其焊接性也与耐候钢相近。

3. 耐候钢及耐海水腐蚀用钢的焊接材料

耐候钢及耐海水腐蚀用钢焊接材料选择时,除了满足强度要求以外,应重点考虑保证焊接接头的耐腐蚀性能与母材相一致。焊接材料选择时应综合考虑工艺性能、熔敷金属力学性能及其耐腐蚀性能,通过工艺评定后确定。

4. 耐候钢及耐海水腐蚀用钢的焊接工艺

大部分耐候及耐海水腐蚀用钢的焊接性与屈服强度为235 ~ 345 MPa的热轧或正火钢相当,所以其焊接工艺可参考这一强度级别热轧或正火钢的焊接工艺,但对于调质状态交货的Q460NH钢,建议参考低合金低碳调质钢的焊接工艺;对于P含量较高的耐候及耐海水腐蚀用钢,宜采用母材稀释率较小的焊接工艺方法进行焊接,可有效防止焊接裂纹的产生;薄板焊接时应注意控制焊接热输入及焊道间温度,以确保焊缝金属的抗拉强度及焊接接头的冲击韧度,耐候及耐海水腐蚀用钢常用的焊接工艺方法是焊条电弧焊及气体保护焊。焊接接头形式、坡口尺寸及焊接参数的制订与一般低合金结构钢相同。大厚度低合金耐候及耐海水腐蚀钢的焊接可以采用埋弧焊工艺。埋弧焊时,首先也是要根据产品性能要求选择合适的焊丝焊剂,焊接时应采用偏小的焊接热输入,以防止接头过热,保证焊接接头有足够的力学性能。

3.9.4 低合金镀层钢的焊接

1. 低合金镀层钢的种类、用途、标准和性能

低合金镀层钢的镀层方法分为热镀和电镀。常用的镀层钢有镀锌钢、渗铝钢、镀铅钢及镀锡钢等。镀锌钢板(GB/T 2518—2004)俗称白铁皮,厚度0.25 ~2.5 mm,表面美观、有块状或树叶状锌结晶花纹,镀层牢固,有优良的耐大气腐蚀性能及良好的焊接性和冷加工成形性能。广泛用于建筑、包装、铁路车辆、农机制造及日常生活用品。与电镀锌板相比,热镀锌板的镀层较厚,用于要求耐蚀性较强的部件。电镀锡薄板(GB/T 2520—2000)厚度0.1 ~ 0.5 mm,对空气、水、食品、果酸有很好的耐蚀性,锡焊性好,广泛用于罐头食品及医药等的包装容器。镀铅钢板(GB/T 5065—2004)是表面镀有Pb - Sn - Sb合金的制品,在有H_2S、SO_2等石油产品中,具有优越的耐蚀性,并有良好的深冲性和焊接性。广泛用于汽车油箱、储油容器等零部件。镀铝或渗铝钢板分为两类,第一类以耐热性为主,可以耐640℃左右的高温,它是在低碳钢板两面各镀以20 ~25 μm厚的Al - Si合金镀层[w(Si) = 6% ~8.5%];第二类以耐蚀性为主,其镀层厚度为第一类的2 ~3倍。渗铝钢一般用热浸或固体粉末等方法渗铝,而在低碳钢基材与镀层之间形成薄合金层。第一类形成Al - Fe - Si合金层,第二类形成Al - Fe合金层。第二类钢的镀层熔点低,镀层厚,所以其焊接性较第一类钢差。由于渗铝钢具有较好的耐高温氧化和耐腐蚀性,价格便宜,已在我国石油、化工、电力、汽车及轻工等部门得到广泛地应用。用于焊接结构的镀层钢以镀锌钢及渗铝钢为主,这里重点介绍这两种钢的焊接。

2. 镀锌钢焊接性分析

镀锌钢可分为电镀锌钢板和热浸镀锌钢板,镀层厚度一般在20 μm以下。一般情况下,电镀锌钢板的镀层比热浸镀锌钢板的镀层要薄,焊接性较好。镀锌钢板表面有闪烁花纹,闪灿花纹对焊接性没有影响。

镀锌钢常用电阻点焊进行焊接，其焊接性劣于非镀锌低碳钢板。从点焊角度分析镀锌钢的焊接性。Zn 和 Fe 在物理性能和力学性能方面都有较大差异，Zn 的熔点(419℃)、沸点(906℃)和硬度都比 Fe 低得多。因此在相同的电极压力和焊接电流下，电极作端面与镀锌钢板的接触面积比低碳钢板大，从而使电流密度下降，产生的电阻热降低，熔核尺寸随之减小。为了获得合格的熔核尺寸，点焊镀锌钢板时，在相同的电极压力下，需采用比点焊非镀锌低碳钢更大的焊接电流或更长的通电时间。但增加焊接电流或延长通电时间，必然使电极工作端面温度升高，这就加剧了镀锌层的熔化和电极工作端面的粘连。粘连在电极工作端面上的 Zn 与 Cu 形成 Cu－Zn 合金即黄铜。随着 Cu 中 Zn 的增加，黄铜的强度和韧性下降，导电性、导热性降低，致使电极工作端部过热变形。为了减小钢板表面镀锌层的烧损，就要采用较大的电极压力，以减小电极与镀锌钢板之间的接触电阻，而这样又进一步加速了电极的压溃变形，使电流密度进一步减小，直至不能形成熔核。因此与普通低碳钢点焊相比，镀锌钢板合适的点焊参数范围窄，接头强度波动大，焊接性差。

3. 渗铝钢的焊接

(1)渗铝钢的焊接工艺特点

下面介绍的焊接工艺措施，对两类渗铝钢都适用。当焊接涂层较薄的第一类渗铝钢时，所采用的特殊工艺措施可以简化。为了获得优质焊缝，渗铝钢的焊前清理工作很重要，钢板表面不应有脏物、油污等。避免采用强碱清洗剂，以免腐蚀铝镀层。由于金属工具易于损伤较软的铝表面，装卸、搬运渗铝钢时，最好用木制工具。

(2)渗铝钢的熔焊

渗铝钢可用焊条电弧焊、熔化极气体保护电弧焊、钨极惰性气体保护电弧焊及气焊等方法焊接。

①焊条电弧焊时焊条的选择。采用酸性焊条或纤维素型焊条焊接时，焊缝易出现气孔、凹坑等缺陷。采用低氢型焊条可以降低焊缝气孔倾向，但是焊前如不将焊接处渗铝层去掉，焊缝中的 Si，Mn 含量因 Al 加强脱氧而增高，从而使焊缝金属的力学性能变坏，而且由于焊缝中缺少保证金属耐热、耐蚀性的合金元素，该渗铝钢构件常沿焊缝早期被破坏。为了保证焊缝金属的耐热和耐蚀性，使焊接区具有和渗铝钢母材相同的性能，焊后焊缝必须清理并喷上层铝；如果不要求焊缝金属与渗铝钢母材性能相同，焊后焊缝表面刷一层铝即可。也可采用不锈钢焊条(如 Cr25－Ni12 型不锈钢)，由于不锈钢含有足够的合金元素，尽管焊缝被母材稀释，但焊缝金属仍可形成强韧的奥氏体显微组织，不锈钢焊缝的耐腐蚀性比渗铝层要强得多。焊条药皮中含有的氟化物，易与铝的氧化物相作用而成渣，有助于减弱 $A1_2O_3$的不利影响。我国焊接材料产品样本列出了渗铝钢专用的低氢钠型焊条。我国已有能力生产渗铝钢专用焊条系列，该焊条为低氢型，采用直流反接，短弧操作，可进行全位置焊接。

②其他焊接方法的工艺特点。采用熔化极气体保护电弧焊焊接渗铝钢可以获得满意的结果，氩、二氧化碳或其混合气体都可以作为保护气体。氩弧焊时，因 Al 不易氧化，焊缝成形良好。二氧化碳气保护焊焊接渗铝钢时，焊缝成分和致密性均可，但焊缝表面粗糙不平。$Ar-CO_2$、混合气体保护焊常用于小尺寸焊件的焊接。钨极惰性气体保护电弧焊时，氩气或

氦气的保护可以有效地防止焊接区氧化。要尽量减少镀层中 Al 溶入焊缝，降低焊缝的塑性和韧性。由于是惰性气体保护焊，熔化的涂层不致于被氧化，这时为了减少焊缝金属的含铝量，可以采取下列措施：

采用对接接头而不用卷边接头；焊前将坡口两侧的铝涂层去除掉；填加焊丝以降低焊缝含铝量（可用低碳钢焊丝或无镀层钢板剪条作填充焊丝），为使熔池金属保持良好的流动性，钢焊丝中 $w(\mathrm{Mn}) = 1\%$ 及 $w(\mathrm{Si}) = 0.25\%$ 为宜。

一般情况下，宜采用电弧焊或电阻焊焊接渗铝钢。但有关文献指出，采用氧乙炔焊也可获得致密焊缝。采用焊接不锈钢的熔剂进行渗铝钢氧乙炔焊，用无镀层钢剪条或钢焊丝[$w(\mathrm{Mn}) = 1\%$ 及 $w(\mathrm{Si}) = 0.25\%$]作填充材料。氧乙炔焊时，近缝区因长时间受到高温加热，该处涂层易渗入焊缝，为降低其不利影响，应尽可能采用最小的焊炬喷嘴，或者采用加速焊件冷却。此外，可以应用钎焊焊接渗铝钢，为了实现熔融钎料与涂层钢之间的良好润湿，应去除铝涂层表面的氧化膜。氧化膜的去除有多种方法，但最好还是采用熔剂，这种铝钎焊熔剂可以成功地钎焊渗铝钢或渗铝钢与铝的接头。

请沿此线剪下

任务实施

资讯单

学习领域	焊接工艺的实施与控制		
学习情境 3	CO_2 气体保护焊工艺实施与控制	学时	10
资讯方式	学生分组查询资料,找出问题的答案		
资讯问题	1. 简述 CO_2 气体保护焊的原理。 2. CO_2 气体保护焊的特点是什么? 3. 简述送丝机构的工作过程。 4. CO_2 气体保护焊焊接电源的特性有哪些要求? 5. CO_2 气体保护焊焊接工艺参数如何选择? 6. 试归纳 CO_2 气体保护焊焊接缺陷及防止措施。 7. 试简述 CO_2 气体保护焊焊接操作要点。 8. 简述 CO_2 气体保护焊焊接低碳钢的工艺要点。 9. 如何制定 CO_2 气体保护焊工艺? 10. CO_2 气体保护焊焊接工艺文件的编写原则是什么?		
资讯引导	以上资讯问题请查询本书信息单,利用网络环境进行搜索,课余时间可去图书馆查阅相关资料,同时参考以下书籍: [1]中国机械工程学会焊接学会. 焊接手册. 3 版. 北京:机械工业出版社,2008. [2]胡云岩,等. 实用焊工速查手册. 石家庄:河北科学技术出版社,2002. [3]邹增大. 焊接材料、工艺及设备手册. 北京:化学工业出版社,2001. [4]王洪光. 实用焊接工艺手册. 北京:化学工业出版社,2010. [5]陈祝年. 焊接工程师手册. 北京:机械工业出版社,2010.		

请沿此线剪下

请沿此线剪下

请沿此线剪下 请沿此线剪下 请沿此线剪下

决策单

学习领域	焊接工艺的实施与控制						
学习情境3	CO_2 气体保护焊工艺实施与控制				学　时	2	
方案讨论							
方案对比	组号	工作流程的正确性	知识运用的科学性	内容的完整性	方案的可行性	人员安排的合理性	综合评价
	1						
	2						
	3						
	4						
	5						
方案评价	评语：						
班级		组长签字		教师签字		月　　日	

请沿此线剪下

请沿此线剪下

请沿此线剪下

计划单

<table>
<tr><td>学习领域</td><td colspan="5">焊接工艺的实施与控制</td></tr>
<tr><td>学习情境3</td><td colspan="2">CO_2 气体保护焊工艺实施与控制</td><td>学　时</td><td colspan="2">2</td></tr>
<tr><td>计划方式</td><td colspan="5">分组讨论，制定各组的实施操作计划</td></tr>
<tr><td>序　号</td><td colspan="4">实施步骤</td><td>使用资源</td></tr>
<tr><td>1</td><td colspan="4"></td><td></td></tr>
<tr><td>2</td><td colspan="4"></td><td></td></tr>
<tr><td>3</td><td colspan="4"></td><td></td></tr>
<tr><td>4</td><td colspan="4"></td><td></td></tr>
<tr><td>5</td><td colspan="4"></td><td></td></tr>
<tr><td>制定计划说明</td><td colspan="5"></td></tr>
<tr><td rowspan="3">计划评价</td><td>班　　级</td><td></td><td>第　组</td><td>组长签字</td><td></td></tr>
<tr><td>教师签字</td><td colspan="2"></td><td>日　　期</td><td></td></tr>
<tr><td colspan="5">评语：</td></tr>
</table>

请沿此线剪下

请沿此线剪下

请沿此线剪下

材料清单

学习领域	焊接工艺的实施与控制				
学习情境3	CO_2 气体保护焊工艺实施与控制				
序号	名　称	作　用	数量	使用前	使用后
1	NBC－500CO_2 气体保护焊机		1台		
2	H08Mn2SiA 焊丝 Φ0.8～1.2 mm	填充金属、脱氧	1盘		
3	≥99.5% CO_2 气体	保护	1罐		
4	焊件Q235钢板		2件	300×200×10	
5	CO_2 气体流量表		1个		
6	CO_2 气瓶		1个	充满气体	
7	角向打磨机	加工坡口和 清理焊缝	1台		
8	钢丝刷	清理焊缝	1个		
9	钢板尺	测量尺寸	1把		
10	敲渣锤		1把		
11	焊缝万能量规		1把		
12	防护面罩		4个		
13	手套		1付		
班级			组长签字		

请沿此线剪下

请沿此线剪下

请沿此线剪下

实施单

学习领域	焊接工艺的实施与控制		
学习情境3	CO_2 气体保护焊工艺实施与控制	学时	12
序号	分组实施,按实际的实施情况填写此单		
序号	实施步骤	使用资源	
1			
2			
3			
4			
5			
6			
7			
8			
9			
10			

实施说明：

班　　级		组长签字	
教师签字		日　　期	

请沿此线剪下

检查单

学习领域	焊接工艺的实施与控制			
学习情境3	CO_2 气体保护焊工艺实施与控制		学时	1
序号	检查项目	检查标准	学生自检	教师检查
1	目标认知	工作目标明确,工作计划具体结合实际,具有可操作性		
2	理论知识	工具的使用方法和技巧等基本知识的全面掌握		
3	基本技能	能够运用知识进行完整的方案设计,并顺利完成任务		
4	学习能力	能在教师的指导下自主学习,全面掌握相关知识和技能		
5	工作态度	在完成任务的过程中的参与程度,积极主动地完成任务		
6	团队合作	积极与他人合作,共同完成工作任务		
7	工具运用	熟练利用资料单进行自学,利用网络进行二手资料的查询		
8	任务完成	保质保量,圆满完成工作任务		
9	演示情况	能够按要求进行演示,效果好		
检查评价	班　　级		组长签字	
	教师签字		日　　期	
	评语:			

请沿此线剪下

请沿此线剪下

请沿此线剪下

请沿此线剪下

请沿此线剪下

评价单

学习领域	焊接工艺的实施与控制				
学习情境3	CO_2 气体保护焊工艺实施与控制			学时	1
评价类别	项目	子项目	个人评价	组内互评	教师评价
专业能力（60%）	资讯（10%）	搜集信息（5%）			
		引导问题回答（5%）			
	计划（5%）	计划可执行度（5%）			
		材料工具安排（2%）			
	实施（20%）	安装、调试操作规范（7%）			
		功能实现（7%）			
		安全操作（3%）			
		创意和拓展性（2%）			
	检查（10%）	全面性、准确性（5%）			
		故障分析及解决（5%）			
	过程（5%）	操作过程规范性（3%）			
		工具和仪表使用管理（2%）			
	结果（5%）	结果质量（5%）			
	作业（5%）	作质量（5%）			
社会能力（20%）	团结协作（10%）	小组成员合作良好（5%）			
		对小组的贡献（5%）			
	敬业精神（10%）	学习纪律性（5%）			
		爱岗敬业、吃苦耐劳精神（5%）			
方法能力（20%）	计划能力（10%）				
	决策能力（10%）				
	班级		姓名		日期
	教师签字		组长签字		
	学号		总评		
检查评价	评语：				

知识拓展

1. 药芯焊丝 CO_2气体保护焊

药芯焊丝是将含有稳弧剂、造渣剂和合金粉等成分的粉末裹在金属外皮里面而构成的。药芯焊丝 CO_2气体保护焊的基本原理与普通 CO_2气体保护焊相同。焊接时，在电弧作用下熔化的药芯焊丝、母材金属和保护气体相互之间发生冶金作用，同时形成一层较薄的液态熔渣包覆熔滴并覆盖熔池，对熔化金属形成了又一层的保护。实质上这种焊接方法是一种气－渣联合保护的方法。

(1)药芯焊丝 CO_2气体保护焊的特点

①优点。焊接生产率高，约为焊条电弧焊的 3～5 倍，为实芯焊丝 CO_2气体保护焊的 1.5～2 倍。

飞溅少，焊缝成形美观。采用气－渣联合保护，焊接工艺性能好，飞溅率为实芯焊丝的 1/3 左右，且飞溅颗粒细，容易清除。焊缝因有熔渣覆盖成形美观。

焊接适应性强。调整药芯成分，就可焊接不同钢种。不仅可以焊接各种结构钢，也可以焊接不锈钢等特殊材料。

抗气孔能力强。由于焊接熔池受到 CO_2气体和熔渣两方面的保护，所以抗气孔能力比实芯焊丝 CO_2气体保护焊强。

②缺点。焊丝制造比较复杂，成本高。

焊丝外表容易锈蚀，药粉容易吸潮，使用前需经 250～300℃的烘干。

送丝困难，对送丝机构要求高。药芯焊丝与实芯焊丝相比，其刚性较差，焊丝体较软。送丝滚轮的压力不能太大，太大会使焊丝变形。通常需要用两对主动送丝滚轮，甚至用三对送丝滚轮的送丝机构。

(2)药芯焊丝的结构

药芯焊丝的截面形状种类较多，典型的焊丝截面形状如图 3－51 所示。可以分成二大类：简单断面的 O 形和复杂断面的折叠形。折叠形中又分为 T 形、E 形、梅花形和中间填丝形等。

图 3－51 药芯焊丝的截面形状

O 形断面的焊丝通常又叫管状焊丝。管状焊丝由于芯部粉剂不导电，电弧容易沿四周的钢皮旋转，电弧稳定性较差。而折叠焊丝因钢皮在整个断面上分布比较均匀，焊丝芯部亦能导电，所以电弧燃烧稳定，焊丝熔化均匀，冶金反应完善。

由于小直径折叠焊丝制造较困难，因此一般直径小于 2.4 mm 的焊丝制成 O 形，直径大于 2.4 mm 的焊丝制成折叠形。

药芯焊丝芯部粉剂的成分和焊条的药皮类似，含有稳弧剂、脱氧剂、造渣剂和铁合金等，起着造渣保护熔池、渗合金、稳弧等作用。按填充药粉的成分可分为钛型（酸性渣）、钛钙型（中型或弱碱性渣）和碱性（碱性渣）药芯焊丝。粉剂的粒度应大于0.154 mm（100目），不应含吸湿性强的物质并有良好的流动性。

（3）焊接参数

①焊接电流和电弧电压。由于药芯焊丝CO_2气体保护焊使用的焊剂成分改变了电弧特性，因此，直流、交流、平特性或下降特性电源均可以使用。但通常采用直流平特性电源。当其他条件不变时，焊接电流与送丝速度成正比。当焊接电流变化时，电弧电压需做相应的变化，以保证电弧电压与焊接电流的最佳匹配关系。纯CO_2气体保护时，通常采用长弧焊接。

②焊丝伸出长度。焊丝伸出长度对电弧的稳定性、熔深、焊丝熔敷速度、电弧能量等均有影响。对于给定的焊接速度，焊丝伸出长度随焊接电流的增加而减小。焊丝伸出长度太长会使电弧不稳且飞溅过大；焊丝伸出长度太短会使电弧弧长过短，过多的飞溅物易堵塞焊嘴，使气体保护不良，焊缝中会产生气孔。通常焊丝伸出长度在19 ~38 mm范围。

③保护气体流量。与普通CO_2气体保护焊相同。

2. CO_2点焊

CO_2点焊是在CO_2气体保护下，利用焊丝和焊件间燃烧的高温电弧热量，将搭接接头上板的整个厚度和下板的局部厚度熔化，形成铆钉状的焊点，从而把两块钢板连接起来。也称为CO_2电铆焊，见图3－52。

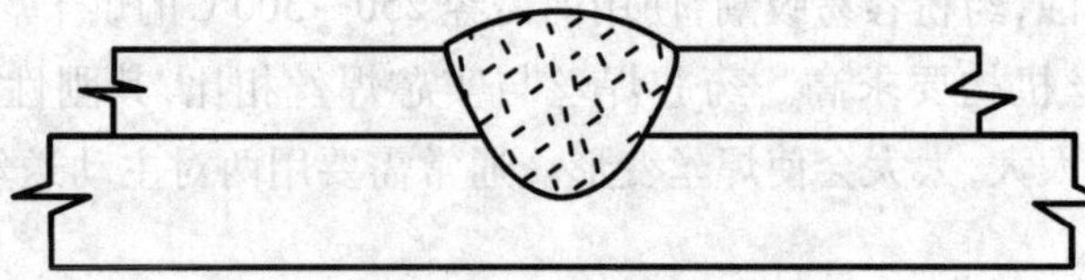

图3－52　CO_2点焊焊点形状

（1）CO_2点焊的特点

CO_2点焊适用于薄板框架结构的焊接。在汽车制造、农业机械、化工机械等部门中有着广泛的应用。它与电阻点焊相比有以下优点：

①不需要特殊的加压装置，焊接设备简单，电源功率较小，又是一种单面点焊的焊接方法，因此不受焊接场所的限制，使用方便、灵活。

②对焊件表面质量要求不高。

③对上下板之间的装配精度要求不严格。

④不受焊点距离和板厚的限制，适用性强。

⑤焊接质量好，焊点强度比电阻点焊高。

（2）CO_2点焊接头形式

CO_2点焊常用的接头形式如图3－53所示。

在进行水平位置CO_2点焊时，如果上、下板厚度均在1 mm以下，为提高抗剪强度，防止烧穿，点焊时应加垫板。若上板很厚（大于6 mm），熔透上板所需的电流又不足时，可先将上板开一个锥孔，然后再施焊（即“塞焊”）。仰面位置CO_2点焊时，为防止熔池金属下落，在焊

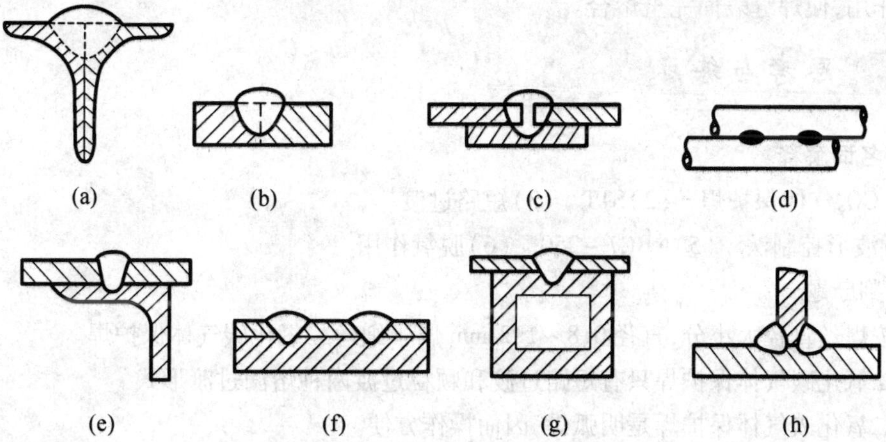

图 3-53 CO_2点焊的接头形式

接参数上应尽量采用大电流、低电压、短时间及大的气体流量。对于垂直位置 CO_2点焊，其焊接时间比仰焊时要更短。

3. CO_2气电立焊

气电立焊是厚板立焊时，在接头两侧使用成形器具（固定式或移动式冷却块）保持熔池形状，强制焊缝成形的一种电弧焊，通常加 CO_2气体保护熔池。其优点是可不开坡口焊接厚板，生产率高，成本低。

气电立焊设备主要由焊接电源、导电嘴、水冷滑块、送丝机构、焊丝摆动机构和供气装置等组成。

图 3-54 是气电立焊的示意图，它利用水冷滑块挡住熔化金属，使之强迫成形，以实现立向位置焊接，保护气体可采用单一的 CO_2气体，也可采用混合气体（如 CO_2 + Ar），焊丝连续向下送入由焊件坡口面和两个水冷滑块面形成的凹槽中，在焊丝与母材金属之间形成电弧，并不断熔化和流向电弧下的熔池中。随着熔池上升，电弧与水冷滑块也随着上移，原先的凹槽被熔化金属填充，形成焊缝。

气电立焊通常用于较厚的低碳钢和中碳钢等材料的焊接，也可用于奥氏体不锈钢和其他合金的焊接。板材厚度在 12 ~ 80 mm 之间最为适宜。气电立焊的熔深是指对接接头侧面母材的熔入深度。通常熔深随焊接电流增加而减小，即焊缝熔宽减小，同时焊接电流增加，送丝速度、熔敷率和接头填充速度（即焊接速度）将提高，焊接电流通常在 750 ~ 1000 A 范围内。随电弧电压增高，熔深增大，而焊缝宽度增加，电弧电压通常是 30 ~ 55 V 之间。焊丝伸出长度为 38 ~ 40 mm，因此焊丝熔化速度较高。板材厚度大于 30 mm的焊件一般要作横向摆动，摆动速度为 7 ~ 8 mm/s。导电嘴在距每侧冷却滑块约 10 mm 处停留，停留时间在 1 ~ 3 s 之间，以抵消水冷滑块对金属

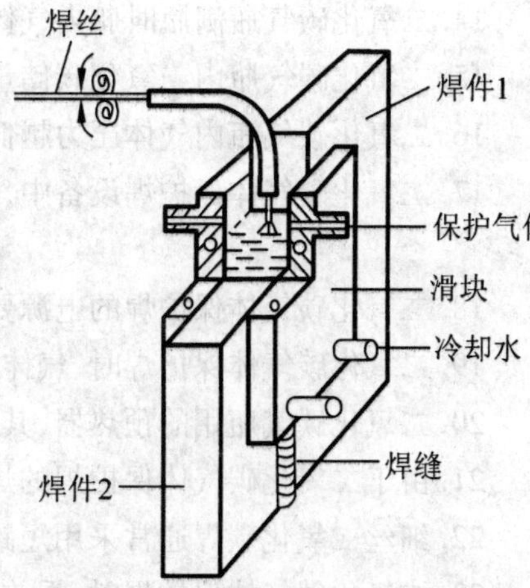

图 3-54 CO_2气电立焊的示意图

的冷却作用，使焊缝表面完全熔合。

思考与练习

一、名词解释

(1) CO_2气体保护焊　(2) STT　(3)短路过渡

(4)波形控制法　(5) NBC7－250　(6)脱氧作用

二、判断题

1. 按焊丝直径大小分，直径0.8～1.2 mm 属于细丝二氧化碳气体保护焊。 (　　)
2. 二氧化碳气体保护焊只有短路过渡和颗粒过渡两种熔滴过渡形式。 (　　)
3. 二氧化碳气体保护焊是明弧焊，因而操作方便。 (　　)
4. 细丝二氧化碳气体保护焊可以进行全位置焊。 (　　)
5. 二氧化碳气体保护焊焊缝含氢量比其他焊接方法高，因此焊缝抗裂性能比较差。 (　　)
6. 二氧化碳气体保护焊主要用于有色金属材料的焊接。 (　　)
7. 二氧化碳气体保护焊的二氧化碳气体具有氧化性，因此会产生气孔，引起飞溅等。 (　　)
8. 二氧化碳气体密度大，隔绝空气，因此保护焊接区的效果良好。 (　　)
9. 二氧化碳气体保护焊电弧静特性曲线是一条上升的曲线，焊丝越细，上升越快。 (　　)
10. 二氧化碳气体保护焊应采用交流弧焊电源。 (　　)
11. 二氧化碳气瓶内为液态二氧化碳，焊接用的二氧化碳气是由液态二氧化碳气化成的。 (　　)
12. 二氧化碳气瓶内装的全部都是压缩二氧化碳气体。 (　　)
13. 二氧化碳气体保护焊常用的焊丝 H08Mn2SiA 中，"08"表示平均含碳量为8%。 (　　)
14. 二氧化碳气瓶满瓶时瓶内气体压力为15 MPa。 (　　)
15. 二氧化碳气瓶内二氧化碳储量不能用瓶内气体压力来表示。 (　　)
16. 二氧化碳气瓶内气体压力越低，气体内水汽含量越高，容易产生气孔。 (　　)
17. 二氧化碳气体保护焊设备中，预热器的作用是加热液态二氧化碳，使之更快地气化。 (　　)
18. 二氧化碳气体保护焊的电源要求具有良好的动特性。 (　　)
19. 二氧化碳气体保护焊时，气体流量越大，保护效果越好。 (　　)
20. 二氧化碳气瓶用的预热器，其电压应低于36 V。 (　　)
21. 由于二氧化碳气体保护焊的焊接电流密度大，因此焊枪都必须采用水冷却。 (　　)
22. 细丝二氧化碳焊通常采用短路过渡，焊接过程稳定，飞溅少，焊缝成形好。 (　　)
23. 二氧化碳气体保护焊时，焊前对工件除锈要求较低。 (　　)
24. 二氧化碳气体保护焊产生的臭氧、氮氧化物比焊条电弧焊少。 (　　)

25. 二氧化碳气体保护焊时，对弧光和有毒气体的防护应加强。（ ）

三、选择题

1. 二氧化碳气在电弧高温作用下分解为一氧化碳和(　　)。

A. 氢　B.　C. 氮　D. 碳

2. 二氧化碳焊丝牌号 H08Mn2SiA 中的"2"表示(　　)。

A. 平均含碳量2%左右　B. 平均含锰量2%左右

C. 平均含硅量2%左右　D. 平均含碳量0.2%左右

3. 二氧化碳气体保护焊焊丝中锰和硅的主要作用是(　　)。

A. 脱氢　B. 脱氧　C. 脱碳　D. 脱氮

4. 二氧化碳气体保护焊时，焊缝中氮的来源是(　　)。

A. 空气　B. 铁锈　C. 水分　D. 油污

5. 二氧化碳气体保护焊产生(　　)的可能性较大。

A. 氢气孔　B. 二氧化碳气孔　C. 氮气孔　D. 氧气孔

6. (　　)不是二氧化碳气体保护焊的优点。

A. 生产率高，成本低　B. 焊接变形小

C. 焊缝成形好　D. 抗锈能力强

7. (　　)不是二氧化碳气体保护焊的缺点。

A. 焊缝成形差　B. 飞溅大

C. 合金元素烧损严重　D. 生产率低

8. 二氧化碳气体保护焊与碱性焊条电弧焊相比，抗锈能力(　　)。

A. 较强　B. 较弱　C. 相同　D. 极弱

9. 细丝二氧化碳气体保护焊电源应具有(　　)外特性。

A. 陡降　B. 垂直下降　C. 水平　D. 上升

10. 二氧化碳气瓶瓶体是(　　)。

A. 铝白色　B. 天蓝色　C. 淡绿色　D. 深黄色

11. 容积为40升的标准二氧化碳气瓶，可以灌装(　　)液态二氧化碳。

A. 10 kg　B. 15 kg　C. 20 kg　D. 25 kg

12. 焊机型号 NBC－400 中，"B"表示(　　)。

A. 弧焊变压器　B. 半自动　C. 手工　D. 自动

13. 焊机型号 NBC－400 中，"C"表示(　　)。

A. 二氧化碳气体保护焊机　B. 氩气保护焊机

C. 整流焊机　D. 交流焊机

14. 二氧化碳气体保护焊用的二氧化碳气体是(　　)气体。

A. 氧化性　B. 惰性　C. 中性　D. 还原性

15. 二氧化碳气体保护焊用的二氧化碳气体纯度应大于(　　)。

A. 98.5%　B. 99.5%　C. 99.95%　D. 99.99%

16. 二氧化碳气体保护焊焊接低碳钢常用(　　)焊。

A. H08A　B. H08MnA　C. H10Mn2　D. H08Mn2SiA

17. 二氧化碳气体保护焊时，电源极性应采用(　　)。

A. 交流　　B. 直流正接　　C. 直流反接　　D. 交流或直流

18. (　　)不是二氧化碳焊的焊接工艺参数。

A. 电源极性　　B. 焊丝直径　　C. 焊丝伸出长度　　D. 气体流量

19. 细丝二氧化碳气体保护焊时，常用的短路过渡是在(　　)焊接时出现的。

A. 小电流、高电弧电压　　B. 小电流、低电弧电压

C. 大电流、高电弧电压　　D. 大电流、低电弧电压

20. 细丝二氧化碳气体保护焊时，所用的气体流量通常是(　　)L/min。

A. 5 ~ 15　　B. 15 ~ 25　　C. 25 ~ 30　　D. 30 ~ 40

21. 二氧化碳气瓶内气体压力降至(　　)时，应停止使用。

A. 1　　B. 2　　C. 3　　D. 4

四、问答题

1. 什么是 CO_2 焊？CO_2 焊有哪些特点？
2. CO_2 焊主要用来焊接什么金属材料？
3. 短路过渡 CO_2 焊对焊接电源有什么要求？
4. 简述 CO_2 焊焊的工作原理。
5. CO_2 焊的飞溅是如何产生的？
6. 简述 CO_2 焊熔滴过渡形式及特点。
7. 半自动 CO_2 焊的几种送丝方式各有什么特点？
8. CO_2 焊电弧气氛为什么具有强烈的氧化性？常用哪些脱氧方法？
9. CO_2 焊可能产生什么气孔？如何防止？
10. CO_2 焊减少飞溅的措施有哪些？
11. CO_2 焊焊接电流、电弧电压选择不当时有何影响？
12. CO_2 气体为什么要预热？
13. 药芯焊丝 CO_2 焊有什么特点？

◇学习情境四

钨极氩弧焊工艺实施与控制

任务描述

根据给定焊接结构(见图4-1),完成其的焊接加工工艺编制的任务。该工艺编制应根据加工车间的实际生产情况制定,达到正确、完整、合理、规范,且经济性好。

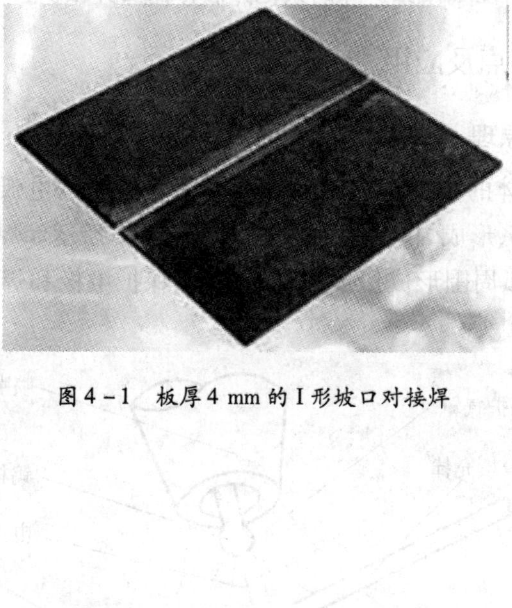

图4-1 板厚4 mm的I形坡口对接焊

学习目标

☆知识目标:

1. 掌握钨极氩弧焊原理;
2. 熟悉钨极氩弧焊的设备组成及原理;
3. 学会焊接材料、钨极氩弧焊参数及选择、接头设计;
4. 熟悉各种材料钨极氩弧焊的要点;
5. 学会制定钨极氩弧焊工艺;
6. 使学生能熟练地使用钨极氩弧焊操作技术进行焊接生产。

☆技能目标:

1. 掌握TIG焊操作的各种劳动保护和焊前准备;
2. 根据实际生产条件和具体焊接结构及其技术要求,正确选择TIG焊焊接工艺参数、工艺措施;
3. 使用TIG焊设备规范进行焊接操作。

学时安排

项目	资讯	决策	计划	实施	检查	评价	总计
学时	10	2	2	12	1	1	28

知识链接

钨极惰性气体保护电弧焊是指使用纯钨或活化钨作电极的非熔化极惰性气体保护焊方法，简称 TIG 焊（Tungsten Inert Gas Welding）。钨极惰性气体保护焊可用于几乎所有金属及其合金的焊接，可获得高质量的焊缝。但由于其成本较高，生产率低，多用于焊接铝、镁、钛、铜等有色金属及合金，以及不锈钢、耐热钢等材料。这里主要讨论钨极惰性气体保护焊的特点及应用、钨极惰性气体保护焊的电流种类与极性的选择、钨极惰性气体保护焊设备、焊接工艺等内容，并对钨极惰性气体保护焊的其他方法作简要介绍。

4.1　TIG 焊的特点及应用

4.1.1　TIG 焊的原理

TIG 焊是在惰性气体的保护下，利用钨极与焊件间产生的电弧热熔化母材和填充焊丝（也可以不加填充焊丝），形成焊缝的焊接方法，如图 4－2 所示。焊接时保护气体从焊枪的喷嘴中连续喷出，在电弧周围形成保护层隔绝空气，保护电极和焊接熔池以及临近热影响区，以形成优质的焊接接头。

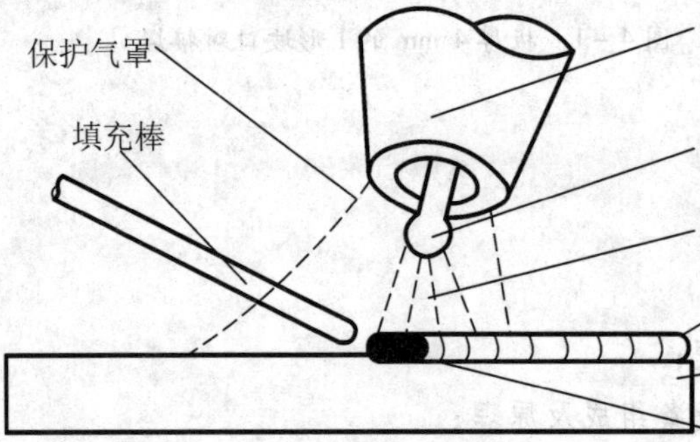

图 4－2　TIG 焊示意图

TIG 焊分为手工和自动两种。焊接时，用难熔金属钨或钨合金制成的电极基本上不熔化，故容易维持电弧长度的恒定。填充焊丝在电弧前方添加，当焊接薄焊件时，一般不需开坡口和填充焊丝；还可采用脉冲电流以防止烧穿焊件。焊接厚大焊件时，也可以将焊丝预热后，再添加到熔池中去，以提高熔敷速度。

TIG 焊一般采用氩气作保护气体，称为钨极氩弧焊。在焊接厚板、高导热率或高熔点金属等情况下，也可采用氦气或氦氩混合气作保护气体。在焊接不锈钢、镍基合金和镍铜合金时可采用氩－氢混合气作保护气体。

4.1.2 TIG 焊的特点

1. 普通钨极氩弧焊

①焊接过程稳定、电弧能量参数可精确控制。氩气是单原子分子,稳定性好,在高温下不分解、不吸热、热导率很小。因此,电弧的热量损失少,电弧一旦引燃,就能够稳定燃烧;另外,钨棒本身不会产生熔滴过渡,弧长变化干扰因素相对较少,也有助于电弧的稳定燃烧。

②焊接质量好。氩气是一种惰性气体,高温稳定性好。在高温下它既不溶于液态金属,又不与金属起任何化学反应,被焊金属材料中的合金元素很少烧损;而且氩的相对原子质量较大,有利于形成良好的气流隔离层,有效地阻止氧、氮等侵入焊缝金属,不易引起气孔。

③适于薄板焊接、全位置焊接以及不加衬垫的单面焊双面成形工艺。即使是用几安培的小电流,钨极氩弧仍能稳定燃烧,而且热量相对较集中,因此可以焊接厚度 0.3mm 的薄板;采用脉冲钨极氩弧焊电源,还可进行全位置焊接及不加衬垫的单面焊双面成形焊接。

④焊接过程易于实现自动化。钨极氩弧焊的电弧是明弧,焊接过程参数稳定,易于检测及控制,是理想的自动化乃至机器人化的焊接方法。

⑤焊缝区无熔渣,焊工可清楚地看到熔池和焊缝成形过程。

钨极氩弧焊(TIG)具有以下缺点:

①抗风能力差。钨极氩弧焊利用气体进行保护,抗侧向风的能力较差。侧向风较小时,可降低喷嘴至工件的距离,同时增大保护气体的流量;侧向风较大时,必须采取防风措施。

②对工件清理要求较高。由于采用惰性气体进行保护,无冶金脱氧或去氢作用,为了避免气孔、裂纹等缺陷,焊前必须严格去除工件上的油污、铁锈等。

③生产率低。由于钨极的载流能力有限,尤其是交流焊时钨极的许用电流更低,致使钨极氩弧焊的熔透能力较低,焊接速度慢,焊接生产率低。

2. 脉冲钨极氩弧焊

脉冲钨极氩弧焊具有以下几个工艺特点:

①焊接过程是脉冲式加热,熔池金属高温停留时间短,金属冷凝快,可减少热敏感材料焊接时的热裂纹倾向,适用于热敏感材料的焊接。

②焊件热输入小,电弧能量集中且挺度高,便于控制线能量和熔池的大小,易于实现全位置焊接和单面焊双面成形,对于薄板、超薄板焊接尤为适宜。接头热影响区和变形小,可以焊接厚度 0.1 mm 以下的不锈钢薄片(我国已采用脉冲钨极氩弧焊工艺实现了厚度 0.05 mm的不锈钢波纹管的焊接)。

③每个焊点加热时间短,冷却迅速,适合于厚度差别较大和导热性能差别较大的焊件的焊接。

④高频电弧振荡作用有利于消除气孔,获得细晶粒的显微组织,提高焊接接头的力学性能。

⑤脉冲高频电弧挺度大、指向性强,适合高速焊,焊接速度最高可达到 3 mm/min,大大提高焊接生产率。

各种电流钨极氩弧焊的工艺特点见表 4-1。

表 4-1　各种电流钨极氩弧焊的工艺特点

项目	直流		交流	
	正接	反接	正弦波	矩形波
示意图	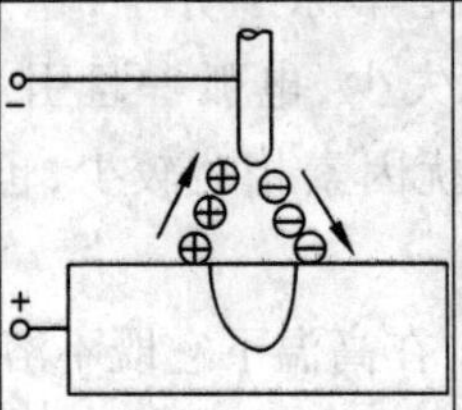	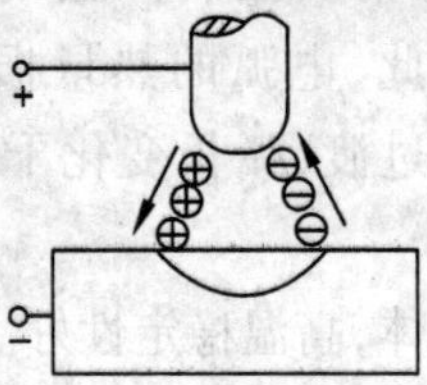	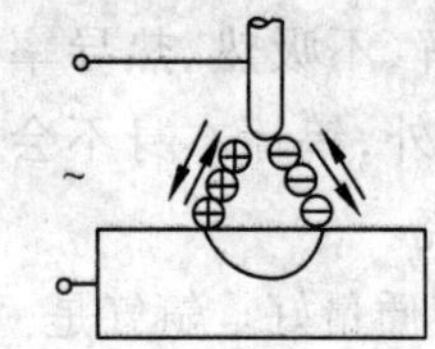	
电流			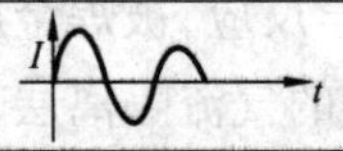	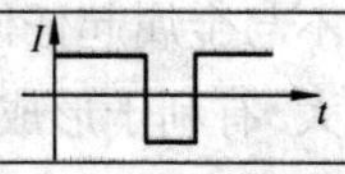
波形				
两极热量的近似比例	焊件 70% 钨极 30%	焊件 30% 钨极 70%	焊件 50% 钨极 50%	通过占空比可调
熔深特点	深、窄	浅、宽	中等	较深
钨极许用电流	最大 例如 ϕ3.2,400 A	小 例如 ϕ6.4,400 A	较大 例如 ϕ3.2,225 A	大 例如 ϕ3.2,325A
阴极破碎清理作用	无	有	有 （工件为负半周时）	有
电弧稳定性	很稳定	不稳定	很不稳定	稳定
消除直流分量装置	不需要	不需要	需要 （方波电源不需要）	不需要
适用材料	除铝、镁及其合金、铝青铜外的其余金属	一般不采用	铝、镁及其合金、铝青铜等	铝、镁及其合金、铝青铜等

4.1.3　TIG 焊的应用

TIG 焊几乎可用于所有钢材、有色金属及其合金的焊接，特别适合于化学性质活泼的金属及其合金。常用于不锈钢、高温合金、铝、镁、钛及其合金以及难熔的活泼金属（如锆、钽、钼、铌等）和异种金属的焊接。

TIG 焊容易控制焊缝成形，容易实现单面焊双面成形，主要用于薄件焊接或厚件的打底焊。脉冲 TIG 焊特别适宜于焊接薄板和全位置管道对接焊。但是，由于钨极的载流能力有限，电弧功率受到限制，致使焊缝熔深浅，焊接速度低，TIG 焊一般只用于焊接厚度在 6mm 以下的焊件。

4.2　TIG 焊的电流种类和极性

TIG 焊时，焊接电弧正、负极的导电和产热机构与电极材料的热物理性能有密切关系，从而对焊接工艺有显著影响。下面分别讨论采用不同电流种类和极性进行 TIG 焊的情况。

4.2.1 直流 TIG 焊

直流 TIG 焊时,电流极性没有变化,电弧连续而稳定,按电源极性的不同接法,又可将直流 TIG 焊分为直流正极性法和直流反极性法两种方法。

1. 直流正极性法

直流正极性法焊接时,焊件接电源正极,钨极接电源负极。由于钨极熔点很高,热发射能力强,电弧中带电粒子绝大多数是从钨极上以热发射形式产生的电子。这些电子撞击焊件(正极),释放出全部动能和位能(逸出功),产生大量热能加热焊件,从而形成深而窄的焊缝,见图 4-3(a)。该法生产率高,焊件收缩应力和变形小。另一方面,由于钨极上接受正离子撞击时放出的能量比较小,而且由于钨极在发射电子时需要付出大量的逸出功,所以钨极上总的产热量比较小,因而钨极不易过热,烧损少;对于同一焊接电流可以采用直径较小的钨极。再者,由于钨极热发射能力强,采用小直径钨棒时,电流密度大,有利于电弧稳定。

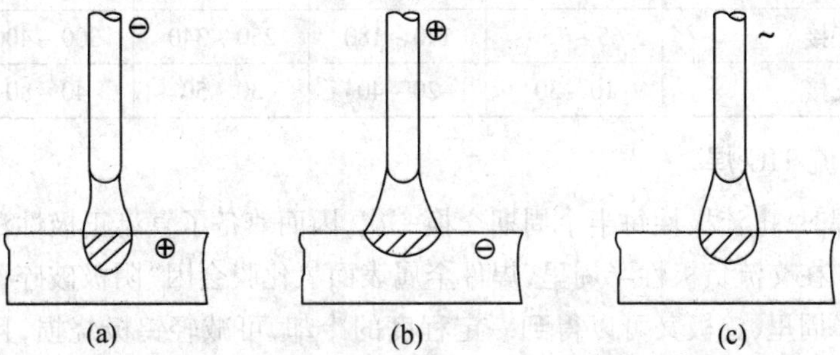

图 4-3 TIG 焊电流种类与极性对焊缝形状的影响示意图

(a)直流正极性;(b)直流反极性;(c)交流

综上所述,直流正极性有如下特点:

①熔池深而窄,焊接生产率高,焊件的收缩应力和变形都小。

②钨极许用电流大,寿命长。

③电弧引燃容易,燃烧稳定。

总之,直流正极性优点较多,所以除铝、镁及其合金的焊接以外,TIG 焊一般都采用直流正极性焊接。

2. 直流反极性法

直流反极性时焊件接电源负极,钨极接正极。这时焊件和钨极的导电和产热情况与直流正极性时相反。由于焊件一般熔点较低,电子发射比较困难,往往只能在焊件表面温度较高的阴极斑点处发射电子,而阴极斑点总是出现在电子逸出功较低的氧化膜处。当阴极斑点受到弧柱中来的正离子流的强烈撞击时,温度很高,氧化膜很快被汽化破碎,显露出纯洁的焊件金属表面,电子发射条件也由此变差。这时阴极斑点就会自动转移到附近有氧化膜存在的地方,如此下去,就会把焊件焊接区表面的氧化膜清除掉,这种现象称为阴极破碎(或称阴极雾化)现象。

阴极破碎现象对于焊接工件表面存在难熔氧化物的金属有特殊的意义,如铝是易氧化的金属,它的表面有一层致密的 Al_2O_3附着层,它的熔点为 2050℃,比铝的熔点(657℃)高很多,用一般的方法很难去除铝的表面氧化层,使焊接过程难以顺利。若用直流反极性 TIG 焊则可获得弧到膜除的显著效果，使焊缝表面光亮美观，成形良好。

但是直流反极性时钨极处于正极，TIG 焊阳极产热量多于阴极（有关资料指出：2/3 的热量产生于阳极，1/3 的热量产生于阴极），大量电子撞击钨极，放出大量热量，很容易使钨极过热熔化而烧损，使用同样直径的电极时，就必须减小许用电流或者为了满足焊接电流的要求，就必须使用更大直径的电极（见表 4－2）；另一方面，由于在焊件上放出的热量不多，使焊缝熔深浅（见图 4－3(b)），生产率低。所以 TIG 焊中，除了铝、镁及其合金的薄件焊接外，很少采用直流反极性法。

表 4－2　电流种类和极性不同时纯钨极的许用电流

电流种类和极性 \ 钨极直径/mm \ 许用电流/A	12	3	4	5	6
交流	20～100	100～160	140～220	220～280	250～360
直流正接	65～150	140～180	250～340	300～400	350～450
直流反接	10～30	20～40	30～50	40～80	60～100

4.2.2　交流 TIG 焊

交流 TIG 焊时，电流极性每半个周期交换一次，因而兼备了直流正极性法和直流反极性法两者的优点。在交流负极性半周里，焊件金属表面氧化膜会因“阴极破碎”作用而被清除；在交流正极性半周里，钨极又可以得到一定程度的冷却，可减轻钨极烧损，且此时发射电子容易，有利于电弧的稳定燃烧。交流 TIG 焊时，焊缝形状也介于直流正极性与直流反极性之间，如图 4－3c 所示。实践证明，用交流 TIG 焊焊接铝、镁及其合金能获得满意的焊接质量。

1. 交流正弦波 TIG 焊

铝合金交流正弦钨极氩弧焊的典型电流、电压波形如图 4－4 所示，可以看出：电弧电压波形与正弦波相差很大。电弧是非线性电阻。当电弧重新引燃的瞬时，电流很小而电弧电压数值较高，得到如图 4－4 所示的电弧电压波形。电源电压波形是正弦波形，电弧电流也是正弦波形。交流钨极氩弧焊的电弧主要有以下两个特点。其一是由于电弧每秒有 100 次过零，电弧每秒熄灭 100 次。当焊接电流较小时，在每个半波中焊接电流按正弦波变化，由从小到大而后又逐渐减小为零，则电弧空间温度下降，电弧空间的电离度也随之降低，使电弧的稳定性变差。在每个半波都要重新引燃电弧。在钨极为负的半波，较高温度的钨极发射电子的能力很强，因此当电极极性由铝板为负变成钨极为负时，电弧的再引燃电 U_{ri-p} 较小，电弧电流过零，电弧的再引燃电压 U_{ri-p} 小于瞬时电源电压值，则电弧可以可靠地再引燃。而当交流电流由钨极为负变成工件为负的瞬间，因电流减小，电弧空间及电极的温度下降，同时铝板的熔点很低，发射电子的能力很差，则电弧再引燃电压数值很高。一般情况下此时的再引燃 U_{ri-n} 很高，要大于该瞬时电源电压数值。此时如不采取特殊的稳弧措施，电弧就要熄灭，因此交流钨极氩弧焊的第一个问题是焊接过程中的稳弧问题。为保证交流电弧稳定燃烧，在交流钨极氩弧焊时，当焊接电流由钨极为负变为铝板为负的瞬间，必须加以高压重新引燃电弧，否则电弧就要熄灭，只有采取稳弧措施，电弧才能稳定燃烧。交流钨极氩弧焊时，铝板与钨极发射电子能力的差异，造成两半波电弧电压数值也有一定的差别，钨极为负半波电弧电压的数值也较低。

不仅两半波电弧电压波形有很大的差别，同时其正、负半波电流波形也有很大的差异。当钨极为负半波时，因钨极发射电子能力强，有较大的电流，而铝为负半波时电流较小。又因钨极为负半波的电弧电压低，在较低电压数值时，还可以维持电弧燃烧，而铝为负半波必须用较高的电压数值维持电弧燃烧，因此钨极为负半波比铝为负半波电弧引燃时间长，再加上钨极为负半波时电流的幅值高，导致正负半波电流不对称，在交流焊接回路中存在一个由工件流向钨极的直流分量，即图 4-4 的 I_{DC}，这种现象称为电弧的"整流作用"。电极和工件的熔点、沸点、导热性相差越大(如钨和铝、镁)，上述不对称情况就越严重，直流分量就越大。

直流分量的存在削弱了阴极清理作用，使焊接过程困难，另外，直流分量磁通将使得焊接变压器铁心饱和而发热，降低功率输出甚至烧毁变压器，为此要降低或消除直流分量。

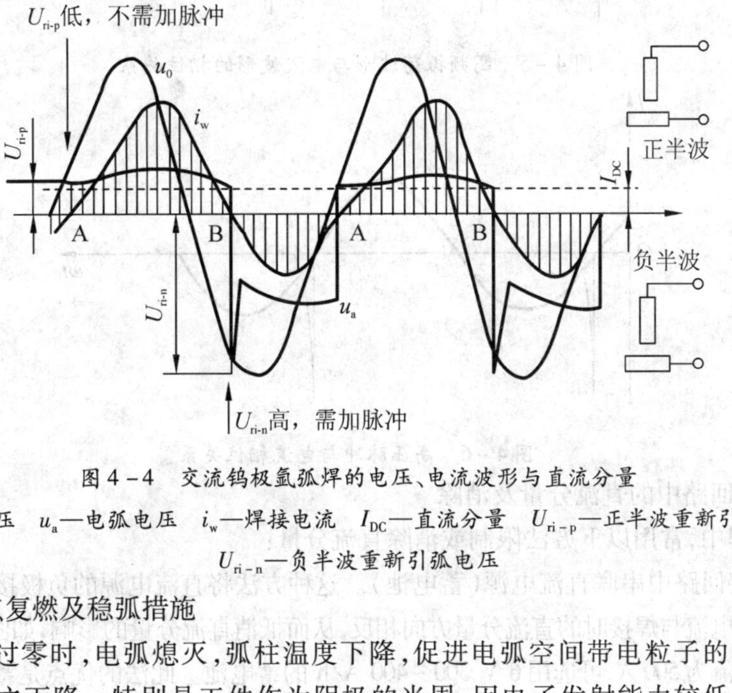

图 4-4 交流钨极氩弧焊的电压、电流波形与直流分量

u_0—电源电压 u_a—电弧电压 i_w—焊接电流 I_{DC}—直流分量 U_{ri-p}—正半波重新引弧电压 U_{ri-n}—负半波重新引弧电压

(1) 过零点复燃及稳弧措施

交流电流过零时，电弧熄灭，弧柱温度下降，促进电弧空间带电粒子的复合，电弧空间的电离度随之下降。特别是工件作为阴极的半周，因电子发射能力较低，电流过零点后电弧的复燃特别困难。为了解决这一问题，必须采取稳弧措施。TIG 焊中常用的稳弧措施如下：

①提高焊接电源的空载电压稳弧。当焊接电源的空载电压提高到 150~220 V 时，电流过零点后电弧的复燃就非常容易，这一方法的稳弧效果很好，但变压器的容量要增大很多，因而功率因数低，成本高，也不安全，故较少应用。

②采用高频振荡器稳弧。在交流电流过零点时，加入约 3000 V 的高频电压时焊接电源的空载电压只要 65V 左右就可满足稳弧要求，高频振荡波形与电流波形的相位关系见图4-5。但是，它的工作不够可靠(主要是相位关系不好保持一致)，高频电流还可能以电磁辐射的方式干扰周围的电子设备，因此，除在引弧时用得较多外，在稳弧方面已逐渐少用。

③采用高压脉冲稳弧。为了避免高频振荡器的缺点，TIG 焊中已广泛采用脉冲引弧、稳

弧电路，在交流电流过零点，进入负极性半周瞬间施加高压脉冲（其值通常在1500 V以上），帮助电弧复燃，其工作波形见图4－6。这种方法易保证相位要求，稳弧效果良好。如果将电弧的引燃和过零点复燃都让高压脉冲来完成，还可以进一步简化焊接设备，完全消除高频振荡器的缺点。

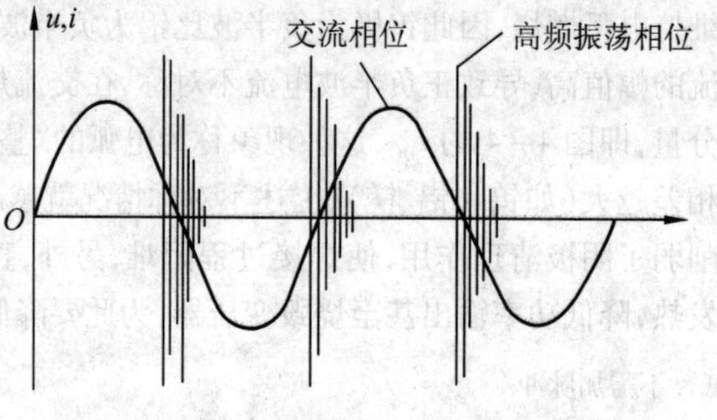

图4－5　高频振荡波形与电流波形的相位关系

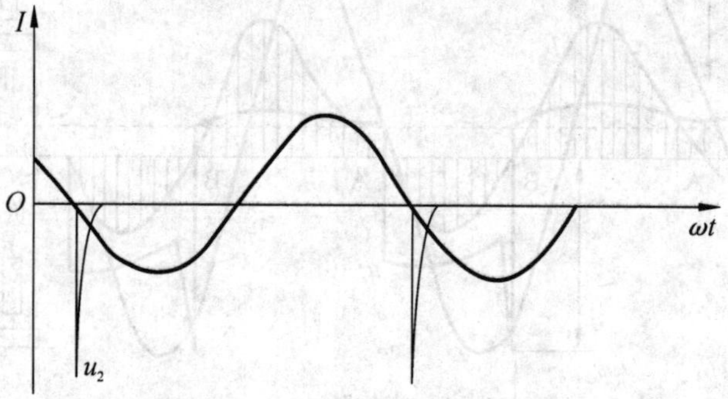

图4－6　高压脉冲与电流相位关系

（2）焊接回路中的直流分量及消除

在TIG焊中，常用以下方法限制或消除直流分量：

①在焊接回路中串联直流电源（蓄电池）。这种方法将直流电源的负极接焊件，使串接直流电源提供的电流与焊接时的直流分量方向相反，从而抵消直流分量的影响，如图4－7（a）所示。一般若焊接电流为500 A，可选用6 V，300～400 A/h的蓄电池。此法的优点是蓄电池容易得到。缺点是蓄电池的电势是不能任意调节的，因而直流分量就不可能完全消除；另外蓄电池体积大且笨重，还需要经常充电，很不方便。

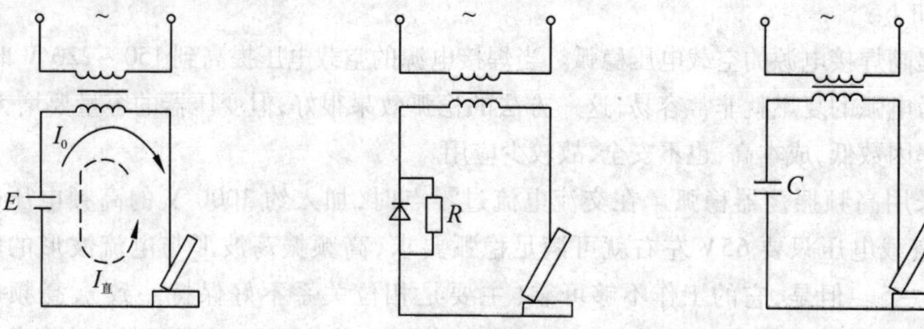

图4－7　消除直流分量的方法示意图

（a）在焊接回路中串接直流电源；（b）在焊接回路中串接二极管和电阻；（c）在焊接回路中串接电容

②在焊接回路中接入电阻和二极管。如图4-7(b)所示，二极管的正极与焊件相接，在负极性半周时，电流通过二极管构成回路；而在正极性半周里，二极管截止，电流只能通过电阻流过。由于焊接电流在正、负半周的回路阻抗不一致，减小了正半周电流的幅值，从而达到削弱或消除直流分量的目的。这种方法装置简单、体积小、元件少、消除直流分量的效果也较好。但是，电流经过电阻要消耗掉一部分能量，而且二极管受高频影响容易损坏，因此这种方法在生产中也较少采用。

③在焊接回路中串联电容。如图4-7(c)所示，这种方法是利用电容器隔直流、通交流的作用来消除直流分量的。电容量的大小可按最大焊接电流计算，一般每安培电流约需400 μF左右的电容量。这种方法能有效的消除直流分量，使用和维护方便，所以得到广泛的应用。但是，如果要通过较大的焊接电流，则需要很大的电容量，加大了设备成本。

4.2.3 交流矩形波TIG焊

采用交流矩形电流波形一方面能有效改善交流电弧的稳定性，另一方面能合理分配钨极和工件之间的热量，在满足阴极清理的条件下，能最大限度地减少钨极烧损，并获得满意的熔深。交流矩形波过零后电流增长快，电弧重燃容易。目前已有两种交流矩形电流波形，如图4-8所示。其中，占空比β对铝、镁合金的焊接有重要影响，对β可用下式表示：

$$\beta = \frac{t_n}{t_n + t_p}$$

式中 t_n——周期中的负半波时间；

t_p——周期中的正半波时间。

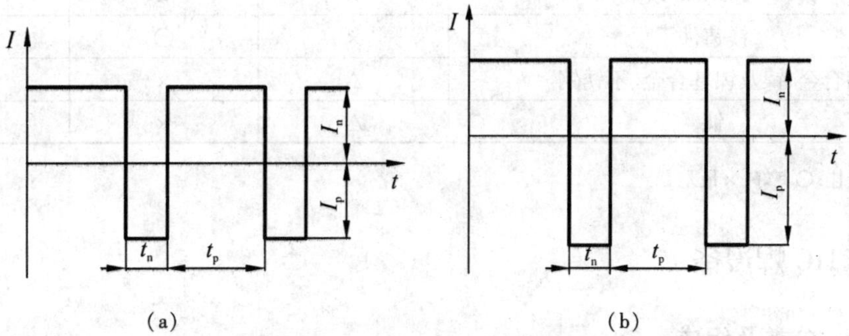

图4-8 交流矩形波氩弧焊

(a)矩形波变脉宽；(b)变极性

t_n—负半波时间 I_n—负半波电流 t_p—正半波时间 I_p—正半波电流

当β增大时，阴极清理作用加强，但工件得到的热量减少，熔池浅而宽，钨极烧损加大；反之，β减小时，阴极清理作用稍有减弱，熔深增加，且钨极烧损显著下降。一般β在10%～50%范围内调整。

另外，在工件为负时的电流值对阴极清理作用影响很大。当增大t_n半波的电流值时，可进一步减少t_n的时间，在满足工件表面去除氧化膜的同时，使交流TIG电弧的稳定性大大提高，并将钨极烧损减少到最小程度。这种焊接电流波形称为变极性交流矩形波TIG焊。

矩形波交流氩弧焊的优点：

①由于矩形波过零后电流增长快，再引燃容易，和一般正弦波相比，大大提高了稳弧

性能。

②可根据焊接条件选择最小而必要的β,使其既能满足清理氧化膜的需要,又能获得最大的熔深和最小的钨极损耗。

综上所述,TIG 焊既可以使用交流电流也可以使用直流电流进行焊接,对于直流电流还有极性选择的问题。焊接时应根据被焊材料来选择适当的电流或极性。焊接材料与电流种类和极性选择的关系见表 4-3。

表 4-3 被焊材料与电流种类或极性的选择

材料	直流		交流
	正极性	反极性	
铝(厚 2.4 mm 以下)	×	○	△
铝(厚 2.4 mm 以上)	×	×	△
铝青铜、铍青铜	×	○	△
铸铝	×	×	△
黄铜、铜基合金	△	×	○
铸铁	△	×	○
异种金属	△	×	○
合金钢堆焊	○	×	△
低碳钢、高碳钢、低合金钢	△	×	○
镁(厚度 3 mm 以下)	×	○	△
镁(厚度 3 mm 以上)	×	×	△
镁铸件	×	○	△
高合金、镍及镍基合金、不锈钢	△	×	○
钛	△	×	○

注:△最佳;○良好;×最差。

4.3 TIG 焊设备

4.3.1 分类及组成

钨极惰性气体保护焊(TIG 焊)设备按操作方式可分为手工 TIG 设备和自动 TIG 设备两类;按焊接电源不同又可分为交流 TIG 设备、直流 TIG 设备以及矩形波 TIG 设备。下面主要以交流手工 TIG 设备为例,介绍 TIG 焊设备。

手工 TIG 设备的一般结构如图 4-9 所示。主要由焊接电源、焊枪、供气系统、供水系统及焊接控制装置等部分组成。自动 TIG 设备则还包括焊车行走机构和送丝机构,如图 4-10 所示。

1. 焊接电源

TIG 设备可以采用直流、交流或矩形波弧焊电源。要求弧焊电源的外特性为陡降或垂直下降外特性,以保证弧长变化时焊接电流的波动较小。直流电源可采用硅弧焊整流器、晶闸管弧焊整流器或弧焊逆变器等;交流电源常用动圈漏磁式变压器。近年来,在 TIG 焊中逐渐应用矩形波弧焊电源，由于它正、负半波通电时间比和电流比值均可以自由调节，因此，把它用于铝及其合金的 TIG 焊接时，在弧焊工艺上具有以下优点：

①电弧稳定，电流过零点时重新引弧容易，不必加稳弧器；

②通过调节正、负半波通电时间比，在保证阴极雾化作用的条件下增大正极性电流，从而可获得最佳的熔深，提高生产率和延长钨极的寿命；

③可不用消除直流分量装置。

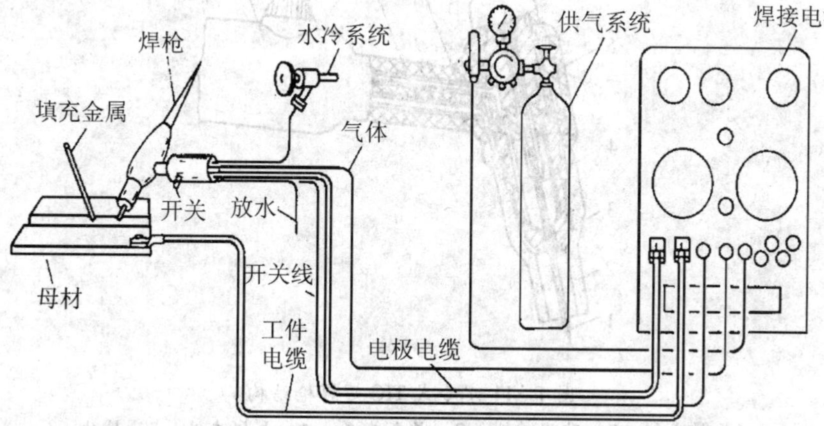

图 4－9　手工钨极惰性气体保护焊设备（水冷式）示意图

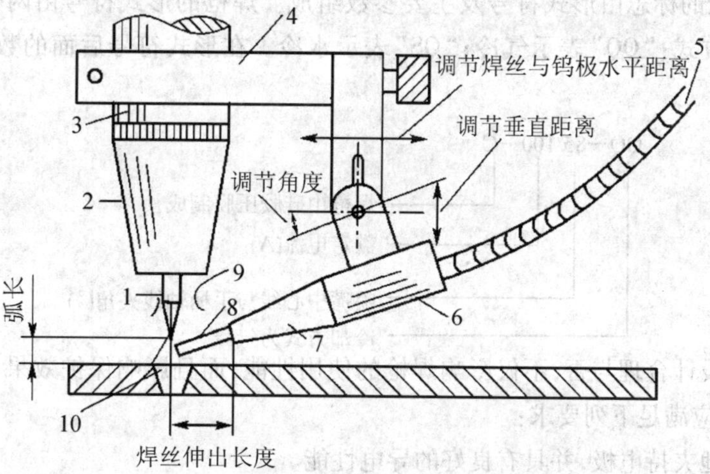

图 4－10　自动 TIG 焊示意图

1—钨极　2—喷嘴　3—焊枪　4—焊枪夹　5—焊丝导管　6—导丝装置
7—导丝嘴　8—焊丝　9—保护气流　10—熔池

2. 焊枪及电极

（1）焊枪

TIG 焊焊枪的作用是夹持电极、导电及输送保护气体。目前国内使用的焊枪大体上有两种：一种是气冷式焊枪，用于小电流（最大电流不超过 100 A）焊接，另一种是水冷式焊枪，供焊接电流大于 100 A 时使用，其结构见图 4－11。气冷式焊枪利用保护气流冷却导电部件，不带水冷系统，结构简单，使用轻巧灵活。水冷式焊枪结构比较复杂，焊枪稍重。使用时两种焊枪皆应注意避免超载工作，以延长焊枪寿命。

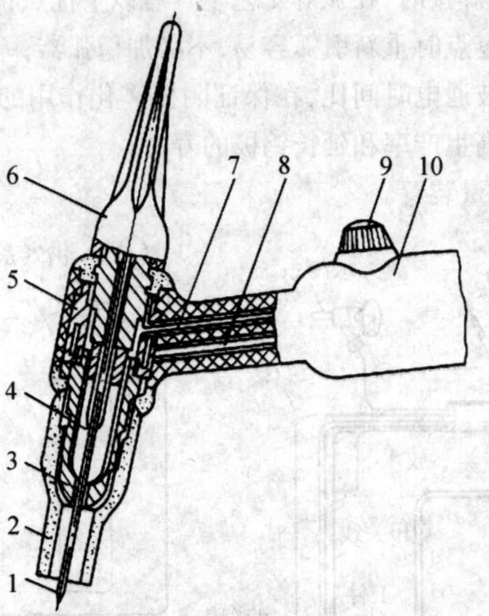

图 4－11 水冷式 TIG 焊焊枪结构

1—钨电极　2—陶瓷喷嘴　3—导气套管　4—电极夹头　5—枪体
6—电极帽　7—进气管　8—冷却水管　9—控制开关　10—焊枪手柄

TIG 焊焊枪的标志由形式符号及主要参数组成。焊枪的形式符号由两位字母表示，主要表示其冷却方式：“QQ”表示气冷；“QS”表示水冷。在形式符号后面的数字表示焊枪参数。例如：

QQ—85/100—C

- C：焊枪由硅胶压膜制成
- 100：额定电流(A)
- 85：喷嘴中心线与手柄轴线夹角(°)
- QQ：冷却方式为气冷

焊枪结构设计合理与否，不仅影响焊枪的使用性能，而且影响保护效果和焊缝质量，因此，TIG 焊焊枪应满足下列要求：

①能可靠地夹持电极，并具有良好的导电性能。

②从喷嘴喷出的保护气具有良好的流态，保护效果可靠。

③具有良好的冷却性能。

④可达性好，便于操作。

⑤结构简单、重量轻、耐用且维修方便。

(2)电极

TIG 焊工艺中，电极材料对电弧的稳定性和焊缝质量有很大影响。TIG 焊要求电极应满足下列 3 个条件：

①耐高温，焊接过程中不易损耗。否则，不但降低钨极本身的使用寿命，而且渗入熔池造成焊缝夹钨，严重影响焊缝质量。

②电子发射能力强,利于引弧及稳弧。电子发射能力与电极材料的逸出功有关,逸出功低的材料发射电子的能力就强,引弧及稳弧性能均好。

③电流容量大。当焊接电流超过许用电流时,易使电极端部熔化形成熔珠,熔珠表面上的电弧斑点易受外界因素干扰而游动,使电弧飘荡而不稳定;甚至熔珠落入熔池,影响焊缝质量。因此电极的许用电流要大一些。电极的许用电流与电极材料、电流的种类和极性以及电极伸出长度有关。

常用钨极分纯钨、钍钨及铈钨等。钍钨及铈钨是在纯钨中分别加入微量稀土元素钍或铈的氧化物制成。

纯钨极价格比较便宜,而且使用交流的整流效应小(即直流分量的影响小),电弧稳定,但引弧性能及导电性能差,载流能力小,使用寿命短。

钍钨极及铈钨极导电性能好,载流能力强,有较好的引弧性能,使用寿命长;缺点是价格较贵,使用交流电时整流效应大及电弧稳定性差。同时钍和铈均为稀土元素,有一定的放射性,其中铈钨极放射性较小。不同材料电极对电源空载电压的要求及许用电流见表4-4和表4-5。

表4-4 不同材料电极对电源空载电压的要求

被焊材料 / 可靠引弧所需空载电压/V / 电极材料	铜	不锈钢
纯铜	95	95
WTh-10	40~65	55~70
WTh-15	35	40
WCe-20		30~35

表4-5 不同材料电极的许用电流比较

电极材料 / 许用电流/A / 电机直径/mm	纯钨极	钍钨极	铈钨极
1.0	20~60	15~80	20~80
1.6	40~100	70~150	50~160
2.0	60~150	100~200	100~200
3.0	140~180	200~300	—
4.0	240~320	300~400	—
5.0	300~400	420~520	—
6.0	350~450	450~550	—

3. 控制系统

TIG设备的控制系统在小功率设备中和焊接电源装在同一箱子里,称为一体式结构。在大功率设备中,控制系统与焊接电源则是分立的,为一单独的控制箱,如NSA-500-1型交流手工TIG焊机便是这种结构。

控制系统由引弧器、稳弧器、行车(或转动)速度控制器、程序控制器、电磁气阀和水压开关等构成。

(1)对控制系统的要求

①提前送气和滞后停气,以保护钨极和引弧、熄弧处的焊缝。

②自动控制引弧器、稳弧器的启动和停止。

③手工或自动接通和切断焊接电源。

④焊接电流能自动衰减。

图 4-12 为典型的 TIG 焊接程序流程图。

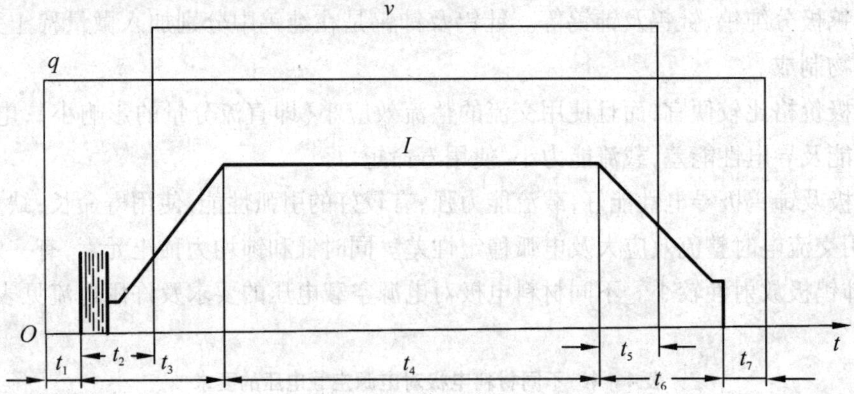

图 4-12　TIG 焊程序流程图

q—保护气体流量　*v*—焊接速度　*I*—焊接电流　t_1—提前送气时间　t_2—高频引弧时间

t_3—电流递增时间　t_4—焊接时间　t_5—熄弧时焊枪运动时间　t_6—电流衰减时间　t_7—滞后停气时间

(2)引弧器和稳弧器

①高频振荡引弧器。图 4-13 是一个高频振荡器的电路图,其输出电压为 2000~3000 V,频率为 150~260 kHz。T_1是高漏抗升压变器;P 是火花放电器,由两小段钨棒构成,两者之间留有大约 1 mm 左右的可调间隙,C_1为高压振荡电容;*L* 为振荡电感兼高频输出变压器 T_2的一次绕组,T_2为高频升压变压器。振荡器的工作原理是:当接通电源开关 SA 后,变压器 T_1将输入的工频交流电源电压升压至 2500~3000 V。在升压过程中,电容 C_1充电,端电压不断升高,当达到 P 的击穿电压时,其间空气隙被击穿而产生火花放电,这时 P 处于短路状态,于是 C_1通过 P 和 *L* 构成的 L-C 振荡电路放电而使电路发生振荡。产生的高频高压交流电流,通过 T_2输出至焊接回路用于引弧。因振荡回路中存在电阻,所以振荡是衰减的。一旦振荡电压低于 P 的击穿电压,振荡过程亦随之结束。这时变压器 T_1又重新给 C_1充电,使之重复前述的振荡过程,振荡波形如前述图 4-5 所示。

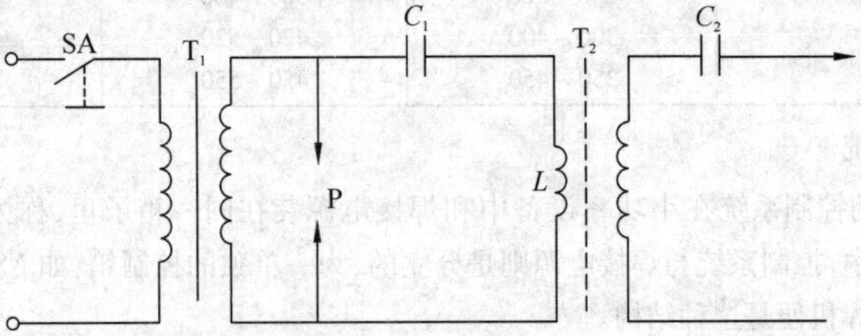

图 4-13　高频振荡器电路原理图

振荡器与焊接回路的连接方式有并联和串联两种,如图 4-14 所示。并联时,为防止高频高压窜入焊接电源造成损坏，需在焊接回路中串联电抗器 L_1，并联高频旁路电容 C_2。这种连接方式由于有部分高频通过焊接电源和 L_1、C_2 而分流，消耗部分能量，因而减弱了引弧效果。图中电容 C_3 起隔离作用，可防止焊接电流通过 T_2 的二次绕组形成通路。采取串联方法可纠正上述缺点，并使引弧可靠性提高。由于高频串联于回路中，因此可无衰减地通过电弧区。串联时由于高频高压输出变压器 T_2 的二次侧为焊接主回路的一部分，有焊接电流流过，所以二次导线截面要选粗些。

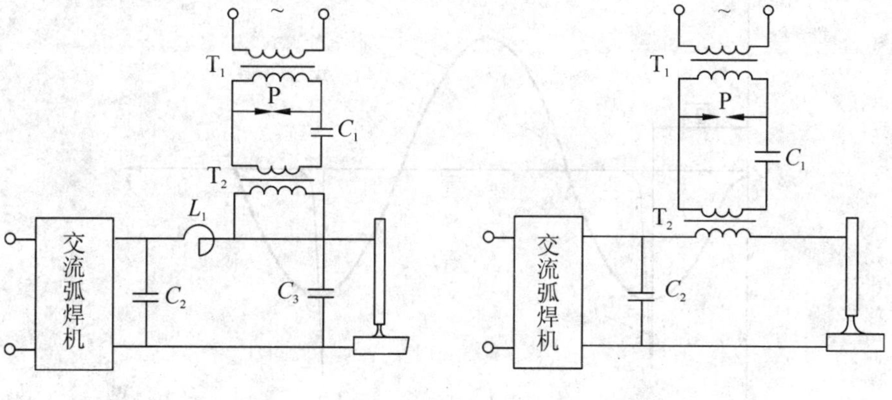

图 4－14　高频振荡器连接方法

(a)与焊接回路并联；(b)与焊接回路串联

高频振荡器是非接触式引弧的一种常用装置，引弧效果亦很好。但产生的高频电磁波对周围工作的电子仪器有干扰作用，当高频高压窜入焊接电源中或控制电路中后，还可能造成电器元件的损坏或电路失控；另外高频电磁场对工作人员的身体健康有某种不利影响。因此，必须对高频振荡器采取隔离屏蔽等措施。

②高压脉冲引弧器。为了消除高频振荡器的上述缺点，现在有的 TIG 设备(如 NSA－500－1 型手工钨极交流氩弧焊机)采用了高压脉冲引弧器。高压脉冲引弧器的电路原理如图 4－15 所示。变压器 T_1 为升压变压器，二次电压可达 800 V，经整流桥 UR_2 整流以后对电容 C_{13} 充电。

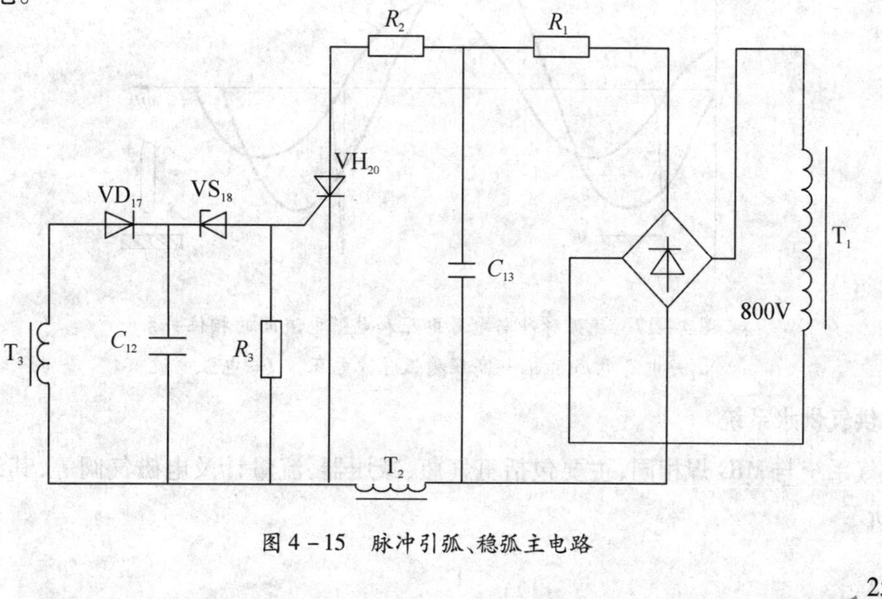

图 4－15　脉冲引弧、稳弧主电路

当需要脉冲时，晶闸管 VH_{20} 被引弧或稳弧脉冲触发电路的信号触发导通，C_{13} 经过 R_2、VH_{20} 向变压器 T_2 一次侧放电，T_2 二次侧即可感应出 2 000 ~ 3 000 V 的高压脉冲，用于引弧。TIG 焊时，由于电极与焊件材料的物理性质相差较大，因而焊件处于负极性的半周时，引燃电弧比较困难，为了使高压脉引弧可靠，应当在焊件处于负极性半周的峰值时，叠加高压引弧脉冲，效果最佳。引弧脉冲电压与电网电压瞬时值间的相位关系如图 4 – 16 所示。

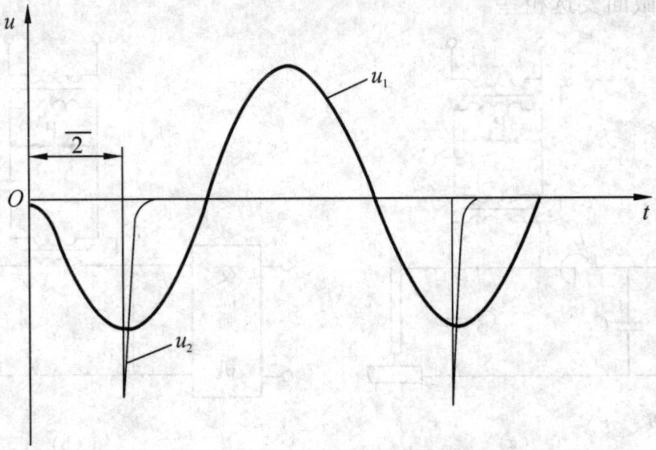

图 4 – 16　高压引弧脉冲与电源电压的相位关系
u_1—电源电压　　u_2—高压引弧脉冲电压

③高压脉冲稳弧器。为解决当用 TIG 焊接铝合金时，电流由正极性到负极性的过零瞬间，电弧重新引燃比较困难的问题，可采用高压脉冲稳弧器在焊件由正极性向负极性转变的时刻，向弧隙提供一高压脉冲来帮助电弧重燃。稳弧脉冲与电源电压和电弧电流间的相位关系如图 4 – 17 所示。稳弧脉冲和引弧脉冲共用一套脉冲发生电路，但都有各自的触发电路。这一方法简单易行、成本不高，而且效果好。

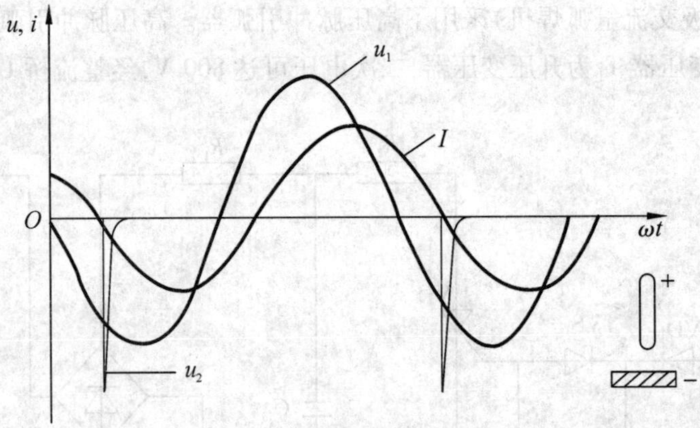

图 4 – 17　稳弧脉冲与电源电压和电弧电流间的相位关系
u_1—电源电压　u_2—高压稳弧脉冲电压　I—电弧电流

4. 供气供水系统

供气系统与 MIG 焊相同，主要包括氩气瓶、减压器、流量计及电磁气阀等，其组成如图 4 – 18所示。

供水系统主要用来冷却焊接电缆、焊枪和钨棒。如果焊接电流小于 100 A 时,就不需要水冷。为保证冷却水可靠接通并有一定的压力才能起动焊接设备,通常在氩弧焊设备中设有保护装置——水压开关。

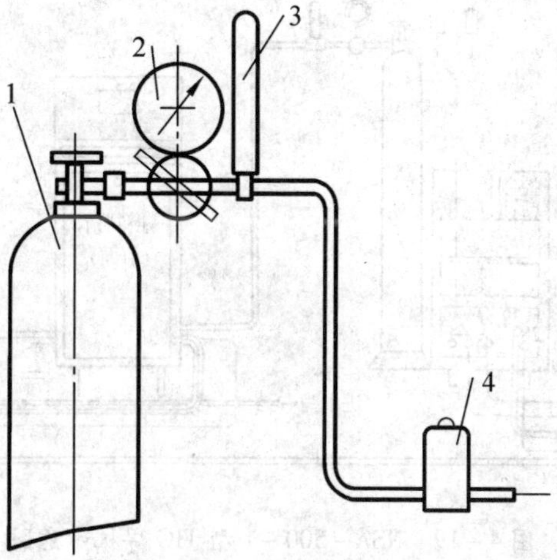

图 4-18 TIG 焊气路系统示意图

1—气瓶 2—减压阀 3—流量计 4—电磁气阀

4.3.2 典型 TIG 焊设备

国产 TIG 焊设备类型很多,各有特点,表 4-6 列出了部分国产 TIG 焊设备主要技术数据及适用范围。下面以在焊接生产中应用较普遍的 NSA-500-1 型手工 TIG 焊机为例介绍。

表 4-6 部分国产 TIG 焊设备主要技术数据及适用范围

焊机名称及型号 / 技术数据	自动钨极氩弧焊机		手工钨极氩弧焊机	
	NZA-500	NZA6-30	NSA-300	WSM-63
电源电压/V	380	380	380/220	220
空载电压/V	—	—	—	—
工作电流/A	—	—	20	—
额定焊接电流/A	500	30	300	63
电流调节范围/A	50~500	—	50~300	3~63
钨极直径/mm	1.5~4	—	2~6	—
送丝速度/(m·min^{-1})	0.17~9.3	—	—	—
焊接速度/(m·min^{-1})	0.17~1.7	0.17~1.7	—	—
氩气流量/(L·min^{-1})	—	—	20	—
冷却水流量/(L·min^{-1})	—	—	1	—
负载持续率/(%)	60	60	60	—
电流种类	交、直流	脉冲	交流	直流脉冲
适用范围	热钢、钛、铝、镁及其合金	不锈钢、合金钢薄板(0.1~0.5 mm)	焊接铝及铝合金	焊接不锈钢、合金钢薄板

NSA-500-1 型焊机主要用来焊接铝、镁及其合金的焊接构件。该机主要由弧焊电源、

焊枪和控制箱等部分组成，如图 4－19 所示。

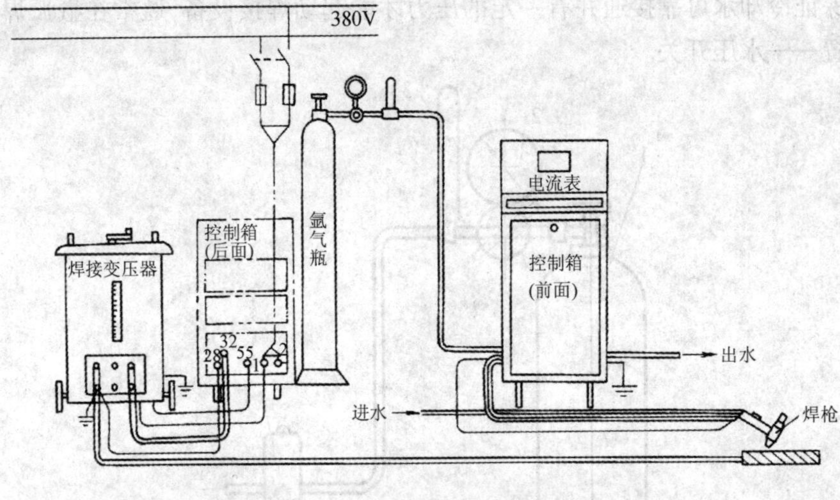

图 4－19　NSA－500－1 型 TIG 焊机示意图

弧焊电源采用 BX3－1－500 型动圈式弧焊变压器，额定焊接电流为 500 A，具有陡降外特性，其大电流挡空载电压为 80 V，小电流挡为 88V。该机配备 3 种焊枪，分别为 QS－85／500－C 型、QS－85/ 350－C 型和 QQ－85/150－C 型。控制箱内装有设备的主要控制电路、脉冲引弧器和脉冲稳弧器、消除直流分量的电容器组、气路的电磁气阀和水路的水压开关等。控制箱上部还装有电流表、电源与水流指示灯、电源转换开关、气流检测开关和粗调气体延时开关等元件。

NSA－500－1 型焊机电路原理如图 4－20 所示。它由焊接主电路、高压脉冲发生器电路、引弧触发电路、稳弧触发电路、延时和操作程序控制电路组成。

1. 焊接主回路

焊接主回路中除了 BX3－1－500 型弧焊变压器外，还有串联在焊接回路中的脉冲变压器 T_2的二次绕组，它将引弧和稳弧脉冲输送到钨极和焊件的弧隙中，有由 VD_3、R_5和 C_4组成的高压脉冲通路和由隔直电容 C_3、VD_2和 R_6组成消除直流分量的电路。由于引弧选择在焊件为负半波时开始，所以在 C_3两端按图示方向并联二极管 VD_2，引弧时使焊接电流从 VD_2直接通过，以利于引弧。当电弧稳定燃烧后，VD_2在焊件为负的半波时将 C_3短接，从而使 C_3更有效地消除直流分量。KM_2常闭触点在焊接时打开，焊接结束时闭合，可使 C_2上储存的电荷通过 R_6释放，避免 C_3带电产生危险。

2. 脉冲引弧与脉冲稳弧电路

这部分电路的工作原理在前面介绍过，这里不再重复。

3. 延时电路

延时电路主要作用是控制提前送气与滞后断气的时间。它由继电器 KA_1，VD_1，R_{19}，C_2等元件组成。当拨动焊枪上的开关 SA_3于闭合位置时，KA_2动作，其常开触点 KA_{2-1}接通电磁气阀 YV，开始输送氩气，其常开触点 KA_{2-4}接通延时环节，C_2通过 VD_1充电，当电压充至一定值时，KA_1动作，从而接通交流接触器 KM，KM 使电源通电电弧引燃。C_2充电开始直至 KA_1

动作就是提前送气时间。当焊接结束时，使 SA_3断开，KA_2，KM 立即释放，其触头切断焊接电源。但由于 C_2向 KA_1放电至电压降低到一定值后，KA_1才释放，所以 YV 延时断电，继续输送氩气至 KA_1释放为止。因此 C_2放电开始直至 KA_1释放的时间就是气体滞后时间。

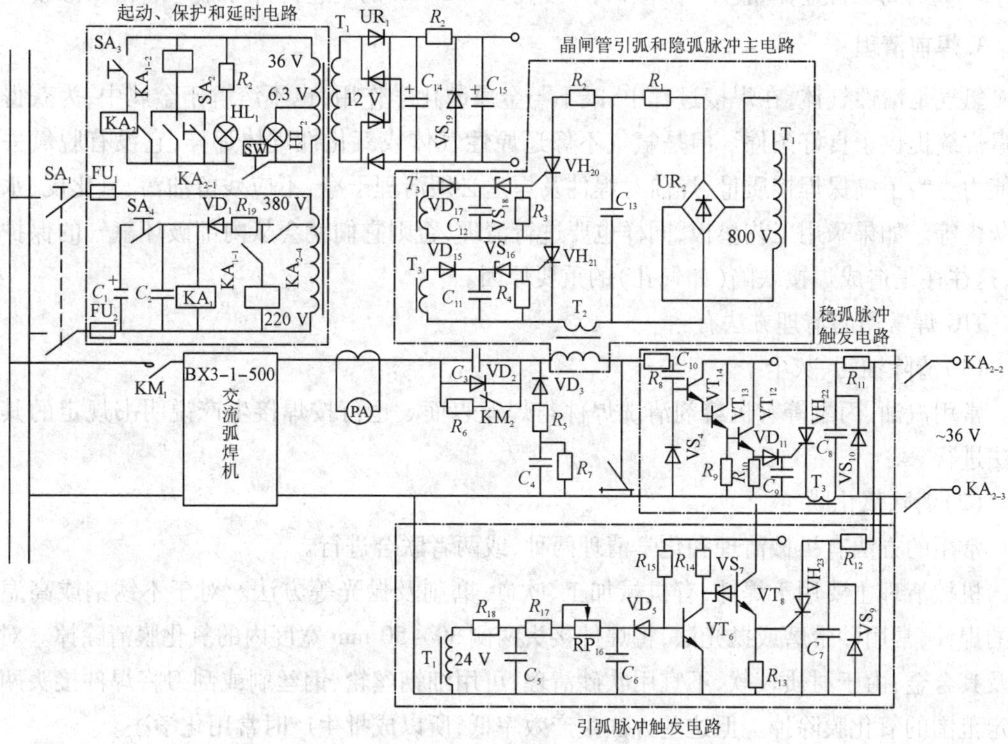

图 4-20　NSA-500-1 型 TIG 焊机电气原理图

NSA-500-1 型焊机操作程序控制电路由继电接触器控制。该焊机没有电流衰减装置。NSA-500-1 型焊机的主要技术数据见表 4-7。

表 4-7　NSA-500-1 型焊机主要技术数据

名　称	数　据	名　称	数　据
电源电压/ V	220/ 380	额定焊接电流/ A	500
工作电压/ V	20	焊接电流调节范围/ A	50 ~ 500
钨极直径/ mm	1 ~ 7	氩气流量/ ($L \cdot min^{-1}$)	25
额定持续率 /(%)	60	冷却水流量/ ($L \cdot min^{-1}$)	1

4.4　TIG 焊工艺

钨极氩弧焊(TIG 焊)工艺主要包括焊前准备工作、工艺参数的选择和操作技术等几方面。

4.4.1　焊前准备工作

1. 焊接设备的焊前检查

焊接设备的焊前检查大体分为 4 个方面：水路检查、气路检查、电路检查和负载检查。

2. 接头及坡口形式的选择

对于厚度≤3 mm 的非合金钢、低合金钢、不锈钢、铝及其合金的对接接头以及厚度≤2.5 mm的高镍合金，一般开 I 形坡口；厚度在 3 ~ 12 mm 的上述材料可开 V 形和 Y 形坡口。

3. 焊前清理

氩气是惰性气体，在焊接过程中，既不与金属起化学作用，也不溶解于金属中，为获得高质量焊缝提供了良好条件。但是氩气不像还原性气体或氧化性气体那样，它没有脱氧去氢的能力。为了确保焊接质量，焊前对焊件及焊丝必须清理干净，不应残留油污、氧化皮、水分和灰尘等。如果采用工艺垫板，同样也要进行清理，否则它们就会从内部破坏氩气的保护作用，这往往是造成焊接缺陷（如气孔）的重要原因。

TIG 焊常用的清理方法有：

（1）清除油污、灰尘

常用汽油、丙酮等有机溶剂清洗焊件与焊丝表面。也可按焊接生产说明书规定的其他方法进行。

（2）清除氧化膜

常用的方法有机械清理和化学清理两种，或两者联合进行。

机械清理主要用于焊件，有机械加工、吹砂、磨削及抛光等方法。对于不锈钢或高温合金的焊件，常用砂带磨或抛光法，将焊件接头两侧 30 ~ 50 mm 宽度内的氧化膜清除掉。对于铝及其合金，由于材质较软，不宜用吹砂清理，可用细钢丝轮、钢丝刷或刮刀将焊件接头两侧一定范围的氧化膜除掉。但这些方法生产效率低，所以成批生产时常用化学法。

化学法对于铝、镁、钛及其合金等有色金属的焊件与焊丝表面氧化膜的清理效果好，且生产率高。不同金属材料所采用的化学清理剂与清理程序是不一样的，可按焊接生产说明书的规定进行。铝及其合金的化学清理工序见表 4－8。

清理后的焊件与焊丝必须妥善放置与保管，一般应在 24h 内焊接完。如果存放中弄脏或放置时间太长，其表面氧化膜仍会增厚并吸附水分，因而为保证焊缝质量，必须在焊前重新清理。

表 4－8　铝及其合金的化学清理

工序／材料	碱洗			冲洗	光化			冲洗	干燥/℃
	w(NaOH) %	温度/℃	时间/min		w(NaOH) %	温度/℃	时间/min		
纯铝	15	温度	10 ~ 15	冷净水	30	室温	2	冷净水	60 ~ 110
	4 ~ 5	6 ~ 70	1 ~ 2						
铝合金	8	5 ~ 60	5	冷净水	30	室温	2	冷净水	60 ~ 110

4.4.2　焊接工艺参数的影响及选择

TIG 焊的焊接工艺参数有：焊接电流、电弧电压（电弧长度）、焊接速度、填丝速度、保护气体流量与喷嘴孔径、钨极直径与形状等。合理的焊接工艺参数是获得优质焊接接头的重要保证。

1. 焊接工艺参数对焊缝成形和焊接过程的影响

TIG 焊时,可采用填充焊丝或不填充的方法形成焊缝。不填充焊丝法,主要用于薄板焊接。如厚度在 3 mm 以下的不锈钢板,可采用不留间隙的卷边对接,焊接时不加填充焊丝,而且可实现单面焊双面成形。填充或不填充焊丝焊接时,焊缝成形的差异如图 4－21 所示。

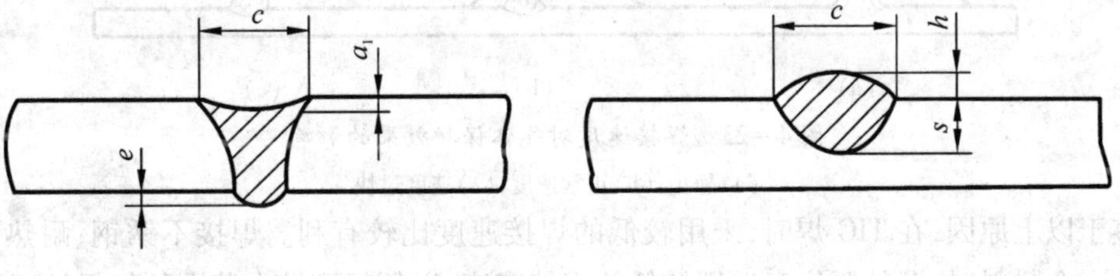

图 4－21　TIG 焊焊缝截面形状

(a)不填充焊丝;(b)填充焊丝

(1)焊接电流

焊接电流是 TIG 焊的主要参数。在其他条件不变的情况下,电弧能量与焊接电流成正比;焊接电流越大,可焊接的材料厚度越大。因此,焊接电流是根据焊件的材料性质与厚度来确定的。随着焊接电流的增大(或减小),凹陷深度 a_1、背面焊缝余高 e、熔透深度 s 以及焊缝宽度 c 都相应地增大(或减小)而焊缝余高 h 相应地减小(或增大),如图 4－21 所示。当焊接电流太大时,易引起焊缝咬边、焊漏等缺陷,反之,焊接电流太小时,易形成未焊透焊缝。

(2)电弧电压(或电弧长度)

当弧长增加时,电弧电压即增加,焊缝熔宽 c 和加热面积都略有增大。但弧长超过一定范围后,会因电弧热量的分散使热效率下降,电弧力对熔池的作用减小,熔宽 c 和母材熔化面积均减小。同时电弧长度还影响到气体保护效果的好坏。由图 4－22 知,在一定限度内,喷嘴到焊件的距离 L 越短,则保护效果就越好。一般在保证不短接的情况下,应尽量采用较短的电弧进行焊接。不加填充焊丝焊接时,弧长以控制在 1～3 mm 之间为宜,加填充焊丝焊接时,弧长约 3～6 mm。

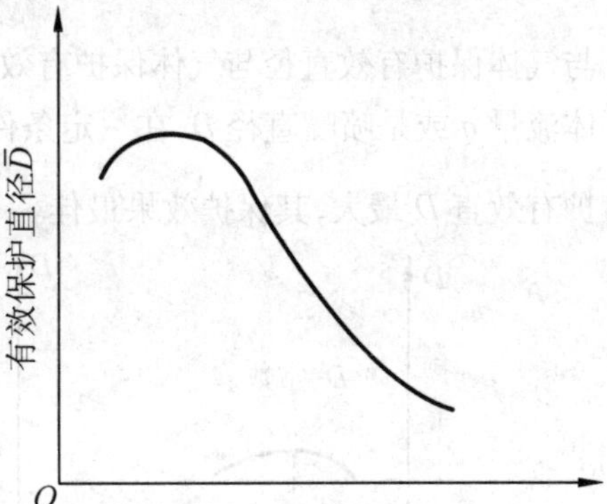

图 4－22　喷嘴到工件的距离与有效保护区大小的关系

(3)焊接速度

焊接时,焊缝获得的热输入反比于焊接速度。在其他条件不变的情况下,焊接速度越小,热输入越大,则焊接凹陷深度 a_1、熔透深度 s、熔宽 c 都相应增大。反之上述参数减小。

当焊接速度过快时,焊缝易产生未焊透、气孔、夹渣和裂纹等缺陷。反之,焊接速度过慢时,焊缝又易产生焊穿和咬边现象。从影响气体保护效果这方面来看,随着焊接速度的增大,从喷嘴喷出的柔性保护气流套,因为受到前方静止空气的阻滞作用,会产生变形和弯曲,如图 4－23 所示。当焊接速度过快时,就可能使电极末端、部分电弧和熔池暴露在空气中,见图 4－23(c),从而恶化了保护作用。这种情况在自动高速焊时容易出现。此时,为了扩大有效保护范围,可适当加大喷嘴孔径和保护气流量。

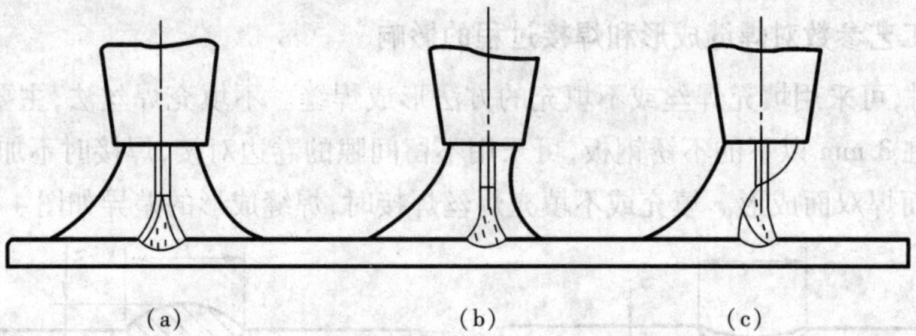

图 4－23　焊接速度对气体保护效果的影响

(a)静止；(b)正常速度；(c)速度过快

鉴于以上原因，在 TIG 焊时，采用较低的焊接速度比较有利。焊接不锈钢、耐热合金和钛及钛合金材料时，尤其要注意选用较低的焊接速度，以便得到较大范围的气保护区域。

(4)填丝速度与焊丝直径

焊丝的填送速度与焊丝的直径、焊接电流、焊接速度、接头间隙等因素有关。一般焊丝直径大时送丝速度慢，焊接电流、焊接速度接头间隙大时，送丝速度快。送丝速度选择不当，可能造成焊缝出现未焊透、烧穿、焊缝凹陷、焊缝堆高太高、成形不光滑等缺陷。

焊丝直径与焊接板厚及接头间隙有关。当板厚及接头间隙大时，焊丝直径可选大一些。焊丝直径选择不当可能造成焊缝成形不好，焊缝堆高过高或未焊透等缺陷。

(5)保护气体流量和喷嘴直径

保护气流量和喷嘴孔径的选择是影响气保护效果的重要因素。气流量 q 和喷嘴直径 D 与气体保护有效直径与气体保护有效直径 $\overline{D}$ 之间的关系如图 4－24 所示。可见，无论是气体流量 q 或是喷嘴直径 D，在一定条件下，都有一个最佳值(M 点)，在这个最佳值时，气体保护有效直 $\overline{D}$ 最大，其保护效果最佳。

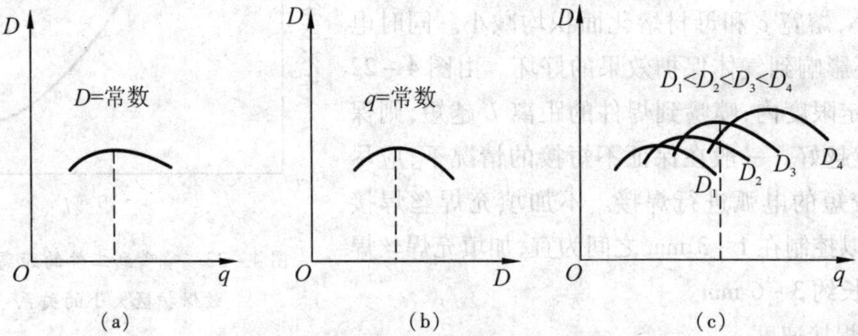

图 4－24　气体流量 q 和喷嘴内径 D 对气体保护效果的影响

(a) D 为常数，q 对 $\overline{D}$ 的影响；(b) q 为常数，D 对 $\overline{D}$ 的影响；(c) q 对 D 和 $\overline{D}$ 的综合影响

因此，为了获得良好的保护效果，必须使保护气体流量与喷嘴直径匹配，也就是说，对于一定直径的喷嘴，有一个获得最佳保护效果的气体流量，此时保护区范围最大，保护效果最好。如果喷嘴直径增大，气体流量也应随之增加才可得到良好的保护效果。

另外，在确定保护气流量和喷嘴孔径时，还要考虑焊接电流和电弧长度的影响。当焊接电流或电弧长度增大时，电弧功率增大，温度剧增，对气流的热扰动加强。因此，为了保持良好的保护效果，则需要相应增大喷嘴直径和气体流量。

(6)电极直径和端部形状

钨极直径的选择取决于焊件厚度、焊接电流的大小、电流种类和极性。原则上应尽可能选择小的电极直径来承担所需要的焊接电流。此外,钨极的许用电流还与钨极的伸出长度及冷却程度有关,如果伸出长度较大或冷却条件不良,则许用电流将下降。一般钨极的伸出长度为 5 ~ 10 mm。

钨极直径和端部的形状影响电弧的稳定性和焊缝成形,因此 TIG 焊应根据焊接电流大小来确定钨极的形状。在焊接薄板或焊接电流较小时,为便于引弧和稳弧可用小直径钨极并磨成约 20°的尖锥角。电流较大时,电极锥角小将导致弧柱的扩散,焊缝成形呈厚度小而宽度大的现象。电流越大,上述变化越明显。因此,大电流焊接时,应将电极磨成钝角或平顶锥形。这样,可使弧柱扩散减小,对焊件加热集中。如表 4-9 所示。

表 4-9 不同形状钨极端头的性能比较

钨极形状	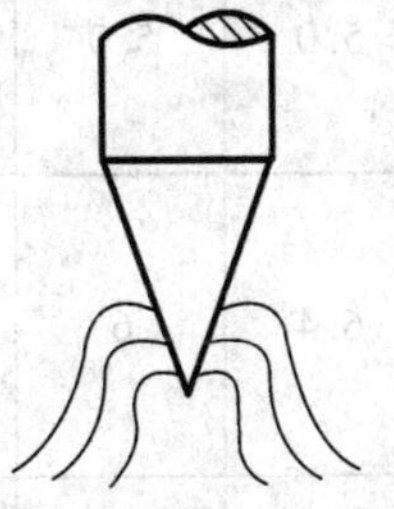	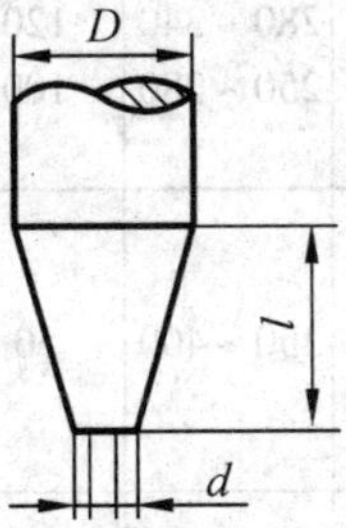	
电弧稳定性	稳定	稳定	不稳定
焊缝成形	焊缝不均匀	良好	焊缝不均匀

2. 焊接参数的选择

在焊接过程中,每一项参数都直接影响焊接质量,而且各参数之间又相互影响,相互制约。为了获得优质的焊缝,除注意各焊接参数对焊缝成形和焊接过程的影响外,还必须考虑各参数的综合影响,即应使各项参数合理匹配。

TIG 焊时,首先应根据焊件材料的性质与厚度参考现有资料确定适当的焊接电流和焊接速度进行试焊。再根据试焊结果调整有关参数,直至符合要求。

表 4-10、表 4-11 分别列出了几种常见材料 TIG 焊的焊接工艺参数,可作为选择焊接工艺参数时的参考。

表 4-10 不锈钢对接接头手工钨极氩弧焊焊接工艺参数

板厚/mm	坡口形式	焊接位置	焊道层数	焊接电流/A	焊接速度/(mm·mm^{-1})	钨极直径/mm	焊丝直径/mm	氩气流量/(L·min^{-1})
1	I 形 $b=0$	平立	11	50 ~ 80 50 ~ 80	100 ~ 120 80 ~ 100	1.6	1	4 ~ 6
2.4	I 形 $b=0\sim1$	平立	1	80 ~ 120 80 ~ 120	100 ~ 120 80 ~ 100	1.6	1 ~ 2	6 ~ 10
3.2	I 形 $b=0\sim2$	平立	2	105 ~ 150	100 ~ 120 80 ~ 100	2.4	2 ~ 3.2	6 ~ 10
4	I 形 $b=0\sim2$	平立	2	150 ~ 200	100 ~ 150 80 ~ 100	2.4	3.2 ~ 4	6 ~ 10
6	Y 形 $b=0\sim2$ $p=0\sim2$	平立	3 2	180 ~ 230 150 ~ 200	100 ~ 150 80 ~ 100	2.4	3.2 ~ 4	6 ~ 10

表 4－11　铝合金对接接头手工 TIG 焊焊接工艺参数

板厚/mm	坡口形式	焊接位置	焊道层数	焊接电流/A	焊接速度/($mm \cdot mm^{-1}$)	钨极直径/mm	焊丝直径/mm	氩气流量/($L \cdot min^{-1}$)	喷嘴内径/mm
1	I 形 $b=0$	平、 立、横	1 1	65～80 50～70	300～450 200～300	1.6 或 2.4	1.6 或 2.4	5～8	8～9.5
3	I 形 $b=0\sim2$	平、立、 横、仰	1 1	150～180 180～210	280～320 200～320	2.4 或 3.2	3.2	7～10 2～11	9.5～11
5	I 形 $b=0\sim2$ $p=0\sim3$ $\alpha=60\sim110$	平、立、 横、仰	1.2 1.2	230～270 200～240	200～300 100～200	4.0 或 5.0	4.0 或 5.0	8～11	13～16
9	I 形 $b=0\sim2$ $p=0\sim2$ $\alpha=60\sim90$	平、立、 横、仰	1 2 1.2	280～340 250～280	120～180 100～150	5.0	5.0	10～15	16
12	Y 形 $b=0\sim2$ $p=0\sim3$ $\alpha=60\sim90$	平	1 2 3（背）	350～400	50～200	6.4	6	10～15	16
	Y 形 $b=0\sim2$ $p=0\sim3$ $\alpha=60\sim90$	立、横	1.2 3 4（背）	340～380	170～270	6.4	6	10～15	16

4.4.3　TIG 焊操作技术

TIG 焊可分为手工 TIG 焊和自动 TIG 焊两种，其操作技术的正确与熟练是保证焊接质量的重要前提。由于焊件厚度，施焊姿式，接头形式等条件不同，操作技术也不尽相同。下面主要介绍手工 TIG 焊基本操作技术。

1. 引弧

引弧前应提前 5～10s 送气。引弧有两种方法：高频振荡引弧（或脉冲引弧）和接触引弧，最好是采用非接触引弧。采用非接触引弧时，应先使钨极端头与焊件之间保持较短距离，然后接通引弧器电路，在高频电流或高压脉冲电流的作用下引燃电弧。这种引弧方法可靠性高，且由于钨极不与焊件接触，因而钨极不致因短路而烧损，同时还可防止焊缝因电极材料落入熔池而形成夹钨等缺陷。

在用无引弧器的设备施焊时，需采用接触引弧法，即将钨电极末端与焊件直接短路，然后迅速拉开而引燃电弧。接触引弧时，设备简单，但引弧可靠性较差。由于钨极与焊件接触，可能使钨极端头局部熔化而混入焊缝金属中，造成夹钨缺陷。为了防止焊缝夹钨，在用接触引弧法时，可先在一块引弧板（一般为纯铜板）上引燃电弧，然后再将电弧移到焊缝起点处。

2. 焊接

焊接时，持枪姿势（见图 4－25）和焊枪、焊件与焊丝的相对位置如图 4－26 所示。

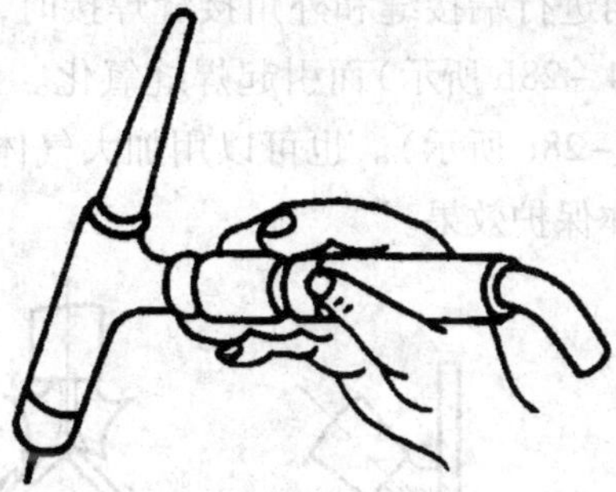

图 4－25 TIG 焊持枪姿势示意图

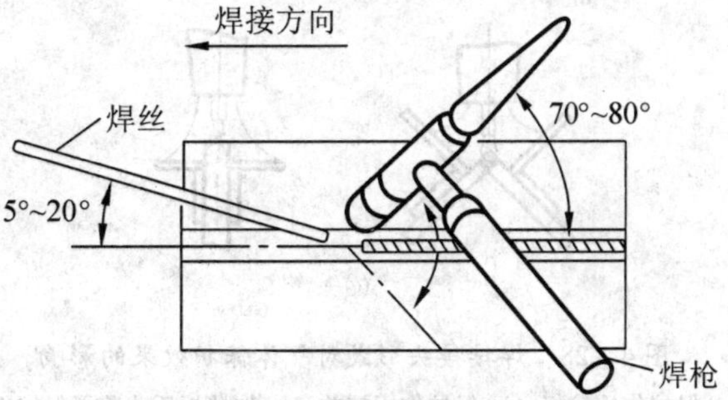

图 4－26 TIG 焊焊枪、焊件与焊丝的相对位置

焊接时，为了得到良好的气保护效果，在不妨碍视线的情况下，应尽量缩短喷嘴到焊件的距离，采用短弧焊接，一般弧长 4～7 mm。焊枪与焊件角度的选择也应以获得好的保护效果，便于填充焊丝为准。平焊、横焊或仰焊时，多采用左焊法。厚度小于 4 mm 的薄板立焊时，采用向下焊或向上焊均可，板厚大于 4 mm 的焊件，多采用向上焊。要注意保持电弧一定高度和焊枪移动速度的均匀性，以确保焊缝熔深、熔宽的均匀，防止产生气孔和夹杂等缺陷；为了获得必要的熔宽，焊枪除作匀速直线运动外，允许作适当的横向摆动。在需要填充焊丝时，焊丝直径一般不得大于 4 mm，因为焊丝太粗易产生夹渣和未焊透现象。焊枪和填充焊丝与焊件之间的相对位置如图 4－27 所示。填充焊丝在熔池前均匀地向熔池送入，切不可扰乱氩气气流。焊丝的端部应始终置于氩气保护区内，以免氧化。

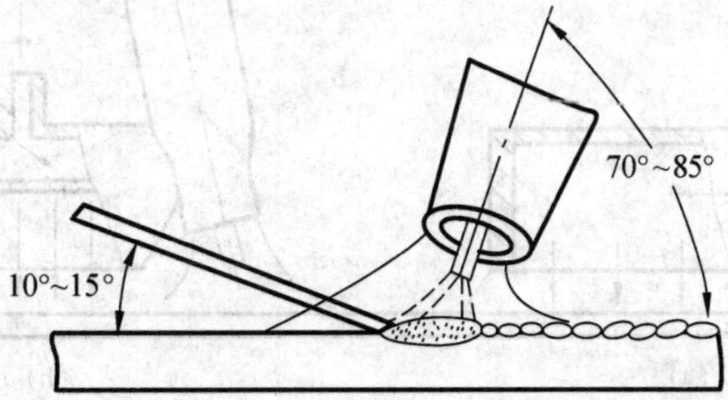

图 4－27 平焊时焊枪及填充焊丝与工件的相对位置示意图

焊接时，为了加强气保护效果，提高焊缝质量，还可采取如下措施：

(1) 加挡板

接头形式不同，氩气流的保护效果也不相同。平对接缝和内角接缝焊接时，气体保护效果较好,如图4－28a所示。当进行端接缝和外角接缝焊接时,空气易沿焊件表面向上侵入熔池,破坏气体保护层(如图4－28b所示)而引起焊缝氧化。为了改善气体保护效果,可采取预先加挡板的方法(如图4－28c所示)。也可以用加大气体流量和灵活控制焊枪相对于焊件的位置等方法来提高气体保护效果。

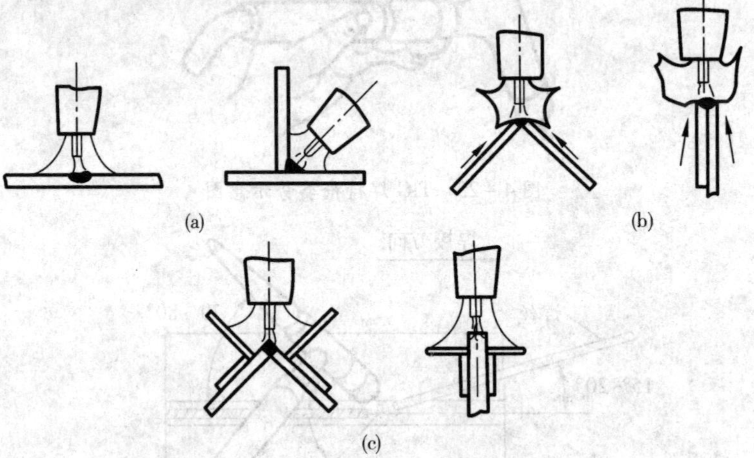

图4－28　焊接接头形式对气体保护效果的影响

(a)保护作用较好;(b)保护作用较差;(c)加挡板后改善了保护作用

(2)扩大正面保护区

焊接容易氧化的金属及其合金(如钛合金)时不仅要求保护焊接区,而且对处于高温的焊缝段及近缝区表面也需要进行保护。这时单靠焊枪喷嘴中喷出的气层保护是不够的。

为了扩大保护区范围,常在焊枪喷嘴后面安装附加喷嘴,也称拖斗,如图4－29所示。附加喷嘴里可另供气也可不另供气。用于焊接较厚的不锈钢和耐热合金材料时,可不另供气,而利用延长喷嘴喷出的气体在焊缝上停留的时间,达到扩大保护范围的目的,如图4－29(a)所示。这种拖斗耗气不大,比较经济。用于焊接钛合金时,则需另供气,且在拖斗里安装气筛,使氩气在焊接区缓慢平稳地流动,以利于提高保护效果,如图4－29(b)所示。

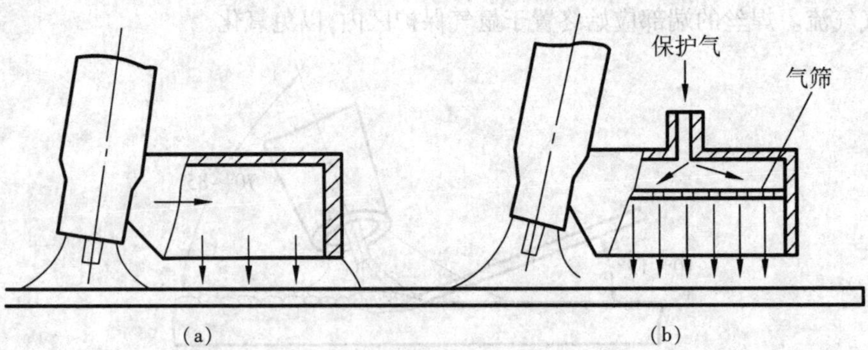

图4－29　附加喷嘴(拖斗)的结构示意图

(a)附加喷嘴不通保护气;(b)附加喷嘴通保护气

(3)反面保护

对某些焊件,既要求焊缝均匀焊缝,同时又不允许焊缝反面氧化。这时就要求在焊接过程中对焊缝反面也进行保护,如图4－30所示,为焊接不锈钢或钛合金的小直径圆管或密闭的焊件时，可直接在密闭的空腔中送进氩气以保护焊缝反面。对于大直径筒形件或平板构件等，可用移动式充气罩；或在焊接夹具的铜垫板上开充气槽，以便送进氩气对焊缝反面保护。通常反面氩气流量是正面氩气流量的30%～50%。

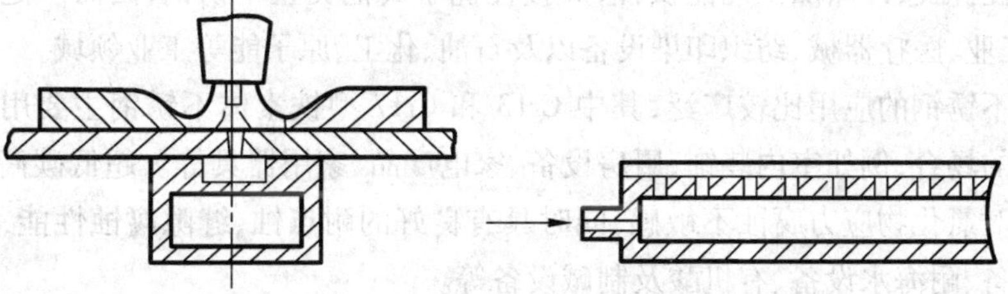

图4－30 保护气直接通入焊缝反面保护示意图

3. 收弧

焊缝在收弧处要求不存在明显的下凹以及产生气孔与裂纹等缺陷。为此，在收弧处应添加填充焊丝多使弧坑填满，这对于焊接热裂纹倾向较大的材料时，尤为重要。此外，还可采用电流衰减方法和逐步提高焊枪的移动速度或工件的转动速度，以减少对熔池的热输入来防止裂纹。在焊接拼板接缝时，通常采用引出板将收弧处引出焊件，使得易出现缺陷的收弧处脱离焊件。

熄弧后，不要立即抬起焊枪，要使焊枪在焊缝上停留3～5 s，待钨极和熔池冷却后，再抬起焊枪，停止供气，以防止焊缝和钨极受到氧化。至此焊接过程便告结束，应关断焊机，切断水、电、气路。

4.5 不锈钢的焊接

4.5.1 不锈钢的概述

不锈钢的定义是主加元素铬含量能使钢处于钝化状态，又具有不锈特性的钢，为此，不锈钢中铬的质量分数应高于12%。此时，钢的表面能迅速形成致密的Cr_2O_3氧化膜，使钢的电极电位和在氧化性介质中的耐蚀性发生突变性提高。在非氧化性介质（HCl、H_2SO_4）中，铬的作用并不明显，除了铬外，不锈钢中还须加入能使钢钝化的Ni，Mo等其他元素。

通常所说的不锈钢实际是不锈钢和耐酸钢的总称，不锈钢一般泛指在大气、水等弱腐蚀介质中耐蚀的钢，耐酸钢则是指在酸、碱、盐等强腐蚀介质中耐蚀的钢。两者在化学成分上的共同特点是铬的质量分数均在12%以上，但由于合金化的差异，不锈钢并不一定耐酸，而耐酸钢一般具有良好的不锈性能。按照习惯叫法，这里将不锈钢和耐酸钢简称为不锈钢。

1. 不锈钢的种类、化学成分及其用途

不锈钢按照组织类型，可分为五类，即铁素体不锈钢、马氏体不锈钢、奥氏体不锈钢、双相不锈钢和沉淀硬化不锈钢。

不锈钢的重要特性之一是耐蚀性，然而不锈钢的不锈性和耐蚀性都是相对的，有条件的，受到诸多因素的影响，包括介质种类、浓度、纯净度、流动状态、使用环境的温度、压力等，目前还没有对任何腐蚀环境都具有耐蚀性的不锈钢。因此选用不锈钢时应根据具体的使用条件加以合理选择，才能获得良好的使用效果。

奥氏体不锈钢在各种类型不锈钢中应用最为广泛，品种也最多。由于奥氏体不锈钢的铬、镍含量较高，因此在氧化性、中性以及弱还原性介质中均具有良好的耐蚀性。奥氏体不锈钢的塑韧性优良，冷热加工性能俱佳，焊接性优于其他类型不锈钢，因而广泛应用于建筑装饰、食品工业、医疗器械、纺织印染设备以及石油、化工、原子能等工业领域。

铁素体不锈钢的应用比较广泛，其中 Cr13 和 Cr17 型铁素体不锈钢主要用于腐蚀环境不十分苛刻的场合，例如室内装饰、厨房设备、家电产品、家用器具等。超低碳高铬含钼铁素体不锈钢因对氯化物应力腐蚀不敏感，同时具有良好的耐点蚀、缝隙腐蚀性能，因而广泛用于热交换设备、耐海水设备、有机酸及制碱设备等。

马氏体不锈钢应用较为普遍的是 Cr13 型马氏体不锈钢。为获得或改善某些性能，添加镍、钼等合金元素，形成一些新的马氏体不锈钢，例如 0Cr13Ni4Mo，0Cr16Ni5Mo 等。马氏体不锈钢主要用于硬度、强度要求较高，耐腐蚀要求不太高的场合，如量具、刃具、餐具、弹簧、轴承、气轮机叶片、水轮机转轮、泵、阀等。

双相不锈钢是金相组织由奥氏体和铁素体两相组成的不锈钢，而且各相都占有较大的比例。双相不锈钢具有奥氏体不锈钢和铁素体不锈钢的一些特性，韧性良好，强度较高，耐氯化物应力腐蚀。适于制作海水处理设备、冷凝器、热交换器等，在石油、化工领域应用广泛。

沉淀硬化不锈钢是在不锈钢中单独或复合添加硬化元素，通过适当热处理获得高强度、高韧性并具有良好耐蚀性的一类不锈钢。通常作为耐磨、耐蚀、高强度结构件，如轴、齿轮、叶片等转动部件和螺栓、销子、垫圈、弹簧、阀、泵等零部件以及高强度压力容器、化工处理设备等。

2. 不锈钢的组织特点

不锈钢的组织有以下几种组织类型：

(1)奥氏体不锈钢

奥氏体不锈钢有 Fe－Cr－Ni，Fe－Cr－Ni－Mo，Fe－Cr－Ni－Mn 等系列。为改善某些性能，满足特殊用途要求，在一些钢中单独或复合添加了 N，Nb，Cu，Si 等合金元素，奥氏体不锈钢通常在室温下为纯奥氏体组织，也有一些奥氏体不锈钢室温下的组织为奥氏体加少量铁素体，这种少量铁素体有助于防止焊接热裂纹的产生。奥氏体不锈钢不能用热处理方法强化，但由于这类钢具有显著的冷加工硬化性，可通过冷变形方法提高强度。经冷变形产生的加工硬化，可采用固溶处理使之软化。

(2)铁素体不锈钢

近年来铁素体不锈钢逐渐向低碳高纯度发展，使铁素体不锈钢的脆化倾向和焊接性得到明显改善。该类钢在固溶状态下为铁素体组织。当钢中铬的质量分数超过 16% 时，仍存在加热脆化倾向。在 400～600℃ 温度区间停留易出现 475℃ 脆化，在 650～850℃ 温度区间停留易引起 σ 相析出而导致的脆化。加热至 900℃ 以上易造成晶粒粗化，使塑韧性降低。这类钢还有脆性转变特性，其脆性转变温度与钢中碳、氮含量，热处理时的冷却速度以及截面尺寸有关，碳、氮含量越低，截面尺寸越小，脆性转变温度越低。

475℃ 脆化和 σ 相析出引起的脆化，可通过热处理方法予以消除。采用 516℃ 以上短时加热后空冷，可消除 475℃ 脆化。加热到 900℃ 以上急冷可消除 σ 相脆化。

(3)马氏体不锈钢

马氏体不锈钢铬的质量分数范围为12%～18%,碳的质置分数范围为0.1%～1.0%,也有一些碳含量更低的马氏体不锈钢,如0Crl3Ni5Mo等。马氏体不锈钢加热时可形成奥氏体,一般在油或空气中冷却即可得到马氏体组织。碳含量较低的马氏体不锈钢淬火状态的组织为板条马氏体加少量铁素体,如1Cr13,lCrl7Ni2,0Cr16Ni5Mo等。当碳的质量分数超过0.3%时,正常淬火温度加热时碳化物不能完全固溶,淬火后的组织为马氏体加碳化物。

(4)铁素体－奥氏体双相不锈钢

铁素体－奥氏体双相不锈钢室温下的组织为铁素体加奥氏体,通常铁素体的体积分数不高于50%。双相不锈钢与奥氏体不锈钢相比,具有较低的热裂倾向,而与铁素体不锈钢相比,则具有较低的加热脆化倾向,其焊接热影响区铁素体的粗化程度也较低。但这类钢仍然存在铁素体不锈钢的各种加热脆性倾向。

(5)沉淀硬化不锈钢

沉淀硬化不锈钢包括马氏体沉淀硬化不锈钢、半奥氏体沉淀硬化不锈钢和奥氏体沉淀硬化不锈钢。马氏体沉淀硬化不锈钢固溶处理后,空冷至室温即可得到马氏体加少量铁素体和残留奥氏体或马氏体加少量残留奥氏体。再通过不同的时效温度,可得到不同的强化效果。半奥氏体沉淀硬化不锈钢固溶处理后,冷却至室温下得到的是不稳定的奥氏体组织。经700～800℃加热调整处理,析出碳化铬,使Ms点升高至室温以上,冷却后即转变为马氏体。再在400～500℃时效,达到进一步强化。这类钢也可在固溶处理后直接冷却至Ms与Mf之间,得到部分马氏体组织。再经时效处理,亦可达到强化效果。奥氏体沉淀硬化不锈钢的铬、镍或锰含量较高,无论采用何种热处理,室温下均为稳定的奥氏体组织。经时效处理,在奥氏体基体上析出沉淀硬化相,从而获得更高的强度。由于这类钢中含有较多硬化元素,比普通奥氏体不锈钢的焊接性差。

3. 不锈钢的力学性能

马氏体不锈钢在退火状态下,硬度最低,可淬火硬化。正常使用时的回火状态的硬度又稍有下降。铁素体钢的特点是常温冲击韧度低。当在高温长时间加热时,力学性能将进一步恶化,可能导致475℃脆化、σ脆性或晶粒粗大等。奥氏体不锈钢常温具有低的屈强比(40%～50%),伸长率、断面收缩率和冲击吸收功均很高并具有高的冷加工硬化性。某些奥氏体不锈钢经高温加热后,会产生σ相和晶界析出碳化铬引起的脆化现象。在低温下,铁素体和马氏体不锈钢的夏比冲击吸收功均很低,而奥氏体不锈钢则有良好的低温韧性。对含有百分之几铁素体的奥氏体不锈钢,则应注意低温下塑性和韧性降低的问题。

4. 不锈钢的耐腐蚀性能

金属受介质的化学及电化学作用而破坏的现象称为腐蚀。不锈钢的主要腐蚀形式有均匀腐蚀（表面腐蚀)和局部腐蚀,局部腐蚀包括晶间腐浊、点腐蚀、缝隙腐蚀和应力腐蚀等。据统计,在不锈钢腐蚀破坏事故中,由均匀腐蚀引起的仅占约10%,而由局部腐蚀引起的则高达90%以上,由此可见,局部腐蚀是相当严重的。

(1)均匀腐蚀

均匀腐蚀是指接触介质的金属表面全部产生腐蚀的现象。检查方法多半使用失重法。

试验证明:添加或提高铬含量将使铁基合金的电极电位向正的方向变化,即提高电极电位，当铬含量提高铬与铁原子比达到1/8，2/8，3/8…时，该合金电极电位呈跳跃式长高，腐蚀失重也随之相应陡降式下跌，耐酸铬不锈钢的最低含铬为12.5%，如要求抗高浓度酸的腐蚀则必需使铬含量达到第二个相应突变值，即铬的摩尔分数为25%或更高。

铬不锈钢在氧化性介质中容易先在表面形成富铬氧化膜，该膜将阻止金属的离子化而产生钝化作用，提高了金属的耐均匀腐蚀性能。铬不锈钢或铬镍不锈钢因铬的钝化作用而对氧化性酸、大气均有较好的耐均匀腐蚀性能。但单纯依靠铬钝化的铬不锈钢在非氧化性酸，如稀硫酸和醋酸中耐均匀腐蚀的性能相对较低。高铬镍的奥氏体不锈钢，由于高镍或添加钼、铜之类元素，具有较高的耐还原性酸腐蚀的性能。该类钢又有耐酸钢之称。

沉淀硬化型不锈钢由于高铬，亦有较好的耐均匀腐蚀性能。但由于强化处理，按碳化铬析出或时效的情况不同，耐蚀性能也有相应的损失或降低。

(2)局部腐蚀

①晶间腐蚀。在腐蚀介质作用下，起源于金属表面沿晶界深入金属内部的腐蚀称为晶间腐蚀。它是一种局部性腐蚀。晶间腐蚀导致晶粒间的结合力丧失，材料强度几乎消失，是一种很值得重视的危险的腐蚀现象。导致奥氏体不锈钢晶间腐蚀的原因很多，概括有以下几种：

a.碳化铬析出引起的晶间腐蚀。奥氏体不锈钢在500~800℃温度区间进行敏化处理时，过饱和固溶的碳向晶粒间界的扩散比铬的扩散的快，在晶界附近和铬结合成$(Cr,Fe)_{23}C_6$的碳化物并在晶界沉淀析出，形成了晶粒边界附近区域的贫铬现象。当该区铬含量降低到钝化所需的极限[$w(Cr=12.5\%)$]以下时，在腐蚀环境中就会加速该区发生晶间腐蚀。

为了防止这种晶间腐蚀的产生，可采取如下措施：采用超低碳[$w(C)<0.03\%$以下或更低]或加Ti，Nb等；固溶处理(1010~1120℃)；调整相比例，使之含有5%~10%的δ铁素体；采用稳定化处理使晶内铬扩散均匀化以消除局部贫铬现象。

b.σ相析出引起的晶间腐浊。试验证明，超低碳已解决了晶界析出$(Cr,Fe)_{23}C_6$引起的晶间腐蚀，但某些超低碳含钼奥氏体不锈钢，如00Crl7Ni13Mo2 (3I6L)在敏化温度区间在晶界析出σ相，在沸腾的65%硝酸溶液中可发现σ相析出引起的晶间腐蚀。

c.晶界吸附引起的晶间腐蚀。普通的Cr18-Ni8奥氏体不锈钢在强氧化性的硝酸溶液中会产生晶间腐蚀，而高纯度的奥氏体不锈钢未发生这种现象。已查明Cr14-Ni14不锈钢中杂质P在晶界吸附是引起硝酸溶液中产生晶间腐蚀的原因。

d.稳定化元素高温溶解引起的晶间腐蚀。含钛和含铌奥氏体不锈钢焊后在敏化温度加热处理再放入强氧化性的硝酸溶液中工作，将在熔合线上出现很窄区域的选择性腐蚀。它是一种沿晶界的腐蚀。常称为“刀状腐蚀”。

熔化焊接时，熔合线附近由于过热，大部分碳化物被溶解。当第二次加热到敏化温度区(或多层焊或热处理)时，主要沿晶界析出了铬的碳化物，由此引起晶间腐蚀。

铁素体不锈钢也会发生晶间腐蚀。将这种钢加热到925℃以上急冷后就有晶间腐蚀倾向，但经650~815℃短时间加热便可消除。在毗邻焊接熔合线处可出现该类腐蚀，只有当碳和氮总含量降低到0.01%以下时，才能避免这种晶间腐蚀。和奥氏体不锈钢一样，也有温度—时间—敏化(TTS)曲线关系。也可用贫铬理论加以解释。在925℃以上保温时，碳在α相中固溶，冷却过程中即使在水淬冷速条件下也不能抑制碳化物沿晶界析出而引起晶间腐蚀。又由于铬在α相中的扩散速度高于在γ相中的速度，所以在较低的温度下，如650~

815℃区间内退火，便可通过铬的扩散，降低近晶界区的贫铬程度而避免晶间腐蚀。

②点蚀及缝隙腐蚀。点蚀和缝隙腐蚀的共同机理是腐蚀区产生“闭塞电池腐蚀”（Occluded Cell Comwion）作用所致，但各自的具体原因并不相同。

点蚀是指在金属材料表面产生的尺寸约小于1.0 mm的穿孔性或蚀坑性的宏观腐蚀。

点蚀的形成主要是由于材料表面钝化膜的局部破坏所引起的。试验表明，材料的Ea值越正（阳极电位越高），耐点蚀能力越好；介质中，Cl^-的浓度越低，越不容易引起点蚀；增加材料的均匀性，即减少夹杂物（特别是硫夹杂物）、晶界析出物（晶间碳化物或σ相等）以及提高钝化膜的稳定性，如降低碳含量，增加铬和钼以及镍含量等都能提高抗点蚀力。所以现在有超低碳高铬镍含钼奥氏体不锈钢和超高纯度含钼高铬铁素体不锈钢均有较高的耐点蚀性能。

缝隙腐蚀是金属构件缝隙处发生的斑点状或溃疡形宏观蚀坑。它是以腐蚀部位的特征命名的。常发生在垫圈、铆接、螺钉连接缝、搭接的焊接接头、阀座、堆积的金属片间等处。由于连接处的缝隙被腐蚀产物覆盖以及介质扩散受到限制等原因，该处的介质成分和浓度与整体有很大差别，形成了“闭塞电池腐蚀”的作用。和点蚀形成机理有差异之点在于缝隙腐蚀主要是介质的电化学不均匀性引起的。

从现有材料实验结果分析，0Crl8Ni9及00Crl7Nil4Mo2型奥氏体不锈钢、铁素体及马氏体不锈钢在海水中均有缝隙腐蚀的倾向。适当增加铬、钼含量可以改善耐缝隙腐蚀的能力。实际上只有采用钛、高钼镍基合金和铜合金等才能有效的防止缝隙腐蚀的发生。因此改善运行条件改变介质成分和结构形式是防止缝隙腐蚀的重要措施。

③应力腐蚀断裂（SCC）。应力腐蚀是指在静拉伸应力与电化学介质共同作用下，因阳极溶解过程引起的断裂。在应力与腐蚀介质共同作用下有三种不同类型的局部腐蚀一应力腐蚀、氢脆和腐蚀疲劳。氢脆也是在静拉伸应力与电化学介质作用下产生的，但它是由于阴极吸氢而引起的断裂。腐蚀疲劳的应力，不仅是静拉伸应力，更主要地是交变的周期性的拉-拉、拉-压的动态应力，和上述两种类型是根本不相同的。

根据不锈钢设备与制件的应力腐蚀断裂事例和试验研究工作，可以认为：在一定静拉伸应力和在一定温度条件下的特定电化学介质的共同作用下，现有不锈钢均有产生应力腐蚀的可能。最重要的特定条件如下：

a. 引起应力腐蚀的介质条件。应力腐蚀的最大特点之一是腐蚀介质与材料的组合上有选择性。在此特定组合以外的条件下不产生应力腐蚀。

作为奥氏体不锈钢应力腐蚀的介质因素，最重要的是溶液中Cl^-浓度和氧含量的关系。尽管Cl^-离子浓度很高，若O_2量很少时，也不会产生应力腐蚀裂纹。反之，尽管O_2很多，若Cl^-较少时，也不产生应力腐蚀裂纹，强调了两者共存的条件。对此种现象又常称为氯脆。奥氏体不锈钢制设备经常由冷却水、蒸汽，空气中积水引起应力腐蚀断裂。从统计来看，温度多在50℃以上。结构中缝隙以及流动性不良等引起介质浓缩部位均发生应力腐蚀断裂。

b. 应力条件。应力腐蚀在拉应力作用下才能产生，在压应力下则不会产生。引起应力腐蚀的应力有焊件加工过程中的内力和工作应力。总体来看，主要是加工过程中的残余应力，其中最主要的是焊接残余应力，其次是其他冷加工和热加工的残余内应力。消除残余应力是防止应力腐蚀最有效措施之一。

c. 材料条件。一般情况，纯金属不产生应力腐蚀，应力腐蚀均发生在合金中。在晶界上的合金元素偏析是引起合金的晶间型开裂的应力腐蚀的重要原因。

一般讲，提高晶体堆垛层错能的元素，如 Ni 和 C 就能提高奥氏体不锈钢应力腐蚀能力。反之，降低堆垛层错能的元素，如 Nb，Ti，Mo，N 等，就容易引起应力腐蚀。在奥氏体钢中增加铁素体含量时，也能增加抗应力腐蚀的能力，当铁素体超过 60% 时，又有所下降。

应力腐蚀断裂在断裂部位和形貌上有如下特征：一般在近介质表面出现，一般没有总体均匀腐蚀。宏观裂纹较平直，常常有分枝、花纹和龟裂。微观裂纹一般有分枝特征，裂纹尖端较锐利，根部较宽，且常起源于点蚀坑底和表面，有沿晶、穿晶与混合型的裂纹。断口形貌一般无显著的塑性变形，宏观断口粗糙，多呈结晶状、层片状、放射状和山口形貌。微观断口穿晶型为准解理断裂、有河流花样、扇形花样、鱼骨状花样、羽毛状花样、流水状花样、泥状花样以及石块状堆积花样等，有撕裂岭。沿晶型呈冰糖块状花样。

4.5.2 不锈钢的焊接方法

许多焊接方法都可用于不锈钢的焊接，但对于不同类型的不锈钢，由于其组织与性能存在较大的差异，焊接性也各不相同，因此不同的焊接方法对于不同类型的不锈钢具有不同的适用性。在选择焊接方法时，要根据不锈钢母材的焊接性、对焊接接头力学性能、耐腐蚀性能的综合要求来确定。例如埋弧焊是一种高效优质的焊接方法，对于含有少量铁素体的奥氏体不锈钢焊缝来讲，通常不会产生焊接热裂纹，但对于纯奥氏体不锈钢焊缝，由于许多焊剂向焊缝金属中增硅，焊缝金属容易形成粗大的单相奥氏体柱状晶，焊缝金属的热裂敏感性大，因此一般不采用埋弧焊焊接纯奥氏体不锈钢，除非采用特殊的焊剂。当焊接接头的耐蚀性要求高时，钨极氩弧焊等惰性气体保护焊具有明显的优势。对于一些特种焊接方法，如电阻点焊、缝焊、闪光焊及螺柱焊，也可用于不锈钢的焊接。与普通低碳钢相比，由于不锈钢具有较高的电阻和较高的强度，因此需要较低的焊接电流和较大的压力或顶锻力。钎焊也广泛应用于不锈钢的连接，母材类型不同，钎焊温度也不同，与普通碳钢相比，不锈钢用钎剂有较强的腐蚀性，为了防止残留的钎剂对钎焊接头的腐蚀，需对钎焊接头予以仔细的清理。当前，高能束高效精密焊接成形的巨大优势使激光与电子束的焊接得到迅速发展与应用，特别是对于一些薄板结构的焊接越来越广泛。

4.5.3 奥氏体不锈钢的焊接

1. 奥氏体不锈钢的类型与应用

奥氏体不锈钢是实际应用最广泛的不锈钢，以高 Cr－Ni 型不锈钢最为普遍。目前奥氏体不锈钢大致可分为 Cr18－Ni8 型，如 0Cr18Ni9，00Cr19Ni10，0Crl9Ni10NbN，0Crl7Nil2Mo2 等；Cr25－Ni20 型，如 0Cr25Ni20，ZG4Cr25Ni20 等；Cr25－Ni35 型，如 4Cr25Ni35（国外铸造不锈钢）。另外还有目前广泛开发应用的超级奥氏体不锈钢，这类钢的化学成分介于普通奥氏体不锈钢与镍基合金之间，含有较高的 Mo，N，Cu 等合金化元素，以提高奥氏体组织的稳定性、耐腐蚀性，特别是提高耐 Cl^- 应力腐蚀破坏的性能，该类型钢的组织为典型的纯奥氏体。目前国内还未形成此类型钢的标准，但已在造纸机器、化工设备制造中有实际应用。

2. 奥氏体不锈钢的焊接特点

与其他不锈钢相比，奥氏体不锈钢的焊接是比较容易的，在焊接过程中，对于不同类型的奥氏体不锈钢，奥氏体从高温冷却到室温时，随着 C，Cr，Ni，Mo 含量的不同、金相组织转变的差异及稳定化元素 Ti，Nb＋Ta 的变化，焊接材料与工艺的不同，焊接接头各部位可能出现下述一种或多种问题，在实际焊接工艺方法的选择及焊接材料的匹配方面应予以足够的重视。

(1)焊接接头的热裂纹

①热裂纹的一般特征。与其他不锈钢相比,奥氏体不锈钢具有较高的热裂纹敏感性,在焊缝及近缝区都有产生热裂纹的可能。热裂纹通常可分为凝固裂纹、液化裂纹和高温失塑裂纹三大类,由于裂纹均在焊接过程的高温区发生,所以又称高温裂纹。凝固裂纹主要发生在焊缝区,最常见的弧坑裂纹就是凝固裂纹。液化裂纹多出现在靠近熔合线的近缝区。在多层多道焊缝中,层道间也有可能出现液化裂纹。对于高温失塑裂纹,通常发生在焊缝金属凝固结晶完了的高温区。

②产生热裂纹的基本原因。奥氏体不锈钢的物理特性是导热系数小、线膨胀系数大,因此在焊接局部加热和冷却条件下,焊接接头部位的高温停留时间较长,焊缝金属及近缝区在高温承受较高的拉伸应力与拉伸应变,这是产生热裂纹的基本条件之一。

对于奥氏体不锈钢焊缝,通常联生结晶形成方向性很强的粗大柱状晶组织,在凝固结晶过程中,一些杂质元素及合金元素,如S,P,Sn,Sb,Si,B,Nb易于在晶间形成低熔点的液态膜,因此造成焊接凝固裂纹;对于奥氏体不锈钢母材,当上述杂质元素的含量较高时,将易产生近缝区的液化裂纹。

③凝固模式和结晶组织对热裂纹敏感性的影响。研究与实践结果表明,当奥氏体的室温组织中含有少量的δ铁素体时(3%~12%),其热裂纹敏感性显著降低。但从热裂纹产生在高温凝固结晶的特点来看,热裂纹的行为应该与高温凝固结晶的模式与高温组织有更加直接的关系,对于不同合金成分的奥氏体型焊缝金属,可有3种凝固模式:

a.先结晶析出奥氏体,凝固过程结束后的组织为纯奥氏体组织,称为A凝固模式。

b.先结晶析出奥氏体,随后发生包晶和共晶反应,凝固过程结束后的组织为奥氏体+铁素体,称为AF凝固模式。

c.先结晶析出铁素体,随后发生包晶和共晶反应,凝固结束后的组织为奥氏体+铁素体,称为FA凝固模式。

凝固结晶模式的不同,其裂纹敏感性也不同。根据晶粒润湿理论,在结晶过程中形成的偏析液态膜能够润湿γ界面,而难以润湿γ+δ界面,因此A凝固模式形成的纯奥氏体组织具有较高的热裂纹敏感性,以FA凝固模式形成的奥氏体+铁素体组织,先析铁素体打乱了奥氏体柱状晶的方向,而且形成了偏析液态膜难以润湿γ+δ界面,因此具有优良的抗热裂纹性能。与此同时,先析δ铁素体还能较高地溶解S,P,Sn等杂质,降低了凝固液体的杂质含量,进而提高了抗热裂纹的性能。以AF凝固模式形成的奥氏体+铁素体组织,铁素体在凝固结晶的后期产生,可以阻止粗大奥氏体柱状晶的长大,有分隔残液的作用,同时也可较多溶解杂质元素,因此此凝固模式形成的奥氏体+铁素体组织也具有低的热裂纹敏感性。

(2)焊接接头的耐蚀性

①晶间腐蚀。根据不锈钢及其焊缝金属化学成分、所采用的焊接工艺方法,焊接接头可能在3个部位出现晶间腐蚀,包括焊缝的晶间腐蚀、紧靠熔合线的过热区"刀蚀"及热影响区敏化温度区的晶间腐蚀。

对于焊缝金属,根据贫铬理论,在晶界上析出碳化铬,造成贫铬的晶界是晶间腐蚀的主要原因。因此防止焊缝金属发生晶间腐蚀措施有:

a.选择合适的超低碳焊接材料,保证焊缝金属为超低碳的不锈钢。

b.选用含有稳定化元素Nb或Ti的低碳焊接材料,一般要求焊缝金属中Nb或Ti的质量分数为(8～10)w(C)～1.0%。

c.选择合适的焊接材料使焊缝金属中含有一定数量的δ铁素体(一般控制在4%～12%),δ铁素体分散在奥氏体晶间,对控制晶间腐蚀有一定的作用。

过热区的“刀蚀”仅发生在由Nb或Ti稳定化的奥氏体不锈钢热影响区的过热区,其原因是当过热区的加热温度超过1200℃时,C,Nb,Ti固溶于奥氏体晶内,峰值温度越高,固溶越充分,冷却时,特别是随后受敏化温度作用,碳原子向奥氏体晶界扩散并聚集,Nb或Ti原子因来不及扩散,易使碳原子在奥氏体晶界处析出碳化铬,造成晶界附近贫铬,在腐蚀介质中形成晶间腐蚀,而且越靠近熔合线,腐蚀越严重,形成像刀痕一样的腐蚀沟,俗称“刀蚀”。要防止“刀蚀”的发生,采用超低碳不锈钢及其配套的超低碳不锈钢焊接材料是最为根本的措施。

热影响区敏化温度区的晶间腐蚀发生在热影响区中加热峰值温度在600～1000℃范围的区域,产生晶间腐蚀的原因仍是奥氏体晶界析出碳化铬造成晶界贫铬所致,因此防止焊缝金属晶间腐蚀的措施对防止敏化温度区的晶间腐蚀也有相同作用,选用稳定化的低碳奥氏体不锈钢或超低碳奥氏体不锈钢将可防止晶间腐蚀。在焊接工艺上,采用较小的焊接热输入,加快冷却速度,将有利于防止晶间腐蚀的发生。

②应力腐蚀开裂。奥氏体不锈钢焊接接头的应力腐蚀开裂是焊接接头比较严重的失效形式,通常表现为无塑性变形的脆性破坏,危害严重,它也是最为复杂和难以解决的问题之一。影响奥氏体应力腐蚀开裂的因素有焊接残余拉应力,焊接接头的组织变化,焊前的各种热加工、冷加工引起的残余应力,酸洗处理不当或在母材上随意打弧,焊接接头设计不合理造成应力集中或腐蚀介质的局部浓度提高等等。

应力腐蚀裂纹的金相特征是裂纹从表面开始向内部扩展,点蚀往往是裂纹的根源,裂纹通常表现为穿晶扩展,裂纹的尖端常出现分枝,裂纹整体为树枝状。裂纹的断口没有明显的塑性变形,微观上具有准解理、山形、扇形、河川及伴有腐蚀产物的泥状龟裂的特征,还可看到二次裂纹或表面蚀坑。要防止应力腐蚀的发生,需要采取以下几方面的措施:

a.合理设计焊接接头,避免腐蚀介质在焊接接头部位聚集,降低或消除焊接接头的应力集中。

b.尽量降低焊接残余应力,在工艺方法上合理布置焊道顺序,如采用分段退步焊。采取一些消应力措施,如焊后完全退火,在难以实施热处理时,采用焊后捶击或喷丸等。

c.合理选择母材与焊接材料,如在高浓度氯化物介质中,超级奥氏体不锈钢就显示出明显的耐应力腐蚀能力。在选择焊接材料时,为了保证焊缝金属的耐应力腐蚀性能,通常采用超合金化的焊接材料,即焊缝金属中的耐蚀合金元素(Cr,Mo,Ni等)含量高于母材。

d.采用合理工艺方法保证焊接接头部位光滑洁净,焊接飞溅物,电弧擦伤等往往是腐蚀开始的部位,也是导致应力腐蚀发生的根源,因此,焊接接头的外在质量也是至关重要。

(3)焊接接头的脆化

①焊缝金属的低温脆化。对于奥氏体不锈钢焊接接头,耐蚀性或抗氧化性并不总是最为关键的性能,在低温使用时,焊缝金属的塑韧性就成为关键性能。为了满足低温韧性的要求,焊缝组织通常希望获得单一的奥氏体组织,避免δ铁素体的存在。δ铁素体的存在,总是恶化低温韧性。

②焊接接头的σ相脆化。σ相是一种脆硬的金属间化合物,主要析集于柱状晶的晶界。在奥氏体焊缝中,γ相与δ相均可发生σ相转变,如Cr25－Ni20型焊缝在800～900℃加热

时，将发生强烈的的 γ→σ 转变；在奥氏体 + 铁素体双相组织的焊缝中，当 δ 铁素体含量较高时，如超过 12% 时，δ→σ 的转变将非常显著，造成焊缝金属的明显脆化。σ 相析出的脆化还与奥氏体不锈钢中合金化程度相关，Cr，Mo 具有明显的 σ 化作用，而 Cr，Mo 等合金元素含量较高的超级奥氏体不锈钢，易析出 σ 相。提高奥氏体化合金元素 Ni 含量，防止 N 在焊接过程中的降低，可有效低抑制它们的 σ 化作用，是防止焊接接头脆化的有效冶金措施。

3. 焊接方法选择

奥氏体不锈钢具有优良的焊接性，几乎所有的熔焊方法都可用于奥氏体不锈钢的焊接，许多特种焊接方法，如电阻点焊、缝焊、闪光焊、激光与电子束焊接、钎焊都可用于奥氏体不锈钢的焊接。但对于组织性能不同的奥氏体不锈钢，应根据具体的焊接性与接头使用性能的要求，合理选择最佳的焊接方法。其中焊条电弧焊、钨极氩弧焊、熔化极惰性气体保护焊、埋弧焊是较为经济的焊接方法。

焊条电弧焊具有适应各种焊接位置与不同板厚的优点，但焊接效率较低。埋弧焊焊接效率高，适合于中厚板的平焊，由于埋弧焊热输入大、熔深大，应注意防止焊缝中心区热裂纹的产生和热影响区耐蚀性的降低。特别是焊丝与焊剂的组合对焊接性与焊接接头的综合性能有直接的影响。钨极氩弧焊具有热输入小，焊接质量优的特点，特别适合于薄板与薄壁管件的焊接。熔化极富氩气体保护焊是高效优质的焊接方法，对于中厚板采用射流过渡焊接，对于薄板采用短路过渡焊接。对于 10～12mm 以下的奥氏体不锈钢，等离子弧焊接是一种高效、经济的焊接方法，采用微束等离子弧焊接时，焊接件的厚度可小于 0.5mm。激光焊接是一种焊接速度很高的优质焊接方法。由于奥氏体不锈钢具有很高的能量吸收率，激光焊接的熔化效率也很高，大大减轻了不锈钢焊接时的过热现象和由于线膨胀系数大引起的较大焊接变形。当采用小功率激光焊接薄板时，接头成形非常美观，焊接变形非常小，达到了精密焊接的水平。

4. 奥氏体不锈钢的焊接工艺要点

（1）正确选择焊接材料

根据奥氏体不锈钢焊接的主要问题无论手工电弧焊、埋弧焊熔化极或非熔化极氩弧焊接时，都必须首先从焊接材料（主要焊条、焊丝）选择上尽量消除或减弱下述三方面问题的影响：

①选用超低碳焊丝（焊条）。因为焊缝含碳量越高，晶间腐蚀倾向越大，所以尽量降低焊缝金属的含碳量，是提高焊缝耐晶间腐蚀能力的一个途径。由于在奥氏体中溶解的碳小于等于 0.03% 时不会析出碳化铬，所以一般把焊丝中含碳量小于等于 0.04%，定为超低碳的标准。采用超低碳焊丝，因碳化铬析出引起的贫铬问题得到了控制，自然就提高了焊缝抗晶间腐蚀的能力。

②在焊丝（焊条）中加稳定化元素。由于钛（Ti）、铌（Nb）等亲碳能力强，因而在、焊丝中添加这些元素后，在 450～850℃ 加热时，奥氏体不锈钢中的碳，将优先与钛、铌形成化合物，避免了碳与铬形成化合物而引起晶界处奥氏体局部贫铬问题，从而保证了焊缝贫晶间腐蚀能力。

③使焊缝获得双相组织。获得双相组织的方法根据合金元素对金属组织的影响可分两大类：一类是奥氏体促进元素，如镍、氮、铜、钴、碳、锰等；另一类是铁素体促进元素，如铬、钼、钒、硅、钛、铌等。因而在奥氏体不锈钢焊材中加入适量铁素体促进元素，可获得奥氏体 + 铁素体双相组织。

双相组织的作用：

a. 提高焊缝耐晶间腐蚀能力。单相奥氏体组织的焊缝金属，具有发达的柱状晶特征，一旦出现贫铬层，可以贯穿于晶粒之间，而构成腐蚀介质集中的腐蚀通道，因而具有较大的晶间腐蚀倾向。若焊丝中添加一些铁素体形成元素，则获得奥氏体＋铁素体双相组织，使柱状树枝晶被打散，对腐蚀介质不能形成集中的腐蚀通道，大大减弱了晶间腐蚀倾向。

b. 提高焊缝抗热裂能力。少量的铁素体可以细化晶粒，打乱柱状晶体的方向和防止杂质的聚集。另外，铁素体还可以比奥氏体溶解更多的杂质、从而可以减少偏析，这些都对抗热裂能力有利。但必须注意稳定的单相奥氏体钢，如 Cr25Ni20、Crl5Ni35 钢等，不能采用双相组织来防止热裂纹，因为这种双相组织在高温（>650℃）会析出 σ 相，使焊缝脆化。对于这类钢，防止热裂纹的措施，一是适当提高含碳量，使焊缝中形成一定数量的稳定的一次碳化物。由于这种碳化物组成的共晶体，熔点低流动性好，在焊缝结晶过程中弥散分布、可以细化奥氏体晶粒，并在晶间薄层被拉断的瞬间填充进去，因而可防止形成热裂纹。二是降低焊缝含硅量、适当增加锰、钼含量。

c. 控制铬镍比。为了获得稳定的双向组织，希望焊缝中的铬、镍之比等于 2.2～2.3，通常应将铁素体含量控制在5%以内，一方面可大大提高奥氏体不锈钢的耐晶间腐蚀和抗热裂纹能力，另方面可有效地抑制 σ 相的生成。

d. 控制硫、磷含量。选用硫、磷含量低的焊接材料，严格控制焊缝中硫、磷含量不应高出母材的硫、磷含量。

(2) 焊接注意事项

①采用小的线能量在相同条件下，焊接电流应比普通碳钢、低合金高强钢小 10%～20%。

②采取冷却措施要采取强制冷却（例如水冷、吹压缩空气等）措施、控制层间和焊后温度，尽量减少在 450～850℃的停留时间。

③采取拖焊法焊条不准作横向摆动。

④其他。

a. 避免飞溅；

b. 禁止随便到处乱打弧；

c. 焊缝表面应光洁，无凹凸不平现象，残渣彻底除净；

d. 接触腐蚀介质的焊缝根部，禁止预留垫板或锁边，要保证焊透；

e. 焊接电缆卡头在工件上要卡紧，以免发生打弧或过烧现象；

f. 接触介质的焊缝应在最后焊接；

g. 焊缝交接处要错开；

h. 有可能时接头背面（焊管子时为内壁）也要加氩气保护，以保证背面成形并防止氧化。

(3) 焊后处理

焊后应进行以下处理：

①固溶（或奥氏体化）处理。将焊接接头加热到 1050～1100℃，因在这个温度下析出的碳又重新溶入奥氏体中，然后急冷便得到了稳定的奥氏体组织。经过这种处理后，如果焊接接头仍在危险温度区间工作，碳仍会析出形成贫铬层而产生晶间腐蚀。

②均匀化处理（或称稳定化退火、免疫处理）。将焊接接头加热至 850～900℃，保温一

定时间,使奥氏体晶粒内部的铬,有充分时间扩散到晶界,使晶界处的含铬量又恢复到大于临界值(12%),从而避免产生晶间腐蚀。

(4)其他措施

奥氏体不锈钢氩弧焊时,除遵守以上规定外,还应注意以下几点:

①TIG 焊时,一般应采用直流正接。对于含 Al 较多的奥氏体钢,因易生成 Al_2O_3 氧化膜,以采用交流电源为宜。

②MIG 焊时,一般应采用直流反接,为使熔滴以喷射形式过渡,要求有足够大的电流密度。

③如果能采用脉冲氩弧焊,则有利于减少接头过热,并有利于打乱柱状晶的方向性,对耐蚀性和抗裂性的改善都大有好处。

4.5.4 马氏体不锈钢的焊接

1. 马氏体不锈钢的类型与应用

目前普遍采用的马氏体不锈钢可分为 Cr13 型马氏体不锈钢和低碳马氏体不锈钢以及超级马氏体不锈钢。对于 Cr13 型马氏体不锈钢,主要作为具有一般耐腐蚀性能的不锈钢使用,随着碳含量的不断增加,其强度与硬度提高,塑性与韧性降低,作为焊接用钢,w(C)一般不超过 0.15%。以 Crl2 为基的马氏体不锈钢,因加入 Ni,Mo,W,V 等合金元素,除具有一定的耐腐蚀性能之外,还具有较高的高温强度及抗高温氧化性能,因此在电站设备中的高温高压管道及航空发动机中广泛应用,另外因其有较好的耐磨性能,也用于液压缸体、柱塞及轴类部件以及刀具类工具。低碳、超低碳马氏体不锈钢是在 Cr13 基础上,在大幅度降低碳含量的同时,将 w(Ni)控制在 4% ~6% 的范围,还加入少量的 Ti 等合金元素的一类高强马氏体钢,除具有一定的耐腐蚀性能外,还具有良好的耐汽蚀、磨损性能,因此在水轮机及大型水泵中有广泛应用。近年来,国外还研制开发了一类新型的超级马氏体不锈钢,它的成分特点是超低碳及低氮、w(Ni)控制在 4% ~7% 的范围,还加入少量的 Mo,Ti,Si,Cu 等合金元素。这类钢高强度、高韧性,具有良好的耐腐蚀性能,在油气输送管道中获得较广泛的应用。

2. 马氏体不锈钢的焊接特点

(1)马氏体不锈钢的组织与性能特点

Crl3 型马氏体不锈钢,一般经调质热处理,金相组织为马氏体.,随回火温度的不同,马氏体的强度、硬度及塑韧性可在较大范围内调整,以满足不同使用性能的要求。对于低碳、超低碳马氏体不锈钢以及超级马氏体不锈钢,经淬火和一次回火或二次回火热处理后,金相组织为低碳马氏体 + 逆变奥氏体复合相组织。对于 w(Ni)在 4% ~7% 的低碳马氏体不锈钢以及超级马氏体不锈钢,在淬火后(通常采取空冷)形成低碳马氏体,在回火加热到 As(低于 Ac_1)以上时,将发生 M→γ 的“逆转变”。这种组织不同于 Ac_1 温度以上转变形成的奥氏体,也不同于从高温冷却时残留的奥氏体,因此称为逆变奥氏体。这种组织富碳富镍,具有良好的组织稳定性,通常弥散分布于低碳马氏体基体,具有明显的强韧化作用。

(2)马氏体不锈钢的焊接特点

对于 Crl3 型和马氏体不锈钢来讲,高温奥氏体冷却到室温时,即使是空冷,也转变为马氏体,表现出明显的淬硬倾向。由于焊接是一个快速加热与快速冷却的不平衡冶金过程,因此这类焊缝及焊接热影响区焊后的组织通常为硬而脆的高碳马氏体,含碳量越高,这种硬脆倾向就越大。当焊接接头的拘束度较大或氢含量较高时,很容易导致冷裂纹的产生。与此同时,在冷却速度较小时,近缝区及焊缝金属会形成粗大铁素体及沿晶析出碳化物,使接头的塑韧性显著降低。因此在采用同材质焊接材料焊接此类马氏体钢,为了细化焊缝金属的晶粒,提高焊缝金属的塑韧性,焊接材料中通常加入少量的 Nb,Ti,Al 等合金化元素,同时应采取一定工艺措施。

对于低碳以及超级马氏体不锈钢,由于其 $w(C)$ 已降低到 0.05%,0.03%,0.02% 的水平,因此从高温奥氏体状态冷却到室温时,虽然也全部转变为低碳马氏体,但没有明显的淬硬倾向。不同的冷却速度对热影响区的硬度没有显著的影响,具有良好的焊接性,该类钢经淬火和一次回火或二次回火热处理后,由于韧化相逆变奥氏体均匀弥散分布于回火马氏体基体,因此具有较高的强度和良好的塑韧性,表现出强韧性的良好匹配。与此同时,其耐腐蚀能力明显优于 Crl3 型马氏体钢。

3. 马氏体不锈钢的焊接工艺要点

对于 Cr13 型马氏体不锈钢,当采用同材质焊条进行焊条电弧焊时,为了降低冷裂敏感性,保证焊接接头的力学性能,特别是接头的塑韧性,应选择低氢或超低氢、并经高温烘干的焊条,同时还应采取如下工艺措施:

(1)预热与后热

预热温度一般在 100~350℃,预热温度主要随碳含量的增加而提高,当 $w(C)<0.05\%$ 时,预热温度为 100~150℃;当 $w(C)$ 为 0.05%~0.15% 时,预热温度为 200~250℃;当 $w(C)>0.15\%$ 时,预热温度为 300~350℃。为了进一步防止氢致裂纹,对于含碳量较高或拘束度大的焊接接头,在焊后热处理前,还应采取必要的后热措施,以防止焊接氢致裂纹的发生。

(2)焊后热处理

焊后热处理可以显著降低焊缝与热影响区的硬度,改善其塑韧性,同时可消除或降低焊接残余应力。根据不同的需要,焊后热处理有回火和完全退火,为了得到最低的硬度,如为了焊后的机械加工,采用完全退火,退火温度一般在 830~880℃,保温 2 h 后随炉冷却至 595℃,然后空冷。回火温度的选择主要根据对接头力学性能和耐蚀性的要求确定,回火温度不应超过母材的 Ac_1 温度,以防止再度发生奥氏体转变,回火温度一般在 650~750℃之间,保温时间按 2.4 min/mm 确定,保温时间不低于 1h,然后空冷。高温回火时析出较多的碳化物,对接头的耐蚀性能不利,因此对于耐蚀性能要求较高的焊接件,应采用温度较低的回火温度。

4.5.5 铁素体不锈钢的焊接

1. 铁素体不锈钢的类型与应用

目前铁素体不锈钢可分为普通铁素体不锈钢和超纯铁素体不锈钢两大类,其中普通铁素体不锈钢有 Crl2~Cr14 型,如 00Crl2,0Crl3Al;Cr16~Crl8 型,如 lCrl7Mo,00Crl7Mo,00Crl8Mo;Cr25~Cr30 型,如 00Cr27Mo,00Cr30Mo。对于普通铁素体不锈钢,由于其碳、氮含量较高,因此其成形加工和焊接都比较困难,耐蚀性也难以保证,成为普通铁素体不锈钢发展与应用的主要障碍。由于影响高铬铁素体不锈钢的晶间腐蚀敏感性的元素不仅是碳,氮也起着至关重要的作用,因此在超纯铁素体不锈钢中严格控制了铁素体钢中的 $w(C+N)$,一般控制在 0.035%~0.045%,0.030%,0.010%~0.015% 三个水平。在控制 C + N 含量的同时,还添加必要的合金化元素进一步提高耐腐蚀性能及其他综合性能。近年来,随着真空精炼(VOD)与气体保护精炼(AOD)等先进冶炼技术的发展与生产应用,铁素体中的碳、氮及氧等间隙元素的含量可以大幅度降低,结合微合金化技术的开发与应用,一些加工性、焊接性及耐各种腐蚀性良好的超纯高铬铁素体不锈钢得到了较大的开发和应用。与普通奥氏体不锈钢相比,高铬铁素体不锈钢具有很好的耐均匀腐蚀、点蚀及应力腐蚀性能,较多地应用于石油化工设备中。

2. 铁素体不锈钢的焊接特点

(1)焊接接头的塑性与韧性

对于普通铁素体不锈钢,一般尽可能在低的温度下进行热加工,再经短时的780~850℃退火热处理,得到晶粒细化、碳化物均匀分布的组织,并具有良好的力学性能与耐蚀性能。但在焊接高温的作用下,在加热温度达到1 000℃以上的热影响区、特别是近缝区的晶粒会急剧长大,进而引起近缝区的塑韧性大幅度降低,引起热影响区的脆化,在焊接拘束度较大时,还容易产生焊接裂纹。热影响区的脆化与铁素体不锈钢中C+N含量密切相关,在较低温度815℃水淬状态下,铁素体不锈钢都具有较低的脆性转变温度。随着C,N含量的提高,脆性转变温度有所提高,而且经高温1 150℃加热处理后,随着C,N含量的提高脆性转变温度的提高更加明显。超纯铁素体不锈钢与普通铁素体不锈钢相比,随着C,N含量的降低,其塑性与韧性大幅度提高。焊接热影响区的塑韧性也得到明显改善;对于超纯的Cr26型铁素体不锈钢,经1 100℃高温加热后,无论采用水淬或空冷都具有良好的塑性。

对超纯Cr30Mo2铁素体不锈钢模拟焊接热影响区脆性转变温度的研究表明,当热影响的峰值温度达到1 350℃时,其脆性转变温度比母材提高约15℃。

除高温加热引起接头脆化、塑韧性降低外,铁素体不锈钢还可能产生σ相脆化和475℃脆化,σ相脆化过程较缓慢,对焊后的接头韧性影响不大,由焊接引起的475℃脆化倾向也较小。

(2)焊接接头的晶间腐蚀

高温加热对于不含稳定化元素的普通铁素体不锈钢的晶间腐蚀敏感性的影响与通常的铬镍奥氏体不锈钢不同,将通常的铬镍奥氏体不锈钢在500~800℃敏化温度区加热保温,将会出现晶间腐蚀现象,在950℃以上加热固溶处理后,由于富铬碳化物的固溶,晶间敏化消除。与此相反,把普通高铬铁素体不锈钢加热到950℃以上温度冷却,则产生晶间敏化,而在700~850℃短时保温退火处理,敏化消失。因此通常检验铁素体不锈钢晶间腐蚀敏感性的温度不像奥氏体不锈钢在650℃保温1~2 h,而是加热到950℃以上,然后空冷或水冷。加热温度越高,敏化程度越大。由此可见,普通铁素体不锈钢焊接热影响区的近缝区将由于受到焊接热循环的高温作用而产生晶间敏化,在强氧化性酸中将产生晶间腐蚀。为了防止晶间腐蚀,焊后进行700~850℃的退火处理,使铬重新均匀化,进而恢复焊接接头的耐蚀性。

对于超纯体素体不锈钢,超纯的Cr26体素体不锈钢[$w(C+N)=0.018\%$],由1 100℃水淬处理后,与普通铁素体不锈钢相比,腐蚀率很低,晶界上无富铬的碳化物与氮化物析出,不产生晶间腐蚀。由1 100℃空冷时,晶界上有碳、氮化物析出,晶间腐蚀严重。在900℃短时保温,析出物集聚长大并变得不连续,但没有晶间腐蚀发生。在600℃短时保温,晶界上有析出物,有晶间腐蚀的倾向。在600℃长时间保温,晶界上有析出物,但没有晶间腐蚀。由此说明,晶界上碳、氮化物的析出与与晶间腐蚀的发生并不存在严格的对应关系。根据晶间腐蚀的贫铬理论,晶间腐蚀能否产生,关键是晶界是否贫铬。在高铬铁素体不锈钢中,碳、氮的溶解度都很低,随着温度的升高,溶解度也增大。当加热温度达到950℃以上时,碳、氮化物开始溶解，而且温度越高溶解得越多，1 100 ~1 200℃正是碳、氮化物大量溶解的温度，在冷却过程中，在900 ~500℃的温度范围，过饱和的碳和氮将以化合物的形式重新析出，碳、氮化物的析出是否会引起晶界贫铬与碳、氮的过饱和度、冷却速度及其他稳定化元素，如Mo，Ti，Nb等元素有关。降低铁素体不锈钢中的碳、氮含量是消除晶间腐蚀的根本措施。目前已研制出$w(C+N)<0.010\%$的超高纯铁素体不锈钢，由于C+N含量很低，在较高温度时也没有足够能引起晶界贫铬的富铬碳、氮化物析出，因此该类合金在水淬、空冷或在敏化温度区保温都难以引起晶间敏化。

对上述Cr26铁素体不锈钢，水淬冷却可有效地抑制碳、氮化物的析出，具有良好的耐蚀性。当慢冷或在敏化区内短时保温时，由于碳、氮为过饱和状态，富铬的碳、氮化物在晶界析出，产生晶间敏化。当在敏化温度区长时间保温，使铬有充分的时间扩散到贫铬区，这时尽管晶界有析出物，仍可消除晶间敏化。值得注意的是，靠长时间保温消除敏化是不可取的工艺措施，因为晶界的大量析出往往造成晶界的脆化。

3. 焊接工艺

(1)普通铁素体不锈钢的焊接工艺

对于普通铁素体不锈钢，可采用焊条电弧焊、气体保护焊、埋弧焊、等离子弧焊等熔焊工艺方法。该类钢在焊接热循环的作用下，热影响区的晶粒长大严重，碳、氮化物在晶界聚集，焊接接头的塑韧性很低，在拘束度较大时，容易产生焊接裂纹，接头的耐蚀性也严重恶化。为了防止焊接裂纹，改善接头的塑韧性和耐蚀性，在采用同材质熔焊工艺时，可采取下列工艺措施：

①采取预热措施，在100 ~150℃左右预热，使母材在富有塑韧性的状态焊接，含铬量越高，预热温度也应有所提高。

②采用较小的热输入，焊接过程中不摆动，不连续施焊。多层多道焊时控制层间温度在150℃以上，但也不可过高，以减少高温脆化和475℃脆化。

③焊后进行750 ~800℃的退火热处理，由于在退火过程中铬重新均匀化，碳、氮化物球化，晶间敏化消除，焊接接头的塑韧性也有一定的改善。退火后应快速冷却，以防止σ相产生和475℃脆化。

(2)超纯高铬铁素体不锈钢的焊接工艺

对于碳、氮、氧等间隙元素含量极低的超纯高铬铁素体不锈钢，高温引起的脆化并不显著，焊接接头具有很好的塑韧性，焊前不需预热和焊后热处理。在同种钢焊接时，目前仍没有标准化的超纯高铬铁素体不锈钢的焊接材料，一般采用与母材同成分的焊丝作为填充材料，由于超纯高铬铁素体不锈钢中的间隙元素含量已经极低，因此关键是在焊接过程中防止焊接接头区的污染，这是保证焊接接头的塑韧性和耐蚀性的关键。

在焊接工艺方面应采取以下措施：

①增加熔池保护，如采用双层气体保护，增大喷嘴直径，适当增加氩气流量，填充焊丝时，要防止焊丝高温端离开保护区。

②附加拖罩，增加尾气保护，这对于多道多层焊尤为重要。

③焊缝背面通氩气保护，最好采用通氩的水冷铜垫板，以减少过热增加冷却速度。

④尽量减少焊接热输入，多层多道焊时控制层间温度低于100℃。

⑤采用其他快冷措施。

任务实施

资讯单

学习领域	焊接工艺的实施与控制		
学习情境 4	钨极氩弧焊工艺实施与控制	学时	10
资讯方式	学生分组查询资料,找出问题的答案		
资讯问题	1. 简述钨极氩弧焊的原理。 2. 钨极氩弧焊的特点是什么? 3. 简述交流钨极氩弧焊存在的问题及解决方法。 4. 简述 TIG 焊焊接电流种类、极性及适用范围。 5. 钨极氩弧焊焊接工艺参数如何选择? 6. 试归纳钨极氩弧焊焊接缺陷及防止措施? 7. 试简述钨极氩弧焊焊接操作要点。 8. 简述钨极氩弧焊焊接铝合金的工艺要点。 9. 如何制定钨极氩弧焊工艺?		
资讯引导	以上资讯问题请查询本书信息单,利用网络环境进行搜索,课余时间可去图书馆查阅相关资料,同时参考以下书籍: [1]中国机械工程学会焊接学会. 焊接手册. 3 版. 北京:机械工业出版社,2008. [2]胡云岩,等. 实用焊工速查手册. 石家庄:河北科学技术出版社,2002. [3]邹增大. 焊接材料、工艺及设备手册. 北京:化学工业出版社,2001. [4]王洪光. 实用焊接工艺手册. 北京:化学工业出版社,2010. [5]陈祝年. 焊接工程师手册. 北京:机械工业出版社,2010.		

请沿此线剪下 请沿此线剪下 请沿此线剪下

请沿此线剪下

请沿此线剪下

请沿此线剪下

决策单

学习领域	焊接工艺的实施与控制						
学习情境4	钨极氩弧焊工艺实施与控制				学　时	2	
方案讨论							
方案对比	组号	工作流程的正确性	知识运用的科学性	内容的完整性	方案的可行性	人员安排的合理性	综合评价
	1						
	2						
	3						
	4						
	5						
方案评价	评语：						
班级		组长签字		教师签字		月　　日	

请沿此线剪下

请沿此线剪下

请沿此线剪下

计划单

<table>
<tr><td>学习领域</td><td colspan="5">焊接工艺的实施与控制</td></tr>
<tr><td>学习情境4</td><td colspan="2">钨极氩弧焊工艺实施与控制</td><td>学 时</td><td colspan="2">2</td></tr>
<tr><td>计划方式</td><td colspan="5">分组讨论,制定各组的实施操作计划和方案</td></tr>
<tr><td>序 号</td><td colspan="4">实施步骤</td><td>使用资源</td></tr>
<tr><td>1</td><td colspan="4"></td><td></td></tr>
<tr><td>2</td><td colspan="4"></td><td></td></tr>
<tr><td>3</td><td colspan="4"></td><td></td></tr>
<tr><td>4</td><td colspan="4"></td><td></td></tr>
<tr><td>5</td><td colspan="4"></td><td></td></tr>
<tr><td>制定计划
说明</td><td colspan="5"></td></tr>
<tr><td rowspan="3">计划评价</td><td>班 级</td><td></td><td>第 组</td><td>组长签字</td><td></td></tr>
<tr><td>教师签字</td><td colspan="2"></td><td>日 期</td><td></td></tr>
<tr><td colspan="5">评语:</td></tr>
</table>

请沿此线剪下

材料清单

学习领域	焊接工艺的实施与控制				
学习情境4	钨极氩弧焊工艺实施与控制				
序号	名　称	作　用	数量	使用前	使用后
1	NSA－500－1 手工 TIG 焊机		1台		
2	焊丝 TIG－J50 Φ0.8～1.2mm	填充金属、脱氧	1盘		
3	≥99.5%氩气	保护	1罐		
4	焊件 Q235 钢板		2件	300×125×4	
5	气体流量表		1个		
6	氩气气瓶		1个	充满气体	
7	角向打磨机	加工坡口和 清理焊缝	1台		
8	钢丝刷	清理焊缝	1个		
9	钢板尺	测量尺寸	1把		
10	敲渣锤		1把		
11	焊缝万能量规		1把		
12	头盔式防护面罩		4个		
13	手套		1付		
班级		组长签字			

请沿此线剪下

请沿此线剪下

请沿此线剪下

实施单

学习领域	焊接工艺的实施与控制		
学习情境4	钨极氩弧焊工艺实施与控制	学时	12
实施方式	分组实施,按实际的实施情况填写此单		
序号	实施步骤	使用资源	
1			
2			
3			
4			
5			
6			
7			
8			
9			
10			
实施说明:			
班　　级		组长签字	
教师签字		日　　期	

请沿此线剪下

检查单

学习领域	焊接工艺的实施与控制			
学习情境4	钨极氩弧焊工艺实施与控制		学时	1
序号	检查项目	检查标准	学生自检	教师检查
1	目标认知	工作目标明确,工作计划具体结合实际,具有可操作性		
2	理论知识	掌握常用量具的使用方法,能够进行简单轴套零件加工工艺的编制		
3	基本技能	能够运用所学的知识进行完整的方案设计,并顺利完成任务		
4	学习能力	能在教师的指导下自主学习,全面地理解和掌握相关知识和技能		
5	工作态度	在完成任务过程中积极参与,主动地完成分配的任务		
6	团队合作	积极地与他人沟通、合作,共同完成工作任务		
7	工具运用	熟练利用资料单进行自学,学会利用网络进行有关资料的查询		
8	任务完成	保质保量,按时圆满完成工作任务		
9	演示情况	能按要求熟练地进行操作,效果好		
检查评价	班　　级		组长签字	
	教师签字		日　　期	
	评语:			

请沿此线剪下

请沿此线剪下

请沿此线剪下

评价单

学习领域	焊接工艺的实施与控制				
学习情境 4	钨极氩弧焊工艺实施与控制			学时	1
评价类别	项目	子项目	个人评价	组内互评	教师评价
专业能力（60%）	资讯（10%）	搜集信息（5%）			
		引导问题回答（5%）			
	计划（5%）	计划可执行度（5%）			
		材料工具安排（2%）			
	实施（20%）	安装、调试操作规范（7%）			
		功能实现（7%）			
		安全操作（3%）			
		创意和拓展性（2%）			
	检查（10%）	全面性、准确性（5%）			
		故障分析及解决（5%）			
	过程（5%）	操作过程规范性（3%）			
		工具和仪表使用管理（2%）			
	结果（5%）	结果质量（5%）			
	作业（5%）	作业质量（5%）			
社会能力（20%）	团结协作（10%）	小组成员合作良好（5%）			
		对小组的贡献（5%）			
	敬业精神（10%）	学习纪律性（5%）			
		爱岗敬业、吃苦耐劳精神（5%）			
方法能力（20%）	计划能力（10%）				
	决策能力（10%）				
检查评价	班　级		姓　名		日　期
	教师签字		组长签字		
	学　号		总　评		
	评语：				

请沿此线剪下

请沿此线剪下

知识拓展

1. 脉冲 TIG 焊

脉冲 TIG 焊与一般 TIG 焊的区别在于采用可控的脉冲电流来加热焊件，以较小的基值电流来维持电弧稳定燃烧。当每一次脉冲电流（也称峰值电流）通过时，焊件上就产生一个点状熔池，当脉冲电流停歇时，点状熔池冷却结晶。因此，只要合理地调节脉冲间歇时间，保证焊点间有一定的重叠量，就可获得一条连续气密的焊缝。图 4－31 为低频脉冲焊缝成形示意图。

脉冲 TIG 焊有交流、直流之分，而根据波形不同又有矩形波、正弦波，三角波（见图 4－32）3 种基本波形。无论哪种波形，脉冲 TIG 焊都具有以下的基本特点：

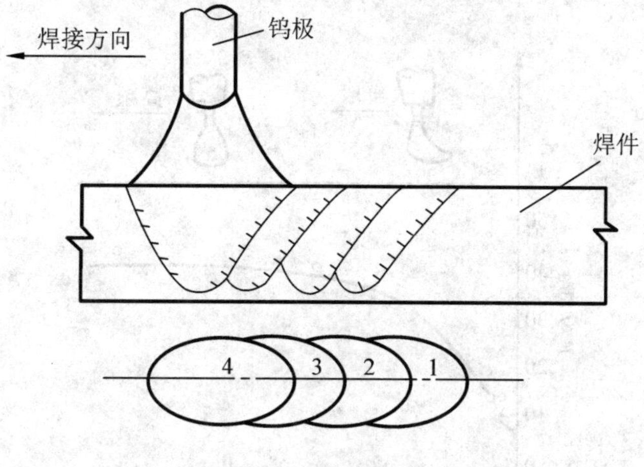

图 4－31 低频脉冲焊缝成形示意图

1,2,3,4 为焊点

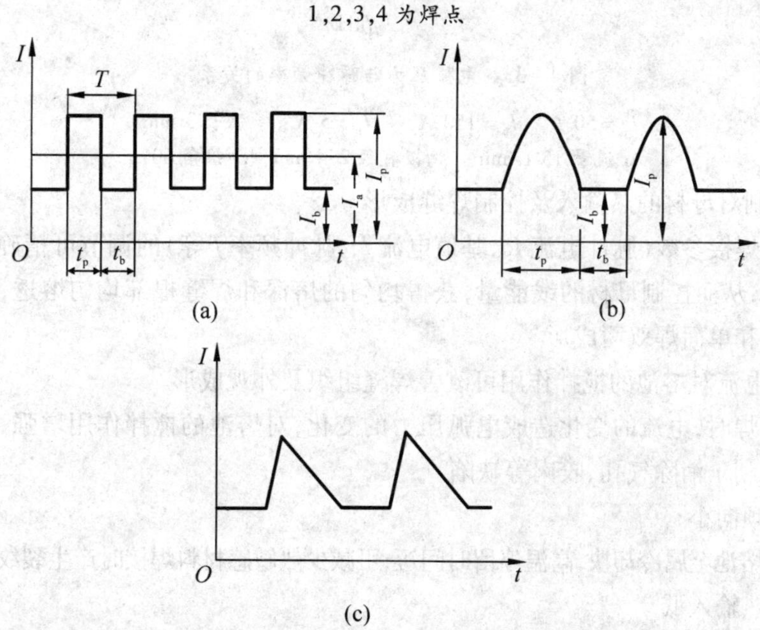

图 4－32 脉冲焊接电流波形示意图

(a)矩形波；(b)正弦波；(c)三角波

(1)电弧压力大、挺度好,可明显地改善电弧的稳定性

在一定范围内,脉冲频率越高,电弧指向性及稳定性也就越好(见图4-33)。通常是电流密度高,电弧压力大,电弧挺度好,稳定性也好,电流密度低,电弧压力小,指向性不好,电弧不稳定。脉冲电弧焊时,焊接电流是在峰值、基值间周期性地变化,低电流时的电弧挺度差,不稳定现象可在高电流时得到恢复。脉冲频率f增大时,即意味着脉冲电流I_p出现的次数增多,使热惯性跟不上电流的变化,故电弧的挺度、稳定性均好于同一平均电流的连续电流。

薄件焊接要求较小的焊接电流,但此时电弧不稳定,甚至很难正常焊接。而在脉冲焊的脉冲电流I_p期间,电弧稳定、电弧压力大,指向性好,易使母材熔化多在较低的基值电流I_b期间,可维持电弧不灭,使熔池凝固结晶。这样,大、小电流不断地交替,被焊件焊缝相应地熔化、凝固,既可避免大电流烧穿的现象,又能克服小电流电弧不稳的问题,这样便能保证焊接过程的顺利进行。

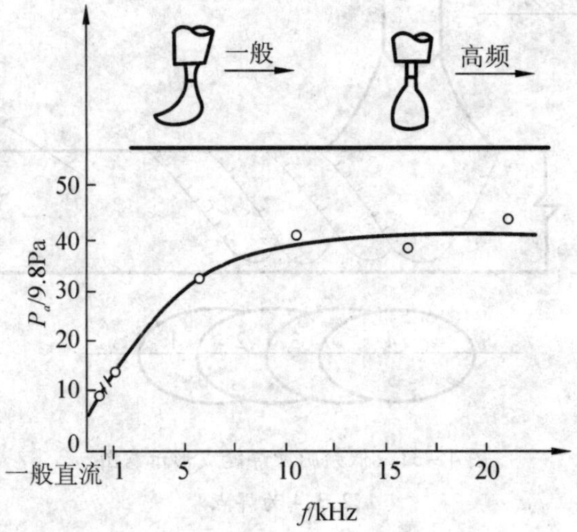

图4-33 电弧压力与脉冲频率的关系

$\bar{I}_p$=50 A I_p=150 A I_b=5 A 弧长3 mm

Ar流量15 L/min 钨极直径2.4 mm 锥角60°

(2)可控制对母材的热输入及控制焊缝成形

通过脉冲焊接参数(脉冲电流I_P、基值电流I_b、脉冲频率f等)的调节可精确地控制电弧能量及其分布,从而控制母材的线能量,获得均匀的熔深和焊缝根部均匀熔透,能很好地实现全位置焊接和单面焊双面成形。

(3)脉冲电流对熔池的搅拌作用可改善焊缝组织及外观成形

脉冲TIG焊时,电流的变化造成电弧压力的变化,对熔池的搅拌作用增强,使焊缝金属组织细密并有利于消除气孔、咬肉等缺陷。

(4)裂纹倾向小

焊接过程熔池金属冷却快,高温停留时间短,可减少热敏感材料焊接时产生裂纹的倾向。

(5)电弧热输入低

采用脉冲电流可减小焊接电流的平均值,获得较低的热输入。因此利用脉冲TIG焊,可焊接薄板或超薄件。用它焊接厚度小于0.1 mm的薄钢板仍能获得满意的效果。

上述特点，使脉冲 TIG 焊特别适于焊接热敏感性强的金属材料或薄件、超薄件、全位置、窄间隙以及中厚板开坡口多层焊的第一层打底焊。

2. 热丝 TIG 焊

(1)焊接原理

热丝 TIG 焊是为了克服一般 TIG 焊生产率低这一缺点而发展起来的，其原理如图 4－34 所示。在普通 TIG 焊的基础上，附加一根焊丝插入熔池，并在焊丝进入熔池之前约 10 cm 处开始，由加热电源通过导电块对其通电，依靠电阻热将焊丝加热至预定温度，以与钨极成 40°～60°角从电弧的后方送入熔池，完成整个焊接过程。

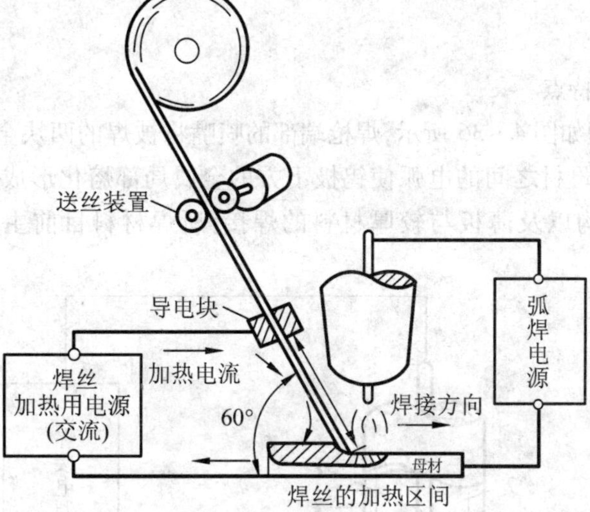

图 4－34　热丝 TIG 焊示意图

(2)特点

①优点。热丝 TIG 焊的熔敷速度可比普通 TIG 焊提高 2 倍，从而使焊接速度增加 3～5 倍，大大提高了生产率。热丝 TIG 焊和冷丝 TIG 焊熔敷速度的比较如图 4－35 所示。

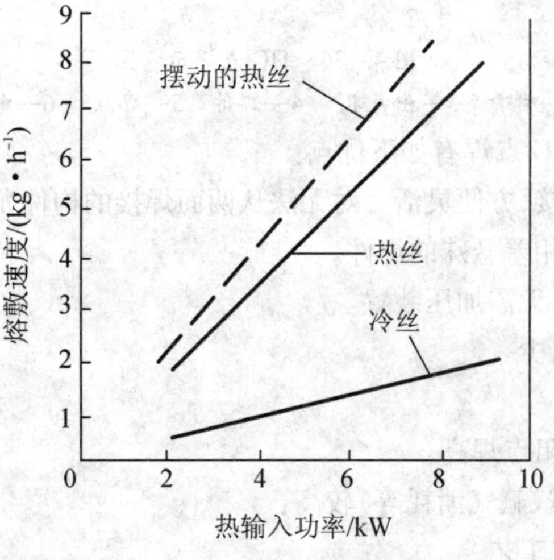

图 4－35　钢 TIG 焊时冷丝和热丝可允许的熔敷速度

由于热丝 TIG 焊熔敷效率高，焊接熔池热输入相对减少，所以焊接热影响区变窄，这对于热敏感材料焊接非常有利。

②缺点。热丝 TIG 焊时，由于流过焊丝的电流所产生磁场的影响，电弧产生磁偏吹而沿焊缝作纵向偏摆，为此，用交流电源加热填充焊丝，以减少磁偏吹。在这种情况下，当加热电流不超过焊接电流的 60% 时，电弧摆动的幅度可以被限制在 30°左右。为了使焊丝加热电流不超过焊接电流的 60%，通常焊丝最大直径限为 1.2 mm。如焊丝过粗，由于电阻小，需增加加热电流，这对防止磁偏吹是不利的。

(3)应用

热丝 TIG 焊已成功用于焊接碳钢、低合金钢、不锈钢、镍和钛等。对于铝和铜，由于电阻率小，需要很大的加热电流，从而造成过大的磁偏吹，影响焊接质量，因此不采用这种方法。

3. TIG 点焊

(1)TIG 点焊的特点

TIG 点焊的原理如图 4-36 所示，焊枪端部的喷嘴将被焊的两块金属压紧，保证连接面密合，然后靠钨极与母材之间的电弧使钨极下方的金属局部熔化形成焊点。TIG 点焊适用于焊接各种薄板结构以及薄板与较厚材料的焊接，所焊材料目前主要是不锈钢、低合金钢等。

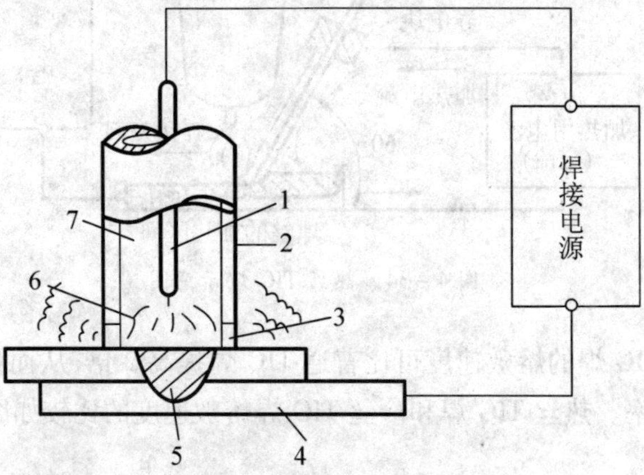

图 4-36　TIG 点焊示意图

1—钨极　2—喷嘴　3—出气孔　4—焊件　5—焊点　6—电弧　7—氩气

和电阻点焊相比，TIG 点焊有如下优点：

①可从一面进行焊接，方便灵活。对无法从两面焊接的构件尤其适合。

②更易于焊接厚度相差悬殊的焊件。

③需施加的压力小，无需加压装置。

④设备费用低，耗电少。

TIG 点焊的缺点：

①焊接速度不如电阻点焊高。

②焊接费用(人工费、氩气消耗等)较高。

(2)TIG 点焊的焊接工艺

焊前清理的要求和一般的 TIG 焊一样。焊接电流既可以采用直流正接，也可用交流(但应该辅加稳弧装置)。通常都采用直流正接，因为它可以比交流获得更大的熔深，可以采用较小的焊接电流(或者较短的时间),从而减少热变形和其他的热影响。

引弧有两种方法:

①高频引弧。依靠高频电压击穿钨极和焊件之间的气隙而引弧。

②诱导电弧引弧。先在钨极和喷嘴之间引燃一小电流(约 5 A)的诱导电弧,然后再接通焊接电源,引燃焊接电弧。

目前最常用的是高频引弧。

焊接时主要通过调节焊接电流值和电流持续时间控制焊点尺寸。增大焊接电流值和电流持续时间会增加熔深和焊点直径,反之则减小熔深和焊点直径。电弧长度也是一个重要的参数,电弧过长,熔池会过热并可能产生咬边缺陷;电弧太短,母材膨胀后会接触钨极,造成污染。

为了防止点焊表面过度凹陷和产生弧坑裂纹,点焊结束前应使电流自动衰减或者进行二次脉冲加热。当焊点加强高要求严格时可往熔池输送适量的填充焊丝。

(3)TIG 点焊的设备

TIG 点焊专用设备与一般 TIG 焊设备的不同之处在于,具有特殊的控制装置和点焊焊枪。控制装置除了能确保提前送气、通水、引弧外,还有精确的焊接时间控制、电流自动衰减以及滞后关断氩气等功能。

除采用专用设备外,在普通 TIG 焊设备中增加一个焊接时间控制器并更换喷嘴,也可充当 TIG 点焊的设备。

思考与练习

一、名词解释

1. TIG 焊　　2. TIME　　3. 热丝 TIG 焊　　4. 阴极破碎作用

5. WSE－315　　6. H08Mn2SiA　　7. 直流正极性　　8. 直流反极性

二、填空题

1. 钨极惰性气体保护焊是指使用纯钨或活化钨作为电极的(　　　)惰性气体保护焊方法,简称 TIG 焊。

2. TIG 焊设备按焊接电源的不同可分为(　　　)和(　　　)以及脉冲 TIG 焊机。

3. TIG 焊的电源种类有(　　　)和(　　　)两种。

4. 氩弧焊时,最容易损坏的部分是喷嘴。焊接喷嘴的材料有(　　　)、(　　　)和(　　　)三种。

5. 氩弧焊焊枪的作用是(　　　)、(　　　)和(　　　)。

6. 氩弧焊常见的引弧方法有短路引弧、(　　　)和(　　　)。

7. 氩气瓶容积一般为(　　　)L,最大压力为 14 700 kPa,气瓶外涂(　　　)色,并标记:“氩气”字样。氩气在气瓶中呈现(　　　)气态,从气瓶中引出后不需要加热和干燥。

8. 钨极氩弧焊(TIG 焊)的焊接工艺参数主要有焊接电流、电弧电压、(　　　)、(　　　)等。

9. 焊接电流是最重要的焊接工艺参数,主要根据材料种类、试件厚度、(　　　)和

(　　)等因素选择,有时还需考虑焊工技术水平。

10. TIG 焊操作时,焊工双手要互相协调配合,基本操作技术主要包括引弧、(　　)、(　　)、(　　)和(　　)等。

11. 脉冲 TIG 焊和普通 TIG 焊的主要区别在于它采用低频率调制的直流或交流(　　)加热工件。

三、判断题

1. 不熔化极氩弧焊采用高熔点钨棒作为电极,在氩气层流的保护下,依靠钨棒与工件间产生的电弧热来熔化焊丝和基本金属。(　　)

2. 钨极脉冲氩弧焊工艺参数选定后,熔池体积和熔深基本上不受焊件厚度的影响,这是区别于普通氩弧焊的一个重要特点。(　　)

3. 氩气是单原子气体,高温下,无二次吸放热分解反应,导电能力强以及氩气流产生的压缩效应和冷却作用,使电弧热量集中,温度高。(　　)

4. 与手弧焊相比,氩弧焊热量集中,从喷嘴中喷出的氩气有冷却作用,因此热影响区窄,焊件变形小。(　　)

5. 由于手工钨极氩弧焊氩气保护,无熔渣,故焊缝不会产生夹渣缺陷。(　　)

6. 当焊接全位置受压管时,为了获得单面焊双面成形的焊缝,最好选择脉冲钨极氩弧焊,而不是一般的钨极氩弧焊。(　　)

7. 与手弧焊相比,手工钨极氩弧焊产生的紫外线弱 5 ~ 10 倍,故对焊工危害不大。(　　)

8. 手工钨极氩弧焊所采用焊丝的主要合金成分应比所焊母材稍低。(　　)

9. TIG 焊接 0Cr19Ni9 不锈钢时,选用焊丝应考虑用钛元素来控制气孔和提高焊缝抗晶间腐蚀能力。(　　)

10. 钨极端部的锥度对焊缝成形有影响,减小锥角可减小焊道的宽度,增加焊缝的熔深。(　　)

11. 如果 TIG 焊采用氦气作保护,由于氦弧能量较高,对于热传导率高的材料焊接和高速焊接是十分有利的,故焊接厚板时,应采用氦气。(　　)

12. 对于 TIG 焊来说,当焊接导热性高的厚材料时(诸如铝和铜),要求选用有较高热穿透性的氦气。(　　)

13. 因手工钨析氩弧焊电弧的静特性与手弧焊相似,故任何具有陡降外特性曲线的弧焊电源都可以作为氩弧焊电源。(　　)

14. 直流手工钨极氩弧焊电源的空载电压范围应是 65 ~ 80V。(　　)

15. TIG 焊机引弧装置的高频震荡器可输出 2 000 ~ 3 000 V,150 ~ 260 kHz 的高频高压电,当接通电源后,钨极和焊件相距 2 mm 左右就能使电弧引燃。(　　)

16. 当直流 TIG 焊机的高频引弧器接通后,电极和工件之间产生高频火花,引燃电弧则高频引弧器将继续工作至熄弧,停止工作为止。(　　)

17. 一台型号为 WSM - 400 的 TIG 焊机应有无数条外特性曲线,但是仅有一条静特性曲线。(　　)

18. 当采用直流 TIG 焊的方法时,工件接电源的正极叫直流正接,通常用来焊接小直径

管及薄板。（ ）

19. 手工 TIG 焊时，相同直径的钨极，允许使用的电流范围不同。直流正接时，允许使用的电流范围最大；直流反接时，最小；交流焊接许用电流介于二者之间。（ ）

20. 采用 TIG 的方法焊接小直径管，当其他工艺参数不变，焊接电流增加时，焊缝宽度和余高稍有增加，但熔深减少。（ ）

21. TIG 焊的其他工艺参数一定时，电弧电压主要由弧长决定，弧长增加，焊缝宽度增加，熔深稍有减少。（ ）

22. 采用交流 TIG 焊时，有阴极破碎作用，因为受到正离子的轰击，工作表面的氧化膜破裂，通常用来焊接不锈钢。（ ）

23. 钨极端头至喷嘴端面的距离叫钨极伸出长度，为 2.5 ~ 5 mm 较好。（ ）

24. 在 TIG 焊的焊接过程中，焊丝与焊枪由右端向左端移动，焊接电弧指向未焊部分，焊丝位于电弧的运动前方，称为左焊法。（ ）

25. 手工钨极氩弧焊的右焊法，无法在管道上（特别是小直径管）施焊。（ ）

26. 当采用钨极氩弧焊打底时，预热温度可按规定的下限温度降低 50℃。（ ）

27. 当采用手工 TIG 焊方法焊接产品时，如果正式焊缝要求预热、缓冷，则定位焊缝不需要预热和焊后缓冷。（ ）

28. 手工钨极氩弧焊时，为减少对人体的危害，尽量选用无放射性的钍钨棒来代替有放射性的铈钨棒。（ ）

29. TIG 焊停弧后，氩气延时 10 s 左右再关闭，是为了防止金属在高温下被氧化。（ ）

30. 手工 TIG 焊接时，填充焊丝以 15° ~ 20°的倾角送到熔池中心。（ ）

31. 钨极氩弧焊时，常用喷嘴直径为 8 ~ 12 mm，合适的氩气流量应为 5 ~ 10 L/min。（ ）

32. 氩气的热容量和导热系数小，所以对电弧的冷却作用小，电弧在氩气中燃烧的稳定性好。（ ）

33. 高频引弧是在钨极与工件之间瞬时加一高频高压产生火花放电引燃电弧。（ ）

34. 钨棒的直径主要根据许用电流、焊接电源和极性种类进行选用。（ ）

35. 当采用钨极氩弧焊打底时，预热温度可按规定的下限温度降低 50℃。（ ）

36. 氩气气体由于本身氧化性能强，所以不适宜作为保护气体。（ ）

37 因氩气不溶于金属，故可用氩气作为焊接钼、铌、钛等金属的保护气体。（ ）

38. 氩弧焊很适宜全位置焊接。（ ）

39. TIG 焊电源采用直流正接时，允许使用的焊接电流比直流反接时的大。（ ）

40. TIG 焊钨极端部的形状与焊接电流无关。（ ）

41. TIG 焊采用直流反接法或交流接法时，具有良好的“阴极清洗”作用，所以焊接铝、镁及其金属时，推荐采用。（ ）

42. “WS－300”是一种手工交流钨极氩弧焊机。（ ）

43. 许用电流大于 300 A 的手工钨极氩弧焊焊枪为水冷式。（ ）

44. 钨极氩弧焊机安装结束后即可进行正常焊接。（ ）

45. 断续填丝又叫作点动送丝。填丝时可以将焊丝在熔池中搅拌。（ ）

46. 填丝时，焊丝应与试件表面成15°～20°的夹角，为提高焊接效率，可以将熔滴向熔池“滴渡”。（ ）

47. 交流脉冲TIG焊适用于表面已形成高熔点氧化物的金属，如铝、镁及其合金。（ ）

四、选择题

1. 焊缝热影响区的大小与焊接方法有关，钨极氩弧焊热影响区（ ）。

A. 比气焊焊缝热影响区大

B. 与手工焊条电弧焊焊缝热影响区一样

C. 比手工电弧焊和气焊焊缝热影响区小

2. 熔化极氩弧焊采用高熔点钨棒作为电极，在氩气层流的保护下，依靠钨棒与工件间产生的（ ）来熔化焊丝和基本金属。

A. 电阻热　　B. 摩擦热　　C. 电弧热

3. 用脉冲电流进行氩弧焊时，称为脉冲氩弧焊，通常用来焊接（ ）的工件。

A. 较厚　　B. 较薄　　C. 一般厚度

4. 通常脉冲装置形成脉冲电流波形，电流波形有多种形式，最常用的是（ ）。

A. 方形波　　B. 正弦波　　C. 直流

5. 脉冲氩弧焊时，基值电流起（ ）的作用。

A. 熔化金属形成熔池　　B. 预热母材　　C. 维持电弧燃烧和预热母材

6. 钨极脉冲氩弧焊工艺参数选定后，（ ）基本上不受焊件厚度的影响，这是区别于普通氩弧焊的一个很重要特点。

A. 熔池体积和熔深　　B. 焊接接头的体积　　C. 焊缝体积的熔深

7. 与手弧焊相比，由于氩弧焊热量集中，从喷嘴喷出的氩气有（ ），因此热影响区窄，焊件变形小。

A. 加热作用　　B. 冷却作用　　C. 保护作用

8. 当焊接全位置受压管时，为了获得单面焊双面成形的焊缝，最好应选择（ ）。

A. 脉冲钨极氩弧焊　　B. 手弧焊　　C. 埋弧焊　　D. CO_2 气体保护焊

9. TIG焊用焊丝的主要合金成分应比母材稍高是为了（ ）。

A. 焊缝比母材力学性能高

B. 补偿电弧过程化学成分的损失

C. 熔池液态金属流动性更好

10. 氩弧焊时，钨极作为电极，起着（ ）的作用。

A. 传导电流、引燃电弧和维持电弧正常燃烧

B. 填充金属与熔化的母材混合形成焊缝

C. 引燃电弧、传导电弧、填充金属与熔化的母材混合形成焊缝

11. 在使用小电流的直流电时，TIG焊的钨极端部呈（ ），易于高频引燃电弧，并且电弧也比较稳定。

A. 30°截头锥形　　B. 90°截头锥形　　C. 半球形

12. 钨极端部的锥度是影响焊缝的成形。减小锥角可(　　)。

A. 减小焊道的宽度、减小焊缝的熔深

B. 增加焊道的宽度、增加焊缝的熔深

C. 减小焊道的宽度、增加焊缝的熔深

13. 氩气对维持氩弧燃烧的电压较低,一般(　　)即可。

A. 20 V　　B. 80 V　　C. 10 V

14. 在正常焊接工艺参数条件下,焊丝金属的平均熔化速度与焊接电流成(　　)。

A. 正比　　B. 反比

C. 不规则的比例　　D. 二次方反比

15. 任何具有(　　)外特性曲线的弧焊电源都可以用作 TIG 焊接电源。

A. 上升　　B. 陡降　　C. 平

16. 选择能焊接铝及铝合金、碳钢、不锈钢、耐热钢等材质的 TIG 焊机型号应为(　　)。

A. WSJ—400　　B. WSM—400　　C. WSE5—315

17. TIG 焊不采取接触短路引弧的原因是(　　)。

A. 钨极严重烧损且易在焊缝中引起夹钨缺陷　　B. 有高频磁场和放射性物质

C. 由于短路电流过大引起焊机烧毁

18. TIG 焊熄弧时,采用电流衰减方法,其目的是(　　)。

A. 防止产生弧坑裂纹　　B. 防止产生未焊透　　C. 防止产生凹

19. 当 TIG 焊机的高频引弧器被接通后,钨极和工件之间产生高频火花并引燃电弧。若为直流焊接,则(　　)工作。

A. 高频引弧器立即停止　　B. 高频引弧器仍然继续

C. 高频引弧器断续

20. 当 TIG 焊机的高频引弧器被接通后,钨极和工件之间产生高频火花并引燃电弧。若为交流焊接,则高频引弧器(　　)工作。

A. 立即停止　　B. 仍然　　C. 断续

21. 直流分量,它将显著降低阴极破碎作用,影响熔化金属表面氧化膜的去除,并使电弧不稳,焊缝易出现未焊透等缺陷,因此在(　　)时应尽量设法消除直流分量。

A. 交流 TIG 焊　　B. 直流 TIG　　C. 交流 MIG 焊　　D. 直流 MIG

22. 手工直流 TIG 焊机常见的故障之一是由弧引燃后,焊接电流不稳定。可能产生的原因是(　　),这些应由焊工排除。

A. 气路堵塞或泄漏、焊枪钨极夹头未旋紧和开关接触不良等

B. 火花塞间隙不合适或火花塞表面不洁

C. 电磁气阀出现故障或焊接电流的电子元件烧毁

23. 手工 TIG 焊,在钨极直径相同的条件下,允许使用电流范围最大的应是(　　)。

A. 直流正接　　B. 直流反接　　C. 交流

24. 通常根据(　　)来选择手工钨极氩弧焊的焊接电流。

A. 喷嘴的直径与氩气流量　　B. 喷嘴至工件的距离

C. 工件的材质、厚度和接头的空间位置

25. 当手工钨极氩弧焊的喷嘴直径选定后,决定保护效果的是氩气流量。当氩气流量太大时,(　　),保护效果不好。

A. 喷出的气流是层流　　B. 容易产生紊流　　C. 保护气流软弱无力

26. TIG 焊时,为了防止电弧热烧坏喷嘴,钨极端部应突出喷嘴以外,(　　)的距离叫钨极伸出长度。

A. 钨极端头至工件表面　　B. 钨极端头至喷嘴端面

C. 喷嘴端面至工件表面

27. 喷嘴端面与工件间的距离越小,保护效果越好,但能观察的范围和保护区域都较小,距离越大,保护效果越差。一般喷嘴与工件间距不大于(　　)mm。

A. 6　　B. 12　　C. 18　　D. 26

28. 手工钨极氩弧焊的左向焊法,有利于(　　)的焊接。

A. 小直径薄壁管　　B. 厚度较大的工件　　C. 熔点较高的工件

29. 当采用手工 TIG 焊的方法焊接小直径管时,如果壁厚不大于 10 mm,为了防止裂纹,打底焊道的熔敷厚度不得少于(　　)mm。

A. 1 ~ 2　　B. 2 ~ 3　　C. 6 ~ 8

30. 钨极氩弧焊时,电极发射电子的主要形式是(　　)。

A. 热发射和强电场发射

B. 热发射和光发射

C. 光发射和撞击发射

31. 手工钨极氩弧焊焊接黑色金属时,氩气的纯度不得低于(　　)。

A. 99.7%　　B. 99.9%　　C. 99.99%

32. 手工钨极氩弧焊要求电源具有(　　)。

A. 上升外特性　　B. 平外特性　　C. 下降外特性

33. WSE—500 型交直流氩弧焊机,其牌号"W"表示(　　)焊机。

A. TIG　　B. MAG　　C. MIG

34. 电站锅炉常用钢材采用手工钨极氩弧焊时,一般用(　　)电源。

A. 直流反接　　B. 直流正接　　C. 直流正反接

35. 在钨棒中加入钍、铈的目的是为了提高钨棒的(　　)。

A. 硬度　　B. 电子发射能力　　C. 熔点

36. 钨极氩弧焊时,同种钢材的工件所选用的焊丝(　　)。

A. 应考虑焊接接头的抗裂性和碳扩散

B. 应保证焊缝的化学成分和母材相当

C. 应保证焊缝的性能和化学成分与母材相当

37. 焊接电源和极性对相同直径的钨极许用电流值不同,能使用较大电流的电源和极性是(　　)。

A. 直流正接　　B. 直流反接　　C. 交流

38. 氩气流量选择的一般经验公式是:$Q = KD$,其中 D 是(　　)。

A. 钨棒直径　　B. 氩气管内直径　　C. 喷嘴孔径

39. 钨极氩弧焊时选用喷嘴孔径大小的经验公式是：$D = 2d + 4$，其中 d 是(　　)。

A. 焊丝直径　　B. 钨棒直径　　C. 氩气管内直径

40. 氩弧焊时喷嘴至工件的距离一般为(　　)时操作方便，保护效果又好。

A. 20 mm 以上　　B. 10 mm 左右　　C. 5 mm 以下

41. 钨极氩弧焊引弧前必须提前送气，其目的是(　　)。

A. 使引弧容易　　B. 保护焊接区域　　C. 提高焊接生产率

42. TIG 焊熄弧时，采用电流衰减方法的目的是为了防止产生(　　)。

A. 未焊透　　B. 内凹　　C. 弧坑裂纹

43. 钨极氩弧焊时，产生夹钨缺陷的原因是(　　)。

A. 电流过大　　B. 焊速过快　　C. 氩气流量过大

44. 氩弧焊时产生的夹钨按(　　)缺陷规定处理。

A. 气孔　　B. 夹渣　　C. 裂纹

45. 氩弧焊打底过程中如发现超过标准的缺陷应采用(　　)方法消除缺陷。

A. 角型磨光机或其他机械　　B. 重复熔化　　C. 火焰切割

46. 氩弧焊时高频电磁场的存在，对人体(　　)。

A. 危害很大　　B. 有一定危害，但影响不大　　C. 没有危害

47. TIG 焊的优点不包括(　　)。

A. 焊后变形小　　B. 适应全位置焊接　　C. 焊接生产率高　　D. 焊接飞溅少

48. TIG 焊适合焊接(　　)的薄板。

A. 1 mm 以下　　B. 2 ~ 3 mm　　C. 4 ~ 5 mm　　D. 6 mm 以上

49. TIG 焊(　　)接法时不具有“阴极清洗”作用。

A. 直流正接　　B. 直流反接　　C. 交流　　D. 无法判别

50. TIG 焊氩气气瓶是(　　)气瓶。

A. 溶解　　B. 压缩　　C. 液化　　D. 常压

51. 交流 TIG 焊最适合焊接(　　)。

A. 钛合金　　B. 铝合金　　C. 低碳低合金钢　　D. 铜合金

52. 氩弧焊机采用(　　)外特性。

A. 水平　　B. 上升　　C. 陡降　　D. 缓降

53. 氩气瓶瓶口压力表的读数越大，说明瓶内氩气的量(　　)。

A. 越多　　B. 越少　　C. 不能确定

54. TIG 焊时，减压器和流量计应装在(　　)。

A. 靠近钢瓶出气口处　　B. 远离钢瓶出气口处　　C. 无论远近都行

55. 型号为“WSM－200”的氩弧焊机是(　　)钨极氩弧焊机。

A. 手工交流　　B. 手工直流　　C. 自动　　D. 手工脉冲

56. 钨极氩弧焊机的供气系统不包括(　　)。

A. 减压器　　B. 气体流量计　　C. 高频振荡器　　D. 电磁气阀

57. 手工钨极氩弧焊焊枪的作用不包括(　　)。

A. 装夹钨极　　B. 传导焊接电流　　C. 输出保护气体　　D. 启闭气路

58. 某一手工钨极氩弧焊焊枪的型号为“QQ－85/100”，其中“100”的含义是(　　)。

A. 额定焊接电流　　B. 出气角度　　C. 额定功率　　D. 额定电压

59. 钨极氩弧焊时，必须采用(　　)操作程序。

A. 提前送气、提前断气　　B. 提前送气、滞后断气

C. 滞后送气、提前断气　　D. 滞后送气、滞后断气

60. 钨极氩弧焊机启动后无氩气供给焊接区的原因不包括(　　)。

A. 气路阻塞　　B. 电磁气闸故障

C. 控制线路故障　　D. 直流分量元件损坏

61. 下列焊接方法中，对焊接清理要求最严格的是(　　)。

A. 焊条电弧焊　　B. MIG 焊　　C. TIG 焊　　D. 埋弧焊

62. 采用钨极氩弧焊焊接不锈钢时，焊缝表面呈(　　)色最好。

A. 黑色　　B. 灰色　　C. 蓝色　　D. 银白色

五、问答题

1. 简述钨极氩弧焊的工作原理。

2. 钨极氩弧焊的引弧和稳弧方式有哪些？各有什么特点？

3. TIG 焊有哪些特点？主要应用范围是哪些？

4. TIG 焊可以采用哪几种焊接电流波形？分析各有什么特点。

5. 简述脉冲钨极氩弧焊的特点及用途。

6. TIG 焊的钨极有几种？怎样磨削钨极的端部形状？

7. TIG 焊按电流种类和极性可分为哪几种？试述每种方法的优缺点。

8. 交流 TIG 焊焊接铝、镁及其合金时，为什么会产生直流分量？有什么危害性？如何消除它？

9. TIG 焊时，引弧和稳弧脉冲的相位为什么要进行控制？如何控制？

10. 为什么 TIG 焊要采用陡降外特性的电源？

11. 为什么 TIG 焊焊接时要提前供气和滞后停气？

12. TIG 焊的焊接工艺参数有哪些？试述其对焊接过程和焊缝成形的影响。

13. 简述脉冲 TIG 焊、热丝 TIG 焊、TIG 点焊的特点。

14. 热丝 TIG 焊与普通 TIG 焊相比效率如何？说明其原理。

参考文献

[1] 中国机械工程学会焊接学会.焊接手册.3版.北京:机械工业出版社,2008.

[2] 陈祝年.焊接工程师手册.北京:机械工业出版社,2010.

[3] 焦万才,等.焊工实际操作手册.沈阳:辽宁科学技术出版社,2006.

[4] 王成文.焊接材料手册及工程应用案例.太原:山西科学技术出版社,2004.

[5] 朱玉义.焊工实用技术手册.南京:江苏科学技术出版社,2004.

[6] 张连生.金属材料焊接.北京:机械工业出版社,2006.

[7] 张建勋.现代焊接生产与管理.北京:机械工业出版社,2006.

[8] 尹士科.焊接材料使用基础知识.北京:化学工业出版社,2004.

[9] 张应力.新编焊工实用手册.北京:金盾出版社,2004.

[10] 雷世明.焊接方法与设备.北京:机械工业出版社,2007.

[11] 中国焊接协会,中国机械工程学会焊接学会,机械工业部哈尔滨焊接研究所.焊工手册.北京:机械工业出版社,2001.

[12] 中国焊接协会,中国机械工程学会焊接学会焊接培训与资格认证委员会.国际焊工培训.哈尔滨:黑龙江人民出版社,2002.

[13] 王震激,等.气体保护焊工艺和设备.西安:西北工业大学出版社,1991.

[14] 姜焕中.电弧焊及电渣焊.北京:机械工业出版社,1988.

[15] 周玉生.电弧焊.北京:机械工业出版社,1994.

[16] 俞尚知.焊技工艺人员手册.上海:上海科学技术出版社,1991.

[17] 北京市技术协作委员会.实用焊接手册.北京:水利电力出版社,1985.

[18] 曾乐.现代焊接技术手册.上海:上海科学技术出版社,1993.

[19] 美国焊接学会.焊接手册.黄静文,等,译.北京:机械工业出版社,1988.

[20] 吴志强.现代焊接方法与设备.北京:机械工程师进修大学出版社,1989.

[21] 殷树言,等.气体保护焊工艺.哈尔滨:哈尔滨工业大学出版社,1989.

[22] 周兴中.焊接方法与设备.北京:机械工业出版社,1990.

[23] 陈淦方.埋弧焊.北京:机械工业出版社,1985.

[24] 天津大学.金属结构的电弧焊.北京:机械工业出版社,1993.

[25] 黄石生.电子控制的弧焊电源.北京:机械工业出版社,1991.

[26] 黄国定.弧焊设备的使用与维护.北京:机械工业出版社,1989.

[27] 卢本等.焊接自动化基础.武汉:华中工学院出版社,1985.

[28] 郑宜庭,等.弧焊电源.北京:机械工业出版社,1990.

[29] 赵家瑞,等.焊接自动控制基础.北京:机械工业出版社,1990.
[30] 张子荣,等.焊接材料简明选用手册.北京:机械工业出版社,1999.
[31] 赵熹华.焊接方法与机电一体化.北京:机械工业出版社,2001.
[32] 何德孚.焊接与连接工程学导论.上海:上海交通大学出版社,1998.